土木工程类专业应用型人才培养系列教材

安装工程计量与计价

主　编　刘永强

副主编　蒋春迪　张　川

北京理工大学出版社
BEIJING INSTITUTE OF TECHNOLOGY PRESS

内 容 简 介

本书共分两大部分内容：第一部分是有关工程造价的基础理论知识，第二部分是常见安装工程（给水排水、采暖、工业管道、通风空调、防腐保温、建筑电气和消防安装工程）的计量与计价知识。第二部分是本教材的核心，每一专业安装工程的计量与计价都包含专业基础、施工图识读、定额计量与计价、清单计量与计价和工程案例五部分，按循序渐进的原则编排。

本书内容丰富，图文并茂，理论结合实践，并配有电子图片及重点知识授课视频资料，可供高等院校及相关培训机构使用，也可供相关从业人员自学参考。

图书在版编目（CIP）数据

安装工程计量与计价/刘永强主编. —北京：北京理工大学出版社，2020. 8
ISBN 978-7-5682-8917-7

Ⅰ. ①安…　Ⅱ. ①刘…　Ⅲ. ①建筑安装工程-工程造价　Ⅳ. ①TU723. 3

中国版本图书馆 CIP 数据核字（2020）第 153809 号

出版发行／北京理工大学出版社有限责任公司
社　　址／北京市海淀区中关村南大街 5 号
邮　　编／100081
电　　话／（010）68914775（总编室）
　　　　　（010）82562903（教材售后服务热线）
　　　　　（010）68948351（其他图书服务热线）
网　　址／http：//www. bitpress. com. cn
经　　销／全国各地新华书店
印　　刷／北京紫瑞利印刷有限公司
开　　本／787 毫米×1092 毫米　1/16
印　　张／19. 5
字　　数／481 千字
版　　次／2020 年 8 月第 1 版　2020 年 8 月第 1 次印刷
定　　价／59. 00 元

责任编辑／高　芳
文案编辑／赵　轩
责任校对／刘亚男
责任印制／李志强

图书出现印装质量问题，请拨打售后服务热线，本社负责调换

前 言

编者自毕业以来，先后从事安装工程施工和安装工程计量与计价教学相关工作，从教15年，对安装工程计量与计价教学的体会越来越深，也越来越感受到一本合适教材的重要性，希望编写一本内容翔实，紧跟最新规范，知识严谨，理论结合实践，符合学生学习规律的教材，方便广大师生的使用。历经1年有余，终于完成了本书的编写工作。本书有如下特点：

（1）制定“清单计价是主体，定额计价是基础”的知识编订思路，厘清定额与清单的关系和区别，避免知识的简单堆砌，避免初学者对定额计价和清单计价混淆不清；同时，对每个清单项组价时涉及的定额项目都作出了对照分析，供使用者参考。

（2）按照“专业工程基础理论—专业工程施工做法—专业工程施工图识读—专业工程定额计量计价—专业工程清单计量计价—案例”的顺序安排各安装专业工程的计量计价知识，逻辑严密，理论结合实际，符合学生的学习规律。

（3）配套提供了丰富的实物图片（扫二维码观看），方便学习者增加感性认识。

（4）基础理论和施工做法的内容最大限度和工程量计算规则相结合。比如，卫生器具安装项定额子目依据某图集编制，可加深使用者对定额子目内容的理解，减少歧义。

（5）由于高校生源及就业的全国范围不确定性，以某地区定额为基础编订的教材明显已不适应学生的实际需求。自《通用安装工程消耗量定额》（TY02—31—2015）发布后，多省（市、自治区）也发布了配套的新定额。经过对2016—2018年多省（市、自治区）新发布定额的比对发现，各省新定额和全国新定额的项目设置、计算规则和应用规定绝大多数保持一致，所不同的主要是消耗量数据以及补充的部分定额子目，这些差异对初学者均不构成影响或影响甚微。因此，本书以《通用安装工程消耗量定额》（TY02—31—2015）和《建设工程工程量清单计价规范》（GB 50500—2013）为基础编订计量计价内容，适用于全国大多数地区学生对安装工程造价知识的学习。

（6）针对定额计量与计价中知识点多、初学者不容易掌握的特点，将该部分知识中需要熟练掌握的内容用黑体标出，方便初学者重点学习。

（7）全书知识的编排均从学习者视角出发，充分考虑了学习者的心理。

（8）对重要知识环节提供辅助教学视频（扫二维码观看），方便学习者自学。

本书由刘永强担任主编，由蒋春迪、张川担任副主编，具体编写分工为：第3章至第10章由山东理工大学刘永强编写，第2章由安徽工业大学蒋春迪编写，第1章由张川编写。

由于编者水平有限，不当或错误之处在所难免，敬请批评指正。如有问题请联系yongqiangliu110@163.com。

编　者

目　录

第1章

安装工程计价概论

1.1 工程计价种类及原理

1.1.1 工程建设程序与工程计价

目前，我国政府投资工程项目的建设是按照一定的程序进行的，一般需经过项目建议书、可行性研究、初步设计、施工图设计、招投标、施工和竣工验收等阶段。在每一阶段都需要计算建设项目的造价，阶段不同，造价计算的详细程度和准确程度不同，具体关系如图1-1所示。

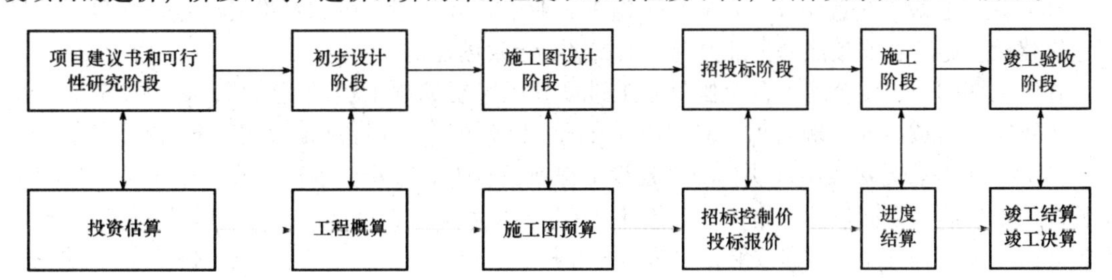

图1-1 工程建设程序与工程计价关系图

（1）项目建议书与投资估算。项目建议书是项目筹建单位或法人就某一具体新建、扩建项目提出的项目建议文件，是对拟建项目提出的框架性的总体设想。它从宏观上论述项目设立的必要性和可能性，把项目投资的设想变为概略的投资建议。

项目建议书是由项目筹建单位或法人向其主管部门上报的文件，目前广泛应用于项目的国家立项审批工作中。

项目建议书阶段需要编制投资估算，对固定资产投资主要采用指数估算法和系数估算法。

（2）可行性研究与投资估算。在项目建议书被批准后，就要进行可行性研究。它是指对项目在技术上和经济上是否可行所进行的科学分析和论证。

可行性研究阶段需要编制投资估算，对固定资产投资一般采用概算指标估算法进行结算，此阶段估算精度高于项目建议书阶段。

(3) 初步设计与工程概算。初步设计是最终成果的前身，相当于一幅图的草图，一般在没有最终定稿之前的设计都统称为初步设计。初步设计经主管部门审批后，建设项目被列入国家固定资产投资计划，方可进行下一步的施工图设计。

此阶段需要编制工程概算，主要依据初步设计图和概算定额等进行。与投资估算相比，工程概算的准确性有所提高，但受投资估算的控制。

(4) 施工图设计与施工图预算。它是在前一阶段设计文件的基础上，主要通过图纸，把设计者的意图和全部设计结果表达出来，作为施工制作的依据，是设计和施工工作的桥梁。施工图是工程招投标和现场施工作业技术活动的直接依据。

本阶段如果计算项目的工程造价，可称之为施工图预算，编制的依据主要是施工图和预算定额等。实际操作中，并非每一个工程项目均要编制施工图预算。

(5) 招投标与招标控制价（或投标报价）。招投标是招标投标的简称。招标和投标是一种商品交易行为，是交易过程的两个方面。这种方式是在货物、工程和服务的采购行为中，招标人通过事先公布的采购要求，吸引众多的投标人按照同等条件进行平等竞争，按照规定程序并组织技术、经济和法律等方面专家对众多的投标人进行综合评审，从中择优选定项目的中标人的行为过程。

在招投标阶段，建设方（招标方）需要编制招标控制价，投标方需要计算投标报价。

招标控制价指的是招标人根据国家或省级、行业建设主管部门颁发的有关计价依据和办法，以及拟定的招标文件和招标工程量清单，编制的招标工程的最高限价。投标报价指的是投标人投标时报出的工程合同价。

此阶段造价计算都建立在施工图和预算定额（或企业定额）的基础上，其准确性与施工图预算相当，高于概算，但同样受设计概算的控制。

(6) 施工建设与进度结算。在确定了施工企业以及开工报告得到批准后，建设项目开始进行施工建设，施工企业按照经批准的施工图纸进行项目的建造。

在施工期间，需要对施工企业拨付施工进度款项时要编制工程进度结算，它除了依据施工图、预算定额（或企业定额）外，尚需依据合同、投标文件、实际施工做法和施工进度等情况。

(7) 竣工验收与竣工结（决）算。建设工程项目竣工后，建设单位在收到施工单位提交的工程竣工报告后，会同设计、施工、设备供应单位及工程质量监督部门，对该项目是否符合规划设计要求以及工程施工和设备安装质量进行全面检验，取得竣工合格资料、数据和凭证。竣工验收是投资成果转入生产或使用的标志，对于政府投资的建设项目，竣工验收也是向国家交付新增固定资产的过程。

工程竣工后，需要编制竣工结算和竣工决算。

竣工结算反映施工企业建造工程项目的实际造价，它的依据同进度结算一样，区别在于竣工结算反映的是总造价，进度结算仅反映一定时期内的建设造价。它主要反映建设单位应付给施工企业的工程价款。

竣工决算综合反映项目从筹建到项目竣工交付使用的全部建设费用，它是核定新增固定资产价值及办理交付使用的依据。

本书主要介绍可应用于施工图设计完成后的各种安装工程造价计算，造价计算的主要依据是施工图和预算定额（或消耗量定额）。

1.1.2 工程计价原理

影响工程项目造价的因素很多，比如工程规模、结构形式、材料、工程地点、施工时间段、施工水平和国家政策等。不同的工程项目，其总会有或大或小的差异，因此每个工程项目都需要单独计算工程造价。然而，不同的工程项目又有其共同性——均由某些基本的构造要素（分部分项工程）组成，比如不同项目的室内采暖系统，均由各种管道、散热装置、阀门附件等组成，所不同的主要是各个基本构造要素（分部分项工程）的数量和种类，因此工程造价计算时可先分别统计各项目基本构造要素（分项工程）的种类和数量，结合各构造要素的单价，经汇总就可得出总造价。

视频：工程计价的原理

这就是工程计价的原理，即先计算各类分项工程的工程量（计量），然后根据一定的计价标准，计算各分项工程价格，汇总并计取各项费用后得出该项目工程造价（计价），工程造价的计算过程实质上就是一种计量。在计价的过程中，如不考虑各种规定费用和税金等，工程计价的原理可如式 1-1 所示。

$$\text{工程造价} = \sum(\text{基本构造要素的工程量} \times \text{相应单价}) \tag{1-1}$$

1.1.3　工程计价方式

目前，我国存在定额计价和工程量清单计价两种计价方式，在此做简要介绍，详细内容将在后面章节进行专门叙述。

视频：工程计价方式与程序

（1）定额计价方式。定额计价是我国传统的计价模式，是一种与计划经济相适应的工程造价管理制度，也称为工料单价法。它实际上是国家（或各省、市）通过颁布统一的估价指标、概算指标、概算定额、预算定额和相应的费用定额，对建筑产品进行有计划管理的一种方式。在计价中以定额为依据，按定额规定的分部分项子目逐项计算工程量，套用预算定额套价（或消耗量定额价目表）确定分部分项工程费，然后按规定的取费标准确定措施费、管理费、利润和税金等，经汇总后即为工程预算。

（2）工程量清单计价方式。工程量清单计价是适应市场经济的一种新计价模式，其基本思想是由市场定价，也称综合单价法。从操作角度来说，它要求招标人（或其委托有资质的咨询机构）在建设工程施工招投标时按照国家统一的工程量清单计价规范，编制反映工程实体消耗和措施消耗的工程量清单，并作为招标文件的一部分提供给投标人，投标人依据工程量清单，结合企业管理和生产水平（即企业定额）进行自主报价（规费和税金要符合国家规定）。

工程量清单计价最大的意义是在施工招投标时，可以让各施工投标企业根据统一的招标清单展开竞争报价，中标价格是满足建设方需求的综合最优市场价格。招投标时如果采用定额计价，则投标企业报价除了体现价格的差异性，还会体现工程量计算的差异性，而采用工程量清单计价，由于各投标报价都基于统一的工程量清单，各投标企业的报价更加体现价格的竞争性，因此招标时采用工程量清单计价更加公平，更能体现对价格的市场竞争。

1.2　建筑安装工程费用项目组成

住房和城乡建设部与财政部于 2013 年发布了《建筑安装工程费用项目组成》（建标〔2013〕44 号），在该文件中依据费用构成要素和造价形成划分了建筑安装工程费用项目组成。需要说明的是，由于自 2016 年 5 月 1 日起我国全面实行营改增试点，营业税退出历史舞台，因此 44 号文中所列税金已调整为增值税，对于原税金中所含城市维护建设税、教育费附加以及地方教育附加，大多数省份将其列入管理费中。

1.2.1 建筑安装工程费用项目组成（按费用构成要素划分）

按费用构成要素划分，建筑安装工程费由人工费、材料费（包含工程设备费，下同）、施工机具使用费、企业管理费、利润、规费和税金组成。其中，人工费、材料费、施工机具使用费、企业管理费和利润包含在分部分项工程费、措施项目费、其他项目费中，如图 1-2 所示。

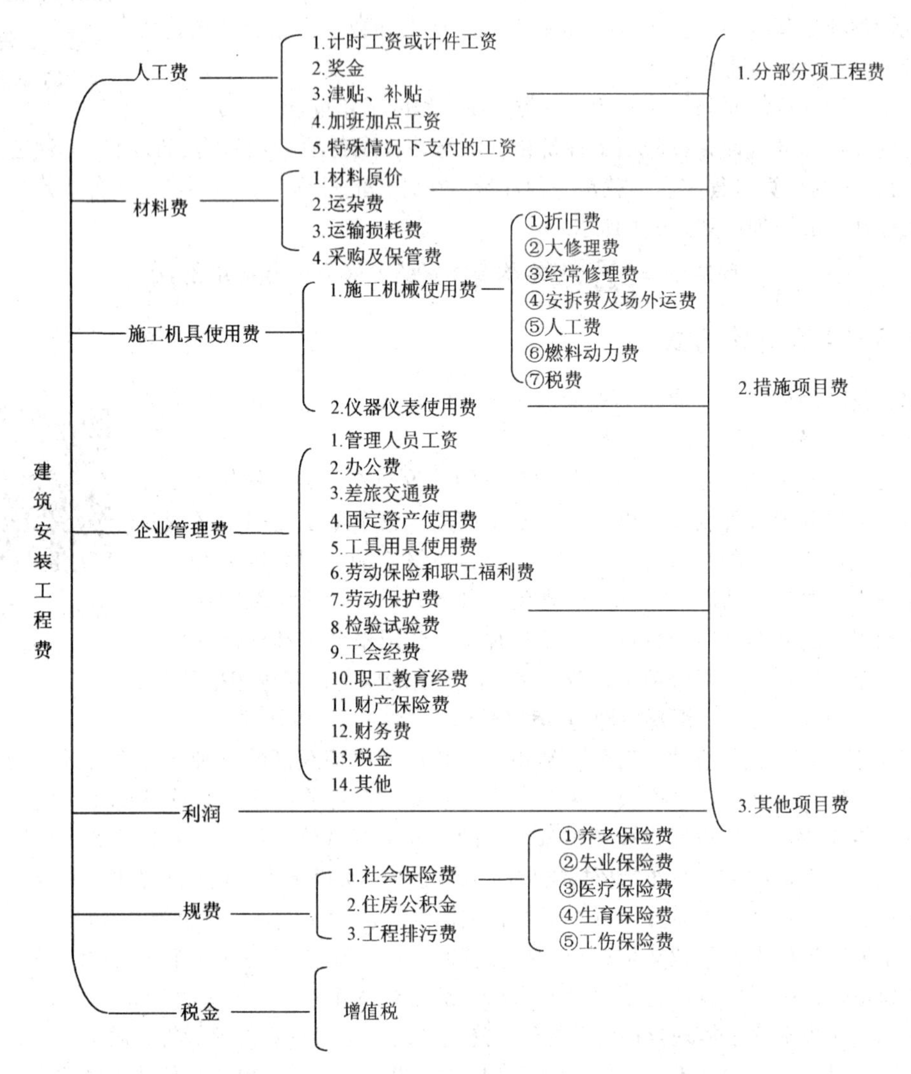

图 1-2　建筑安装工程费用项目组成（按费用构成要素划分）

（1）人工费：是指按工资总额构成规定，支付给从事建筑安装工程施工的生产工人和附属生产单位工人的各项费用。包括以下内容：

1）计时工资或计件工资：是指按计时工资标准和工作时间或对已做工作按计件单价支付给个人的劳动报酬。

2）奖金：是指对超额劳动和增收节支支付给个人的劳动报酬，如节约奖、劳动竞赛奖等。

3）津贴、补贴：是指为了补偿职工特殊或额外的劳动消耗和因其他特殊原因支付给个人的津贴，以及为了保证职工工资水平不受物价影响支付给个人的物价补贴，如流动施工津贴、特殊地区施工津贴、高温作业临时津贴、高空津贴等。

4）加班加点工资：是指按规定支付的在法定节假日工作的加班工资和在法定日工作时间外延时工作的加点工资。

5）特殊情况下支付的工资：是指根据国家法律、法规和政策规定，因病、工伤、产假、计划生育假、婚丧假、事假、探亲假、定期休假、停工学习、执行国家或社会义务等原因按计时工资标准或计时工资标准的一定比例支付的工资。

（2）材料费：是指施工过程中耗费的原材料、辅助材料、构配件、零件、半成品或成品、工程设备的费用。包括以下内容：

1）材料原价：是指材料、工程设备的出厂价格或商家供应价格。

2）运杂费：是指材料、工程设备自来源地运至工地仓库或指定堆放地点所发生的全部费用。

3）运输损耗费：是指材料在运输装卸过程中不可避免的损耗。

4）采购及保管费：是指为组织采购、供应和保管材料、工程设备的过程中所需要的各项费用，包括采购费、仓储费、工地保管费、仓储损耗。

工程设备是指构成或计划构成永久工程一部分的机电设备、金属结构设备、仪器装置及其他类似的设备和装置。

（3）施工机具使用费：是指施工作业所发生的施工机械、仪器仪表使用费或其租赁费。

1）施工机械使用费：以施工机械台班耗用量乘以施工机械台班单价表示，施工机械台班单价应由下列七项费用组成：

①折旧费：指施工机械在规定的使用年限内，陆续收回其原值的费用。

②大修理费：是指施工机械按规定的大修理间隔台班进行必要的大修理，以恢复其正常功能所需的费用。

③经常修理费：是指施工机械除大修理以外的各级保养和临时故障排除所需的费用。包括为保障机械正常运转所需替换设备与随机配备工具附具的摊销和维护费用，机械运转中日常保养所需润滑与擦拭的材料费用及机械停滞期间的维护和保养费用等。

④安拆费及场外运费：安拆费指施工机械（大型机械除外）在现场进行安装与拆卸所需的人工、材料、机械和试运转费用以及机械辅助设施的折旧、搭设、拆除等费用；场外运费指施工机械整体或分体自停放地点运至施工现场或由一施工地点运至另一施工地点的运输、装卸、辅助材料及架线等费用。

⑤人工费：是指机上司机（司炉）和其他操作人员的人工费。

⑥燃料动力费：是指施工机械在运转作业中所消耗的各种燃料及水、电等。

⑦税费：是指施工机械按照国家规定应缴纳的车船使用税、保险费及年检费等。

2）仪器仪表使用费：是指工程施工所需使用的仪器仪表的摊销及维修费用。

（4）企业管理费：是指建筑安装企业组织施工生产和经营管理所需的费用。包括以下内容：

1）管理人员工资：是指按规定支付给管理人员的计时工资、奖金、津贴补贴、加班加点工资及特殊情况下支付的工资等。

2）办公费：是指企业管理办公用的文具、纸张、账表、印刷、邮电、书报、办公软件、现场监控、会议、水电、烧水和集体取暖降温（包括现场临时宿舍取暖降温）等费用。

3）差旅交通费：是指职工因公出差、调动工作的差旅费、住勤补助费，市内交通费和误餐补助费，职工探亲路费，劳动力招募费，职工退休、退职一次性路费，工伤人员就医路费，工地转移费以及管理部门使用的交通工具的油料、燃料等费用。

4）固定资产使用费：是指管理和试验部门及附属生产单位使用的属于固定资产的房屋、设备、仪器等的折旧、大修、维修或租赁费。

5）工具用具使用费：是指企业施工生产和管理使用的不属于固定资产的工具、器具、家具、交通工具和检验、试验、测绘、消防用具等的购置、维修和摊销费。

6）劳动保险和职工福利费：是指由企业支付的职工退职金，按规定支付给离休干部的经费，集体福利费，夏季防暑降温、冬季取暖补贴，上下班交通补贴等。

7）劳动保护费：是企业按规定发放的劳动保护用品的支出，如工作服、手套、防暑降温饮料以及在有碍身体健康的环境中施工的保健费用等。

8）检验试验费：是指施工企业按照有关标准规定，对建筑以及材料、构件和建筑安装物进行一般鉴定、检查所发生的费用，包括自设试验室进行试验所耗用的材料等费用。不包括新结构、新材料的试验费，对构件做破坏性试验及其他特殊要求检验试验的费用和建设单位委托检测机构进行检测的费用，对此类检测发生的费用由建设单位在工程建设其他费用中列支。但对施工企业提供的具有合格证明的材料进行检测不合格的，该检测费用由施工企业支付。

9）工会经费：是指企业按《中华人民共和国工会法》规定的全部职工工资总额比例计提的工会经费。

10）职工教育经费：是指按职工工资总额的规定比例计提，企业为职工进行专业技术和职业技能培训，专业技术人员继续教育、职工职业技能鉴定、职业资格认定以及根据需要对职工进行各类文化教育所发生的费用。

11）财产保险费：是指施工管理用财产、车辆等的保险费用。

12）财务费：是指企业为施工生产筹集资金或提供预付款担保、履约担保、职工工资支付担保等所发生的各种费用。

13）税金：是指企业按规定缴纳的房产税、车船使用税、土地使用税、印花税、城市维护建设税、教育费附加以及地方教育附加、水利建设基金等。

14）其他：包括技术转让费、技术开发费、投标费、业务招待费、绿化费、广告费、公证费、法律顾问费、审计费、咨询费、保险费等。

（5）利润：是指施工企业完成所承包工程获得的盈利。

（6）规费：是指按国家法律法规规定，由省级政府和省级有关权力部门规定必须缴纳或计取的费用。包括以下内容：

1）社会保险费：

①养老保险费：是指企业按照规定标准为职工缴纳的基本养老保险费。

②失业保险费：是指企业按照规定标准为职工缴纳的失业保险费。

③医疗保险费：是指企业按照规定标准为职工缴纳的基本医疗保险费。

④生育保险费：是指企业按照规定标准为职工缴纳的生育保险费。

⑤工伤保险费：是指企业按照规定标准为职工缴纳的工伤保险费。

2）住房公积金：是指企业按规定标准为职工缴纳的住房公积金。

3）工程排污费：是指企业按规定缴纳的施工现场工程排污费。

其他应列而未列入的规费，按实际发生计取。

（7）税金：是指国家税法规定的应计入建筑安装工程造价内的增值税。其中甲供材料、甲供设备不作为增值税计税基础。

视频：定额探讨

1.2.2　建筑安装工程费用项目组成（按造价形成划分）

按造价形成划分，建筑安装工程费用由分部分项工程费、措施项目费、其他项目费、规费、税金组成。分部分项工程费、措施项目费、其他项目费包含人工费、材料费、施工机具使用费、企业管理费和利润，如图 1-3 所示。

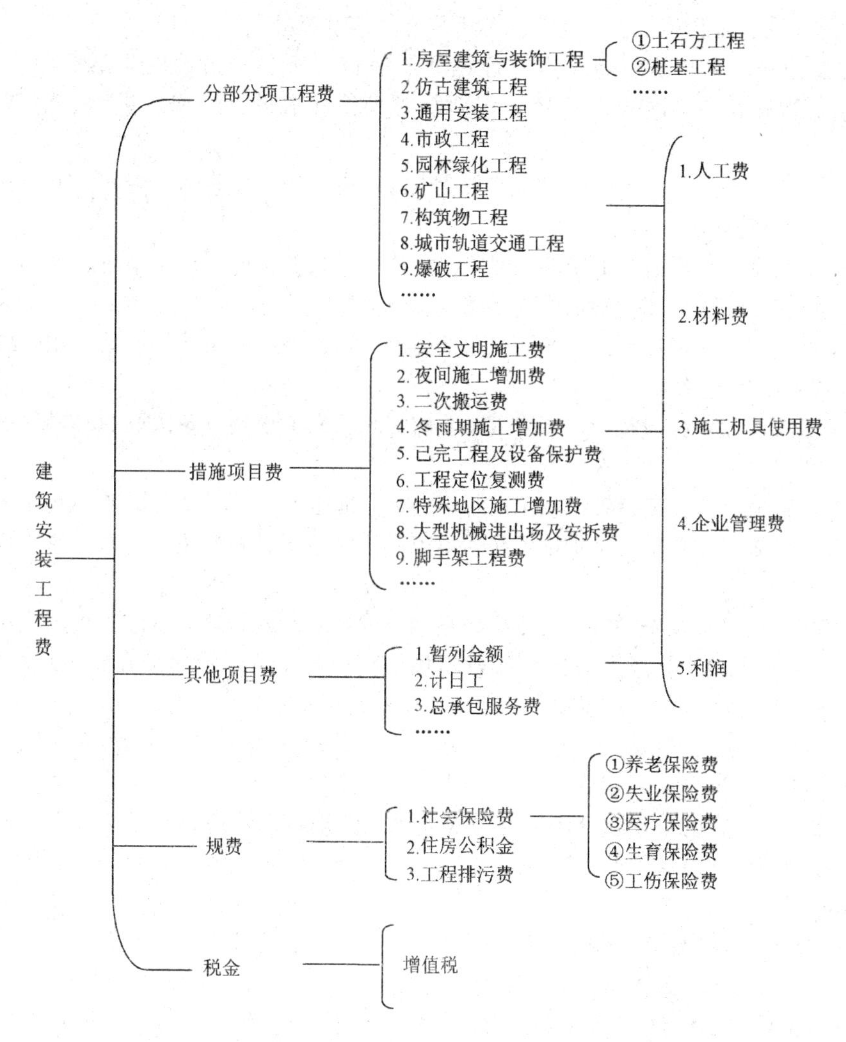

图 1-3　建筑安装工程费用项目组成（按造价形成划分）

（1）分部分项工程费：是指各专业工程的分部分项工程应予列支的各项费用。

1）专业工程：是指按现行国家计量规范划分的房屋建筑与装饰工程、仿古建筑工程、通用安装工程、市政工程、园林绿化工程、矿山工程、构筑物工程、城市轨道交通工程、爆破工程等各类工程。

2）分部分项工程：是指按现行国家计量规范对各专业工程划分的项目。如房屋建筑与装饰工程划分的土石方工程、地基处理与边坡支护工程、桩基工程、砌筑工程、钢筋及钢筋混凝土工程等。

各类专业工程的分部分项工程划分见现行国家或行业计量规范。

(2) 措施项目费：是指为完成建设工程施工，发生于该工程施工前和施工过程中的技术、生活、安全、环境保护等方面的费用。包括以下内容：

1) 安全文明施工费。

①环境保护费：是指施工现场为达到环保部门要求所需要的各项费用。

②文明施工费：是指施工现场文明施工所需要的各项费用。

③安全施工费：是指施工现场安全施工所需要的各项费用。

④临时设施费：是指施工企业为进行建设工程施工所必须搭设的生活和生产用的临时建筑物、构筑物和其他临时设施费用。包括临时设施的搭设、维修、拆除、清理费或摊销费等。

2) 夜间施工增加费：是指因夜间施工所发生的夜班补助、夜间施工降效、夜间施工照明设备摊销及照明用电等费用。

3) 二次搬运费：是指因施工场地条件限制而发生的材料、构配件、半成品等一次运输不能到达堆放地点，必须进行二次或多次搬运所发生的费用。

4) 冬雨期施工增加费：是指在冬期或雨期施工需增加的临时设施、防滑、排除雨雪，人工及施工机械效率降低等费用。

5) 已完工程及设备保护费：是指竣工验收前，对已完工程及设备采取的必要保护措施所发生的费用。

6) 工程定位复测费：是指工程施工过程中进行全部施工测量放线和复测工作的费用。

7) 特殊地区施工增加费：是指工程在沙漠或其边缘地区，高海拔、高寒、原始森林等特殊地区施工增加的费用。

8) 大型机械进出场及安拆费：是指机械整体或分体自停放场地运至施工现场或由一个施工地点运至另一个施工地点，所发生的机械进出场运输及转移费用及机械在施工现场进行安装、拆卸所需的人工费、材料费、机械费、试运转费和安装所需的辅助设施的费用。

9) 脚手架工程费：是指施工需要的各种脚手架搭、拆、运输费用以及脚手架购置费的摊销（或租赁）费用。

措施项目及其包含的其余内容详见各类专业工程的现行国家或行业计量规范。通用安装工程所含详细专业措施项目参见 1.4 节。

(3) 其他项目费。

1) 暂列金额：是指建设单位在工程量清单中暂定并包括在工程合同价款中的一笔款项。用于施工合同签订时尚未确定或者不可预见的所需材料、工程设备、服务的采购，施工中可能发生的工程变更、合同约定调整因素出现时的工程价款调整以及发生的索赔、现场签证确认等的费用。

2) 计日工：是指在施工过程中，施工企业完成建设单位提出的施工图纸以外的零星项目或工作所需的费用。

3) 总承包服务费：是指总承包人为配合、协调建设单位进行的专业工程发包，对建设单位自行采购的材料、工程设备等进行保管以及施工现场管理、竣工资料汇总整理等服务所需的费用。

(4) 规费：定义同 1.2.1 节。

(5) 税金：定义同 1.2.1 节。

1.3　安装工程定额计价

1.3.1　建设工程定额概述

（1）建设工程定额概念。所谓建设工程定额，就是指在正常的施工条件下，完成一定计量单位合格产品所必须消耗的劳动力、材料和机械台班的数量标准。

（2）建设工程定额分类。建设工程定额是工程建设中各类定额的总称，它包含许多种类，可以按照不同的原则和方法对它进行分类，如图 1-4 所示。

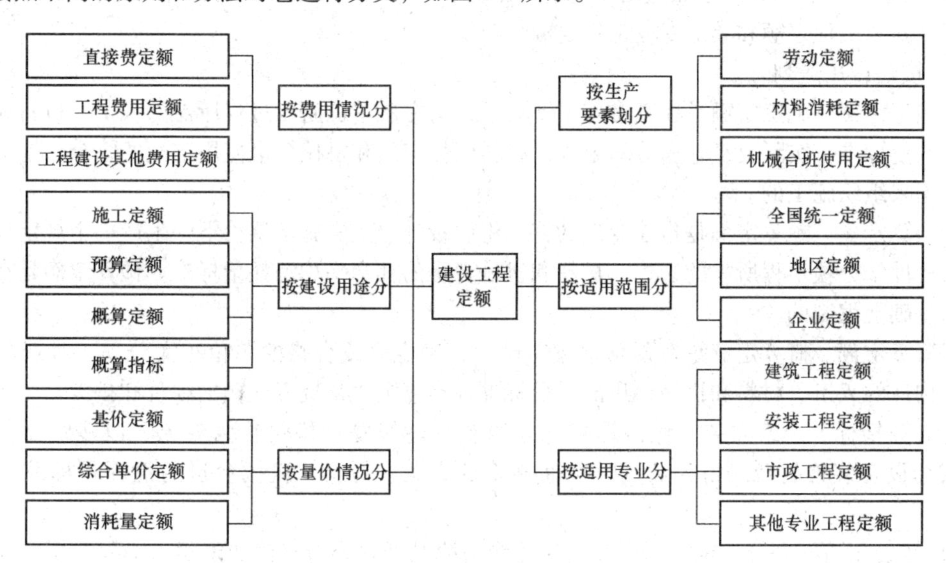

图 1-4　建设工程定额分类

1）按生产要素划分。

①劳动定额。劳动定额是指在正常施工条件下劳动生产率的合理指标，有时间定额和产量定额两种形式。时间定额和产量定额互为倒数，如 *DN*20 螺纹阀门安装时间定额为 0.1 综合工日/个，产量定额为 10 个/综合工日。

②材料消耗定额。材料消耗定额是指在合理与节约使用材料的条件下，安装合格的单位工程所必须消耗的材料数量标准。材料消耗定额规定的材料消耗量已经包括合理的损耗量。

③机械台班使用定额。机械台班使用定额指施工机械在正常施工条件下完成单位合格产品所必需的台班数量标准（或施工机械一个台班内完成质量合格产品的数量标准），它反映了正常条件下该机械在单位时间内的生产效率。

2）按适用范围划分。

①全国统一定额。全国统一定额由国家行政主管部门制定颁发，不分地区，全国适用。例如，《通用安装工程消耗量定额》（TY02—31—2015）就是全国统一定额。

②地区定额。地区定额由各省（直辖市、自治区）组织编制颁发，只在本地区范围内使用。各省（直辖市、自治区）的地区定额基本都是在全国统一定额的基础上编制的。

③行业定额。行业定额由行业主管部门组织，依据行业标准和规范，考虑行业工程建设特点、本行业施工企业技术装备水平和管理情况进行编制、批准、发布，在本行业范围内使用。常

见的有石油化工行业定额、电力行业定额等。

④企业定额。企业定额是由企业内部根据自己的实际情况编制，只限于本企业内部使用的定额。理论上来说，在采用工程量清单计价方式招投标时，各投标单位就是根据自己的企业定额进行报价的。

需要说明的是，目前我国大多数施工企业都没有企业定额，或者说都是在参考住房城乡建设主管部门统一发布的工程预算定额（或消耗量定额）基础上，经过适当调整后作为企业定额进行报价。因此，在工程量清单计价模式下，学习住房城乡建设主管部门统一发布的现行工程预算定额（或消耗量定额），仍是工程造价人员学习的必要环节。

3）按适用专业划分。按照适用专业进行划分，定额可以划分为建筑工程定额、装饰装修工程定额、安装工程定额和其他专业工程定额。

4）按建设用途划分。

①施工定额。施工定额是在正常施工条件下，为完成单位施工过程所需的人工、材料和机械台班的数量标准。实际上，它是劳动定额、材料消耗定额和机械台班使用定额的综合。施工定额主要是用来组织施工的。

②预算定额。预算定额是指在合理的施工组织设计、正常施工调价下，生产一个规定计量单位合格构件，分项工程所需的人工、材料和机械台班的社会平均消耗量标准。预算定额是在施工定额的基础上编制的。

③概算定额。概算定额是在预算定额基础上，确定完成合格的单位扩大分项工程或单位扩大结构构件的人工、材料和机械台班的数量标准。预算定额是概算定额的综合和扩大。

④概算指标。建筑安装工程概算指标是以整个建筑物和构筑物为对象，以建筑面积、体积或成套设备装置的台或组为计量单位而规定的人工、材料、机械台班的消耗量标准和造价指标。

5）按费用情况划分。定额按照其反映的费用情况可划分为直接费定额、工程费用定额和工程建设其他费用定额。直接费定额反映直接工程费（施工过程中耗费的构成工程实体的各项费用，包括人工费、材料费、施工机具使用费）和措施费（以消耗量形式计取部分）消耗情况；工程费用定额反映措施费（以费率形式计取部分）、企业管理费、利润、规费和税金等各种费用的费率；工程建设其他费用定额反映应在建设项目的建设投资中开支的固定资产其他费用、无形资产费用和其他资产费用的费率情况。

6）按量价情况划分。按定额包含的量价情况来区分，定额有基价定额、综合单价定额和消耗量定额三种情况。

①基价定额：是指定额中既规定了工料机实物消耗量标准，又规定了定额基价（定额所包含的人工费、材料费和机械费之和）。利用该定额，既可以查找实物消耗量标准做工料分析，又可以套用基价计算直接工程费用。

②综合单价定额：是用综合单价代替了基价定额中的基价，综合单价除了包含人工费、材料费和机械费外，还包含完成规定计量单位该分部分项工程的管理费、利润和一定范围的风险等。表 1-1 所示为辽宁省机械压力机安装工程综合单价定额节选内容。

③消耗量定额：是指该定额中仅规定实物消耗量标准，不体现价格。该标准是相对稳定的，一般每隔 5 ~ 10 年进行更新。表 1-2 所示为山东省机械压力机安装工程消耗量定额节选内容。配套另行发布反映各定额子目人工费、材料费和机械费的价目表（或称估价表等，见表 1-3），该价格随时间进行调整变化，一般每年发布出版一次。就某一省（直辖市、自治区）来说，一般消耗量定额由省级主管部门统一发布，适用于全省（直辖市、自治区）范围，价目表除了由省

级主管部门发布外，各地级市主管部门也会发布仅适用于该地区的价目表。

表 1-1　辽宁省机械压力机安装工程综合单价定额（节选，2017 版）

机械压力机					
定额编号			1 – 162	1 – 163	1 – 164
项目			设备质量（t 以内）		
			1	3	5
综合单价/元			948. 61	2 031. 58	3 247. 49
其中	人工费/元		563. 51	1 113. 95	1 755. 66
	材料费/元		114. 92	169. 93	269. 44
	机械费/元		155. 19	490. 92	811. 62
	综合费用/元		114. 99	256. 78	410. 77
名称		单位	消耗量		
人工	合计工日	工日	5. 721	11. 309	17. 824
材料	平垫铁综合	kg	6. 240	10. 400	17. 805
	斜垫铁 Q195 – Q235	kg	5. 300	7. 940	14. 040
	…	…	…	…	…
机械	载重汽车 10 t	台班	—	—	0. 300
	载重汽车 5 t	台班	0. 300	0. 400	0. 500
	…	…	…	…	…

表 1-2　山东省机械压力机安装工程消耗量定额（节选，2016 版）

机械压力机					
定额编号			1 – 2 – 1	1 – 2 – 2	1 – 2 – 3
项目名称			设备质量（t 以内）		
			1	3	5
人工	综合工日	工日	6. 057	8. 915	14. 681
材料	平垫铁综合	kg	6. 240	10. 400	17. 805
	斜垫铁 Q195 – Q235　1#	kg	5. 300	7. 940	14. 040
	…	…	…	…	…
机械	载重汽车 10 t	台班	—	—	0. 300
	载重汽车 5 t	台班	0. 300	0. 400	0. 500
	…	…	…	…	…

表 1-3　山东省价目表（节选，2016 版）

定额编号	项目名称	单位	基价/元	其中			未计价材料		
				人工费	材料费	机械费	名称	单位	数量
1-2-1	机械压力机 1 t 内	台	884.88	623.87	116.37	144.64			
1-2-2	机械压力机 3 t 内	台	1 539.67	918.25	172.7	448.72			
1-2-3	机械压力机 5 t 内	台	2 509.47	1 512.14	266.27	731.06			

1.3.2　《通用安装工程消耗量定额》（TY02—31—2015）简介

全国各省（直辖市、自治区）的安装工程定额虽然各不相同，但又有基本共同点。各省（直辖市、自治区）的安装工程定额都是基于全国统一定额编制的，各省（直辖市、自治区）新颁布的安装工程定额都是基于《通用安装工程消耗量定额》（TY02—31—2015）编制的，在定额项目设置、定额项目工作内容、工程量计算规则等方面基本保持一致，其区别主要在于消耗量水平差异和价格水平差异，这是由不同地区之间的生产力水平差异和物价水平差异导致的，这种差异基本不会影响初学者对安装工程计量计价知识的学习。基于此，本书以《通用安装工程消耗量定额》（TY02—31—2015）作为教学基础，以求满足对全国不同地区学生对安装工程定额的学习需求。

视频：通用安装定额介绍

（1）《通用安装工程消耗量定额》（TY02—31—2015）的主要内容。《通用安装工程消耗量定额》（TY02—31—2015）共分十二册，具体内容如下：

1）第一册　机械设备安装工程；

2）第二册　热力设备安装工程；

3）第三册　静置设备与工艺金属结构制作安装工程；

4）第四册　电气设备安装工程；

5）第五册　建筑智能化工程；

6）第六册　自动化控制仪表安装工程；

7）第七册　通风空调工程；

8）第八册　工业管道工程；

9）第九册　消防工程；

10）第十册　给水排水、采暖、燃气工程；

11）第十一册　通信设备及线路工程；

12）第十二册　刷油、防腐蚀、绝热工程。

（2）适用范围。《通用安装工程消耗量定额》（TY02—31—2015）适用于工业与民用建筑的新建、扩建通用安装工程，不适用于修缮和改造的安装工程。

（3）作用。《通用安装工程消耗量定额》（TY02—31—2015）是完成规定计量单位分部分项工程所需的人工、材料、施工机械台班的消耗量标准。它是各地区、部门工程造价管理机构编制建设工程定额，确定消耗量，编制国有投资工程投资估算、设计概算、最高投标限价的依据。

（4）常见定额规定费用介绍。

1）安装与生产（使用）同时进行施工增加费：是指扩建工程在生产车间内或装置一定范围内施工时，因生产操作或生产条件限制（如不准动火、空间狭小通风不畅等）干扰了安装工作正常进行而降效所增加的费用，包括火灾防护、噪声防护及降效费用。

2）在有害身体健康环境中施工增加费：是指扩建工程由于车间、装置一定范围内有害物质超过国家标准以至于影响身体健康而增加的费用，包括有害化合物防护、粉尘防护、有害气体防护、高浓度氧气防护及降效费用。

3）地下室（洞库、暗室）施工增加费：是指在地下室、洞库、暗室施工时所采用的照明设备的安拆、维护、照明用电及通风等措施费，以及施工降效费用。

4）脚手架搭拆费：定义同 1.2.2 节，脚手架搭拆费包括材料的搬运，搭、拆脚手架，拆除脚手架后材料的堆放所产生的费用。

5）建筑物超高增加费：是指建筑物高度以室内设计地坪为准超过 6 层或室外设计地坪至檐口高度超过 20 m 以上时，因建筑物超高增加的费用，内容包括高层施工引起的人工、机械降效，材料、工器具垂直运输增加的机械费用，操作工人所乘坐的升降设备以及通信联络工具等费用。该费用计算基数按包括 6 层或 20 m 以下全部工程人工费考虑。

计算建筑物超高增加费时需注意以下几点：

①高层建筑中地下室部分不计层数和高度，也不计算建筑物超高增加费；

②屋顶单独水箱间、电梯间不计层数和高度；

③同一建筑物高度不同时，可按垂直投影以不同高度分别计算；

④建筑物为坡形顶时可按平均高度计算；

⑤层高不超过 2.2 m 时，不计层数；层高超过 3.3 m 时，可按层高 3.3 m 折算层数。

6）操作高度增加费，指操作物高度超过定额考虑的正常操作高度（见各册说明）时计取的人工、机械降效费用。计算时，按超过起算点以上部分的工程量为基础计算。

以上各项费用一般均以定额人工费（或定额人工费 + 机械费）为基数按一定系数进行计算，具体数值由定额总说明或册说明规定。定额说明已包括相应费用的项目不计算该费用。

1.3.3　安装工程定额计价程序

安装工程费用需按照一定程序进行汇总、计算，不同省（直辖市、自治区）的计算程序不尽相同，以下介绍常见的两种计算程序以供参考，见表 1-4 和表 1-5。

表 1-4　安装工程费用定额计价程序（一）

序号	费用名称	计算式	备注
1	分部分项工程费	$\sum$ 工程量 ×（定额综合单价 + 主材费）	定额综合单价包含分部分项工程人工费、材料费、机械费、企业管理费、利润和一定的风险费用
2	措施项目费	2.1 + 2.2 + 2.3 + 2.4	
2.1	$\sum$ 各专业措施费	按各定额规定计算	
2.1.1	其中：人工费		或（人工费 + 机械费）
2.2	企业管理费	2.1.1 × 费率	
2.3	利润	2.1.1 × 费率	
2.4	一定范围内的风险费		
3	其他项目费	3.1 + 3.2 + 3.3 + 3.4	

续表

序号	费用名称	计算式	备注
3.1	暂列金额		
3.2	暂估价		
3.3	计日工		
3.4	总承包服务费	基数×规定系数	
4	规费	$\sum$ 各项规费计算基数×费率	费率由各地市规定
5	增值税	(1+2+3+4)×税率	
6	工程总造价	1+2+3+4+5	

表 1-5　安装工程费用定额计价程序（二）

序号	费用名称	计算方法	备注
一	定额分部分项工程费	$\sum$ 定额基价×工程量	定额基价 = $\sum$(定额工日消耗量×人工单价) + $\sum$(定额材料消耗量×材料单价) + $\sum$(定额机械台班消耗量×台班单价),人材机单价根据不同情况可分别执行省(直辖市、自治区)指导价或市场价等
	其中含计费基数 JD1	省价人工费或省价人工费+省价机械费，具体见各省（直辖市、自治区）规定	
二	措施项目费	$\sum$ JD1×各措施项目费率	
	其中含计费基数 JD2	$\sum$ 各措施项目费中人工费或 $\sum$ 各措施项目费中(人工费+机械费),具体见各省(直辖市、自治区)规定	
三	其他项目费	3.1+3.2+……	其他项目费的内容和计算方法在各省（直辖市、自治区）都不尽相同，具体参见其费用计算文件
	3.1	总承包服务费	
	3.2	其他检验试验费	
	……	……	
四	企业管理费	(JD1+JD2)×管理费费率	
五	利润	(JD1+JD2)×利润率	
六	规费	6.1+6.2+6.3+6.4+……	
	6.1 社会保险费	计费基数×费率	此处计费基数各省（直辖市、自治区）不统一，算法不同，给定的费率值也不同
	6.2 住房公积金	计费基数×费率	
	6.3 工程排污费	按地区市规定计算	
	6.4 建设项目工伤保险	按地区市规定计算	
	……	……	
七	税金	(一+二+三+四+五+六)×税率	
八	工程费用合计	前面七项之和	

1.4　安装工程工程量清单计价

1.4.1　工程量清单计价全过程

工程量清单计价概念可参见 1.1.3 节相关内容。工程量清单计价主要应用于建设工程施工发承包的计价活动，在这种计价方式和管理模式下，招投标活动更加公平，投资控制更加有效，工程风险得到合理分担，工程结算时的争议或纠纷可以最大化避免。正因如此，《建设工程工程量清单计价规范》（GB 50500—2013）中强制规定，全部使用国有资金投资或以国有资金投资为主的建设工程施工发承包，必须采用工程量清单计价。

对某一工程项目来说，工程量清单计价活动包含三个阶段：编制并发布招标工程量清单（同时发布招标控制价）；针对招标清单进行投标报价；根据投标报价（固定综合单价）和实际工程量进行工程结算，具体如图 1-5 所示。

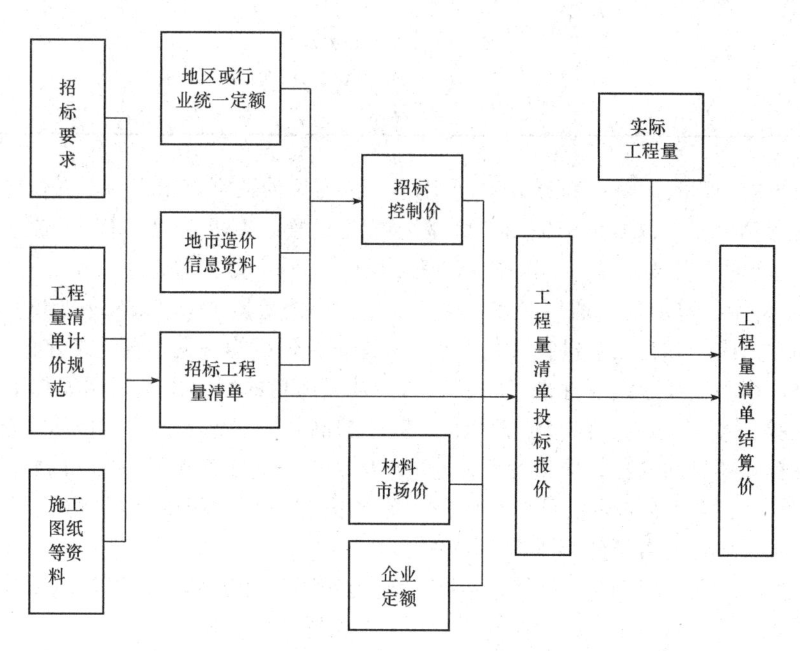

图 1-5　工程量清单计价全过程

1.4.2　安装工程工程量清单编制

招标工程量清单是工程量清单计价的基础，是编制招标控制价、投标报价和工程索赔等的依据之一。工程量清单由具有编制招标文件能力的招标人或受其委托具有相应资质的工程造价咨询机构、招标代理机构编制。编制工程量清单的依据包括国家相应的计量规范、建设主管部门颁发的计价依据和办法、施工图文件、常规施工方案等资料。工程量清单主要由分部分项工程量清单、措施项目清单、其他项目清单、规费项目清单、税金项目清单组成。

（1）安装工程分部分项工程量清单编制。安装工程分部分项工程量清单根据《通用安装工程工程量计算规范》（GB 50856—2013）规定的项目编码、项目名称、项目特征、计量单位和工程量计算规则进行编制。表 1-6 为分部分项工程量清单示例，安装工程分部分项工程量清单编制的内容将在本书后面章节中进行详细介绍。

表 1-6 分部分项工程量清单示例

序号	项目编码	项目名称	项目特征	计量单位	工程量
1	030801001001	低压碳钢管	1. 安装部位：室内泵房 2. 输送介质：热水 3. 材质或种类：焊管 4. 规格：*DN*50 5. 连接方式：电弧焊 6. 压力试验、吹扫与清洗：水压试验 7. 套管形式：无	m	41
2	030801001002	低压碳钢管	1. 安装部位：室内泵房 2. 输送介质：热水 3. 材质或种类：焊管 4. 规格：*DN*70 5. 连接方式：电弧焊 6. 压力试验、吹扫与清洗：水压试验 7. 套管形式：无	m	22

1）分部分项工程量清单的项目编码，采用十二位阿拉伯数字表示，一至九位应按《通用安装工程工程量计算规范》（GB 50856—2013）附录规定设置，不得变动，十至十二位应根据拟建工程的工程量清单项目名称设置，同一招标工程的项目编码不得有重码。

2）编制工程量清单出现《通用安装工程工程量计算规范》（GB 50856—2013）附录中未包括的项目，编制人应作补充，并报省级或行业工程造价管理机构备案，省级或行业工程造价管理机构应汇总报住房和城乡建设部标准定额研究所。补充项目的编码由本通用安装工程的代码03与B和三位阿拉伯数字组成，并应从03B001起顺序编制，同招标工程的项目不得重码。工程量清单中需附有补充项目的名称、项目特征、计量单位、工程量计算规则、工程内容。

3）分部分项工程量清单的项目名称应按《通用安装工程工程量计算规范》（GB 50856—2013）附录的项目名称结合拟建工程的实际确定。

4）分部分项工程量清单的项目特征应按《通用安装工程工程量计算规范》（GB 50856—2013）附录中规定的项目特征，结合拟建工程项目的实际予以描述。

5）分部分项工程量清单的计量单位应按《通用安装工程工程量计算规范》（GB 50856—2013）附录中规定的计量单位确定。

6）分部分项工程量清单中所列工程量应按《通用安装工程工程量计算规范》（GB 50856—2013）附录中规定的工程量计算规则计算。工程计量时每一项目汇总的有效位数应遵守下列规定：

①以“t”为单位，应保留小数点后三位数字，第四位小数四舍五入；

②以“m、m^2、m^3、kg”为单位，应保留小数点后两位数字，第三位小数四舍五入；

③以“台、个、件、套、根、组、系统”为单位，应取整数。

（2）安装工程措施项目清单编制。措施项目是为完成工程项目施工，发生于该工程施工准备和施工过程中的技术、生活、安全、环境保护等方面的项目。《建设工程工程量清单计价规范》（GB 50500—2013）将措施项目分为单价措施项目和总价措施项目两类。单价措施项目是指工程量清单中以单价计价的项目，即根据合同工程图纸（含设计变更）和相关工程现行国家计量规范规定的工程量计算规则进行计量，与已标价工程量清单相应综合单价进行价款计算的项目。总价措施项目是指工程量清单中以总价计价的项目，即此类项目在相关工程现行国家计量规范中无工程量计算规则，以总价（或计算基础乘费率）计算的项目。安装工程中除“组装平台铺设与拆除”为单价措施项目外，其余大多是总价措施项目。

《通用安装工程工程量计算规范》（GB 50856—2013）列出了常见的安装工程专业措施项目（表 1-7）和安装工程通用措施项目（表 1-8），且所有项目仅列出项目编码和项目名称，均未列出项目特征、计量单位和工程量计算规则。在编制措施项目清单时，因工程情况不同，出现规范未列的措施项目，可根据工程实际情况补充。

措施项目中可以计算工程量的项目清单宜采用分部分项工程量清单的方式编制，列出项目编码、项目名称、项目特征、计量单位和工程量计算规则；不能计算工程量的项目清单，以“项”为计量单位，相应数量为“1”，即要求投标人对每一个措施费项目进行报价。

表 1-7　安装工程专业措施项目（编码：031301）

项目编码	项目名称	工作内容及包含范围
031301001	吊装加固	1. 行车梁加固； 2. 桥式起重机加固及负荷试验； 3. 整体吊装临时加固件，加固设施拆除、清理
031301002	金属抱杆安装、拆除、移位	1. 安装、拆除； 2. 移位； 3. 吊耳制作安装； 4. 拖拉坑挖埋
031301003	平台铺设、拆除	1. 场地平整； 2. 基础及支墩砌筑； 3. 支架型钢搭设； 4. 铺设； 5. 拆除、清理
031301004	顶升、提升装置	安装、拆除
031301005	大型设备专用机具	
031301006	焊接工艺评定	焊接、试验及结果评价
031301007	胎（模）具制作、安装、拆除	制作、安装、拆除
031301008	防护棚制作、安装、拆除	制作、安装、拆除
031301009	特殊地区施工增加	1. 高原、高寒施工防护； 2. 地震防护
031301010	安装与生产同时进行施工增加	1. 火灾防护； 2. 噪声防护
031301011	在有害身体健康环境中施工增加	1. 有害化合物防护； 2. 粉尘防护； 3. 有害气体防护； 4. 高浓度氧气防护
031301012	工程系统检测、检验	1. 起重机、锅炉、高压容器等特种设备安装质量监督检验检测； 2. 由国家或地方检测部门进行的各类检测

续表

项目编码	项目名称	工作内容及包含范围
031301013	设备、管道施工的安全、防冻和焊接保护	保证工程施工正常进行的防冻和焊接保护
031301014	焦炉烘炉、热态工程	1. 烘炉安装、拆除、外运； 2. 热态作业劳保消耗
031301015	管道安拆后的充气保护	充气管道安装、拆除
031301016	隧道内施工的通风、供水、供气、供电、照明及通信设施	通风、供水、供气、供电、照明及通信设施安装、拆除
031301017	脚手架搭拆	1. 场内、场外材料搬运； 2. 搭、拆脚手架； 3. 拆除脚手架后材料的堆放
031301018	其他措施	为保证工程施工正常进行所发生的费用
注：1. 由国家或地方检测部门进行的各类检测，指安装工程不包括的属经营服务性项目，如通电测试、防雷装置检测、安全、消防工程检测、室内空气质量检测等。 2. 脚手架按《通用安装工程工程量计算规范》（GB 50856—2013）各附录分别列项。 3. 其他措施项目必须根据实际措施项目名称确定项目名称，明确描述工作内容及包含范围。		

表 1-8　安装工程通用措施项目（031302）

项目编码	项目名称	工作内容及包含范围
031302001	安全文明施工	1. 环境保护：现场施工机械设备降低噪声、防扰民措施；水泥和其他易飞扬细颗粒建筑材料密闭存放或采取覆盖措施等；工程防扬尘洒水；土石方、建渣外运车辆保护措施等；现场污染源的控制、生活垃圾清理外运、场地排水排污措施；其他环境保护措施； 2. 文明施工：“五牌一图”；现场围挡的墙面美化（包括内外粉刷、刷白、标语等）、压顶装饰；现场厕所便槽刷白、贴面砖，水泥砂浆地面或地砖，建筑物内临时便溺设施；其他施工现场临时设施的装饰装修、美化措施；现场生活卫生设施；符合卫生要求的饮水设备、淋浴、消毒等设施；生活用洁净燃料；防煤气中毒、防蚊虫叮咬等措施；施工现场操作场地的硬化；现场绿化、治安综合治理；现场配备医药保健器材、物品费用和急救人员培训；用于现场工人的防暑降温、电风扇、空调等设备及用电；其他文明施工措施； 3. 安全施工：安全资料、特殊作业专项方案的编制，安全施工标志的购置及安全宣传；“三宝”（安全帽、安全带、安全网）、“四口”（楼梯口、电梯井口、通道口、预留洞口）、“五临边”（阳台围边、楼板围边、屋面围边、槽坑围边、卸料平台两侧）、水平防护架、垂直防护架、外架封闭等防护措施；施工安全用电，包括配电箱三级配电、两级保护装置要求，外电防护措施；起重机、塔式起重机等起重设备（含井架、门架）及外用电梯的安全防护措施（含警示标志）；卸料平台的临边防护、层间安全门、防护棚等设施；建筑工地起重机械的检验检测；施工机具防护棚及其围栏的安全保护设施；工人的安全防护用品、用具购置；消防设施与消防器材的配置；电气保护、安全照明设施；其他安全防护措施； 4. 临时设施：施工现场采用彩色、定型钢板，砖、混凝土砌块等围挡的安砌、维修、拆除；施工现场临时建筑物、构筑物的搭设、维修、拆除，如临时宿舍、办公室、食堂、厨房、厕所、诊疗所、文化福利用房、仓库、加工场、搅拌台、简易水塔、水池等；施工现场临时设施的搭设、维修、拆除，如临时供水管道、临时供电管线、小型临时设施等；施工现场规定范围内临时简易道路铺设，临时排水沟、排水设施安砌、维修、拆除；其他临时设施的搭设、维修、拆除

续表

项目编码	项目名称	工作内容及包含范围
031302002	夜间施工增加	1. 夜间固定照明灯具和临时可移动照明灯具的设置、拆除； 2. 夜间施工时，施工现场交通标志、安全标牌、警示灯等的设置、移动、拆除； 3. 夜间照明设备及照明用电、施工人员夜班补助、夜间施工劳动效率降低等
031302003	非夜间施工增加	为保证工程施工正常进行，在地下（暗）室、设备及大口径管道内等特殊施工部位施工时所采用的照明设备的安拆、维护及照明用电、通风等；在地下（暗）室等施工引起的人工工效降低以及由于人工工效降低引起的机械降效
031302004	二次搬运	由于施工场地条件限制而发生的材料、成品、半成品等一次运输不能到达堆放地点，必须进行二次或多次搬运
031302005	冬雨季施工增加	1. 冬雨（风）期施工时增加的临时设施（防寒保温、防雨、防风设施）的搭设、拆除； 2. 冬雨（风）期施工时，对砌体、混凝土等采用的特殊加温、保温和养护措施； 3. 冬雨（风）期施工时，施工现场的防滑处理、对影响施工的雨雪的清除； 4. 冬雨（风）期施工时增加的临时设施、施工人员的劳动保护用品、冬雨（风）期施工劳动效率降低等
031302006	已完工程及设备保护	对已完工程及设备采取的覆盖、包裹、封闭、隔离等必要保护措施
031302007	高层施工增加	1. 高层施工引起的人工工效降低以及由于人工工效降低引起的机械降效； 2. 通信联络设备的使用

注：1. 本表所列项目应根据工程实际情况计算措施项目费用，需分摊的应合理计算摊销费用。
2. 施工排水是指为保证工程在正常条件下施工而采取的排水措施所发生的费用。
3. 施工降水是指为保证工程在正常条件下施工而采取的降低地下水位的措施所发生的费用。
4. 高层施工增加：
（1）单层建筑物檐口高度超过 20 m，多层建筑物超过 6 层时，按《通用安装工程工程量计算规范》（GB 50856—2013）各附录分别列项。
（2）凸出主体建筑物顶的电梯机房、楼梯出口间、水箱间、瞭望塔、排烟机房等不计入檐口高度，计算层数时，地下室不计入层数。

（3）安装工程其他项目清单编制。其他项目清单主要包括暂列金额、暂估价、计日工和总承包服务费四项，可根据工程实际情况进行补充。

1）暂列金额。暂列金额是招标人在工程量清单中暂定并包括在合同价款中的一笔款项，用于施工合同签订时尚未确定或者不可预见的所需材料、设备、服务的采购，施工中可能发生的工程变更、合同约定调整因素出现时的工程价款调整以及发生的索赔、现场签证确认等的费用。

2）暂估价。暂估价是招标人在工程量清单中提供的用于支付必然发生但暂时不能确定价格的材料、工程设备的单价以及专业工程的金额。

编制招标工程量清单时，暂估价中的材料单价、设备暂估单价应根据工程造价信息或参照市场价格估算，列出明细表；暂估价中的专业工程暂估价应分不同专业，按有关计价规定估算，列出明细表。

3）计日工。计日工是在施工过程中，承包人完成发包人提出的施工图纸以外的零星项目或工作，按合同中约定的综合单价计价的一种方式。计日工，不仅指人工，对于零星项目或工作使用的材料、机械，也可列于该项之下，同时，计日工应列出项目和数量。

4）总承包服务费。总承包服务费是总承包人为配合协调发包人进行的专业工程分包，发包人自行采购的设备、材料等进行保管以及施工现场管理、竣工资料汇总整理等服务所需的费用。

（4）安装工程规费项目清单编制。规费项目清单在实际编制时应根据省级政府或省级有关部门的规定列项（不同省份之间有区别）。一般均包含有下列内容：

1）社会保险费：包括养老保险费、失业保险费、医疗保险费、工伤保险费、生育保险费；

2）住房公积金；

3）工程排污费。

（5）安装工程税金项目清单编制。按照现在的政策规定，税金项目就是增值税。

1.4.3 安装工程工程量清单计价

在工程量清单编制完成后，依据工程量清单和相应的其他材料，可以计算招标控制价或投标报价。招标控制价和投标报价在计算程序和计算方法上是相同的，所不同的主要是编制依据，主要表现在三方面：招标控制价依据国家、省级、行业建设主管部门颁发的计价定额和计价办法，投标报价首先应依据企业定额；招标控制价依据工程造价管理机构发布的工程造价信息，当工程造价信息没有时参照市场价，投标报价主要依据市场价格，报价企业也可参照工程造价管理机构发布的工程造价信息；招标控制价依据常规施工方案，投标报价依据企业的施工方案。

（1）单位工程工程量清单计价程序。工程量清单计价的价款应包括按招标文件规定完成工程量清单所列项目的全部费用，包括分部分项工程费、措施项目费、其他项目费、规费和税金，计算过程见表1-9。

表1-9　单位工程费用计算程序（工程量清单计价）

序号	费用项目	计算方法
1	分部分项工程费	$\sum$（分部分项工程量×综合单价）
2	措施项目费	$\sum$（措施项目清单工程量×综合单价）
3	其他项目费	按招标文件和清单计价要求计算
4	规费	（分部分项工程费和措施项目费中的人工费）×费率
5	税金	（1+2+3+4）×税率
6	工程造价	（1+2+3+4+5）

（2）分部分项工程费的计算。计算分部分项工程费的核心是确定各分部分项的综合单价。综合单价包括完成一定计量单位分部分项工程的人工费、材料费（或工程设备费）、施工机具费、企业管理费和利润，以及一定范围内的风险。应用不同类型的定额，综合单价的计算程序不尽相同，使用消耗量定额时可参考表1-10。表1-11为针对前述表1-6中清单项目的综合单价分析（执行山东省2016消耗量定额及价目表）。

表1-10　综合单价计算程序

序号	费用名称		计算过程
一	直接工程费		$\sum$（人工费+材料费+机械费）
	其中	人工费	$\sum$定额工日消耗量×人工单价×（定额工程量/清单工程量）
		材料费	$\sum$定额材料消耗量×材料单价×（定额工程量/清单工程量）
		机械费	$\sum$定额机械消耗量×机械台班单价×（定额工程量/清单工程量）

续表

序号	费用名称	计算过程
二	企业管理费	计费基础（一般为人工费或人工费、机械费之和）×相应费率
三	利润	计费基础（一般为人工费或人工费、机械费之和）×相应费率
四	综合单价	一+二+三

表 1-11　综合单价分析表

<table>
<tr><td colspan="2">项目编码</td><td colspan="2">030801001001</td><td colspan="2">项目名称</td><td colspan="2">低压碳钢管</td><td>单位</td><td>m</td><td>工程量</td><td>41</td></tr>
<tr><td colspan="12">清单综合单价组成明细</td></tr>
<tr><td rowspan="2">定额编号</td><td rowspan="2">定额项目名称</td><td rowspan="2">定额单位</td><td rowspan="2">数量</td><td colspan="4">单价</td><td colspan="4">合价</td></tr>
<tr><td>人工费</td><td>材料费</td><td>机械费</td><td>管理费和利润</td><td>人工费</td><td>材料费</td><td>机械费</td><td>管理费和利润</td></tr>
<tr><td>8-1-21</td><td>低压碳钢管≤DN50</td><td>10 m</td><td>0.1</td><td>72.2</td><td>211.37</td><td>5.8</td><td>59.92</td><td>7.22</td><td>21.14</td><td>0.58</td><td>5.99</td></tr>
<tr><td>8-5-1</td><td>液压试验DN50</td><td>100 m</td><td>0.01</td><td>395.83</td><td>33.12</td><td>10.09</td><td>328.54</td><td>3.96</td><td>0.33</td><td>0.1</td><td>3.29</td></tr>
<tr><td colspan="3">人工单价</td><td colspan="5">小计</td><td>11.18</td><td>21.47</td><td>0.68</td><td>9.28</td></tr>
<tr><td colspan="3">103 元/综合工日</td><td colspan="5">未计价材料费</td><td colspan="4">20.78</td></tr>
<tr><td colspan="8">清单项目综合单价</td><td colspan="4">42.61</td></tr>
<tr><td rowspan="4">材料费明细</td><td colspan="5">主要材料名称、规格、型号</td><td>单位</td><td>数量</td><td>单价/元</td><td>合价/元</td><td>暂估单价/元</td><td>暂估合价/元</td></tr>
<tr><td colspan="5">焊接钢管 DN50</td><td>m</td><td>0.899 6</td><td>23.1</td><td>20.78</td><td></td><td></td></tr>
<tr><td colspan="7">其他材料费</td><td>—</td><td>0.69</td><td>—</td><td>0</td></tr>
<tr><td colspan="7">材料费小计</td><td>—</td><td>21.47</td><td>—</td><td>0</td></tr>
</table>

（3）措施项目费的计算。招标人提出的措施项目清单是根据常规施工方案提出的，企业投标时根据本企业的实际情况可以进行调整。措施项目费属于竞争性的费用，投标报价时由编制人根据企业的情况自行计算，可高可低。投标人没有计算或少计算的费用，视为此费用已包括在其他费项目内，额外的费用除招标文件和合同约定外，一般不予支付。

单价措施项目费的计算与分部分项工程费相同，不再赘述。总价措施项目费一般以计算基数乘以规定费率计算（具体数值由省级工程造价管理部门规定），表 1-12 为某项目总价措施项目清单与计价表。

表 1-12　某项目总价措施项目清单与计价表

序号	项目名称	计算基础	费率/%	金额/元	备注
1	夜间施工费	人工费	2.60	101 575.09	
2	二次搬运费	人工费	2.20	80 180.22	
3	冬雨期施工增加费	人工费	2.90	105 692.1	
4	已完工程及设备保护费	人工费	1.30	42 266.72	
5	合计			329 714.14	

（4）其他项目费。

1）暂列金额。暂列金额由招标人根据工程特点，按有关计价规定进行估算确定，施工过程中由建设单位掌握使用，扣除合同价款调整后如有余额，归建设单位。一般可按分部分项工程费的10%～15%估列。暂列金额在招标清单中注明具体金额，投标报价时直接填入该数据，不能改动。

2）暂估价。编制招标控制价、投标报价时，材料暂估价、工程设备暂估单价应按招标人在其他项目清单中列出的单价计入综合单价，专业工程暂估价应按招标人在其他项目清单中列出的金额填写。需注意在编制招标控制价或投标报价时都不能改动暂估价，必须与招标工程量清单一致。

3）计日工。编制招标控制价时，按照招标工程量清单列出的计日工项目、估算数量和有关计价规定计算。投标人进行计日工报价应按其他项目清单中列出的计日工项目和数量，自主确定综合单价并计算其费用。

4）总承包服务费。总承包服务费在编制招标控制价时，根据总包服务范围和有关计价规定编制，施工企业投标时自主报价。

（5）规费和税金。无论是建设单位编制招标控制价，还是施工企业编制投标报价，规费均应按照省（直辖市、自治区）或行业建设主管部门发布的标准计算规费和税金，不得作为竞争性费用。

第2章

机械设备安装工程计量与计价

机械设备种类繁多，本章重点介绍民用建筑中经常涉及的风机、泵、制冷设备等通用机械设备的计量与计价。

2.1 机械设备安装施工工序

通用机械设备安装工序一般包括安装准备、设备基础施工、设备安装、设备检验、调整与试运转。

（1）设备安装准备。

1）技术准备。研读施工图、设备说明书和相应设备安装规范与质量标准等，编制施工组织设计或施工方案。

2）组织准备。根据工程特点和施工部门的具体情况与条件，成立施工组织机构。

3）供应准备。

①设备安装所需材料、工器具的准备；

②设备开箱检查；

③设备清洗：清除设备表面油脂、污垢及内部残留污物，清洗干净方可装配，表面如有锈蚀尚需进行除锈处理；

④润滑：设备各部分清洗干净后，进行加油（脂）润滑，所有润滑部分及油孔均应加满润滑油（脂）。

（2）设备基础施工。设备基础施工一般包括挖基坑、装设模板、绑扎钢筋、安装地脚螺栓或预留孔模板、浇灌混凝土、养护、拆除模板等。与设备安装密切相连的是地脚螺栓的安装，它的作用是将设备与基础牢固地连接起来，以免设备在运转时发生位移和倾覆。

1）地脚螺栓分类和适用范围。地脚螺栓主要包括固定地脚螺栓、活动地脚螺栓、胀锚地脚螺栓、粘接地脚螺栓四类。

地脚螺栓

①固定地脚螺栓：又称短地脚螺栓，它与基础浇灌在一起，底部做成开叉形、环形、钩形等形状，以防止地脚螺栓旋转和拔出。适用于没有强烈振动和冲击的设备。

②活动地脚螺栓：又称长地脚螺栓，是一种可拆卸的地脚螺栓，这种地脚螺栓比较长，或者是双头螺纹的双头式，或者是一头螺纹、另一头T字形

头的T形式。适用于有强烈振动和冲击的重型设备。

③胀锚地脚螺栓：胀锚地脚螺栓中心到基础边沿的距离不小于7倍的胀锚直径，安装胀锚的基础强度不得小于10 MPa。常用于固定静置的简单设备或辅助设备。

④粘接地脚螺栓：为近年常用的一种地脚螺栓，其方法和要求同胀锚地脚螺栓。在粘接时应把孔内的杂物吹净，使用环氧树脂砂浆锚固地脚螺栓。

2）地脚螺栓的施工。地脚螺栓的埋设分为直埋和后埋。直埋是浇筑混凝土前，将螺栓定位，混凝土浇筑成型后，螺栓埋设好；后埋是浇筑混凝土时，预留埋设螺栓孔洞，待混凝土达到一定强度后，插入螺栓，二次浇筑混凝土。直埋地脚螺栓的优点是混凝土一次浇筑成型，混凝土强度均匀，整体性强，抗剪强度高；缺点是螺栓无固定支撑点，如果螺栓定位出现误差，则处理相当烦琐。后埋地脚螺栓的优点是螺栓有可靠的支撑点（已达到一定强度的基础混凝土），定位准确，不容易出现误差；缺点是预留孔洞部分混凝土浇筑后硬化收缩，容易与原混凝土之间产生裂缝，降低整体的抗剪强度，使结构的整体耐久性受到影响。

3）垫铁。垫铁是机械设备安装中不可缺少的重要部件。在设备底座下安放垫铁组，通过对垫铁组厚度的调整，使设备达到安装要求的标高和水平度，使设备底座各部分都能与基础充分接触，具有减振、支撑的作用。每个地脚螺栓旁边至少应放置一组垫铁，应放在靠近地脚螺栓和底座主要受力部位下方。

垫铁

垫铁有多种分类，按作用不同分为调整垫铁、减震垫铁、防震垫铁；按材质不同分为钢板垫铁（厚度在0.3～20 mm）和铸铁垫铁（厚度在20 mm以上）；按形状不同可分为平垫铁、斜垫铁和螺栓调整垫铁。

（3）设备安装。

1）吊装。使用起重设备将被安装设备就位，初平、找正，找平部位进行清洗和保护。

2）精平组装。精平、找平、找正、对中、附件装配、垫铁焊固。

3）本体管路、附件和传动部分的安装。

4）设备试运转。试运转就是要综合检验前阶段及各工序的施工质量，发现缺陷，及时修理和调整，使设备的运行特性能够达到设计指标的要求。

机械设备的试运转步骤为：先无负荷后负荷，先单机后系统，最后联动。试运转首先从部件开始，由部件至组件，再由组件至单台设备，不同设备的试运转要求不一样。

2.2 机械设备安装工程定额计量与定额应用

说明：字体加粗部分为本节中基本知识点或民用建筑中常涉及项目，应熟练掌握。

2.2.1 机械设备安装工程定额概述

（1）除另有说明外，均包括下列工作内容。

1）安装主要工序。

①整体安装：施工准备，设备、材料及工、机具水平搬运，设备开箱检验、配合基础验收、垫铁设置，地脚螺栓安放，设备吊装就位安装、连接，设备调平找正，垫铁点焊，配合基础灌浆，设备精平对中找正，与机械本体连接的附属设备、冷却系统、润滑系统及支架防护罩等附属部件的安装，机组油、水系统管线的清洗，配合检查验收。

②解体安装：施工准备，设备、材料及工、机具水平搬运，设备开箱检验、配合基础验收、

垫铁设置，地脚螺栓安放，设备吊装就位、组对安装，各部位间隙的测量、检查、刮研和调整，设备调平找正，垫铁点焊，配合基础灌浆，设备精平对中找正，与机械本体连接的附属设备、冷却系统、润滑系统及支架防护罩等附属部件的安装，机组油、水系统管线的清洗，配合检查验收。

③解体检查：施工准备，设备本体、部件及第一个阀门以内管道的拆卸，清洗检查，换油，组装复原，间隙调整，找平找正，记录，配合检查验收。

2）施工及验收规范中规定的调整、试验及空负荷试运转。

3）与设备本体连接的平台、梯子、栏杆、支架、屏盘、电机、安全罩以及设备本体第一个法兰以内的成品管道等安装。

4）工种间交叉配合的停歇时间，临时移动水、电源时间，以及配合质量检查、交工验收等工作。

5）配合检查验收。

（2）定额不包括下列内容：

1）设备场外运输。

2）因场地狭小，有障碍物等造成设备不能一次就位所引起设备、材料增加的二次搬运、装拆工作。

3）设备基础的铲磨，地脚螺栓孔的修整、预压，以及在软弱地层上安装设备所需增加的费用。

4）地脚螺栓孔和基础灌浆。

5）设备、构件、零部件、附件、管道、阀门、基础、基础盖板等的制作、加工、修理、保温、刷漆及测量、检测、试验等工作。

6）设备试运转所用的水、电、气、油、燃料等。

7）联合试运转、生产准备试运转。

8）专用垫铁、特殊垫铁（如螺栓调整垫铁、球型垫铁、钩头垫铁等）、地脚螺栓和设备基础的灌浆。

9）脚手架搭设与拆除。

10）电气系统、仪表系统、通风系统、设备本体第一个法兰以外的管道系统等的安装、调试工作；非与设备本体连接的附属设备或附件（如平台、梯子、栏杆、支架、容器、屏盘）的制作、安装、刷油、防腐、保温等工作。

（3）下列费用可按系数分别计取。

1）定额“起重设备安装”“起重机轨道安装”的脚手架搭拆费按定额人工费的8%计算，其费用中人工费占35%。

2）操作高度增加费，设备底座的安装标高，如超过地平面±10 m时，超过部分工程量按定额人工、机械费乘以表2-1中系数。

表2-1　机械设备安装工程操作高度增加系数

设备底座正或负标高/±m以内	20	30	40	50
调整系数	1. 15	1. 20	1. 30	1. 40

3）定额中设备地脚螺栓和连接设备各部件的螺栓、销钉、垫片及传动部分的润滑油料等按随设备配套供货考虑。

4）**制冷站（库）、空气压缩站、乙炔发生站、水压机蓄势站、制氧站、煤气站等工程的系**

统调整费，按各站工艺系统内全部安装工程人工费的15%计算，其费用中人工费占35%。在计算系统调整费时，必须遵守下列规定。

①上述系统调整费仅限于全部采用《通用安装工程消耗量定额》（TY02—31—2015）中第一册《机械设备安装工程》、第三册《静置设备与工艺金属结构制作安装工程》、第八册《工业管道工程》、第十二册《刷油、防腐蚀、绝热工程》等四册内有关定额的站内工艺系统安装工程。

②各站内工艺系统安装工程的人工费，必须全部由上述四册中有关定额的人工费组成，如上述四册定额有缺项时，则缺项部分的人工费在计算系统调整费时应予扣除，不参加系统工程调整费的计算。

③系统调试费必须是由以施工单位为主来实施时，方可计取系统调试费。若施工单位仅配合建设单位（或制造厂）进行系统调试，则应按实际发生的配合人工费计算。

2.2.2 风机安装工程定额计量与定额应用

（1）风机分类。

1）按作用原理分类（图2-1）：分为容积式和透平式，民用建筑大多是透平式风机。

2）按产生压力的高低分类：分为通风机（排气压力不大于14.7 kPa）、鼓风机（排气压力大于14.7 kPa，不大于350 kPa）、压缩机（排气压力大于350 kPa）。

3）按用途分类：可分为一般、防爆、防腐蚀、排烟等风机。

4）按传动方式分类：可分为直联式和非直联式两大类。所谓直联式是指叶轮直接装在电动机的加长轴上。

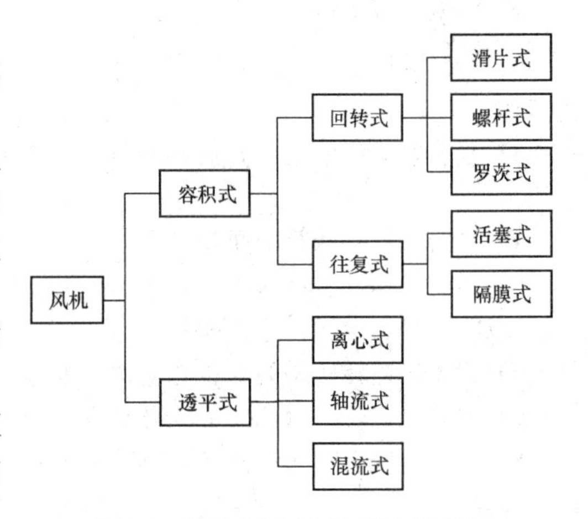

图2-1　按作用原理不同风机的分类

（2）风机安装定额计量。

1）风机安装、风机拆装检查以“台”为计量单位，以设备质量分列定额项目。

2）直联式风机按风机本体及电动机、变速器和底座的总质量计算。

3）非直联式风机，以风机本体和底座的总质量计，不包括电动机质量，但电动机的安装已包括在定额内。

风机

4）风机的拆装检查计取条件。

①施工及验收技术规范规定必须进行拆装检查工作时可计取。

②因设备久置或受潮湿等原因，建设单位或设计部门提出进行拆装检查时可计取。

（3）风机安装定额应用。

1）定额项目设置。

①离心式通（引）风机、轴流通风机、离心式鼓风机、回转式鼓风机安装；

②离心式通（引）风机、轴流通风机、离心式鼓风机、回转式鼓风机的拆装检查。

2）风机安装定额包含内容：

①风机本体、底座、电动机、联轴器及与本体连接的附件、管道、润滑冷却装置等的清洗、刮研、组装、调试。

②联轴器、皮带、减振器及安全防护罩安装。

3）风机安装定额未包含工作内容：

①风机底座、防护罩、键、减振器的制作。

②电动机的抽芯检查、干燥、配线、调试。

4）风机拆装检查定额包含内容：设备本体及部件以及第一个阀门以内的管道等拆卸、清洗、检查、刮研、换油、调间隙及调配重、找正、找平、找中心、记录、组装复原。

5）风机拆装检查定额未包含工作内容：

①设备本体的整（解）体安装。

②电动机安装及拆装、检查、调整、试验。

③设备本体以外的各种管道的检查、试验等工作。

6）塑料风机及耐酸陶瓷风机按离心式通（引）风机定额执行。

2.2.3　泵安装工程定额计量与定额应用

（1）泵的分类。

1）按照作用原理不同分类，如图 2-2 所示。

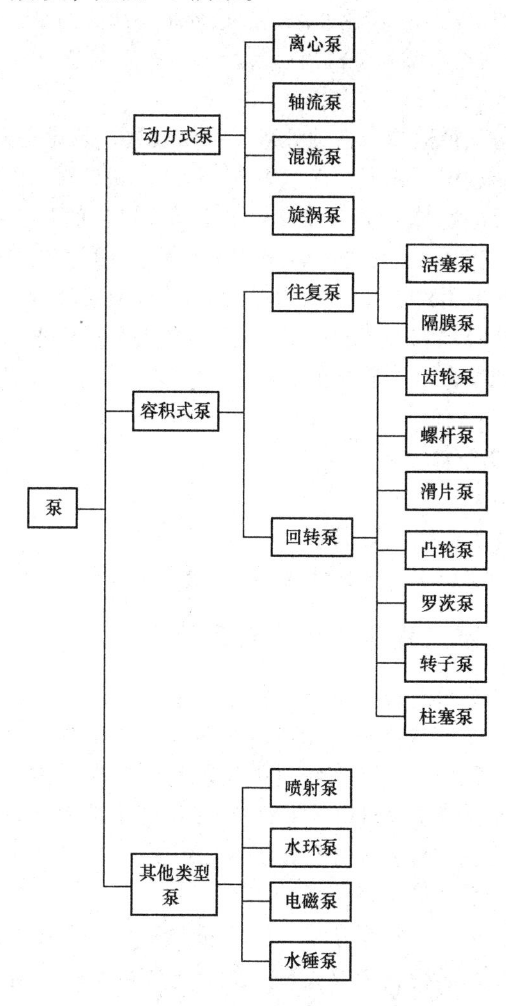

图 2-2　按作用原理不同泵的分类

2）按照叶轮固定在轴上的相对位置分类。可分为直联式和非直联式两大类。直联式的水泵叶轮直接安装在电机轴上，一般功率较小；非直联式的水泵和电机是两根轴，两轴通过联轴器传递扭矩。

直联式泵与非直联式泵

3）按泵轴方向可分为立式泵、卧式泵和斜式泵。

4）按级数可分为单级泵和复级（多级）泵。

5）按吸入形式可分为单吸泵、双吸泵。

（2）泵安装定额计量。

1）**泵安装以“台”为计量单位，以设备质量“t”分列定额项目**。DB 型高硅铁离心泵以“台”为计量单位，按不同设备型号分列定额项目。

2）**非直联式泵按泵本体及底座的总质量计算**。**不包括电动机质量，但包括电动机的安装**。

3）**离心式深水泵按本体、电动机、底座及吸水管的总质量计算**。

4）泵的拆装检查计取条件同风机。

（3）泵安装定额应用。

1）泵安装定额项目设置情况。定额设置有离心式泵、旋涡泵、往复泵、转子泵、真空泵、屏蔽泵等六类泵的安装与拆卸检查项目，其中离心式泵定额项目包含单级离心水泵、离心式耐腐蚀泵、多级离心泵、锅炉给水泵、冷凝水泵、热循环泵、离心油泵、离心式杂质泵、离心式深水泵、深井泵、DB 型高硅铁离心泵和蒸汽离心泵。

2）定额包含内容。

①泵的安装包括：设备开箱检验、基础处理、垫铁设置、泵设备本体及附件（底座、电动机、联轴器、皮带等）吊装就位、找平找正、垫铁点焊、单机试车、配合检查验收。

②泵拆装检查包括：设备本体及部件以及第一个阀门以内的管道等拆卸、清洗、检查、刮研、换油、调间隙、找正、找平、找中心、记录、组装复原、配合检查验收。

③设备本体与本体连接的附件、管道、滤网、润滑冷却装置的清洗、组装。

④离心式深水泵的泵体吸水管、滤水网安装及扬水管与平面的垂直度测量。

⑤联轴器、减振器、减振台、皮带安装。

3）**定额未包含工作内容**：

①**底座、联轴器、键的制作**。

②泵排水管道组对安装。

③电动机的检查、干燥、配线、调试等。

④**试运转时所需排水的附加工程（如修筑水沟、接排水管等）**。

2.2.4 制冷设备安装工程定额计量与定额应用

制冷设备在一般工业与民用建筑中主要用作空调系统冷热源，目前一般由专门工厂将制冷系统中的全部或部分设备直接组装成一个整体，为空调系统提供冷热媒，称之为制冷机组。制冷系统机组化是现代空调用制冷装置的发展方向，本部分内容主要介绍制冷机组及配套装置的定额计量和定额应用。

冷水机组

（1）制冷机组分类。常见制冷机组分类如图 2-3 所示。

（2）制冷机组及配套装置安装定额计量。

1）**制冷机组安装以“台”为计量单位，按设备类别、名称及机组质量“t”选用定额项目**。**制冷机组的设备质量按同一底座上的主机、电动机、附属设备及底座的总质量计算**。

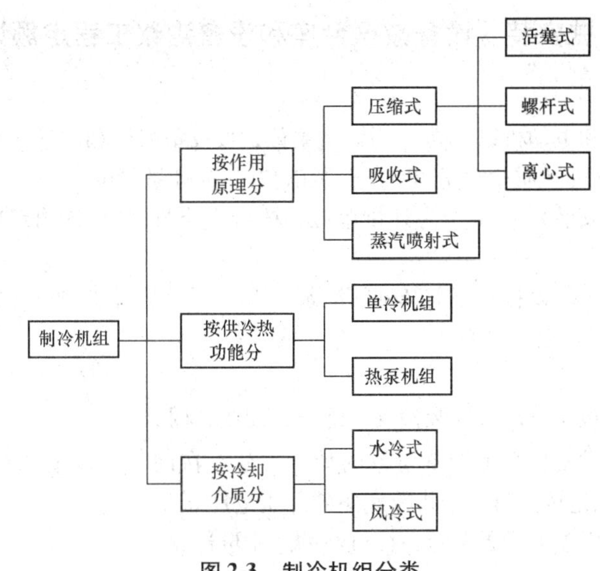

图 2-3　制冷机组分类

2）**玻璃钢冷却塔安装以“台”为计量单位，按设备处理水量（m^3/h）选用定额项目。**

（3）制冷机组及配套装置定额应用。

1）定额设置情况：定额设置有制冷机组和冷却塔项目，其中制冷机组包括活塞式制冷机、螺杆式冷水机组、离心式冷水机组、热泵机组、溴化锂吸收式制冷机。

2）定额包含内容：

①**设备整体、解体安装。**

②**设备带有的电动机、附件、零件等安装。**

③**制冷机械附属设备整体安装；随设备带有与设备连体固定的配件（放油阀、放水阀、安全阀、压力表、水位表）等安装。**

④制冷容器单体气密试验（包括装拆空气压缩机本体及连接试验用的管道、装拆盲板、通气、检查、放气等）与排污。

3）定额未包含内容：

①与设备本体非同一底座的各种设备、起动装置与仪表盘、柜等的安装、调试。

②电动机及其他动力机械的拆装检查、配管、配线、调试。

③**非设备带有的支架、沟槽、防护罩等的制作、安装。**

④设备保温及油漆。

⑤**加制冷剂、制冷系统调试。**

⑥设备本体第一个法兰以外的管道、附件安装。

⑦平台、梯子、栏杆等金属构件制作、安装（随设备到货的平台、梯子、栏杆的安装除外）。

4）除溴化锂吸收式制冷机外，其他制冷机组均按同一底座，并带有减振装置的整体安装方法考虑。如制冷机组解体安装，可套用相应的空气压缩机安装定额。减振装置若由施工单位提供，可按设计选用的规格计取材料费。

5）制冷机组安装定额中，已包括施工单位配合制造厂试车的工作内容。

2.2.5 其他机械安装、设备减振台座和设备灌浆工程定额计量与定额应用

（1）定额计量。

1）柴油发电机组和电动机以“台”为计量单位，按设备名称和质量（t）选用定额项目。大型电机（质量大于30 t）安装以“t”为计量单位。

减振台座
安装水泵

2）设备减振台座安装以“座”为计量单位，按台座质量（t）选用定额项目。

3）地脚螺栓孔灌浆、设备底座与基础间灌浆，以“m^3”为计量单位，按一台设备灌浆体积（m^3）选用定额项目。

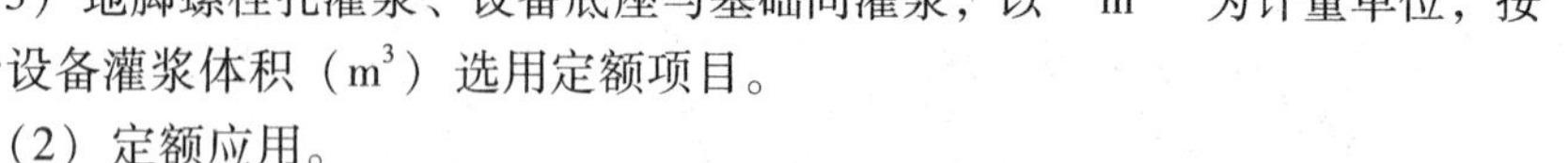

（2）定额应用。

1）电动机安装未包含电动机拆装检查、配管、配线、调试。

2）电动机及电动发动机组等设备质量的计算方法：在同一底座上的机组按整体总质量计算；非同一底座上的机组按主机、辅机及底座的总质量计算。

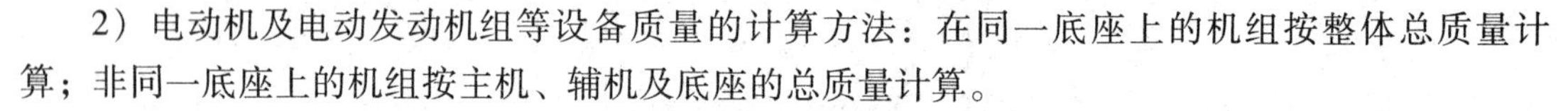

3）柴油发电机组定额的设备质量，按机组的总质量计算。

4）当实际灌浆材料与定额中材料不一致时，根据设计选用的特殊灌浆材料替换相应材料，其他消耗量不变。

2.3 机械设备安装工程量清单编制与清单计价

2.3.1 风机安装工程量清单编制与清单计价

（1）风机安装工程量清单编制。风机安装的清单项目设置、项目特征描述内容、计量单位及工程量计算规则见表2-2。

表2-2 风机安装工程量清单设置（编码：030108）

项目编码	项目名称	项目特征	计量单位	工程量计算规则	工作内容
030108001	离心式通风机	1. 名称 2. 型号 3. 规格 4. 质量 5. 材质 6. 减振底座形式、数量 7. 灌浆配合比 8. 单机试运转要求	台	按设计图示数量计算	1. 本体安装 2. 拆装检查 3. 减振台座制作、安装 4. 二次灌浆 5. 单机试运转 6. 补刷（喷）油漆
030108002	离心式引风机				
030108003	轴流通风机				
030108004	回转式鼓风机				
030108005	离心式鼓风机				
030108006	其他风机				

注：1. 直联式风机的质量包括本体及电动机、底座的总质量。
2. 风机支架应按《通用安装工程工程量计算规范》（GB 50856—2013）附录C静置设备与工艺金属结构制作安装工程相关项目编码列项。

（2）风机安装工程量清单计价要点分析。表2-2中所列工作内容中，有部分工作内容在风机安装定额内没有包含，如实际发生该部分工作，在清单组价时，除套取风机安装定额外，还需另

行套取相应定额。未包含在风机安装定额内的清单工作内容如下：

1）拆装检查；

2）减振台座的制作、安装；

3）二次灌浆；

4）补刷（喷）油漆。

2.3.2　泵安装工程量清单编制与清单计价

（1）泵安装工程量清单编制。泵安装工程量清单设置见表 2-3。

表 2-3　泵安装工程量清单设置（编码：030109）

项目编码	项目名称	项目特征	计量单位	工程量计算规则	工作内容
030109001	离心式泵	1. 名称 2. 型号 3. 规格 4. 质量 5. 材质 6. 减振装置形式、数量 7. 灌浆配合比 8. 单机试运转要求	台	按设计图示数量计算	1. 本体安装 2. 泵拆装检查 3. 电动机安装 4. 二次灌浆 5. 单机试运转 6. 补刷（喷）油漆
030109002	旋涡泵				
030109003	电动往复泵				
030109004	柱塞泵				
030109005	蒸汽往复泵				
030109006	计量泵				
030109007	螺杆泵				
030109008	齿轮油泵				
030109009	真空泵				
030109010	屏蔽泵				
030109011	潜水泵				
030109012	其他泵				
注：直联式泵的质量包括本体、电动机及底座的总质量；非直联式的不包括电动机质量；深井泵的质量包括本体、电动机、底座及设备扬水管的总质量。					

（2）泵安装清单计价要点分析。表 2-3 中所列工作内容中，有部分工作内容在泵安装定额内没有包含，如实际发生该部分工作，在清单组价时，除套取泵安装定额外，还需另行套取相应定额。未包含在泵安装定额内的清单工作内容如下：

1）泵拆装检查；

2）二次灌浆；

3）补刷（喷）油漆。

2.3.3　制冷设备、电动机、发电机组安装工程量清单编制与清单计价

（1）制冷设备、电动机、发电机组安装工程量清单编制。制冷设备、电动机、发电机组安装工程量清单设置见表 2-4。

表 2-4　制冷设备、电动机、发电机组安装工程量清单设置（030113）

<table>
<tr><th>项目编码</th><th>项目名称</th><th>项目特征</th><th>计量单位</th><th>工程量计算规则</th><th>工作内容</th></tr>
<tr><td>030113001</td><td>冷水机组</td><td rowspan="2">1. 名称
2. 型号
3. 质量
4. 制冷（热形式）
5. 制冷（热）量
6. 灌浆配合比
7. 单机试运转要求</td><td rowspan="5">台</td><td rowspan="5">按设计图示数量计算</td><td rowspan="4">1. 本体安装
2. 二次灌浆
3. 单机试运转
4. 补刷（喷）油漆</td></tr>
<tr><td>030113002</td><td>热力机组</td></tr>
<tr><td>030113008</td><td>柴油发电机组</td><td rowspan="2">1. 名称
2. 型号
3. 质量
4. 灌浆配合比
5. 单机试运转要求</td></tr>
<tr><td>030113009</td><td>电动机</td></tr>
<tr><td>030113017</td><td>冷却塔</td><td>1. 名称
2. 型号
3. 规格
4. 材质
5. 质量
6. 单机试运转要求</td><td>1. 本体安装
2. 单机试运转
3. 补刷（喷）油漆</td></tr>
<tr><td colspan="6">注：附属设备钢结构及导轨，应按《通用安装工程工程量计算规范》（GB 50856—2013）附录 C 静置设备与工艺金属结构制作安装工程相关项目编码列项。</td></tr>
</table>

（2）制冷设备、电动机、发电机组安装工程量清单计价要点分析。表 2-4 中所列工作内容中，有部分工作内容在制冷设备、电动机、发电机组安装定额内没有包含，如实际发生该部分工作，在清单组价时，除套取制冷设备、电动机、发电机组安装定额外，还需另行套取相应定额。未包含在制冷设备、电动机、发电机组安装定额内的清单工作内容如下：

1）二次灌浆；

2）补刷（喷）油漆。

2.4　机械设备安装工程计量与计价实例

可参见 6.5 节工业管道工程计量计价实例中的相关内容。

第3章

建筑给水排水工程计量与计价

从实施或管理范围角度来看，给水排水工程由市政给水排水工程和建筑给水排水工程组成，从水源至市政道路范围内的给水排水设施属于市政工程范畴，小区范围内的给水排水设施属于建筑给水排水工程范畴。本章仅介绍小区范围内给水排水工程涉及的计量与计价内容。

3.1 建筑给水排水工程基础知识

3.1.1 建筑给水工程基础

（1）建筑给水系统分类。建筑给水系统按用途可分成生活给水系统、生产给水系统及消防给水系统。各给水系统可以单独设置，也可组成不同的联合给水系统，如生活—生产给水系统、生活—消防给水系统、生活—生产—消防给水系统等。本章主要介绍建筑生活给水系统的相关内容。

（2）室内生活给水系统组成。室内生活给水系统由基本设施和附加设施两大部分组成，具体如下：

1）引入管——由市政给水管道引入小区给水管网的管段及穿过建筑物承重墙或基础，自室外给水管将水引入室内给水管网的管段。

2）水表节点——水表装设于引入管上，在其附近装有阀门、放水口、电子传感器等，构成水表节点。

3）给水管网——由水平干管、立管和支管等组成的管道系统。

4）配水龙头或用水设备。

5）给水附件——给水管路上的阀门、止回阀、减压阀等。

6）增压设施——水泵、变频给水设备、稳压给水设备、无负压给水设备等。

7）贮水设施——水箱、水池、气压罐等。

8）水处理设施——水处理器、水质净化器、水箱自洁器等。

以上第1）~5）项是生活给水系统基本组成，每一个系统均需设置，第6）~8）项根据建筑物性质、高度和室外管网压力等因素确定是否设置，有许多生活给水系统不必设置该类设施。

视频：常见给水管材

（3）常见给水管材。

1）常见给水管材分类。常见给水管材分类如图3-1所示。

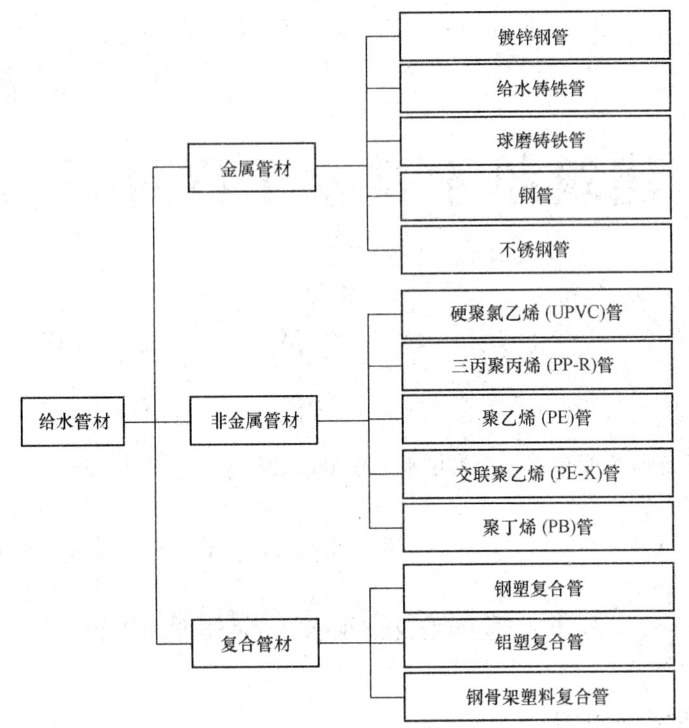

图3-1　常见给水管材分类

2）管道的规格及表示。管道规格用直径表示，管的直径可分为外径（*De*）、内径（*D*）、公称直径（*DN*）。外径和内径分别表示管道外壁直径和内壁直径，是真实的管道规格尺寸。公称直径是为了实现管道、零部件的标准化而人为规定的一种标准，数值上接近于内径。同一公称直径的管与管路附件均能相互连接，具有互换性。管径单位一般都用毫米（mm）表示。

一般来说，水煤气输送钢管（镀锌钢管或非镀锌钢管）、铸铁管、钢塑复合管和聚氯乙烯（PVC）管等管材，用公称直径（*DN*）表示或标注，比如*DN*50、*DN*100等；PP-R、PE等塑料管采用外径（*De*）×壁厚表示或标注，如*De*32×3.6；无缝钢管、焊接钢管、不锈钢管和有色金属管用外直径（ϕ）×壁厚表示或标注，如ϕ108×4；钢筋混凝土（或混凝土）管、陶土管、耐酸陶瓷管、缸瓦管等管材管径以内直径*d*表示，如*d*230、*d*380等。

3）常见给水管材介绍。

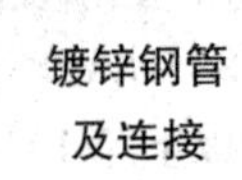

镀锌钢管及连接

①镀锌钢管：将钢管表面采用热浸镀锌，镀锌的目的是防锈，防腐，防止水质恶化、被污染，延长管道的使用寿命。常用连接方法为螺纹连接和沟槽连接。

②给水铸铁管：具有耐腐蚀、寿命长的优点，但是管壁厚、质脆、强度较钢管差，多用于公称直径≥75 mm的给水管道中，尤其适用于埋地铺设。给水铸铁管采用承插连接，在交通要道等振动较大的地段采用青铅接口。

③球墨铸铁给水管：较普通铸铁管壁薄、强度高。球墨铸铁管采用橡胶圈机械式接口或承插接口，也可以采用螺纹法兰连接的方式。近年来，在大型的高层建筑中，常将球墨铸铁管设计为总立管，应用于室内给水系统。球墨铸铁管也常用于室外给水系统。

④铜管和不锈钢管：耐腐蚀、强度高、延展性好，耐高温性好，价格偏高。铜管常用焊接和卡压连接方式；不锈钢管常用卡压连接、卡套连接、焊接和螺纹连接方式。

球磨铸铁给水管

UPVCX 给水管

⑤硬聚氯乙烯（UPVC）给水管：适用于给水温度不大于45 ℃、给水系统工作压力不大于0.6 MPa的生活给水系统。管外径<63 mm时，宜采用承插式粘接连接；管外径≥63 mm时，宜采用承插式弹性橡胶密封圈柔性连接。

PP-R 管

⑥三丙聚丙烯（PP-R）管：适用于工作温度不大于70 ℃、系统工作压力不大于0.6 MPa的给水系统，采用热熔连接。

⑦聚乙烯（PE）管：适用于水温不超过40 ℃的给水系统，常用热熔连接和法兰连接方式。

⑧交联聚乙烯（PE-X）管：适用于水温－70 ℃～90 ℃的给水系统，采用专用卡套连接件连接。

⑨聚丁烯（PB）管：适用于水温－20 ℃～90 ℃的给水系统，采用热熔连接。

⑩涂塑钢管：以钢管为基管，内壁（或内外壁）涂装高附着力、防腐、食品级卫生型的聚乙烯粉末涂料或环氧树脂涂料，一般公称直径≤100 mm采用螺纹连接；100 mm<公称直径≤200 mm采用沟槽连接；公称直径>200 mm采用法兰焊接。

⑪衬塑钢管：以镀锌钢管为基管，内壁衬入食品级聚乙烯（PE）管材，是传统镀锌管的升级型产品。一般公称直径≤100 mm采用螺纹连接；公称直径>100 mm采用沟槽连接。

PE 管连接

PE-X 管

PB 管

衬塑钢管

⑫铝塑复合（PAP）管：有五层基本结构，由内而外依次为塑料、热熔胶、铝合金、热熔胶、塑料，有较好的保温性能，内外壁不易腐蚀，因内壁光滑，对流体阻力很小；又因为可随意弯曲，所以安装施工方便，同时，作为供水管道，铝塑复合管有足够的强度。铝塑复合管采用专用连接件连接。

⑬钢骨架塑料复合管：用高强度过塑钢丝网作为聚乙烯塑料管的骨架增强体，采用高性能改性黏结树脂将钢丝骨架与内、外层高密度聚乙烯（HDPE）紧密地连接在一起，使之具有优良的复合效果。适用于长距离埋地用供水、输气管道系统。钢丝网骨架聚乙烯复合管采用的管件是聚乙烯电熔管件，连接时，利用管件内部发热体将管材外层塑料与管件内层塑料熔融，把管材与管件可靠地连接在一起。

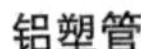

铝塑管

HDPE 管

阀门及平焊法兰

（4）给水管道附件。给水管道附件是安装在管道及设备上起一定作用的装置总称，一般分为配水附件和控制附件两大类。配水附件指装在卫生器具及用水点的各式水嘴，用以调节和分配水流；控制附件指管路上用来调节水量、水压，或改变水流方向，或起过滤、减振等作用的各类装置，如闸阀、截止阀、球阀、蝶阀、浮球阀、止回阀、减压阀、过滤器、软接头等。

各种附件与金属管道连接，常用螺纹连接和法兰连接方式；与塑料管连接，常用热熔连接、螺纹连接和法兰连接方式。附件与管道采用螺纹连接时，附件接口自带螺纹，需要对管道接口端部进行螺纹加工制作；采用法兰连接时，附件接口自带法兰片，需要在管道接口端部加装配套法兰片；采用热熔连接时，附件接口需为可塑性塑料接口。

视频：常见阀门、法兰及连接

（5）贮水设施。

1）高位水箱。一些建筑给水系统设计有生活水箱，以用于调节生活用水量的不均匀性。当水箱内外空气相通时，称为开式水箱，需安装在最高处，又称高位水箱。生活水箱从形状上来说有方形和圆形两种，从材质上来说有钢板水箱和不锈钢水箱等。钢板水箱可以根据设计要求现场制作，然后再安装，也可以成品购买后安装；不锈钢水箱一般成品购买，分整体到货并安装和散装到货现场组装两种情况。高位水箱做法如图 3-2 所示。

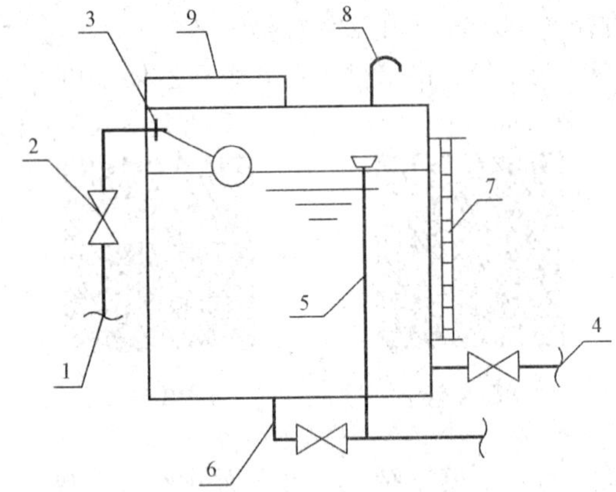

1—进水管；2—阀门；3—浮球阀；4—出水管；5—溢流管；
6—泄水管；7—水位计；8—通气管；9—人孔。

图 3-2 高位水箱做法示意图

2）气压罐。气压罐是存有压缩空气的密闭装置，它依靠压缩空气的气压将罐内存水送入给水系统，因此其安装位置灵活，可设在地下室或楼层中，适用于不宜设置高位水箱的情况。在实际应用中，一般将气压罐和水泵配套联合，配以相应的附件和电气装置组成气压供水装置，成套供应。图 3-3 所示为气压给水系统，点画线框内为气压给水装置。

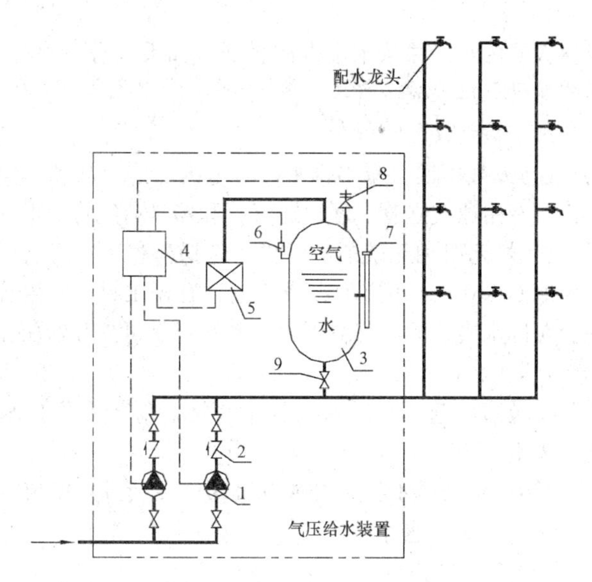

1—水泵；2—止回阀；3—气压罐；4—控制箱；5—补气装置；
6—压力信号装置；7—液位信号装置；8—安全阀；
9—阀门；虚线—控制或信号线缆。

图 3-3　气压给水系统

气压给水装置

3.1.2　建筑排水工程基础

(1) 建筑排水系统分类。根据所接纳的污废水类型不同，可分为生活污水管道系统、工业废水管道系统和屋面水管道系统三类。本章主要介绍生活污废水排水系统基础及计量计价知识。

视频：建筑排水系统分类、组成及材料

1) 生活污废水排水系统。生活污废水排水系统用于收集排除居住建筑、公共建筑及工厂生活间的生活污废水，可分为粪便污水管道系统和生活废水（沐浴、洗涤等）管道系统。

2) 工业污废水排水系统。工业污废水排水系统用于收集排除生产过程中所排出的污废水，按污废水污染程度分为生产污水排水系统和生产废水排水系统。

3) 屋面雨水排水系统。屋面雨水排水系统用于收集排除建筑屋面上雨、雪水。

(2) 生活排水系统体制。生活排水系统根据粪便污水和生活洗涤废水是否用同一套管网排出，可分为合流制和分流制排水系统。采用分流制的目的是将污染程度轻的沐浴、洗涤等污废水收集，然后经适当处理后，作为中水回收用于建筑工程或小区生活中，从而节约用水。

(3) 生活污废水排水系统组成。

1) 卫生器具或污废水收集器。卫生器具或污废水收集器是室内排水系统的起点，接纳各种污废水排入管网系统。

2) 水封装置。它是排水管道上的一段存水装置，又叫存水弯，用来阻挡排水管道中产生的臭气，使其不致溢到房间里，以便保持室内空气清洁。有部分卫生器具（如坐便器）本身自带存水弯，则不再安装。

3) 排水管道。

①器具连接管：和卫生器具相连接的排水管道，水封装置一般安装于此段管道上。

②排水横支管：收集各卫生器具排水的水平段管道，将其输送至排水立管。

③排水立管：接受排水横支管的来水，向下垂直排泄。

④排水横干管：收集一根或几根立管的污水，并从水平方向排泄。如果只有一根排水立管，且立管直接连接排出管，那么排水系统就没有排水横干管。

⑤排出管：将室内污废水排至室外污水检查井的管段。

4）通气管道。它使排水管道内空气与大气相通，减小排水时管道内的压力波动，保护存水弯水封不被破坏。常见的有伸顶通气管、专用通气立管、环形通气管和器具通气管等形式。

5）清通设施。它是指当排水管道发生堵塞时用于疏通的部件，包括检查口、清扫口和室内检查井。检查口一般安装在立管上，距地面 1.0 m，也有的在横管上，有盖压封，发生管道堵塞时可打开进行检查、清理。清扫口一般在排水横管的端部或中部，其端部是可拧开的压盖，一旦发生横管堵塞，用于清理。

6）抽升设备。对于建筑物地下室或人防等建筑，其室内排水管标高低于室外排水管网标高，需要设置污水泵方可将室内污废水排出。

7）污水局部处理设施。当建筑室内污废水水质不符合排放标准时，在其排入城市污水管网前需要设置局部处理设施，常见的有化粪池、隔油池等。

（4）民用建筑常用排水管材。

1）塑料排水管。它主要是硬聚氯乙烯（UPVC）管，UPVC 排水管物化性能优良，耐化学腐蚀，抗冲强度高，流体阻力小，比同口径铸铁管流量提高 30%；耐老化，使用寿命长，使用年限不低于 50 年；质轻耐用，安装方便，相对于相同规格的铸铁管，可大大降低施工费用。施工时，UPVC 管采用承插粘接方式。

UPVC 管道熔点低、耐热性差，高层建筑中明设排水塑料管道应按设计要求设置阻火圈或防火套管。阻火圈由金属材料制作外壳，内填充阻燃膨胀芯材，套在硬聚氯乙烯管道外壁，固定在楼板或墙体部位，火灾发生时芯材受热迅速膨胀，挤压 UPVC 管道，在较短时间内封堵管道穿洞口，阻止火势沿洞口蔓延。

2）铸铁排水管。铸铁排水管材具有强度高、耐腐蚀、噪声低、寿命长、阻燃防火、无二次污染、可再生循环利用等优点。

铸铁排水管

从接口形式上，铸铁排水管材可以分为刚性接口和柔性接口两大类。

刚性接口排水管缺乏承受径向挠曲、伸缩变形能力和抗振能力，使用过程中受到建筑变形、热胀冷缩、地质振动等外力作用时，易产生管体破裂，造成渗漏事故，因而被逐渐淘汰，仅仅在一些低矮建筑或特殊场合使用。

柔性接口排水管具有较强的抗挠曲、伸缩变形能力和抗震能力，具有广泛的适用性。柔性铸铁排水管的常见接口形式有法兰承插式柔性接口和无承口式（也称卡箍式）柔性接口。

法兰承插式柔性接口排水铸铁管采用法兰压盖连接，橡胶圈密封，螺栓紧固，具有抗挠曲性、伸缩性、密封性及抗震性等性能，施工方便，如图 3-4 所示。

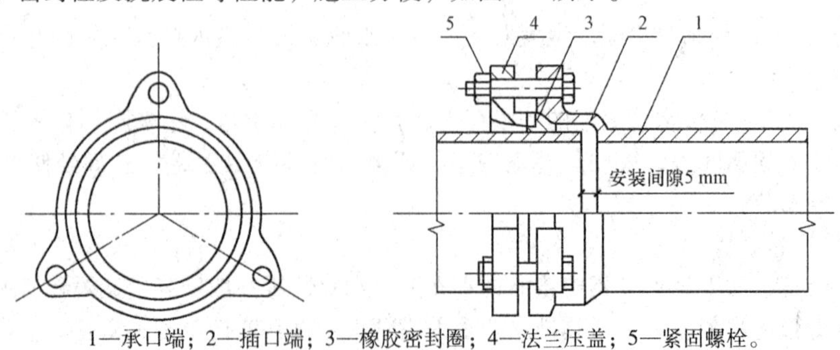

1—承口端；2—插口端；3—橡胶密封圈；4—法兰压盖；5—紧固螺栓。

图 3-4　铸铁管法兰承插式柔性接口示意图

无承口式（也称卡箍式）柔性接口采用橡胶圈不锈钢带连接，便于安装和检修，安装时立管距墙尺寸小、接头轻巧、外形美观。它可在现场按需套裁，维修更换方便，如图 3-5 所示。

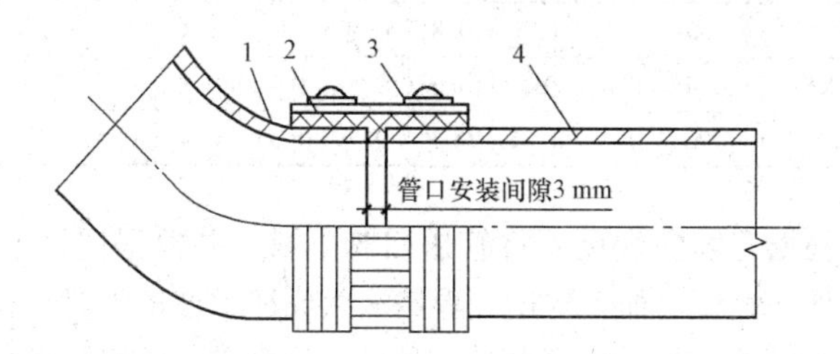

1—管件；2—橡胶密封圈；3—不锈钢卡箍；4—直管。

图 3-5　铸铁管无承口式（也称卡箍式）柔性接口示意图

3.1.3　建筑给水排水工程施工

本节主要介绍室内给水排水工程的施工内容。

（1）室内给水管道系统施工。

1）敷设方式。室内给水管道有明装和暗装两种敷设形式。明装时，管道沿墙、梁、柱等结构体敷设。暗装时，干管常敷设于吊顶、竖井或地沟内，支管常敷设于地面垫层或墙内。

2）施工工艺流程。室内给水管道工程施工工艺流程如图 3-6 所示。

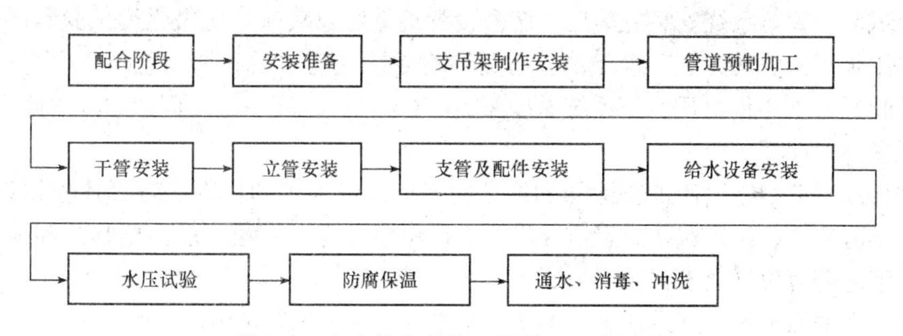

图 3-6　室内给水管道工程施工工艺流程

3）施工要点。

①配合阶段：按设计图纸要求，随土建工程施工进度预埋各类套管或预留孔洞。一般来说，穿越地下室或地下构筑物外墙应设置防水套管，对有严格防水要求的建筑物需采用柔性防水套管；穿过墙壁或楼板设金属或塑料套管；套管规格一般比管道大 1 ~ 2 号。

②安装准备：指为施工开展所做的技术准备及施工所需人员、材料、工机具等的准备。

③支吊架制作安装：根据设计要求和管道安装位置等确定支吊架形式，统一制作，并做防腐处理，按划线位置安装就位。支吊架的安装间距应符合设计要求，设计无要求时应符合相应施工规范规定，见表 3-1 和表 3-2。

表 3-1　钢管水平管道支架的最大间距

公称直径/mm		15	20	25	32	40	50	70	80	100	125	150	200	250	300
最大间距/m	保温管	2	2.5	2.5	2.5	3	3	4	4	4.5	6	7	7	8	8.5
	不保温管	2.5	3	3.5	4	4.5	5	6	6	6.5	7	8	9.5	11	12

表 3-2　塑料管及复合管管道支架的最大间距

管径/mm			12	14	16	18	20	25	32	40	50	63	75	90	110
最大间距/m	立管		0.5	0.6	0.7	0.8	0.9	1	1.1	1.3	1.6	1.8	2	2.2	2.4
	水平管	冷水管	0.4	0.4	0.5	0.5	0.6	0.7	0.8	0.9	1	1.1	1.2	1.35	1.55
		热水管	0.2	0.2	0.25	0.3	0.3	0.35	0.4	0.5	0.6	0.7	0.8		

④管道预制加工：根据现场安装尺寸将管道切割下料，并根据连接方式对管道接口进行加工处理，如清理端口、加工螺纹、加工沟槽、焊接法兰或加工坡口等。

⑤管道及附件安装：管道安装一般遵循先大管径、后小管径的原则进行施工，管道上的阀门等附件随同管道一起安装。

⑥给水设备安装：常见给水设备有水泵、水箱、气压给水装置等。水泵安装参见第 2 章，此处不再介绍。

水箱安装分两种情况：一是根据图纸现场加工制作，然后安装；二是购买成品水箱，现场安装。水箱安装的底座可用型钢制作，也可使用混凝土基础，具体做法根据设计要求规定。

气压给水装置主要由补水泵、气压罐、管线、附件及配套控制装置等组成，相关厂家一般将其组装在同一底座上，在施工现场将其整体安装在基础上，并考虑适当的减振措施。

设备安装就位后需将其和给水管道连接，带有动力装置的设备会产生振动，和管道连接时需设置软接头等减振附件，静置类设备（如水箱）和管道可直接连接。

⑦水压试验：管道系统安装完毕后（暗敷设管道需在隐蔽前）应做强度试验和严密性试验，目前一般采用水压试验的方法。水压试验时需要将系统注满水后先加压至工作压力，不渗不漏后加压至试验压力（不同材质管道系统试验压力不一样），稳压一定时间后，压力降不超过规定值，同时不渗不漏即满足要求。

⑧防腐保温：部分管道需进行除锈和刷漆防腐，涂料种类和涂刷次数具体根据设计图纸要求执行。对于有冻结、结露风险的管道，需要进行保温处理，保温一般由绝热层和保护层组成，其材质、厚度应符合设计要求。

⑨通水、冲洗和消毒：管道通水、冲洗和消毒前应确保水压试验已验收合格，系统中不允许冲洗的设备、节流阀、水表等用临时短管代替。通水冲洗可接临时水源向系统内供水，以出水口无杂物、与入水口水质相比无异样为合格，之后将管道内水排空，更换临时短管为相应设备附件，然后向系统内注入含有规定浓度消毒剂的水，浸泡规定的时间后将消毒水排出，再用生活饮用水连续冲洗，直至各末端配水点出水水质达到合格为止（需经有关部门检验）。

（2）室内排水管道系统施工。

1）敷设方式。室内排水管道可明装或暗装。明装通常设于梁底、墙角，暗装通常设于吊顶内、管井内等。

2）施工工序。室内排水管道施工工艺流程如图 3-7 所示。

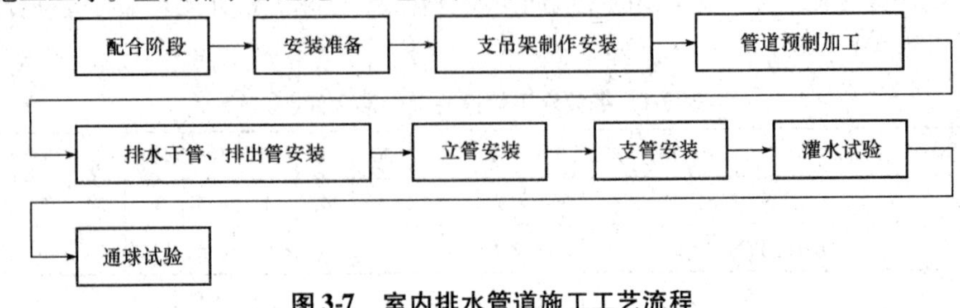

图 3-7　室内排水管道施工工艺流程

3）施工要点。

①配合阶段：跟随土建施工进度，按设计图纸要求在适当部位预留孔洞或套管。通常来说，排水管道在穿越屋面和地下室外墙时需要设置防水套管，UPVC排水管穿越楼板有设钢套管和不设钢套管两种做法，铸铁排水管穿越楼板一般不设套管。所有套管规格均需比管道大1~2号。

②安装准备：同给水管道，不再赘述。

③支吊架制作安装：排水管道支吊架做法要求同给水管道，其间距要求与给水管道不同。金属排水管道固定件间距：横管不大于2 m；立管不大于3 m。楼层高度小于或等于4 m，立管可安装1个固定件。立管底部的弯管处应设支墩或采取固定措施。排水塑料管道支吊架最大间距见表3-3。

表3-3 排水塑料管道支吊架最大间距 m

管径/mm	50	75	110	125	160
立管	1.2	1.5	2	2	2
横管	0.5	0.75	1.1	1.3	1.6

④管道预制加工：根据现场安装草图切割管段，处理接口端面。

⑤管道安装：排水干管、排出管常设于地沟、地下室或地面直埋，金属管直埋一般需要做防腐处理，要求由设计图纸确定，此部分管道在隐蔽前需要做灌水试验。排水立管通常设于卫生间墙角。排水横支管一般装于本层底板下，如为同层排水则设于卫生间地面垫层内。塑料排水管施工时需注意按设计要求及位置装设伸缩节、阻火圈等。

⑥灌水试验：隐蔽或埋地的排水管道在隐蔽前必须做灌水试验，其灌水高度应不低于底层卫生器具的上边缘或底层地面高度，满水15 min水面下降后，再灌满观察5 min，液面不降，管道及接口无渗漏为合格。

⑦通球试验：排水主立管及水平干管管道均应做通球试验，通球球径不小于排水管道管径的2/3，它用于检测管道是否存在堵塞和坡度是否正确。

（3）卫生器具安装。各类卫生器具一般是成品安装，安装时其高度和位置应符合设计或施工规范要求。各类成品卫生器具的供货一般均包含有其与给水排水管道相连接的管道和配件，比如支架、角式截止阀、软接头、排水短管等，此类配件不需施工单位再购买或制作，具体需结合现场实际情况确定。

3.2 建筑给水排水工程施工图识读

3.2.1 建筑给水排水工程施工图组成

（1）目录。用来查阅图纸，排在施工图的最前面。

（2）设计及施工说明。

1）设计说明：介绍项目概况、设计内容、设计依据、系统形式和主要设计参数等。这部分内容主要供设计人员介绍项目基本情况、基本做法和关键设计参数等，以便看图人员了解设计结果产生的关键环节。

2）施工说明：对于无法用图形符号表达和需要强调的设计内容，设计人员用语言表达并逐条汇总就形成了施工说明，这部分内容需要施工人员仔细阅读，并遵照执行。施工说明主要介绍管道材质及做法、阀门附件类型、卫生洁具标准及安装要求和管道施工要求等内容。工程造价人员通过该部分内容也可了解施工的内容、细节做法等信息，也需认真阅读。

（3）图例。图例用于表示施工图中各种符号所代表的含义。一般每套施工图均会提供该套图纸中所涉及各种符号的图例。给水排水工程常见管道及附件图例见表3-4。

表3-4 给水排水工程常见管道及附件图例

序号	符号	说明	序号	符号	说明
1	——J——	生活给水管	13		闸阀
2	——RJ——	热水给水管	14		球阀
3	——ZJ——	中水给水管	15		止回阀
4	——F——	废水管	16		蝶阀
5	——W——	污水管	17		截止阀
6	——Y——	雨水管	18		浮球阀
7	平面图 系统图	立管	19		消声止回阀
8		立管检查口	20		水表
9	平面图 系统图	清扫口	21		角阀
10	平面图 系统图	圆形地漏	22		水嘴
11	蘑菇形 成品	通气帽	23		同心异径管
12	S形 P形	存水弯	24		混合水嘴

（4）系统图。建筑给水排水系统图用轴测投影方法绘制，它从总体的角度表达管道系统形式、管道空间走向、管径和管道设备的空间位置等信息。通过阅读系统图可掌握给水排水系统的整体框架，也可知道所有管道的规格、标高等信息。系统图的绘制不考虑比例关系，利用管道的标高信息可计算得到立管的长度。

（5）平面图。建筑给水排水平面图是以建筑平面图为底图，将给水排水系统的管道、设备、附件绘制添加进去而形成的。管道用单线表示（给水管道用实线，排水管道用虚线），管道规格（直径）标注在管线旁边，阀门附件等用特定的图形符号表示，具体可对照设计图纸中的图例表确定。给水排水平面图按一定的比例关系（如1∶100、1∶50等）绘制，利用该比例关系可确定管道、设备和附件的实际平面位置也可按比例换算管道的水平长度。

需要说明的是立管在平面图中用圆圈表示，对于立管连接水平管常见的有图3-8所示的几种情况。

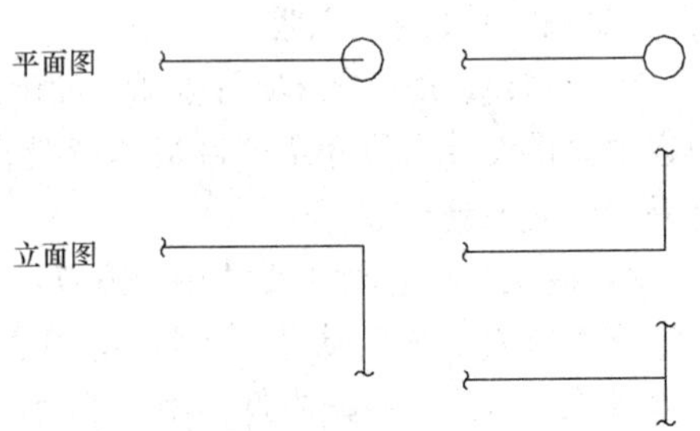

图3-8 立管表达示意图

（6）详图。详图又称为大样图，用于表明设备和管道系统局部的详细构造和安装做法。由于比例关系影响，该部分内容在平面图中无法清楚表达，因此对该局部用另一种比例关系放大绘制，以求更清晰地表达局部的做法。通过详图可确定管道在局部的细节长度尺寸和阀门附件的种类、数量等。

3.2.2 建筑给水排水工程施工图识读

（1）施工图识读的目标。从工程造价人员的角度来说，阅读施工图的最终目标是掌握该系统发生的全部施工内容，从而依据发生的施工内容计算工程造价。具体来说，阅读施工图时，要搞清楚管道系统的两个维度信息，横向维度（广度）上要搞清楚设备、管道和附件等的种类、材质、敷设位置等，纵向维度（深度）方面搞清楚各组成的施工内容，比如某一段管道除了本体安装外，还需防腐、保温等类似信息。

（2）施工图识读的顺序及方法。阅读给水排水施工图时建议按照目录、设计及施工说明、系统图、平面图和详图的顺序，遵循先整体后局部、相互结合的原则进行。

首先，阅读图纸目录。通过目录可知道该套图纸包含哪些内容，是否有详图等信息。对于初学者来说，经常发生看不懂某部位做法的情况，其原因常在于不知道设计人员提供了该部位详图。掌握目录信息可便于结合多张图纸确定施工做法，利于更快、更容易地读懂施工图。

其次，阅读设计及施工说明。通过设计说明可快速了解系统概况。对施工说明要详细阅读，重点要关注管道材质及连接方式、管道敷设位置、卫生器具安装要求、阀门附件类型及连接方式、防腐保温要求、支吊架是否考虑减振等。

再次，阅读图纸。先阅读系统图，在掌握系统形式、总体走向后再阅读平面图，将系统图中各管道、附件和卫生器具等在平面图中定位，在这个过程中对于部分细节做法可参照详图，最终做到能将系统图和平面图结合对应，即对给水排水各组成部分均能在系统图和平面图中互相定位。

最后，将设计施工说明和系统图（或平面图）结合，即将说明中施工做法等信息在系统图（或平面图）中进行标示，这样可实现对全套图纸的融会贯通。

（3）施工图识读练习。

施工图识读练习参见 3.5 节中的图 3-10 ~ 图 3-12。

3.3 建筑给水排水工程定额计量与定额应用

说明：字体加粗部分为本节中基本知识点或民用建筑中常涉及项目，应熟练掌握。

3.3.1 给水排水定额与其他定额界限划分

《通用安装工程消耗量定额》（TY02—31—2015）第十册《给水排水、采暖、燃气工程》（本章以下简称本册定额）适用于工业与民用建筑的生活用给水排水、采暖、空调水、燃气系统中的管道、附件、器具及附属设备等安装工程，以下内容应使用其他册定额。

视频：给水排水管道定额界限划分

（1）工业管道、生产生活共用的管道，锅炉房、泵房、站类管道以及建筑物内加压泵房、空调制冷机房、消防泵房的管道，管道焊缝热处理、无损探伤，医疗气体管道执行《通用安装工程消耗量定额》第八册《工业管道工程》相应项目。

（2）本册定额未包括的采暖、给水排水设备安装执行《通用安装工程消耗量定额》（TY02—31—2015）第一册《机械设备安装工程》、第三册《静置设备与工艺金属结构制作安装工程》等相应项目。

（3）给水排水、采暖设备、器具等电气检查、接线工作，执行《通用安装工程消耗量定额》（TY02—31—2015）第四册《电气设备安装工程》相应项目。

（4）刷油、防腐蚀、绝热工程执行《通用安装工程消耗量定额》（TY02—31—2015）第十二册《刷油、防腐蚀、绝热工程》相应项目。

（5）本册凡涉及管沟、工作坑及井类的土方开挖、回填、运输、垫层、基础、砌筑、地沟盖板预制安装、路面开挖及修复、管道混凝土支墩的项目，以及混凝土管道、水泥管道安装执行相关定额项目。

3.3.2 给水排水管道安装定额计量与应用

（1）给水排水管道定额界限划分。

1）与市政管网工程的界限划分。

①给水、采暖管道以与市政管道碰头点为界。

②室外排水管道以与市政管道碰头井为界。

2）室内外及与工业管道界限划分。

①室内外给水管道以建筑物外墙皮 1.5 m 为界，建筑物入口处设阀门者以阀门为界。

②室内外排水管道以出户第一个排水检查井为界。

③与工业管道界限以与工业管道碰头点为界。

④与设在建筑物内的水泵房（间）管道以泵房（间）外墙皮为界。

视频：给水排水管道安装定额计量

（2）给水排水管道安装定额计量。

1）各类管道安装按室内外、材质、连接形式、规格分别列项，以“10 m”为计量单位。定额中铜管、塑料管、复合管（除钢塑复合管外）按外径表示，其他管道均按公称直径表示。

2）各类管道安装工程量，均按设计管道中心线长度，以“10 m”为计量单位，不扣除阀门、管件、附件（包括器具组成）及井类所占长度。

3）室内给水排水管道与卫生器具连接的分界线如图 3-9 所示。

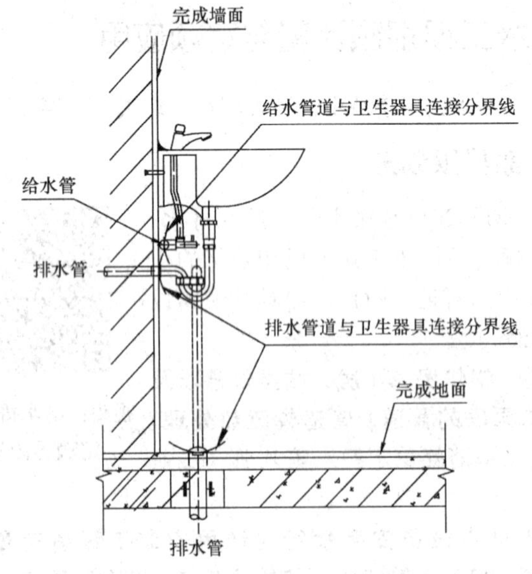

图 3-9 洗手盆与给水排水管道分界线

视频：室内给水排水管道与卫生器具的界限

①给水管道工程量计算至卫生器具（含附件）前与管道系统连接的第一个连接件（角阀、三通、弯头、管箍等）止；

②排水管道工程量自卫生器具出口处的地面或墙面的设计尺寸算起；与地漏连接的排水管道自地面设计尺寸算起，不扣除地漏所占长度。

（3）给水排水管道安装定额应用。

1）给水排水管道安装定额适用范围。

①给水管道适用于生活饮用水、热水、中水及压力排水等管道的安装。

②塑料管安装适用于 UPVC、PVC、PP－C、PP－R、PE、PB 管等塑料管安装。

③镀锌钢管（螺纹连接）项目适用于室内外焊接钢管的螺纹连接。

④钢塑复合管安装适用于内涂塑、内外涂塑、内衬塑、外覆塑内衬塑复合管道安装。

⑤钢管沟槽连接适用于镀锌钢管、焊接钢管及无缝钢管等沟槽连接的管道安装。不锈钢管、铜管、复合管的沟槽连接可参照执行。

2）有关说明。

视频：给水排水管道安装定额应用有关说明

①管道安装项目中，均包括相应管件安装、水压试验及水冲洗工作内容。各种管件数量为综合取定（详细可参见定额附录），执行定额时，如实际数量与取定数量差异较大，可按实际的品种、数量调整，定额中其他消耗量均不做调整。

②钢管焊接安装项目中均综合考虑了成品管件和现场煨制弯管、摔制大小头、挖眼三通。

③管道安装项目中，除室内直埋管道中已包括管卡安装外，均不包括管道支架、管卡、托钩等制作安装以及管道穿墙、楼板套管制作安装、预留孔洞、堵洞、打洞、凿槽等工作内容，发生时，应按本册定额第十一章相应项目另行计算。

④管道安装定额中，包括水压试验及水冲洗内容，饮用水管道的消毒冲洗应按本册定额相应项目另行计算。排（雨）水管道包括灌水（闭水）及通球试验工作内容；排水管道不包括止水环、透气帽本体材料，发生时按实际数量另计材料费。

⑤室内柔性铸铁排水管（机械接口）按带法兰承口的承插式管材考虑。

⑥塑料管热熔连接公称直径 *DN*125 及以上管径按热熔对接连接考虑。

⑦室内直埋塑料给水管是指敷设于室内地坪下或墙内的塑料管段。包括充压隐蔽、水压试验、水冲洗以及地面划线标示等工作内容。

⑧安装带保温层的管道时，可执行相应材质及连接形式的管道安装项目，其人工乘以系数 1.10；管道接头保温执行《通用安装工程消耗量定额》（TY02—31—2015）第十二册《刷油、防腐蚀、绝热工程》，其人工、机械乘以系数 2.0。

⑨室外管道碰头项目适用于新建管道与已有水源（气源）管道的碰头连接，如已有水源（气源）管道已做预留接口或室内外管道均为新建项目则不执行相应安装项目。

3.3.3　给水排水管道附件安装定额计量与应用

（1）给水排水管道附件种类。给水排水管道附件包含阀门、法兰、除污器、水表、补偿器、软接头、减压器、疏水器、倒流防止器、塑料排水管消声器、液面计、水位标尺等。

（2）给水排水管道附件定额计量。

1）各种阀门、补偿器、软接头、普通水表、IC 卡水表、水锤消除器、塑料排水管消声器安装，均按照不同连接方式、公称直径，以“个”为计量单位。

2）减压器、疏水器、水表、倒流防止器成组安装，按照不同组成结构、连接方式、公称直径，以“组”为计量单位。减压器安装按高压侧的直径计算。

3）卡紧式软管按照不同管径，以“根”为计量单位。

4）法兰均区分不同公称直径，以“副”为计量单位。承插盘法兰短管按照不同连接方式、公称直径，以“副”为计量单位。

5）浮标液面计、浮漂水位标尺区分不同的型号，以“组”为计量单位。

（3）给水排水管道附件定额应用。

1）阀门安装均综合考虑了标准规范要求的强度及严密性试验工作内容。若采用气压试验时，除定额人工外，其他相关消耗量可进行调整。

2）安全阀安装后进行压力调整的，其人工乘以系数2.0。螺纹三通阀安装按螺纹阀门安装项目乘以系数1.3。

3）电磁阀、温控阀安装项目均包括了配合调试工作内容，不再重复计算。

4）对夹式蝶阀安装已含双头螺栓用量，在套用与其连接的法兰安装项目时，应将法兰安装项目中的螺栓用量扣除。浮球阀安装已包括了连杆及浮球的安装。

5）与螺纹阀门配套的连接件，如设计与定额中材质不同时，可按设计进行调整。

6）法兰阀门（法兰塑料阀门除外）、法兰式附件安装项目均不包括法兰安装，应另行套用相应法兰安装项目。

7）每副法兰和法兰式附件安装项目中，均包括一个垫片和一副法兰螺栓的材料用量。各种法兰连接用垫片均按石棉橡胶板考虑，如工程要求采用其他材质可按实调整。

8）减压器、疏水器安装均按成组安装考虑，分别依据国家建筑标准设计图集《常用小型仪表及特种阀门选用安装》01SS105和《蒸汽凝结水回收及疏水装置的选用与安装》05R407编制。疏水器成组安装未包括止回阀安装，若安装止回阀执行阀门安装相应项目。单独安装减压器、疏水器时执行阀门安装相应项目。

9）除污器成组安装依据国家建筑标准设计图集《除污器》03R402编制，适用于立式、卧式和旋流式除污器成组安装。**单个过滤器安装执行阀门安装相应项目，人工乘以系数1.2。**

10）普通水表、IC卡水表安装不包括水表前的阀门安装。水表安装定额是按与钢管连接编制的，若与塑料管连接时其人工乘以系数0.6，材料按实调整。

11）成组水表安装是依据国家建筑标准设计图集《室外给水管道附属构筑物》05S502编制的。法兰水表（带旁通管）成组安装中三通、弯头均按成品管件考虑。

12）倒流防止器成组安装是根据国家建筑标准设计图集《倒流防止器选用及安装》12S108－1编制的，按连接方式不同分为带水表与不带水表安装。

13）各管道附件成组安装项目已包括标准设计图集中的旁通管安装，旁通连接管所占长度不再另计管道工程量。

14）各管道附件器具组成安装均分别依据现行相关标准图集编制的，其中连接管、管件均按钢制管道、管件及附件考虑。如实际采用其他材质组成安装，则按相应项目分别计算。器具附件组成如实际与定额不同时，可按法兰、阀门等附件安装相应项目分别计算或调整。

15）补偿器项目包括方形补偿器制作安装和焊接式、法兰式成品补偿器安装，成品补偿器包括球形、填料式、波纹式补偿器。补偿器安装项目中包括就位前进行预拉（压）工作。

16）法兰式软接头安装适用于法兰式橡胶及金属挠性接头安装。

17）塑料排水管消声器安装按成品考虑。

18）浮标液面计、水位标尺分别依据《采暖通风国家标准图集》N102－3和《全国通用给水排水标准图集》S318编制，如设计与标准图集不符时，主要材料可作调整，其他不变。

19）所有附件安装项目均不包括固定支架的制作安装，发生时另执行相应项目。

3.3.4 卫生器具安装定额计量与应用

（1）卫生器具定额计量。

1）**各种卫生器具均按设计图示数量计算，以“10组”或“10套”为计量单位。**

2）大便槽、小便槽自动冲洗水箱安装分容积按设计图示数量，以“10套”为计量单位。大、小便槽自动冲洗水箱制作不分规格，以“100 kg”为计量单位。

3）小便槽冲洗管制作与安装按设计图示长度以“10 m”为计量单位，不扣除管件的长度。

4）湿蒸房依据使用人数，以“座”为计量单位。

5）隔油器区分安装方式和进水管径，以“套”为计量单位。

（2）卫生器具安装定额应用。

1）卫生器具安装定额是参照国家建筑标准设计图集《排水设备及卫生器具安装》（2010年合订本）中有关标准图编制的。

2）各类卫生器具安装项目除另有标注外，均适用于各种材质。

3）**各类卫生器具安装项目包括卫生器具本体、配套附件、成品支托架安装。各类卫生器具配套附件是指给水附件（水龙头、金属软管、阀门、冲洗管、喷头等）和排水附件（下水口、排水栓、存水弯、与地面或墙面排水口间的排水连接管等）。**

4）各类卫生器具所用附件已列出消耗量，如随设备或器具配套供应时，其消耗量不得重复计算。各类卫生器具支托架如现场制作时，执行本册定额相应项目。

5）浴盆冷热水带喷头若采用埋入式安装时，混合水管及管件消耗量应另行计算。按摩浴盆包括配套小型循环设备（过滤罐、水泵、按摩泵、气泵等）安装，其循环管路材料、配件等均按成套供货考虑。浴盆底部所需要填充的干砂材料消耗量另行计算。

6）液压脚踏卫生器具安装执行本册定额相应项目，人工乘以系数1.3，液压脚踏装置材料消耗量另行计算。如水龙头、喷头等配件随液压阀及控制器成套供应时，应扣除定额中的相应材料，不得重复计取。卫生器具所用液压脚踏装置包括配套的控制器、液压脚踏开关及其液压连接软管等配套附件。

7）大、小便器冲洗（弯）管均按成品考虑。大便器安装已包括了柔性连接头或胶皮碗。

8）大、小便槽自动冲洗水箱安装中，已包括水箱和冲洗管的成品支托架、管卡安装，水箱支托架及管卡的制作及刷漆，应按相应定额项目另行计算。

9）与卫生器具配套的电气安装，应执行《通用安装工程消耗量定额》（TY02—31—2015）第四册《电气设备安装工程》相应项目。

10）各类卫生器具的混凝土或砖基础、周边砌砖、瓷砖粘贴，蹲式大便器蹲台砌筑，台式洗脸盆的台面、浴厕配件安装，应执行房屋建筑与装饰工程定额相应项目。

11）**所有卫生器具项目安装不包括预留、堵孔洞，发生时执行本册定额相应项目。**

3.3.5 给水排水设备安装定额计量与应用

（1）给水排水设备安装项目种类。给水排水设备安装项目包含生活给水排水系统中的变频给水设备、稳压给水设备、无负压给水设备、气压罐、太阳能集热装置、地源（水源、气源）热泵机组、除砂器、水处理器、水箱自洁器、水质净化器、紫外线杀菌设备、热水器、开水炉、消毒器、消毒锅、直饮水设备、水箱制作安装等。

（2）给水排水设备安装定额计量。

1）**各种设备安装项目除另有说明外，按设计图示规格、型号、质量，均以“台”为计量单位**。

2）给水设备按同一底座质量计算，不分泵组出口管道公称直径，按设备质量列项，以“套”为计量单位。

3）**太阳能集热装置区分平板、玻璃真空管形式，以“m^2”为计量单位**。

4）地源热泵机组按设备质量列项，以“组”为计量单位。

5）水箱自洁器分外置式、内置式，电热水器分挂式、立式安装，以“台”为计量单位。

6）**水箱安装项目按水箱设计容量，以“台”为计量单位；钢板水箱制作分圆形、矩形，按水箱设计容量，以箱体金属质量“100 kg”为计量单位**。

（3）给水排水设备安装定额应用。

1）设备安装定额中均包括设备本体以及与其配套的管道、附件、部件的安装和单机试运转或水压试验、通水调试等内容。均不包括与设备外接的第一片法兰或第一个连接口以外的安装工程量。设备安装项目中包括与本体配套的压力表、温度计等附件的安装，如实际未随设备供应附件时，其材料另行计算。

2）给水设备、地源热泵机组均按整体组成安装编制。

3）动力机械设备单机试运转所用的水、电耗用量应另行计算；静置设备水压试验、通水调试所用消耗量已列入相应项目中。

4）水箱安装适用于玻璃钢、不锈钢、钢板等各种材质，不分圆形、方形，均按箱体容积执行相应项目。水箱安装按成品水箱编制，如现场制作、安装水箱，水箱主材不得重复计算。水箱消毒冲洗及注水试验用水按设计图示容积或施工方案计入。组装水箱的连接材料是按随水箱配套供应考虑的。

5）**设备安装定额中均未包括减振装置、机械设备的拆装检查、基础灌浆、地脚螺栓的埋设，若发生时执行《通用安装工程消耗量定额》（TY02—31—2015）第一册《机械设备安装工程》相应项目**。

6）**设备安装定额中均未包括设备支架或底座制作安装，如采用型钢支架执行本册定额设备支架相应子目，混凝土及砖底座执行房屋建筑与装饰工程定额相应项目**。

7）随设备配备的各种控制箱（柜）、电气接线及电气调试等，执行《通用安装工程消耗量定额》（TY02—31—2015）第四册《电气设备安装工程》相应项目。

8）**太阳能集热器是按集中成批安装编制的，如发生4 m^2 以下工程量时，人工、机械乘以系数1.1**。

3.3.6 给水排水支架及其他项目安装定额计量与应用

（1）项目内容。包括管道支架、设备支架和各种套管制作安装，管道水压试验，管道消毒、冲洗，成表箱安装，剔堵槽、沟，机械钻孔，预留孔洞，堵洞等项目。

（2）定额计量。

1）**管道、设备支架制作安装以“100 kg”为计量单位。成品管卡、阻火圈、伸缩节安装、成品防火套管安装，按工作介质管道直径区分不同规格，以“个”为计量单位**。支架及产品管卡用量可参考表3-5和表3-6。

视频：给水排水支架及其他项目安装的定额计量与应用

表 3-5　室内钢管、铸铁管管道支架用量参考表　　单位：kg/m

序号	公称直径/mm 以内	钢管			铸铁管	
		给水、采暖、空调水		燃气		
		保温	不保温		给水、排水	雨水
1	15	0.58	0.34	0.34	—	—
2	20	0.47	0.30	0.30	—	—
3	25	0.50	0.27	0.27	—	—
4	32	0.53	0.24	0.24	—	—
5	40	0.47	0.22	0.22	—	—
6	50	0.60	0.41	0.41	0.47	—
7	65	0.59	0.42	0.42	—	—
8	80	0.62	0.45	0.45	0.65	0.32
9	100	0.75	0.54	0.50	0.81	0.62
10	125	0.75	0.58	0.54	—	—
11	150	1.06	0.64	0.59	1.29	0.86
12	200	1.66	1.33	1.22	1.41	0.97
13	250	1.76	1.42	1.30	1.60	1.09
14	300	1.81	1.48	1.35	2.03	1.20
15	350	2.96	2.22	2.03	3.12	—
16	400	3.07	2.36	2.16	3.15	—

表 3-6　成品管卡用量参考表　　单位：个/10 m

序号	公称直径/mm 以内	给水、采暖、空调水管道									排水管道	
		钢管		铜管		不锈钢管		塑料管及复合管			塑料管	
		保温管	不保温管	垂直管	水平管	垂直管	水平管	立管	水平管		立管	横管
									冷水管	热水管		
1	15	5.00	4.00	5.56	8.33	6.67	10.00	11.11	16.67	33.33	—	—
2	20	4.00	3.33	4.17	5.56	5.00	6.67	10.00	14.29	28.57	—	—
3	25	4.00	2.86	4.17	5.56	5.00	6.67	9.09	12.50	25.00	—	—
4	32	4.00	2.50	3.33	4.17	4.00	5.00	7.69	11.11	20.00	—	—
5	40	3.33	2.22	3.33	4.17	4.00	5.00	6.25	10.00	16.67	8.33	25.00
6	50	3.33	2.00	3.33	4.17	3.33	4.00	5.56	9.09	14.29	8.33	20.00
7	65	2.50	1.67	2.86	3.33	3.33	4.00	5.00	8.33	12.50	6.67	13.33
8	80	2.50	1.67	2.86	3.33	2.86	3.33	4.55	7.41	—	5.88	11.11
9	100	2.22	1.54	2.86	3.33	2.86	3.33	4.17	6.45	—	5.00	9.09
10	125	1.67	1.43	2.86	3.33	2.86	3.33	—	—	—	5.00	7.69
11	150	1.43	1.25	2.50	2.86	2.50	2.86	—	—	—	5.00	6.25

2）管道保护管制作与安装，分为钢和塑料两种材质，区分不同规格，按设计图示管道中心线长度以“10 m”为计量单位。管道保护管是指在管道系统中，为避免外力（荷载）直接作用在介质管道外壁上，造成介质管道受损而影响正常使用，在介质管道外部设置的保护性管段。

3）预留孔洞、堵洞项目，按介质管道公称直径，分规格以“10 个”为计量单位。管道水压试验、消毒冲洗按设计图示管道长度，分规格以“100 m”为计量单位。

4）一般穿墙套管，柔性、刚性套管，按工作介质管道的公称直径，分规格以“个”为计量单位。

5）成品表箱安装按箱体半周长以“个”为计量单位。

6）机械钻孔项目，区分混凝土楼板钻孔及混凝土墙体钻孔，按钻孔直径以“10 个”为计量单位。

7）剔堵槽沟项目，区分砖结构及混凝土结构，按截面尺寸以“10 m”为计量单位。

（3）定额应用。

1）管道支架制作安装项目，适用于室内外管道的管架制作与安装。如单件质量大于 100 kg 时，应执行本册定额设备支架制作安装相应项目。

2）管道支架采用木垫式、弹簧式管架时，均执行本册定额管道支架安装项目，支架中的弹簧减振器、滚珠、木垫等成品件质量应计入安装工程量，其材料数量按实计入。

3）成品管卡安装项目，适用于与各类管道配套的立、支管成品管卡的安装。

4）管道、设备支架的除锈、刷油，执行《通用安装工程消耗量定额》（TY02—31—2015）第十二册《刷油、防腐蚀、绝热工程》相应项目。

5）刚性防水套管和柔性防水套管安装项目中，包括了配合预留孔洞及浇筑混凝土工作内容。一般套管制作安装项目，均未包括预留孔洞工作，发生时按本册定额所列预留孔洞项目另行计算。

6）套管制作安装项目已包含堵洞工作内容。本册定额所列堵洞项目，适用于管道在穿墙、楼板不安装套管时的洞口封堵。

7）套管内填料按油麻编制，如与设计不符时，可按工程要求调整换算填料。

8）保温管道穿墙、板采用套管时，按保温层外径规格执行本册定额套管相应项目。

9）水压试验项目仅适用于因工程需要而发生且非正常情况的管道水压试验。管道安装定额中已经包括了规范要求的水压试验，不得重复计算。

10）因工程需要再次发生管道冲洗时，执行本册定额消毒冲洗定额项目，同时扣减定额中漂白粉消耗量，其他消耗量乘以系数 0.6。

11）成品表箱安装适用于水表、热量表、燃气表箱的安装。

12）机械钻孔项目是按混凝土墙体及混凝土楼板考虑的，厚度系综合取定。如实际墙体厚度超过 300 mm，楼板厚度超过 220 mm 时，按相应项目乘以系数 1.2。砖墙及砌体墙钻孔按机械钻孔项目乘以系数 0.4。

3.3.7 建筑给水排水工程定额其他说明

（1）脚手架搭拆费按定额人工费的5%计算，其费用中人工费占35%。单独承担的室外埋地管道工程，不计取该费用。

（2）操作高度增加费：定额中操作物高度是按距楼面或地面 3.6 m 考虑的，当操作物高度超过 3.6 m 时，超过部分工程量的定额人工、机械乘以表 3-7 中系数。

表 3-7　给水排水安装操作高度增加系数

操作物高度/m	≤10	≤30	≤50
系数	1.10	1.2	1.5

（3）建筑物超高增加费，指在高度在 6 层或 20 m 以上的工业与民用建筑物上进行安装时增加的费用，按表 3-8 计算，其费用中人工费占 65%。

表 3-8　给水排水安装建筑物超高增加系数

建筑物檐高/m	≤40	≤60	≤80	≤100	≤120	≤140	≤160	≤180	≤200
建筑层数/层	≤12	≤18	≤24	≤30	≤36	≤42	≤48	≤54	≤60
按人工费的百分比/%	2	5	9	14	20	26	32	38	44

（4）在洞库、暗室，已封闭的管道间（井）、地沟、吊顶内安装的项目，人工、机械乘以系数1.20。

3.4　建筑给水排水工程清单编制与计价

建筑给水排水工程量清单编制需按照《通用安装工程工程量计算规范》（GB 50856—2013）执行，该规范规定了给水排水工程量清单编制的项目设置、项目特征描述的内容、计量单位及工程量计算规则，具体见后续相关给水排水工程清单编制与计价表。

在计算建筑给水排水工程相关的分部分项工程量清单综合单价时，使用《通用安装工程消耗量定额》（TY02—31—2015）作为计价依据，所涉及的定额项目经分析逐一列出，具体见本节后续给水排水工程相关的清单编制与计价表。

3.4.1　给水排水管道清单编制与计价

给水排水管道工程量清单项目设置、项目特征描述、计量单位、工程量计算规则和清单组价时涉及定额项目［清单组价涉及定额项目为编者添加内容，其余内容均为《通用安装工程工程量计算规范》（GB 50856—2013）中规定］见表3-9。

表3-9　给水排水管道清单编制与计价表

<table>
<tr><th colspan="6">清单编制（编码：031001）</th><th>清单组价</th></tr>
<tr><th>项目编码</th><th>项目名称</th><th>项目特征</th><th>计量单位</th><th>工程量计算规则</th><th>工作内容</th><th>计算综合单价涉及的定额项目</th></tr>
<tr><td>031001001</td><td>镀锌钢管</td><td rowspan="4">1. 安装部位
2. 介质
3. 规格、压力等级
4. 连接形式
5. 压力试验及吹、洗设计要求
6. 警示带形式</td><td rowspan="6">m</td><td rowspan="6">按设计图示管道中心线以长度计算</td><td rowspan="4">1. 管道安装
2. 管件制作、安装
3. 压力试验
4. 吹扫、冲洗
5. 警示带铺设</td><td rowspan="4">1. 管道安装
2. 吹扫
3. 消毒冲洗
4. 警示带铺设</td></tr>
<tr><td>031001002</td><td>钢管</td></tr>
<tr><td>031001003</td><td>不锈钢管</td></tr>
<tr><td>031001004</td><td>铜管</td></tr>
<tr><td>031001005</td><td>铸铁管</td><td>1. 安装部位
2. 介质
3. 材质、规格
4. 连接形式
5. 接口材料
6. 压力试验及吹、洗设计要求
7. 警示带形式</td><td>1. 管道安装
2. 管件安装
3. 压力试验
4. 吹扫、冲洗
5. 警示带铺设</td><td>1. 管道安装
2. 吹扫
3. 消毒冲洗
4. 警示带铺设</td></tr>
<tr><td>031001006</td><td>塑料管</td><td>1. 安装部位
2. 介质
3. 材质、规格
4. 连接形式
5. 阻火圈设计要求
6. 压力试验及吹、洗设计要求
7. 警示带形式</td><td>1. 管道安装
2. 管件安装
3. 塑料卡固定
4. 阻火圈安装
5. 压力试验
6. 吹扫、冲洗
7. 警示带铺设</td><td>1. 管道安装
2. 塑料卡固定
3. 阻火圈安装
4. 吹扫
5. 消毒冲洗
6. 警示带铺设</td></tr>
</table>

续表

<table>
<tr><th colspan="6">清单编制（编码：031001）</th><th>清单组价</th></tr>
<tr><th>项目编码</th><th>项目名称</th><th>项目特征</th><th>计量单位</th><th>工程量计算规则</th><th>工作内容</th><th>计算综合单价涉及的定额项目</th></tr>
<tr><td>031001007</td><td>复合管</td><td>1. 安装部位
2. 介质
3. 材质、规格
4. 连接形式
5. 压力试验及吹、洗设计要求
6. 警示带形式</td><td rowspan="4">m</td><td rowspan="4">按设计图示管道中心线以长度计算</td><td>1. 管道安装
2. 管件安装
3. 塑料卡固定
4. 压力试验
5. 吹扫、冲洗
6. 警示带铺设</td><td>1. 管道安装
2. 塑料卡固定
3. 阻火圈安装
4. 吹扫
5. 消毒冲洗
6. 警示带铺设</td></tr>
<tr><td>031001008</td><td>直埋式预制保温管</td><td>1. 埋设深度
2. 介质
3. 管道材质、规格
4. 连接形式
5. 接口保温材料
6. 压力试验及吹、洗设计要求
7. 警示带形式</td><td>1. 管道安装
2. 管件安装
3. 接口保温
4. 压力试验
5. 吹扫、冲洗
6. 警示带铺设</td><td>1. 管道安装
2. 接口保温
3. 吹扫
4. 消毒冲洗
5. 警示带铺设</td></tr>
<tr><td>031001009</td><td>承插陶瓷缸瓦管</td><td rowspan="2">1. 埋设深度
2. 规格
3. 接口方式及材料
4. 压力试验及吹、洗设计要求
5. 警示带形式</td><td rowspan="2">1. 管道安装
2. 管件安装
3. 压力试验
4. 吹扫、冲洗
5. 警示带铺设</td><td rowspan="2">1. 管道安装
2. 吹扫
3. 消毒冲洗
4. 警示带铺设</td></tr>
<tr><td>031001010</td><td>承插水泥管</td></tr>
<tr><td>031001011</td><td>室外管道碰头</td><td>1. 介质
2. 碰头形式
3. 材质、规格
4. 连接形式
5. 防腐、绝热设计要求</td><td>处</td><td>按设计图示以处计算</td><td>1. 挖填工作坑或暖气沟拆除及修复
2. 碰头
3. 接口处防腐
4. 接口处绝热及保护层</td><td>1. 挖填工作坑或暖气沟拆除及修复
2. 碰头
3. 接口处防腐
4. 接口处绝热及保护层</td></tr>
</table>

注：1. 安装部位，指管道安装在室内、室外，室内外界限同本书 3.3.2 节定额界限。
2. 输送介质包括给水、排水、中水、雨水、热媒体、燃气、空调水等。
3. 方形补偿器制作安装应含在管道安装综合单价中。
4. 铸铁管安装适用于承插铸铁管、球墨铸铁管、柔性抗振铸铁管等。
5. 塑料管安装适用于 UPVC、PVC、PP-C、PP-R、PE、PB 管等塑料管材。
6. 复合管安装适用于钢塑复合管、铝塑复合管、钢骨架复合管等复合型管道安装。
7. 直埋保温管包括直埋保温管件安装及接口保温。
8. 排水管道安装包括立管检查口、透气帽。
9. 室外管道碰头：
（1）适用于新建或扩建工程热源、水源、气源管道与原（旧）有管道碰头；
（2）室外管道碰头包括挖工作坑、土方回填或暖气沟局部拆除及修复；
（3）带介质管道碰头包括开关闸、临时放水管线铺设等费用；
（4）热源管道碰头每处包括供、回水两个接口；
（5）碰头形式指带介质碰头、不带介质碰头。
10. 管道工程量计算不扣除阀门、管件（包括减压器、疏水器、水表、伸缩器等组成安装）及附属构筑物所占长度；方形补偿器以其所占长度列入管道安装工程量。
11. 压力试验按设计要求描述试验方法，如水压试验、气压试验、泄漏性试验、闭水试验、通球试验、真空试验等。
12. 吹、洗按设计要求描述吹扫、冲洗方法，如水冲洗、消毒冲洗、空气吹扫等。
13. 管道、设备及支架除锈、刷油、保温除注明外，应按刷油、防腐蚀、绝热工程相关项目编码列项。
14. 给水排水安装所涉及凿槽（沟）、打洞项目，按电气设备安装工程相关项目编码。

3.4.2　支架及套管清单编制与计价

支架及套管工程量清单项目设置、项目特征描述、计量单位、工程量计算规则和清单组价时涉及定额项目［清单组价涉及定额项目为编者添加内容，其余内容均为《通用安装工程工程量计算规范》（GB 50856—2013）中的规定］见表3-10。

表3-10　支架及套管表

<table>
<tr><th colspan="6">清单编制（编码：031002）</th><th>清单组价</th></tr>
<tr><th>项目编码</th><th>项目名称</th><th>项目特征</th><th>计量单位</th><th>工程量计算规则</th><th>工作内容</th><th>计算综合单价涉及的定额项目</th></tr>
<tr><td>031002001</td><td>管道支架</td><td>1. 材质
2. 管架形式</td><td rowspan="2">1. kg
2. 套</td><td rowspan="2">1. 以千克计量，按设计图示质量计算
2. 以套计量，按设计图示数量计算</td><td rowspan="2">1. 制作
2. 安装</td><td rowspan="2">1. 制作
2. 安装</td></tr>
<tr><td>031002002</td><td>设备支架</td><td>1. 材质
2. 形式</td></tr>
<tr><td>031002003</td><td>套管</td><td>1. 名称、类型
2. 材质
3. 规格
4. 填料材质</td><td>个</td><td>按设计图示数量计算</td><td>1. 制作
2. 安装
3. 除锈、刷油</td><td>1. 制作
2. 安装</td></tr>
<tr><td colspan="7">注：1. 单件支架质量100 kg以上的管道支吊架执行设备支吊架制作安装。
2. 成品支架安装执行相应管道支架或设备支架项目，不再计取制作费，支架本身价值含在综合单价中。
3. 套管制作安装，适用于穿基础、墙、楼板等部位的防水套管、填料套管、无填料套管及防火套管等，应分别列项。</td></tr>
</table>

3.4.3　管道附件清单编制与计价

管道附件工程量清单项目设置、项目特征描述、计量单位、工程量计算规则和清单组价时涉及定额项目［清单组价涉及定额项目为编者添加内容，其余内容均为《通用安装工程工程量计算规范》（GB 50856—2013）中的规定］见表3-11。

表3-11　管道附件清单编制与计价表

<table>
<tr><th colspan="6">清单编制（编码：031003）</th><th>清单组价</th></tr>
<tr><th>项目编码</th><th>项目名称</th><th>项目特征</th><th>计量单位</th><th>工程量计算规则</th><th>工作内容</th><th>计算综合单价涉及的定额项目</th></tr>
<tr><td>031003001</td><td>螺纹阀门</td><td rowspan="3">1. 类型
2. 材质
3. 规格、压力等级
4. 连接形式
5. 焊接方法</td><td rowspan="3">个</td><td rowspan="3">按设计图示数量计算</td><td rowspan="3">1. 安装
2. 电气接线
3. 调试</td><td>1. 阀门安装
2. 电气接线
3. 调试</td></tr>
<tr><td>031003002</td><td>螺纹法兰阀门</td><td rowspan="2">1. 阀门安装
2. 法兰安装
3. 电气接线
4. 调试</td></tr>
<tr><td>031003003</td><td>焊接法兰阀门</td></tr>
</table>

续表

清单编制（编码：031003）						清单组价
项目编码	项目名称	项目特征	计量单位	工程量计算规则	工作内容	计算综合单价涉及的定额项目
031003004	带短管甲乙阀门	1. 材质 2. 规格、压力等级 3. 连接形式 4. 接口方式及材质	个	按设计图示数量计算	1. 安装 2. 电气接线 3. 调试	1. 安装 2. 电气接线 3. 调试
031003005	塑料阀门	1. 规格 2. 连接形式			1. 安装 2. 调试	1. 安装 2. 调试
031003006	减压器	1. 材质 2. 规格、压力等级 3. 连接形式 4. 附件配置	组		组装	组成安装
031003007	疏水器					
031003008	除污器（过滤器）	1. 材质 2. 规格、压力等级 3. 连接形式			安装	安装
031003009	补偿器	1. 类型 2. 材质 3. 规格、压力等级 4. 连接形式	个			
031003010	软接头（软管）	1. 材质 2. 规格 3. 连接形式	个（组）			
031003011	法兰	1. 材质 2. 规格、压力等级 3. 连接形式	副（片）			
031003012	倒流防止器	1. 材质 2. 型号、规格 3. 连接形式	套			
031003013	水表	1. 安装部位（室内外） 2. 型号、规格 3. 连接形式 4. 附件配置	组（个）	按设计图示数量计算	组装	组装
031003014	热量表	1. 类型 2. 型号、规格 3. 连接形式	块		安装	安装

续表

清单编制（编码：031003）						清单组价
项目编码	项目名称	项目特征	计量单位	工程量计算规则	工作内容	计算综合单价涉及的定额项目
031003015	塑料排水管消声器	1. 规格 2. 连接形式	个	按设计图示数量计算	安装	安装
031003016	浮标液面计		组			
031003017	浮漂水位标尺	1. 用途 2. 规格	套			
注：1. 法兰阀门安装包括法兰连接，不得另计。阀门安装如仅为一侧法兰连接时，应在项目特征中描述。 2. 塑料阀门连接形式需注明热熔连接、粘接、热风焊接等方式。 3. 减压器规格按高压侧管道规格描述。 4. 减压器、疏水器、倒流防止器等项目包括组成与安装工作内容，项目特征应根据设计要求描述附件配置情况，或根据××图集或××施工图做法描述。						

3.4.4　卫生器具清单编制与计价

卫生器具工程量清单项目设置、项目特征描述、计量单位、工程量计算规则和清单组价时涉及定额项目［清单组价涉及定额项目为编者添加内容，其余内容均为《通用安装工程工程量计算规范》（GB 50856—2013）中的规定］见表3-12。

表3-12　卫生器具清单编制与计价表

清单编制（编码：031004）						清单组价
项目编码	项目名称	项目特征	计量单位	工程量计算规则	工作内容	计算综合单价涉及的定额项目
031004001	浴缸	1. 材质 2. 规格、类型 3. 组装形式 4. 附件名称、数量	组	按设计图示数量计算	1. 器具安装 2. 附件安装	器具安装
031004002	净身盆					
031004003	洗脸盆					
031004004	洗涤盆					
031004005	化验盆					
031004006	大便器					
031004007	小便器					
031004008	其他成品卫生器具					
031004009	烘手器	1. 材质 2. 型号、规格	个		安装	安装
031004010	淋浴器	1. 材质、规格 2. 组装形式 3. 附件名称、数量	套		1. 器具安装 2. 附件安装	器具安装
031004011	淋浴间					
031004012	桑拿浴房					
031004013	大、小便槽自动冲洗水箱	1. 材质、类型 2. 规格 3. 水箱配件 4. 支架形式及做法 5. 器具及支架除锈、刷油设计要求	套		1. 制作 2. 安装 3. 支架制作、安装 4. 除锈、刷油	1. 制作 2. 安装 3. 除锈、刷油

续表

清单编制（编码：031004）						清单组价
项目编码	项目名称	项目特征	计量单位	工程量计算规则	工作内容	计算综合单价涉及的定额项目
031004014	给水、排水附（配）件	1. 材质 2. 型号、规格 3. 安装方式	个（组）	按设计图示数量计算	安装	安装
031004015	小便槽冲洗管	1. 材质 2. 规格	m	按设计图示长度计算	1. 制作 2. 安装	制作、安装
031004016	蒸汽－水加热器	1. 类型 2. 型号、规格 3. 安装方式	套	按设计图示数量计算	1. 制作 2. 安装	安装
031004017	冷热水混合器					
031004018	饮水器					
031004019	隔油器	1. 类型 2. 型号、规格 3. 安装部位	套	按设计图示数量计算	安装	安装

注：1. 成品卫生器具项目中的附件安装，主要指给水附件，包括水嘴、阀门、喷头等，排水配件包括存水弯、排水栓、下水口等以及配备的连接管。
2. 浴缸支座和浴缸周边的砌砖、瓷砖粘贴，应按现行国家标准《房屋建筑与装饰工程工程量计算规范》（GB 50854—2013）相关项目编码列项；功能性浴缸不含电机接线和调试，应按电气设备安装工程相关项目编码列项。
3. “洗脸盆”适用于洗脸盆、洗发盆、洗手盆安装。
4. 器具安装中若采用混凝土或砖基础，应按现行国家标准《房屋建筑与装饰工程工程量计算规范》（GB 50854—2013）相关项目编码列项。
5. 给水、排水附（配）件是指独立安装的水嘴、地漏、地面扫除口等。

3.4.5 给水排水设备清单编制与计价

给水排水设备工程量清单项目设置、项目特征描述、计量单位、工程量计算规则和清单组价时涉及定额项目［清单组价涉及定额项目为编者添加内容，其余内容均为《通用安装工程工程量计算规范》（GB 50856—2013）中的规定］见表3-13。

表3-13 给水排水设备清单编制与计价表

清单编制（编码：031006）						清单组价
项目编码	项目名称	项目特征	计量单位	工程量计算规则	工作内容	计算综合单价涉及的定额项目
031006001	变频给水设备	1. 设备名称 2. 型号、规格 3. 水泵主要技术参数 4. 附件名称、规格、数量 5. 减振装置形式	套	按设计图示数量计算	1. 设备安装 2. 附件安装 3. 调试 4. 减振装置制作、安装	1. 设备安装 2. 减振装置制作、安装
031006002	稳压给水设备					
031006003	无负压给水设备					

续表

<table>
<tr><th colspan="6">清单编制（编码：031006）</th><th>清单组价</th></tr>
<tr><th>项目编码</th><th>项目名称</th><th>项目特征</th><th>计量单位</th><th>工程量计算规则</th><th>工作内容</th><th>计算综合单价涉及的定额项目</th></tr>
<tr><td>031006004</td><td>气压罐</td><td>1. 型号、规格
2. 安装方式</td><td>台</td><td rowspan="12">按设计图示数量计算</td><td>1. 安装
2. 调试</td><td rowspan="2">安装</td></tr>
<tr><td>031006005</td><td>太阳能集热装置</td><td>1. 型号、规格
2. 安装方式
3. 附件名称、规格、数量</td><td>套</td><td>1. 安装
2. 附件安装</td></tr>
<tr><td>031006006</td><td>地源（水源、气源）热泵机组</td><td>1. 型号、规格
2. 安装方式
3. 减振装置形式</td><td>组</td><td>1. 安装
2. 减振装置制作、安装</td><td>1. 安装
2. 减振装置制作、安装</td></tr>
<tr><td>031006007</td><td>除砂器</td><td>1. 型号、规格
2. 安装方式</td><td rowspan="7">台</td><td rowspan="5">安装</td><td rowspan="8">安装</td></tr>
<tr><td>031006008</td><td>水处理器</td><td rowspan="3">1. 类型
2. 型号、规格</td></tr>
<tr><td>031006009</td><td>超声波灭藻设备</td></tr>
<tr><td>031006010</td><td>水质净化器</td></tr>
<tr><td>031006011</td><td>紫外线杀菌设备</td><td>1. 名称
2. 规格</td></tr>
<tr><td>031006012</td><td>热水器、开水炉</td><td>1. 能源种类
2. 型号、容积
3. 安装方式</td><td>1. 安装
2. 附件安装</td></tr>
<tr><td>031006013</td><td>消毒器、消毒锅</td><td>1. 类型
2. 型号、规格</td><td rowspan="2">安装</td></tr>
<tr><td>031006014</td><td>直饮水设备</td><td>1. 名称
2. 规格</td><td>套</td></tr>
<tr><td>031006015</td><td>水箱</td><td>1. 材质、类型
2. 型号、规格</td><td>台</td><td>1. 制作
2. 安装</td><td>1. 制作
2. 安装</td></tr>
<tr><td colspan="7">注：1. 变频给水设备、稳压给水设备、无负压给水设备安装，说明：
（1）压力容器包括气压罐、稳压罐、无负压罐；
（2）水泵包括主泵及备用泵，应注明数量；
（3）附件包括给水装置中配备的阀门、仪表、软接头，应注明数量，含设备、附件之间的管路连接；
（4）泵组底座安装，不包括基础砌（浇）筑，应按《房屋建筑与装饰工程工程量计算规范》（GB 50854—2013）相关项目编码列项；
（5）控制柜安装及电气接线、调试应按电气设备安装工程相关项目编码列项。
2. 地源热泵机组，接管以及接管上的阀门、软接头、减振装置和基础另行计算，应按相关项目编码列项。</td></tr>
</table>

3.5　给水排水工程计量计价实例

现有某市公共卫生间给水排水工程，其给水排水系统图如图3-10所示，给水平面图如图3-11所示，排水平面图如图3-12所示，图中标高均以m为单位，其他尺寸均以mm为单位，所有尺寸（或标高）均以中心线为准。

（1）工程情况说明。

1）给水系统管道采用S4系列PPR管，热熔连接。排水管采用UPVC排水管，粘接。

2）本工程阀门均采用铜质螺纹球阀。

3）室内管道均沿墙明敷设（地下管道沿地沟敷设），室内地下管道均设于地沟内，管道支吊架间距按施工规范规定设置，均采用成品管卡。

4）卫生设备均按《节水型卫生洁具》（GB/T 31436—2015）标准选用节能型成套产品，蹲便器和小便器（落地式）采用延时自闭阀冲洗，洗脸盆采用立柱式（仅接冷水），所有卫生器具给水接管管径均为*De*20。

5）本工程所有墙体均为砖砌（墙厚小于300 mm），楼板为钢筋混凝土（板厚小于220 mm）；管道穿外墙基础设一般刚性套管，穿地板和屋面处设UPVC套管，套管直径比管道大两号；所有管道穿墙、板洞口均采用机械钻孔方式，钻孔直径略大于管道外径（或套管外径）；所有设套管的洞口用防水材料封堵，其余洞口用水泥砂浆封堵。

6）给水管道系统安装完毕后，进行水压试验和水冲洗，试验压力0.6 MPa；底部埋地排水管道安装完毕应进行灌水试验，全部排水管道安装完毕后应进行通水试验。

7）所有管道均不需保温。

（2）造价计算说明。

1）本实例分别按照定额计价和清单计价两种方式进行计算，清单编制依据《通用安装工程工程量计算规范》（GB 50856—2013）。

2）计价编制依据《山东省安装工程消耗量定额》（SD02—31—2016）（以下简称2016版山东省定额）及其配套的2018年价目表（配套价目表每年更新）、《山东省建设工程费用项目组成及计算规则（2016）》进行。本实例按三类工程取费，综合工日单价为103元，主要材料价格采用市场询价（立场不同，主材价格会不同）。

3）本实例计算范围为以给水阀门井为起点和以排水检查井为终点，室外管线涉及挖填土石方均未计算。

4）暂列金额、专业工程暂估价、特殊项目暂估价、计日工、总承包服务费和其他检验试验费等均为零。

5）对本实例来说，不论采用2016版山东省定额，还是依据2015版全国定额，在定额项目名称、定额项目包含内容、工程量计算规则和定额消耗量水平等方面均保持一致，所不同的主要是价格差异（价目表差异）。

（3）造价计算结果。定额计价工程量计算见表3-14，定额计价内容材料见表3-15～表3-17，清单计价（招标控制价）材料见表3-18～表3-26（以上部分计算表格为节选，详细内容可扫码查看）。

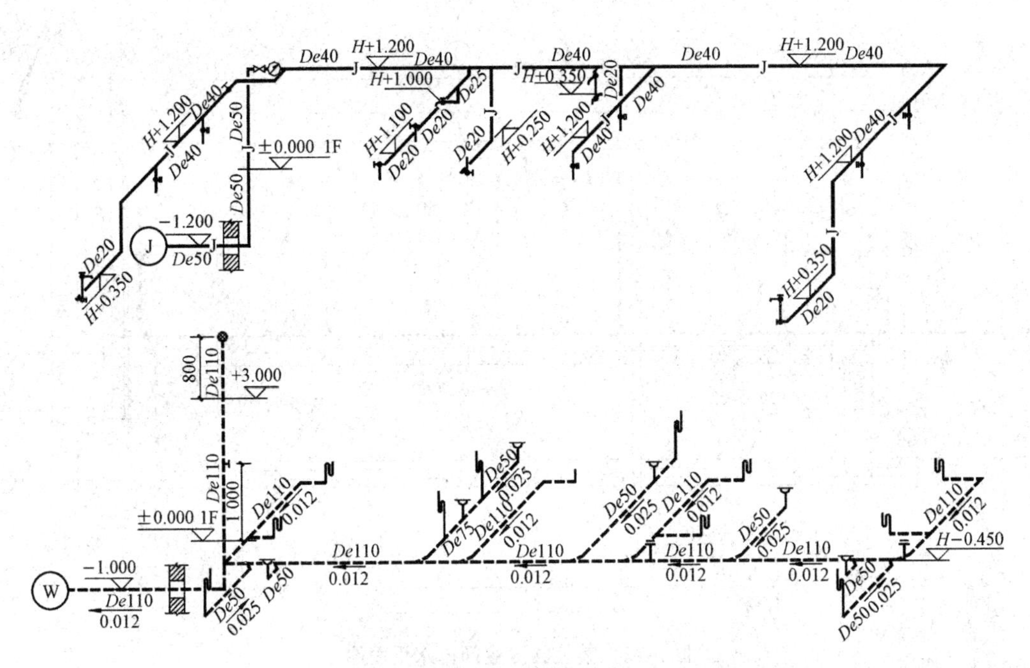

图 3-10　某公共卫生间给水排水系统图

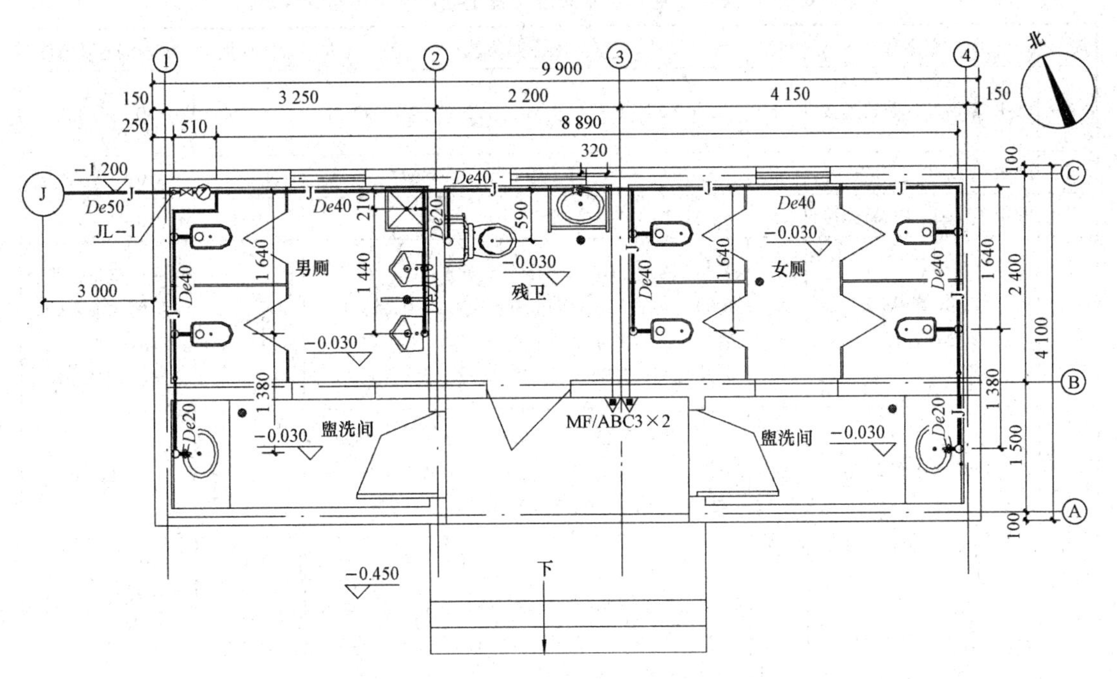

图 3-11　某公共卫生间给水平面图

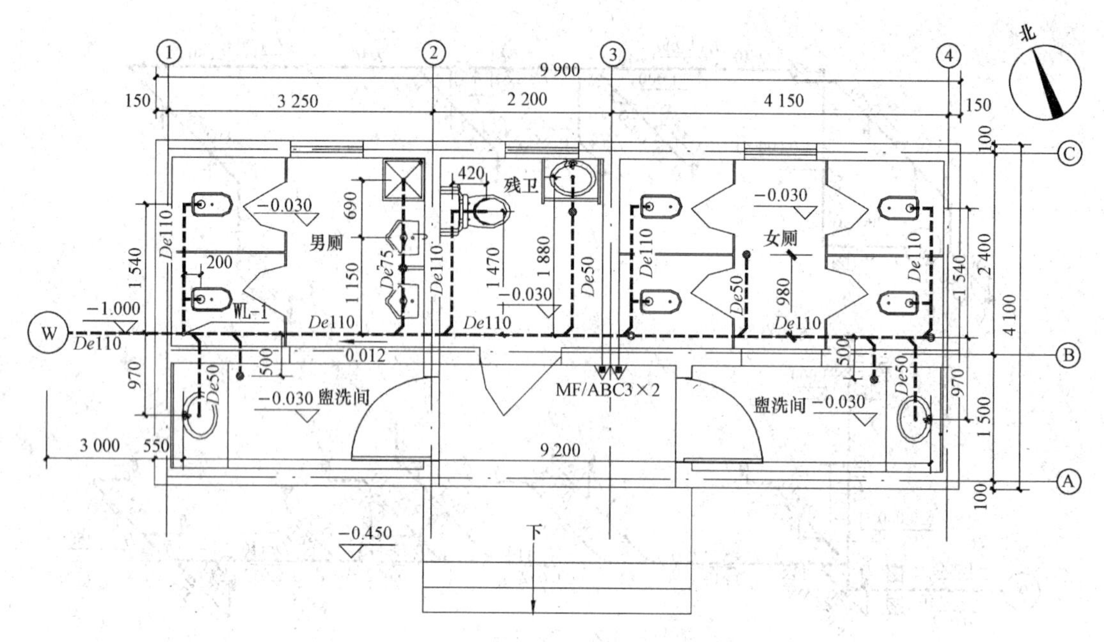

图 3-12　某公共卫生间排水平面图

表 3-14　某公共卫生间给水排水工程定额计价工程量计算表

序号	项目名称	单位	工程量计算式	工程量	定额编号及备注
1	PP-R 管 *De*50（热熔连接）	m	3 + 0.25 + 1.2（立管） + 1.2（立管） + 0.51	6.16	10 - 1 - 327
2	PP-R 管 *De*40（热熔连接）	m	8.89 + 1.64 + （1.64 + 0.51） + 1.64	14.32	10 - 1 - 326
3	PP-R 管 *De*25（热熔连接）	m	（1.2 - 1.1）（立管） + 0.21	0.31	10 - 1 - 324
4	PP-R 管 *De*20（热熔连接）	m	［1.38 + （1.2 - 0.35）（立管）］ + ［（1.1 - 1.0）（立管） + 1.44］ + ［（1.2 - 0.25）（立管） + 0.59］ + ［（1.2 - 0.35）（立管） + 0.32］ + ［1.38 + （1.2 - 0.35）（立管）］	8.71	10 - 1 - 323，其余接卫生器具 *De*20 管均包含在卫生器具定额内
5	UPVC 排水管 *De*50	m	（0.97 + 0.45） + （0.5 + 0.45） + （0.69 + 0.45 × 3） + （1.88 + 0.45） + （0.98 + 0.45） + （0.5 + 0.45） + （0.97 + 0.45）	10.54	10 - 1 - 365
6	UPVC 排水管 *De*75	m	1.15	1.15	10 - 1 - 366
7	UPVC 排水塑料管 *De*110	m	（0.2 × 2 + 1.54 + 0.45 × 2） × 3 + （0.42 + 1.47 + 0.45） + 0.45（地面扫除口立管） + （9.2 + 0.55 + 3.0） + （0.8 + 3.0 + 1.0）（立管）	28.86	10 - 1 - 367
8	蹲便器（自闭阀冲洗式）	套	6	6	10 - 6 - 35
9	坐便器	套	1	1	10 - 6 - 40
10	小便器（落地式，自闭阀冲洗）	套	3	3	10 - 6 - 46
11	洗脸盆（立柱式，冷水）	套	2	2	10 - 6 - 18

续表

序号	项目名称	单位	工程量计算式	工程量	定额编号及备注
12	成品拖布池	套	1	1	10-6-49
13	塑料地漏 DN50	个	5	5	10-6-90
14	地面清扫口 DN100	个	1	1	10-6-100
15	铜球阀 DN40	个	1	1	
16	普通水表 DN40	套	1	1	
17	UPVC 套管（介质管道公称直径 DN40）	个	1（给水管穿地板）	1	10-11-39
18	UPVC 套管（介质管道公称直径 DN40）	个	3+2+1+5（洗脸盆、小便器、地漏和拖布池排水管数量）	11	10-11-39
19	UPVC 套管（介质管道公称直径 DN100）	个	6+1+1+1（坐便器、清扫口、立管穿地板和穿屋面的排水管数量）	9	10-11-41
20	一般钢套管（介质管径 DN40）	个	1	1	10-11-27
21	一般钢套管（介质管径 DN100）	个	1	1	10-11-30
22	混凝土楼板机械钻孔（孔径 DN65）	个	1	1	10-11-168
23	混凝土楼板机械钻孔（孔径 DN65）	个	3+2+1+5	11	10-11-168
24	混凝土楼板机械钻孔（孔径 DN150）	个	6+1+1+1	9	10-11-171
25	砖墙机械钻孔（孔径 DN65）	个		1	10-11-173
26	砖墙机械钻孔（孔径 DN150）	个		1	10-11-176
27	砖墙机械钻孔（孔径 DN32）	个	2	2	10-11-172
28	砖墙机械钻孔（孔径 DN15）	个	2	2	10-11-172
29	内墙堵洞（介质管道公称直径 DN32）	个	2	2	10-11-199
30	内墙堵洞（介质管道公称直径 DN15）	个	2	2	10-11-199
31	成品管卡（管径 DN40）	个	2.4×0.625+（6.16-2.4-3）×1	2	10-11-13
32	成品管卡（管径 DN32）	个	14.32×1.111	16	10-11-12
33	成品管卡（管径 DN20）	个	0.1×1+0.21×1.429	0	10-11-11

续表

序号	项目名称	单位	工程量计算式	工程量	定额编号及备注
34	成品管卡（管径 DN15）	个	3.6×1.111+（8.71−3.6）×1.667	13	10−11−11
35	成品管卡（管径 DN40）	个	4.05×0.833+（10.54−4.05）×2.5	20	10−11−13
36	成品管卡（管径 DN70）	个	1.15×1.333	2	10−11−15
37	成品管卡（管径 DN100）	个	3.6×0.5+（28.86−3.6−3）×0.909	22	10−11−16

表 3-15　某公共卫生间给水排水工程费用计算表

序号	费用名称	费率	计算方法	费用金额/元
一	分部分项工程费		∑{[定额∑（工日消耗量×人工单价）+∑（材料消耗量×材料单价）+∑（机械台班消耗量×台班单价）]×分部分项工程量}	12 211.46
（一）	计费基础 JD1		∑（工程量×省价人工费）	2 862.52
二	措施项目费		2.1+2.2	389.29
2.1	单价措施费		∑{[定额∑（工日消耗量×人工单价）+∑（材料消耗量×材料单价）+∑（机械台班消耗量×台班单价）]×单价措施项目工程量}	143.12
2.2	总价措施费		（1）+（2）+（3）+（4）	246.17
（1）	夜间施工费	2.5	计费基础 JD1×费率	71.56
（2）	二次搬运费	2.1	计费基础 JD1×费率	60.11
（3）	冬雨期施工增加费	2.8	计费基础 JD1×费率	80.15
（4）	已完工程及设备保护费	1.2	计费基础 JD1×费率	34.35
（二）	计费基础 JD2		∑措施费中 2.1、2.2 中省价人工费	150.56
三	其他项目费		3.1+3.3+3.4+3.5+3.6+3.7+3.8	0
3.1	暂列金额			0
3.2	专业工程暂估价			0
3.3	特殊项目暂估价			0
3.4	计日工			0
3.5	主要材料采购保管费			0
3.6	其他检验试验费			0
3.7	总承包服务费			0
3.8	其他			0
四	企业管理费	55	（JD1+JD2）×管理费费率	1 657.19
五	利润	32	（JD1+JD2）×利润率	964.19
六	规费		4.1+4.2+4.3+4.4+4.5	1 089.91
4.1	安全文明施工费		（1）+（2）+（3）+（4）	758.06
（1）	安全施工费	2.34	（一+二+三+四+五）×费率	356.2

续表

序号	费用名称	费率	计算方法	费用金额/元
(2)	环境保护费	0.29	(一+二+三+四+五) ×费率	44.14
(3)	文明施工费	0.59	(一+二+三+四+五) ×费率	89.81
(4)	临时设施费	1.76	(一+二+三+四+五) ×费率	267.91
4.2	社会保险费	1.52	(一+二+三+四+五) ×费率	231.38
4.3	住房公积金	0.21	(一+二+三+四+五) ×费率	31.97
4.4	工程排污费	0.27	(一+二+三+四+五) ×费率	41.1
4.5	建设项目工伤保险	0.18	(一+二+三+四+五) ×费率	27.4
七	设备费		$\sum$(设备单价×设备工程量)	0
八	税金	9	(一+二+三+四+五+六+七-甲供材料、设备款) ×税率	1 468.08
九	不取费项目合计			0
十	工程费用合计		一+二+三+四+五+六+七+八+九	17 780.12

表3-16　某公共卫生间给水排水工程预算表(节选)

序号	定额编码	子目名称	单位	工程量	单价/元	合价/元	其中
							人工合价/元
1	10-1-327	室内塑料给水管(热熔连接) ≤*DN*50	10 m	0.616	166.56	102.6	101.01
	Z17000265@5	PPR管 *De*50	m	6.259	26.72	167.23	
	Z18000183@5	室内塑料给水管热熔管件，PPR管 *De*50	个	4.571	3.88	17.73	
21	10-11-30	一般钢套管制作安装介质管道 *DN*100	个	1	54.25	54.25	34.51
	Z17000037@1	焊接钢管 *DN*150 *DN*150	m	0.318	78.34	24.91	
22	10-11-168	机械混凝土楼板钻孔≤ϕ83	10个	0.1	215.74	21.57	19.84
29	10-11-199	堵洞≤*DN*50 (介质管道公称直径 *DN*32)	10个	0.2	89.71	17.94	5.15
37	10-11-16	成品管卡安装 *DN*100	个	22	2.9	63.8	43.12
	Z18000371@5	成品管卡 *DN*100 *DN*100	套	23.1	2.16	49.9	
38	BM106	脚手架搭拆费(给水排水、采暖、燃气工程)(单独承担的室外埋地管道工程除外)	元	1	143.12	143.12	50.09
合计						12 354.58	2 912.61

给水排水预算表

表 3-17　主材价格表（节选）

序号	材料编码	材料名称、规格	单位	数量	单价/元	合价/元
1	Z03000107	长颈水嘴 *DN*15	个	1.01	103.45	104.48
2	Z17000265@5	PP-R 管 *De*50	m	6.59	26.72	167.24
3	Z18000371@6	成品管卡 *DN*40	套	23.1	1.29	29.8
4	Z19000043	角式长柄截止阀 *DN*15	个	3.03	21.55	65.3
其余省略，详见电子版						

给水排水
主材价格表

表 3-18　单位工程招标控制价汇总表

序号	项目名称	金额/元	其中：材料暂估价/元
一	分部分项工程费	14 702.14	
二	措施项目费	520.27	
2.1	单价措施项目	186.7	
2.2	总价措施项目	333.57	
三	其他项目费（采购保管费）	0	
四	规费	1 089.91	
五	设备费	0	
六	税金	1 468.11	
招标控制价合计 = 一 + 二 + 三 + 四 + 五 + 六		17 780.43	

表 3-19　分部分项工程量清单与计价表（节选）

序号	项目编码	项目名称	项目特征	计量单位	工程数量	金额/元		
						综合单价	合价	其中：暂估价
1	031001006001	塑料管	1. 安装部位：室内 2. 材质、规格：PP-R 管 *De*50 3. 连接形式：热熔连接 4. 压力试验及吹、洗设计要求：水压试验和水冲洗	m	6.16	62.32	383.89	
15	031003001001	螺纹阀门	1. 类型：铜球阀 2. 规格、压力等级：*DN*40，低压 3. 连接形式：螺纹连接	个	1	154.74	154.74	
21	031002003005	套管	1. 名称、类型：排水管穿外墙基础 2. 材质：一般钢套管 3. 规格：介质管道 *DN*100	个	1	109.18	109.18	
28	030413003007	打洞（孔）	1. 名称：砖墙钻孔 2. 规格：介质管径 *DN*15，无套管 3. 填充（恢复）方式：水泥砂浆	个	2	28.26	56.52	
合计							14 702.14	

给水排
水分部分项
清单表

表3-20 工程量清单综合单价分析表（节选）

给水排水综合单价分析表

序号	项目编码	项目名称	单位	工程量	综合单价组成/元					综合单价/元
					人工费	材料费	机械费	计费基础	管理费和利润	
1	031001006001	塑料管 1. 安装部位：室内 2. 材质、规格：PP-R管 *De*50 3. 连接形式：热熔连接 4. 压力试验及吹、洗设计要求：水压试验和水冲洗	m	6.16	16.83	30.82	0.02	16.83	14.65	62.32
	10－1－327	室内塑料给水管（热熔连接）≤*DN*50	10 m	0.616	16.4	0.24	0.02	16.4	14.27	60.95
	10－11－13	成品管卡安装≤*DN*40	个	2	0.44	0.12		0.44	0.38	1.38
	Z17000265@1	塑料给水管 *DN*50	m	6.258 6		27.15				
	Z18000183@1	室内塑料给水管热熔管件 *DN*50	个	4.570 7		2.88				
	Z18000371@1	成品管卡 *DN*40	套	2.1		0.44				
28	030413003007	打洞（孔） 1. 名称：砖墙钻孔 2. 规格：介质管径 *DN*15，无套管 3. 填充（恢复）方式：水泥砂浆	个	2	11.27	7.18		11.27	9.81	28.26
	10－11－172×0.4	机械混凝土墙体钻孔≤ϕ63 砖墙及砌体墙钻孔单价×0.4	10个	0.2	8.7	0.79		8.69	7.56	17.05
	10－11－199	堵洞≤*DN*50	10个	0.2	2.58	6.4		2.58	2.24	11.21

表3-21 措施项目清单计价汇总表

序号	项目名称	金额/元
1	总价措施项目	333.57
2	单价措施项目	186.7
合计		520.27

表 3-22　总价措施项目清单与计价表

序号	项目名称	计算基础	费率/%	金额/元
1	夜间施工费	省价人工费	2.5	102.69
2	二次搬运费	省价人工费	2.1	81.02
3	冬雨期施工增加费	省价人工费	2.8	108.04
4	已完工程及设备保护费	省价人工费	1.2	41.82
	合计			333.57

表 3-23　单价措施项目清单与计价表

序号	项目编码	项目名称 项目特征	计量单位	工程数量	金额/元		
					综合单价	合价	其中：暂估价
1	031301017001	脚手架搭拆	项	1	186.7	186.7	
合计						186.7	

表 3-24　措施项目清单综合单价分析表

序号	项目编码	项目名称	单位	工程量	综合单价组成/元					综合单价/元
					人工费	材料费	机械费	计费基础	管理费和利润	
1	031301017001	脚手架搭拆	项	1	50.09	93.03		50.09	43.58	186.7
	BM239	脚手架搭拆费（给水排水、采暖、燃气工程）（单独承担的室外埋地管道工程除外）	元	1	50.09	93.03		50.09	43.58	186.7

表 3-25　其他项目清单与计价汇总表

序号	项目名称	计量单位	金额/元	备注
1	暂列金额	项	0	详见暂列金额表
2	专业工程暂估价	项	0	详见专业工程暂估价表
3	特殊项目暂估价	项	0	详见特殊项目暂估价表
4	计日工		0	详见计日工表
5	采购保管费		0	详见总承包服务费、采购保管费表
6	其他检验试验费		0	
7	总承包服务费		0	详见总承包服务费、采购保管费表
8	其他		0	
合计			0	—

表3-26　规费、税金项目清单与计价表

序号	项目名称	计算基础	费率/%	金额/元
1	规费			1 089.91
1.1	安全文明施工费			758.06
1.1.1	安全施工费	分部分项工程费+措施项目费+其他项目费-不取规费_合计	2.34	356.2
1.1.2	环境保护费	分部分项工程费+措施项目费+其他项目费-不取规费_合计	0.29	44.14
1.1.3	文明施工费	分部分项工程费+措施项目费+其他项目费-不取规费_合计	0.59	89.81
1.1.4	临时设施费	分部分项工程费+措施项目费+其他项目费-不取规费_合计	1.76	267.91
1.2	社会保险费	分部分项工程费+措施项目费+其他项目费-不取规费_合计	1.52	231.38
1.3	住房公积金	分部分项工程费+措施项目费+其他项目费-不取规费_合计	0.21	31.97
1.4	工程排污费	分部分项工程费+措施项目费+其他项目费-不取规费_合计	0.27	41.1
1.5	建设项目工伤保险	分部分项工程费+措施项目费+其他项目费-不取规费_合计	0.18	27.4
2	税金	分部分项工程费+措施项目费+其他项目费+规费+设备费-不取税金_合计-甲供材料费-甲供主材费-甲供设备费	9	1 468.11
合计				2 558.02

第4章

采暖工程计量与计价

4.1 采暖工程基础知识

4.1.1 采暖工程基础理论

（1）城市供暖系统组成。城市供暖系统由热源、换热装置、热媒管网和室内采暖系统组成，如图4-1所示。

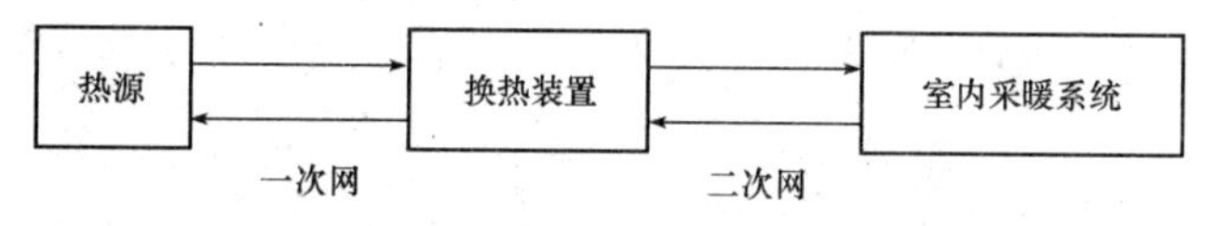

图4-1 城市供暖系统组成示意图

1）热源。常见热源有热电厂、锅炉房等。

2）换热装置。城市集中供热热源提供热媒的种类、温度和压力等参数和室内采暖系统不一致，需要通过设置换热装置实现能量转移，一般均设置在换热站内，其核心设备是换热器。

3）热媒管网。

①一级管网。城市集中供热系统中，由热源至换热站之间的供热管道系统。

②二级管网。城市集中供热系统中，由换热站至热用户（楼栋）的供热管道系统。

4）室内采暖系统。其是指建筑物室内的供暖管网、散热装置和附件等。

（2）室内采暖系统组成。末端采用散热器的室内采暖系统组成如图4-2所示。

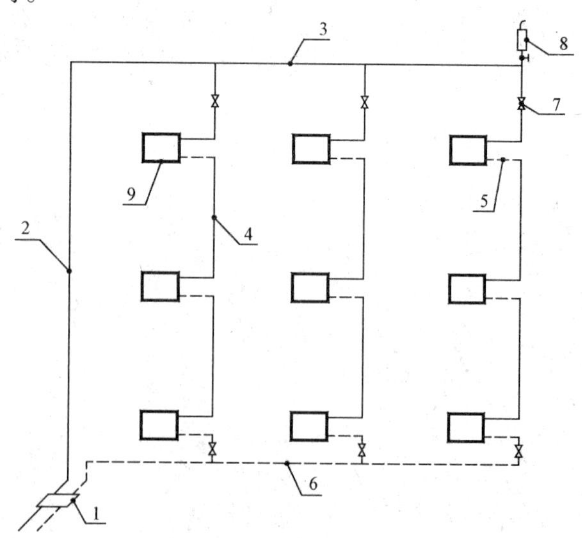

1—热力入口装置；2—主立管；3—供水干管；4—立管；
5—散热器支管；6—回水干管；7—阀门；8—排气阀；9—散热器。

图4-2 室内采暖系统组成示意图

1）热力入口装置。室内采暖系统与

室外供热管网相连接处的阀门、仪表等统称为采暖系统热力入口装置。不同的室内外管网其热力入口装置不尽相同，热力入口装置的一般做法如图 4-3 所示。

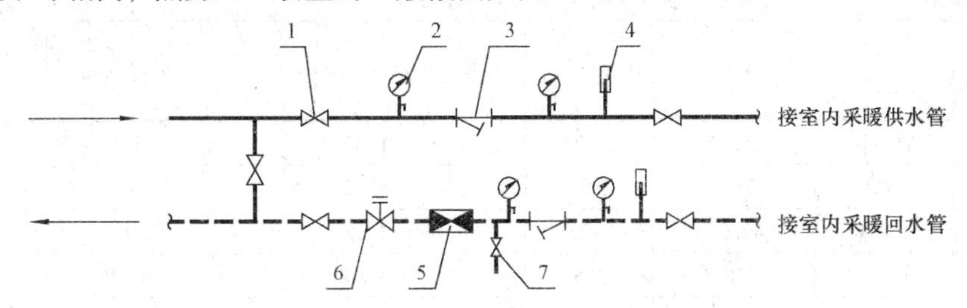

1—阀门；2—压力表；3—过滤器；4—温度计；5—热表；6—调节阀；7—泄水阀。

图 4-3　采暖系统热力入口装置示意图

2）室内采暖管网。室内采暖管网由主立管、供（回）水干管、立管和连接散热器支管组成。

3）管道附件。采暖管网常见附件有阀门、放气装置和补偿器等。

4）散热装置。采暖系统末端散热装置可采用散热器、热风机和地暖管网等形式。

5）辅助设施。部分采暖系统设置有膨胀水箱等设施。

（3）室内采暖系统分类。

1）按热媒种类分类：热水采暖系统和蒸汽采暖系统；

2）按散热设备不同分类：散热器采暖系统和热风机采暖系统；

3）按散热方式不同分类：对流采暖系统和辐射采暖系统；

4）按系统循环动力分类：自然循环系统与机械循环系统；

5）按连接散热器管道数量分类：单管系统和双管系统；

6）按散热器间的连接方式分类：垂直式系统和水平式系统；

7）按各并联环路热媒的流程不同分类：同程式系统和异程式系统；

8）按供回水干管敷设位置分类：上供上回式、上供下回式、下供下回式、下供上回式和中供式等。

4.1.2　采暖系统常用管材、器具和附件

（1）采暖系统常用管材。

1）焊接钢管。俗称黑铁管，指用钢带或钢板弯曲变形后再焊接而成的表面有接缝的钢管。常用的连接方法有螺纹连接、焊接和法兰连接。按其壁厚可分为普通管和加厚管。常用焊接钢管的规格和质量见表 4-1。

焊接钢管

表 4-1　常用焊接钢管规格质量

公称直径		外径	普通管		加厚管	
mm	in	mm	壁厚/mm	理论质量/（kg·m^{-1}）	壁厚/mm	理论质量/（kg·m^{-1}）
6	1/8″	10	2.00	0.39	2.5	0.46
8	1/4″	13.5	2.25	0.62	2.75	0.73
10	3/8″	17	2.25	0.82	2.75	0.97
15	1/2″	21.25	2.75	1.26	3.25	1.45

续表

公称直径		外径	普通管		加厚管	
mm	in	mm	壁厚/mm	理论质量/（kg·m⁻¹）	壁厚/mm	理论质量/（kg·m⁻¹）
20	3/4″	26.75	2.75	1.63	3.5	2.01
25	1″	33.5	3.25	2.42	4	2.91
32	1 1/4	42.25	3.25	3.13	4	3.78
40	1 1/2	48	3.5	3.84	4.25	4.58
50	2″	60	3.5	4.88	4.5	6.16
65	2 1/2	75.5	3.75	6.64	4.5	7.88
80	3″	88.5	4	8.34	4.75	9.81
100	4″	114	4	10.85	5	13.44
125	5″	140	4	13.42	5.5	18.24
150	6″	165	4.5	17.81	5.5	21.63

2）镀锌钢管。将普通钢管内外表面采用一定工艺镀锌，加强管道的防腐性能。为防止镀锌层破坏，故不允许焊接，采暖系统中常用螺纹连接。镀锌钢管的理论质量比普通管大3%～6%。

3）无缝钢管。由整块金属制成的，表面没有接缝的钢管，称为无缝钢管。它比焊接钢管能承受更大的压力，它的规格常用外径×壁厚表示（如 $D108\times4$），可采用螺纹连接、焊接和法兰连接。无缝钢管理论质量可参考《五金手册》等资料。

4）塑料管。采暖系统常用塑料管有交联聚乙烯（PE-X）管、铝塑复合（PAP）管、聚丁烯（PB）管和三丙聚丙烯（PP-R）管，其详细介绍可参见本书3.1.1节相关内容。

（2）采暖系统器具设施。

视频：采暖系统器具及附件

1）散热器。散热器以对流换热的方式将热媒的大部分热量传给室内空气，靠辐射换热的方式将另一部分热量传给室内物体和人，从而向房间供给热量，补充热损失，使室内保持需要的温度。

根据使用的材质，散热器可分为金属材料散热器和非金属材料散热器。目前我国应用的主要是金属材料散热器，常见的有铸铁、钢、铝、钢（铜）铝复合散热器及全铜散热器等。从结构形式角度来看，散热器有柱型、翼型、管型、平板型等形式。

2）热媒集配装置。热媒集配装置主要指地板辐射供暖系统用的分（集）水器和其配套附件组成的装置，有带箱体和不带箱体两种形式。图4-4所示为六分路的热媒集配装置。

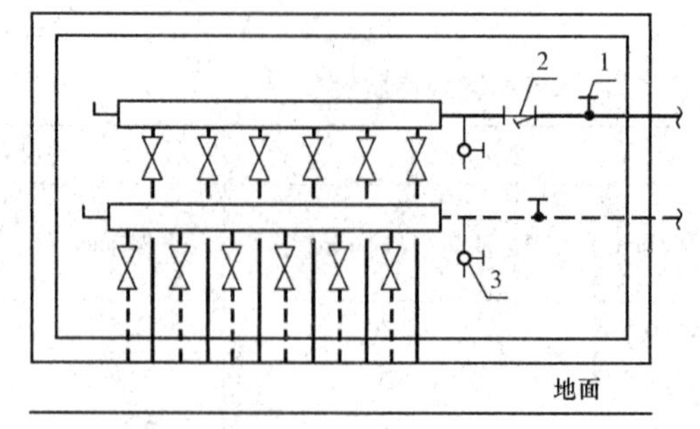

1—阀门；2—过滤器；3—泄水阀。

图4-4 热媒集配装置示意图

热媒集配装置

3）膨胀水箱。采暖系统膨胀水箱可以容纳系统中因温度变化而引起的膨胀水量，恒定系统压力，补充系统水量，在重力循环系统中还可以起到排气作用。膨胀水箱配管包括膨胀管、循环管、补水管、溢流管、排水管和信号管等。膨胀水箱分开式和闭式两种，具体见 3.1.1 节的介绍，膨胀水箱接管如图 4-5 所示。

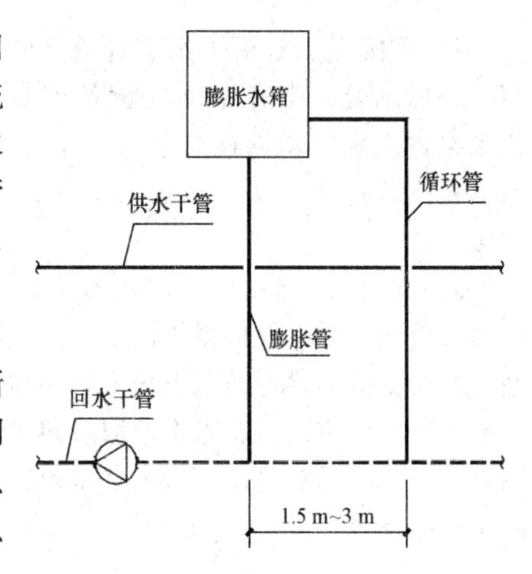

图 4-5　机械循环采暖系统膨胀水箱接管示意图

（3）采暖系统管道附件。

1）阀门。采暖系统阀门从其功能作用角度看有关断阀、调节阀和特殊功能阀。关断阀常见的有闸阀、球阀和蝶阀等；调节阀常见的有静态平衡阀、流量调节阀、压差调节阀和温控阀等；特殊功能阀常见的有排气阀、锁闭阀和减压阀等。

各类阀门从阀体材质上来说，常见的有铸铁阀门、锻钢阀门、铜阀门和塑料阀门；从连接方式上来说，常见的有螺纹阀门、法兰阀门、沟槽阀门和热熔阀门，分别自带有螺纹接口、法兰接口、沟槽接口和热熔接口短管，热熔阀门主要用于和塑料管连接。

2）法兰。当管道采用法兰连接或法兰附件和管道连接时，需要在管道上加装法兰盘。法兰种类较多，采暖系统中常用平焊法兰。法兰的详细内容可参见 6.1.4 节。

3）补偿器。为了防止供热管道升温时，由于热伸长或温度应力而引起管道变形或破坏，需要在管道上设置补偿器，以补偿管道的热伸长，从而减小管壁的应力和作用在阀件或支架结构上的作用力，也叫膨胀节或伸缩节。常见的有方形补偿器（图 4-6）、波纹管补偿器（图 4-7）、套筒式补偿器和球形补偿器等。方形补偿器在施工现场由管子煨制而成，其他补偿器均由专门厂家生产制作，在施工现场安装在管道上。

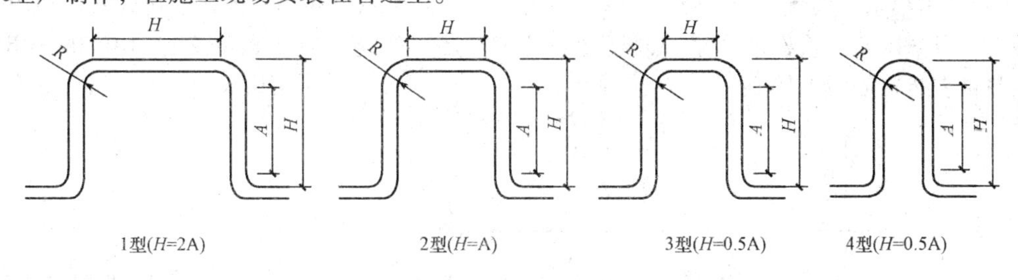

图 4-6　方形补偿器

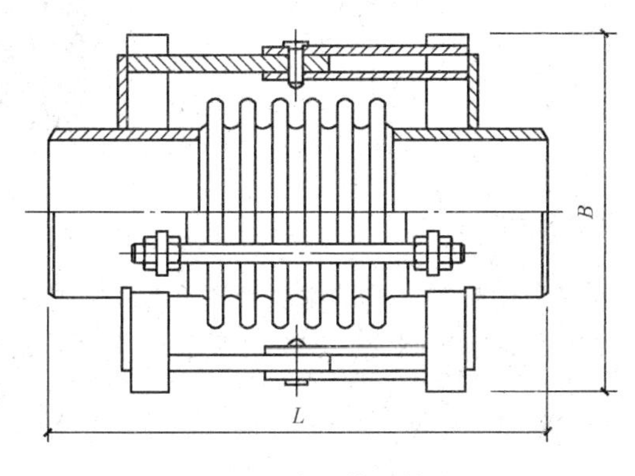

图 4-7　波纹管补偿器

补偿器

4）软接头。软接头用于管道之间起挠性连接作用，可降低振动及噪声。一般来说，带有振动的设备或装置与管道连接时均需设置软接头，如水泵进出水口均需设置软接头。从材质上来说，常见的有橡胶软接头和不锈钢软接头；从接口形式上来说，常见的有法兰式软接头和螺纹式软接头。

软接头、过滤器

5）管道除污器。管道除污器又称为管道过滤器，用来清除和过滤管道中的杂质和污垢，保持系统内水质的洁净，以保护设备和防止管道堵塞。其结构形式常见的有Y型过滤器、锥形除污器、直角式除污器和高压除污器。图4-8所示为法兰式Y型过滤器。除污器一般安装在用户入口总管上，以及热源（冷源）、用热（冷）设备、水泵、调节阀入口处，根据国家建筑标准图集《除污器》03R402，除污器前后设置关断阀门和压力表，并设置旁通管，如图4-9所示。

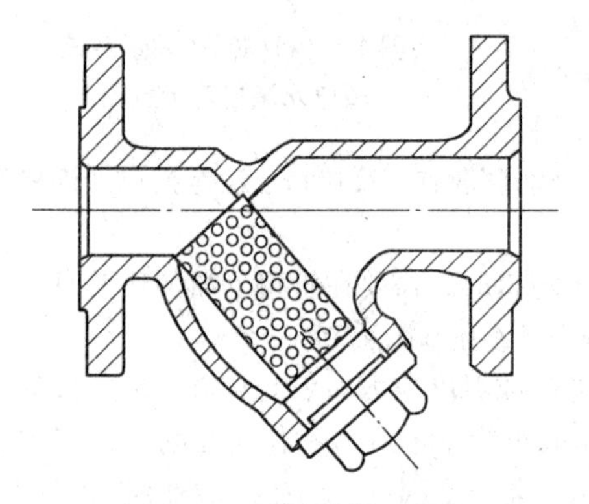

图4-8　Y型过滤器示意图

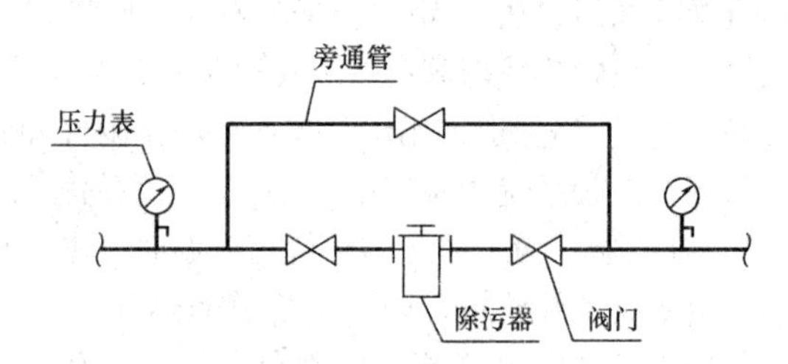

图4-9　除污器安装示意图

6）户用热量表装置。分户热计量采暖系统在楼内共用系统和每户入户连接处安装户用热量表装置，根据国家建筑标准图集《暖通动力施工安装图集（一）（水系统）》10K509 10R504，户用热量表装置如图4-10所示。

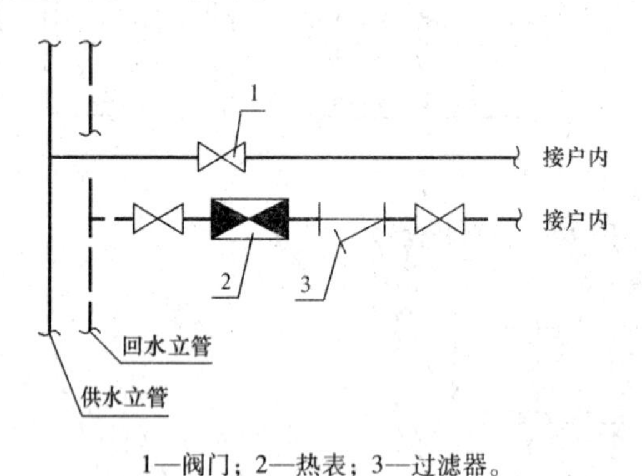

1—阀门；2—热表；3—过滤器。

图4-10　户用热量表装置示意图

热表

7）排气装置。采暖系统常见的排气装置有集气罐、自动排气阀和手动放风阀三类。

①集气罐。集气罐通常由直径100～250 mm钢管制成，安装在采暖供水干管末端。集气罐接管如图4-11所示。

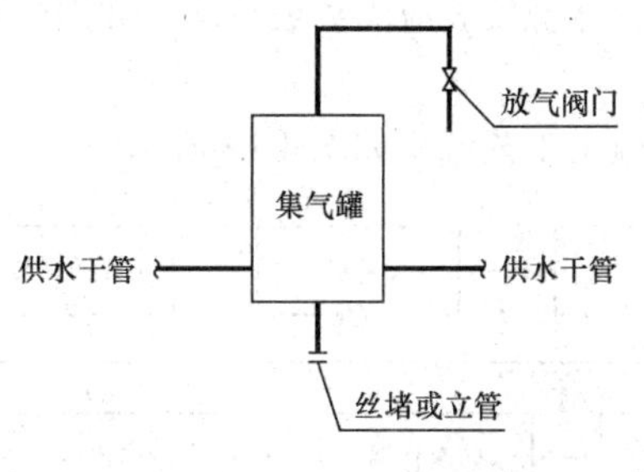

图 4-11　集气罐接管示意图

排气装置

②自动排气阀。通常安装在供水干管的末端，依靠水对浮体的浮力通过杠杆机构传动，使排气孔自动启闭，实现自动阻水排气的功能。与集气罐相比，自动排气阀安装简单，操作方便。

③手动放风阀。又称跑风门，用于排除散热器中聚集的空气。多用在水平式和下供下回式系统中，它旋紧在散热器上部专设的丝孔上，以手动方式排除空气。

4.1.3　采暖工程施工

（1）室外采暖热水管道施工。

1）直埋敷设。室外采暖管道直埋敷设一般采用预制直埋保温管，即安装前将管道的保温层和保护层加工好，安装完水压试验合格后仅需将接头部分补做保温层和保护层。

①施工工艺流程。室外采暖管道直埋敷设施工工艺流程如图 4-12 所示。

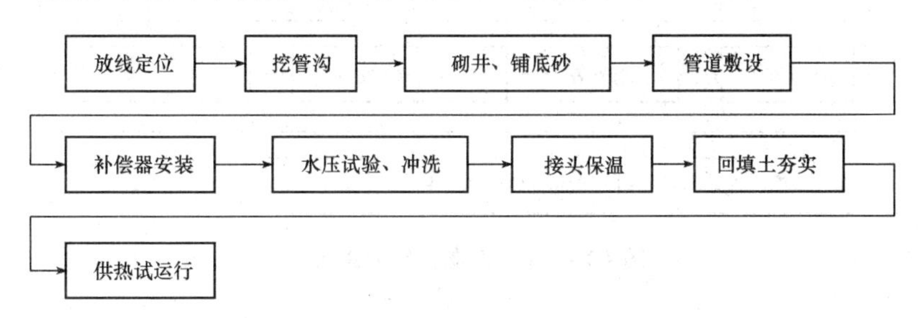

图 4-12　室外采暖管道直埋敷设施工工艺流程

②施工要点。放线定位需要定出管道中心线及阀门井、固定支墩和补偿器位置，需要严格按照设计图纸控制管道的高程。

管沟开挖时应确定好槽底宽度和开槽断面，槽底宽度需考虑管道两侧工作面宽度（设计未规定时可取 0. 1 ~0. 2 m），开槽断面由槽底宽度、挖深和边坡坡度等确定。

槽底铺砂垫层需严格控制回填厚度和高程，砂垫层应回填夯实。

管道安装时应用吊装机械将管道吊入沟槽内，安装过程中均需注意保护保温层，既要避免损坏保温层，也要避免保温层受潮。管道穿越墙壁处，应安装套管。

当设计为有补偿直埋敷设时，需按设计要求进行补偿器的安装施工。补偿器在安装时要与管道的坡度相一致，波形补偿器或填料式补偿器的轴线应与管道轴线相吻合，不得有偏斜。

管道系统及附件安装完毕，经过水压试验合格后才能进行接头保温和回填土。试验前应在试验管段高端装好放气阀，低端装好排水阀，安装好压力表，检查沿线焊缝外观质量，为防止补偿器试压时受力变形，应在试压前安装好临时紧固装置之后方可充水。水压试验压力值和要求应遵照设计图纸和相关施工规范。

管道清洗时，不与管道同时清洗的设备、容器及仪表应隔离或拆除，并用临时短管代替。

2）地沟敷设。

①施工工艺流程。室外采暖管道地沟敷设施工工艺流程如图 4-13 所示。

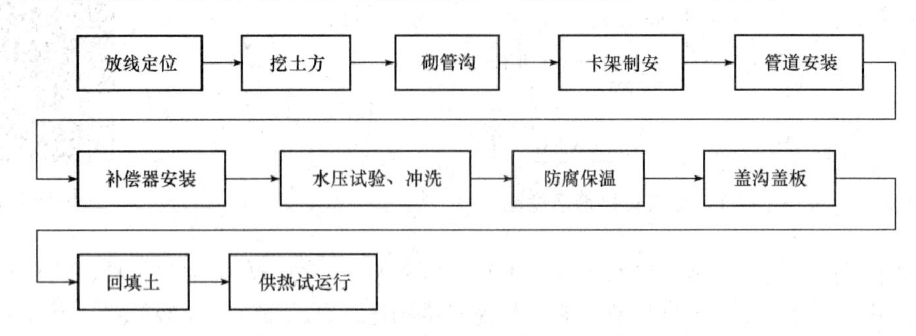

图 4-13　室外采暖管道地沟敷设施工工艺流程

②施工要点。室外采暖管道地沟敷设除需要砌筑管沟、制作安装管道支架和制作安装沟盖板外，其余各项施工环节与直埋敷设基本一致。

（2）室内采暖热水管道施工。

1）施工工序。室内采暖系统施工工序如图 4-14 所示。

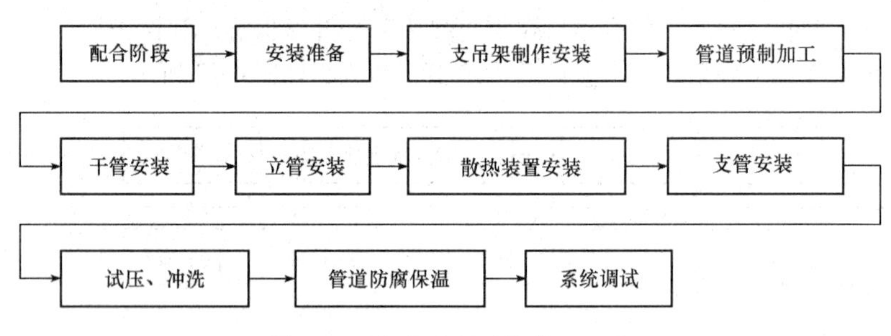

图 4-14　室内采暖系统施工工序

2）施工要点。室内采暖系统管道施工要点同给水管道，可参见 3. 1. 1 节相关内容，此处仅叙述不同之处。

①散热器安装。散热器安装分成组安装和现场组对安装两种情况。成组安装指散热器出厂时已经按照施工需要完成组队工作，现场对其进行水压试验检测合格后，将其安装就位；现场组对安装指到达施工现场的是散装散热器片，施工队根据施工图纸在现场完成组队，并做水压试验，然后安装就位。如果散热器出厂时有锈蚀或没有刷漆，还需要施工队进行除锈、刷漆。一般铸铁散热器存在成组安装和现场组对安装两种情况，其他材质如钢制、铜制等均为成组安装。

根据散热器的固定方式不同，散热器安装分挂装和落地式安装，两种安装方式均需要托钩（卡子）固定。

②地暖管道施工。地暖管道主要施工工序如图 4-15 所示。为减少通过地板向下层传递的热量，铺设地暖管道的地面均需进行绝热处理。地暖管道均采用塑料管材，通常用扎带固定在钢丝网上，然后用细石混凝土填充，填充层内的加热管不允许有管接头。

③系统调试。采暖系统安装完毕后，为了确保采暖效果达到设计要求，尚需对系统进行试运行，并根据运行情况进行调整试验，称之为系统调试。在系统调试过程中，如发现有不热或冷热不均等现象，施工人员需积极配合相应技术人员进行解决。

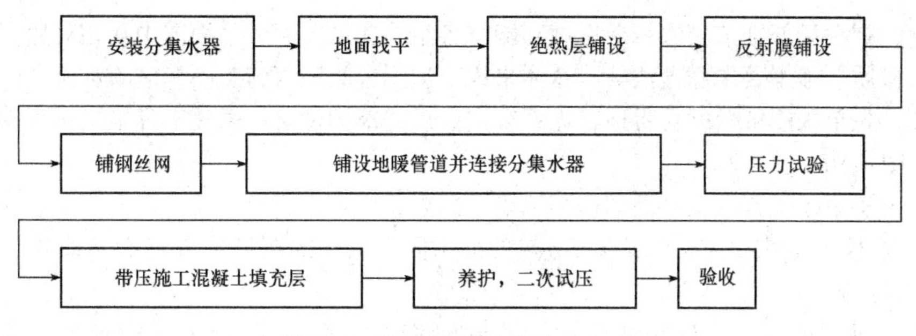

图 4-15　地暖管道主要施工工序

4.2　采暖工程施工图识读

采暖工程施工图的组成、识读方法与给水排水工程总体相同，具体内容可参见 3.2 节，在此强调几点不同之处。

4.2.1　采暖工程常见图例

采暖工程常见图例见表 4-2。

表 4-2　采暖工程常见图例

序号	符号	说明	序号	符号	说明
1		采暖供水管	9		采暖回水管
2	n	散热器，n 为片数	10		蝶阀
3		止回阀	11		固定支架
4		截止阀	12		管道变径
5		闸阀	13		自动排气阀
6		平衡阀	14		Y 型过滤器
7	i=0.003	管道坡度	15		压力表
8		温度计			

4.2.2　采暖工程施工图识读

识读采暖工程施工图，在熟悉图纸目录和设计施工说明后，建议初学者首先顺着水流方向识读系统图和平面图，从热力入口供水管起，顺水流在室内循环一圈，最后从热力入口回水管终止，这样利于先从总体上把握系统形式；其次，进一步将设计施工说明、系统图、平面图和详图相结合识读，掌握局部细节做法；最后做到能将各组成在系统图和平面图中互相对照印证，并掌握各组成的材质、施工要求和做法等。总体来说，识图采暖工程施工图，应顺水流方向，采用先总体后局部，先单张图纸后融会贯通，先系统走向后局部的做法。采暖工程施工图识读练习见后述4.5节中图4-16~图4-21。

另外，关于采暖工程施工平面图需强调以下两点：

（1）散热器片数用数字表示，所有散热器都用同样大小的图形符号表示（即散热器图形符号不是按比例绘制的）。

（2）对于地暖管道，设计图纸均标注每一回路的长度，该数值表示管道在填充层内的长度值。

4.3　采暖工程定额计量与定额应用

4.3.1　采暖工程定额与其他定额界限划分

本部分内容同3.3.1节内容，可参见该节。

4.3.2　采暖管道安装定额计量与应用

（1）采暖管道安装定额界限划分。

1）室内外管道安装定额以入口阀门或建筑物外墙皮1.5 m为界。

2）与工业管道界限以锅炉房或热力站外墙皮1.5 m为界。

3）工厂车间内采暖管道以采暖系统与工业管道碰头点为界。

4）与设在建筑物内的换热站或供热机房管道以站房外墙皮为界。

（2）采暖管道安装定额计量。

1）各类管道安装按室内外、材质、连接形式、规格分别列项，以“10 m”为计量单位。定额中塑料管按外径表示，其他管道均按公称直径表示。

2）各类管道安装工程量，均按设计管道中心线长度，以“10 m”为计量单位，不扣除阀门、管件、附件（包括器具组成，采暖入口装置、减压器、疏水器等的组成安装）所占长度。

3）方形补偿器所占长度计入管道安装工程量。方形补偿器制作安装应执行“管道附件”章节相应项目。

4）与分集水器进出口连接的管道工程量，应计算至分集水器中心线位置。

5）直埋保温管保温层补口按管径，以“个”为计量单位。

6）室外采暖管道与原有采暖热源钢管碰头，区分带介质、不带介质两种情况，按新接支管公称直径列项，以“处”为计量单位。每处含有供、回水两条管道碰头连接。

（3）采暖管道安装定额应用。

1）管道安装项目中，均包括相应管件安装、水压试验及水冲洗工作内容。各种管件数量系综合取定，执行定额时，成品管件数量可依据设计文件及施工方案或参照《通用安装工程消耗量定额》（TY02—31—2015）第十册《给排水、采暖、燃气系统》（本章以下简称本册定额）附录“管道管件数量取定表”计算，定额中其他消耗量均不做调整。定额管件含量中不含与螺纹阀门配套的活接、对丝，其用量含在螺纹阀门安装项目中。

2）钢管焊接安装项目中均综合考虑了成品管件和现场煨制弯管、摔制大小头、挖眼三通。

3）管道安装项目中，除室内直埋塑料管道中已包括管卡安装外，其他管道项目均不包括管道支架、管卡、托钩等制作安装以及管道穿墙、楼板套管制作安装、预留孔洞、堵洞、打洞、凿槽等工作内容，发生时，应按本册定额相应项目另行计算。

4）镀锌钢管（螺纹连接）项目也适用于焊接钢管的螺纹连接。

5）室外管道安装不分地上与地下，均执行同一子目。

6）采暖室内直埋塑料管道是指敷设于室内地坪下或墙内的由采暖分集水器连接散热器及管井内立管的塑料采暖管段。直埋塑料管分别设置了热熔管件连接和无接口敷设两项定额项目，不适用于地板辐射采暖系统管道。地板辐射采暖系统管道执行本册定额第七章相应项目。

7）室内直埋塑料管包括充压隐蔽、水压试验、水冲洗以及地面划线标示工作内容。

8）室内外采暖管道在过路口或跨绕梁、柱等障碍时，如发生类似于方形补偿器的管道安装形式，执行方形补偿器制作安装项目。

9）采暖塑铝稳态复合管道安装按相应塑料管道安装项目人工乘以系数1.1，其他不变。

10）塑套钢预制直埋保温管安装项目是按照行业标准《高密度聚乙烯外护管聚氨酯预制直埋保温复合塑料管》（CJ/T 480—2015）要求供应的成品保温管道、管件编制的。

11）塑套钢预制直埋保温管安装项目中已包括管件安装，但不包括接口保温，发生时应另行套用接口保温安装项目。

12）安装带保温层的管道（非室外直埋预制保温管）时，可执行相应材质及连接形式的管道安装项目，其人工乘以系数1.1；管道接头保温执行《通用安装工程消耗量定额》（TY02—31—2015）第十二册《刷油、防腐蚀、绝热工程》，其人工、机械乘以系数2.0。

预制直埋保温管

13）室外管道碰头项目适用于新建管道与已有热源管道的碰头连接，如已有热源管道已做预留接口则不执行相应安装项目。

14）与原有管道碰头安装项目不包括与供热部门的配合协调工作以及通水试验的用水量，发生时应另行计算。

4.3.3 采暖管道附件安装定额计量与应用

（1）采暖管道附件种类。采暖管道附件包括螺纹阀门、法兰阀门、塑料阀门、沟槽阀门、法兰、减压器、疏水器、除污器、热量表、水锤消除器、补偿器、软接头（软管）、浮标液面计、浮标水位标尺等。

（2）采暖管道附件定额计量。

1）各种阀门、补偿器、软接头、水锤消除器安装，均按照不同连接方式、公称直径，以“个”为计量单位。

2）减压器、疏水器、热量表组成安装，按照不同组成结构、连接方式、公称直径，以“组”为计量单位。减压器安装按高压侧的直径计算。

3）卡紧式软管按照不同管径，以“根”为计量单位。

4）法兰区分不同公称直径，以“副”为计量单位。

（3）采暖管道附件定额应用。

1）阀门安装均综合考虑了标准规范要求的强度及严密性试验工作内容。若采用气压试验时，除定额人工外，其他相关消耗量可进行调整。

2）安全阀安装后进行压力调整的，其人工乘以系数2.0。螺纹三通阀安装按螺纹阀门安装项目乘以系数1.3。

3）电磁阀、温控阀安装项目均包括了配合调试工作内容，不再重复计算。

4）对夹式蝶阀安装已含双头螺栓用量，在套用与其连接的法兰安装项目时，应将法兰安装项目中的螺栓用量扣除。浮球阀安装已包括了连杆及浮球的安装。

5）与螺纹阀门配套的连接件，如设计与定额中材质不同时，可按设计进行调整。

6）法兰阀门（法兰塑料阀门除外）、法兰式附件安装项目均不包括法兰安装，应另行套用相应法兰安装项目。

7）每副法兰和法兰式附件安装项目中，均包括一个垫片和一副法兰螺栓的材料用量。各种法兰连接用垫片均按石棉橡胶板考虑，如工程要求采用其他材质可按实调整。

8）减压器、疏水器安装均按成组安装考虑，分别依据国家建筑标准设计图集《常用小型仪表及特种阀门选用安装》01SS105 和《蒸汽凝结水回收及疏水装置的选用与安装》05R407 编制。疏水器成组安装未包括止回阀安装，若安装止回阀执行阀门安装相应项目。单独安装减压器、疏水器时执行阀门安装相应项目。

9）除污器成组安装依据国家建筑标准设计图集《除污器》03R402 编制，适用于立式、卧式和旋流式除污器成组安装。单个过滤器安装执行阀门安装相应项目人工乘以系数 1.2。

10）热量表组成安装是依据国家建筑标准设计图集《暖通动力施工安装图集（一）（水系统）》10K509、10R504 编制的。如实际组成与此不同时，可按法兰、阀门等附件安装相应项目计算或调整。

11）各管道附件成组安装项目已包括标准设计图集中的旁通管安装，旁通连接管所占长度不再另计管道工程量。

12）各管道附件器具组成安装均分别依据现行相关标准图集编制的，其中连接管、管件均按钢制管道、管件及附件考虑。如实际采用其他材质组成安装，则按相应项目分别计算。器具附件组成如实际与定额不同时，可按法兰、阀门等附件安装相应项目分别计算或调整。

13）补偿器项目包括方形补偿器制作安装和焊接式、法兰式成品补偿器安装，成品补偿器包括球形、填料式、波纹式补偿器。补偿器安装项目中包括就位前进行预拉（压）工作。

14）法兰式软接头安装适用于法兰式橡胶及金属挠性接头安装。

15）浮标液面计、水位标尺分别依据《采暖通风国家标准图集》N102-3 和《全国通用给排水标准图集》S318 编制的，如设计与标准图集不符，主要材料可做调整，其他不变。

16）所有附件安装项目均不包括固定支架的制作安装，发生时另执行相应项目。

4.3.4 供暖器具安装定额计量与应用

（1）供暖器具种类。供暖器具常见有散热器、暖风机、地板辐射采暖管道、热媒集配装置等。

（2）供暖器具安装定额计量。

视频：供暖器具安装定额计量与应用

1）铸铁散热器安装分落地安装、挂式安装。铸铁散热器组对安装以“10 片”为计量单位；成组铸铁散热器安装按每组片数以“组”为计量单位。

2）钢制柱式散热器安装按每组片数，以“组”为计量单位；闭式散热器安装以“片”为计量单位；其他成品散热器安装以“组”为计量单位。

3）艺术造型散热器按与墙面的正投影（高 × 长）计算面积，以“组”为计量单位。不规则形状以正投影轮廓的最大高度乘以最大长度计算面积。

4）光排管散热器制作分 A 型、B 型，区分排管公称直径，按图示散热器长度计算排管长度，以“10 m”为计量单位，其中连管、支撑管不计入排管工程量；光排管散热器安装不分 A 型、B 型，区分排管公称直径，按光排管散热器长度以“组”为计量单位。

5）暖风机安装按设备质量，以“台”为计量单位。

地暖管敷设

6）地板辐射采暖管道区分管道外径，按设计图示中心线长度计算，以“10 m”为计量单位。保护层（铝箔）、隔热板、钢丝网按设计图示尺寸计算实际铺设面积，以“10 m^2”为计量单位。边界保温带按设计图示长度以“10 m”为计量单位。

7）热媒集配装置安装区分带箱、不带箱，按分支管环路数以“组”为计量单位。

（3）供暖器具安装定额应用。

1）散热器安装项目参考国家建筑标准设计图集《暖通动力施工安装图集（一）（水系统）》10K509 10R504 编制。除另有说明外，各型散热器均包括散热器成品支托架（钩、卡）安装和安装前的水压试验以及系统水压试验。

2）各型散热器不分明装、暗装，均按材质、类型执行同一定额子目。

3）各型散热器的成品支托架（钩、卡）安装，是按采用膨胀螺栓固定编制的，如工程要求与定额不同时，可按照本册定额第十一章有关项目进行调整。

4）铸铁散热器按柱型（柱翼型）编制，区分带足、不带足两种安装方式。成组铸铁散热器、光排管散热器如发生现场进行除锈刷漆时，执行《通用安装工程消耗量定额》（TY02—31—2015）第十二册《刷油、防腐蚀、绝热工程》相应项目。

5）钢制板式散热器安装不论是否带对流片，均按安装形式和规格执行同一项目。钢制卫浴散热器执行钢制单板板式散热器安装项目。钢制扁管散热器分别执行单板、双板钢制板式散热器安装定额项目，其人工乘以系数 1.2。

6）钢制翅片管散热器安装项目包括安装随散热器供应的成品对流罩，如工程不要求安装随散热器供应的成品对流罩时，每组扣减 0.03 工日。

7）钢制板式散热器、金属复合散热器、艺术造型散热器的固定组件，按随散热器配套供应编制，如散热器未配套供应，应增加相应材料的消耗量。

8）光排管散热器安装不分 A 型、B 型执行同一定额子目。光排管散热器制作项目已包括联管、支撑管所用人工与材料。

9）手动放气阀的安装执行本册定额第五章相应项目。如随散热器已配套安装就位，不得重复计算。

10）暖风机安装项目不包括支架制作安装，其制作安装按照本册定额第十一章相应项目另行计算。

11）地板辐射采暖塑料管道敷设项目包括了固定管道的塑料卡钉（管卡）安装、局部套管敷设及地面浇筑的配合用工。工程要求固定管道的方式与定额不同时，固定管道的材料可按设计要求进行调整，其他不变。

12）地板辐射采暖的隔热板项目中的塑料薄膜，是指在接触土壤或室外空气的楼板与绝热层之间所铺设的塑料薄膜防潮层。如隔热板带有保护层（铝箔），应扣除塑料薄膜材料消耗量。

13）地板辐射采暖塑料管道在跨越建筑物的伸缩缝、沉降缝时所铺设的塑料板条，应按照边界保温带安装项目计算，塑料板条材料消耗量可按设计要求的厚度、宽度进行调整。

14）成组热媒集配装置包括成品分集水器和配套供应的固定支架及与分支管连接的部件。固定支架如不随分集水器配套供应，需现场制作时，按照本册定额第十一章相应项目另行计算。

4.3.5　采暖设备安装定额计量与应用

本部分内容同 3.3.5 节，可参见该节内容。

4.3.6 采暖支架及其他项目安装定额计量与应用

本部分内容同3.3.6节，可参见该节内容。

4.3.7 采暖工程定额其他说明

（1）脚手架搭拆费按定额人工费的5%计算，其费用中人工费占35%。单独承担的室外埋地管道工程，不计取该费用。

（2）操作高度增加费：定额中操作物高度是按距楼面或地面3.6 m考虑的，当操作物高度超过3.6 m时，超过部分工程量的定额人工、机械乘以表4-3中系数。

表4-3 采暖工程操作高度增加系数

操作物高度/m	≤10	≤30	≤50
系数	1.10	1.2	1.5

（3）建筑物超高增加费。指在高度在6层或20 m以上的工业与民用建筑物上进行安装时增加的费用，按表4-4计算，其费用中人工费占65%。

表4-4 采暖工程建筑物超高增加系数

建筑物檐高/m	≤40	≤60	≤80	≤100	≤120	≤140	≤160	≤180	≤200
建筑层数/层	≤12	≤18	≤24	≤30	≤36	≤42	≤48	≤54	≤60
按人工费的百分比/%	2	5	9	14	20	26	32	38	44

（4）在洞库、暗室，已封闭的管道间（井）、地沟、吊顶内安装的项目，人工、机械乘以系数1.20。

（5）采暖系统工程调整费按采暖系统工程人工费的10%计算，其费用中人工费占35%。

4.4 采暖工程清单编制与计价

采暖工程工程量清单项目设置、项目特征描述、计量单位、工程量计算规则和清单组价时涉及定额项目除供暖器具部分外，其余均与给水排水工程清单编制与计价（3.4节）相同，具体可参考该节内容。以下仅列出供暖器具清单编制与计价内容，见表4-5。

表4-5 供暖器具清单编制与计价表

清单编制（编码：031005）						清单组价
项目编码	项目名称	项目特征	计量单位	工程量计算规则	工作内容	计算综合单价涉及的定额项目
031005001	铸铁散热器	1. 型号、规格 2. 安装方式 3. 托架形式 4. 器具、托架除锈、刷油设计要求	片（组）	按设计图示数量计算	1. 组对、安装 2. 水压试验 3. 托架制作、安装 4. 除锈、刷油	1. 组对、安装 2. 除锈、刷油

续表

清单编制（编码：031005）						清单组价
项目编码	项目名称	项目特征	计量单位	工程量计算规则	工作内容	计算综合单价涉及的定额项目
031005002	钢制散热器	1. 结构形式 2. 型号、规格 3. 安装方式 4. 托架刷油设计要求	组（片）	按设计图示数量计算	1. 安装 2. 托架安装 3. 托架刷油	安装
031005003	其他成品散热器	1. 材质、类型 2. 型号、规格 3. 托架刷油设计要求				
031005004	光排管散热器	1. 材质、类型 2. 型号、规格 3. 托架形式及做法 4. 器具、托架除锈、刷油设计要求	m	按设计图示排管长度计算	1. 制作、安装 2. 水压试验 3. 除锈、刷油	1. 制作、安装 2. 除锈、刷油
031005005	暖风机	1. 质量 2. 型号、规格 3. 安装方式	台	按设计图示数量计算	安装	安装
031005006	地板辐射采暖	1. 保温层材质、厚度 2. 钢丝网设计要求 3. 管道材质、规格 4. 压力试验及吹扫设计要求	1. m^2 2. m	1. 以平方米计量，按设计图示采暖方面净面积计算 2. 以米计量，按设计图示管道长度计算	1. 保温层及钢丝网铺设 2. 管道排布、绑扎、固定 3. 与分集水器连接 4. 水压试验、冲洗 5. 配合地面浇筑	1. 保护层（铝箔） 2. 隔热板 3. 边界保温带 4. 钢丝网 5. 管道敷设
031005007	热媒集配装置	1. 材质 2. 规格 3. 附件名称、规格、数量	台	按设计图示数量计算	1. 制作 2. 安装 3. 附件安装	成组安装（另计主材）
031005008	集气罐	1. 材质 2. 规格	个		1. 制作 2. 安装	1. 制作 2. 安装

注：1. 铸铁散热器，包括拉条制作安装。
2. 钢制散热器结构形式，包括钢制闭式、板式、壁板式、扁管式及柱式散热器等，应分别列项计算。
3. 光排管散热器，包括连管制作安装。
4. 地板辐射采暖，包括与分集水器连接和配合地面浇筑用工。

4.5 采暖工程计量计价实例

现有某二层办公楼采暖工程，如图 4-16 ~ 图 4-21 所示，图中标高均以 m 为单位，其他尺寸均以 mm 为单位。

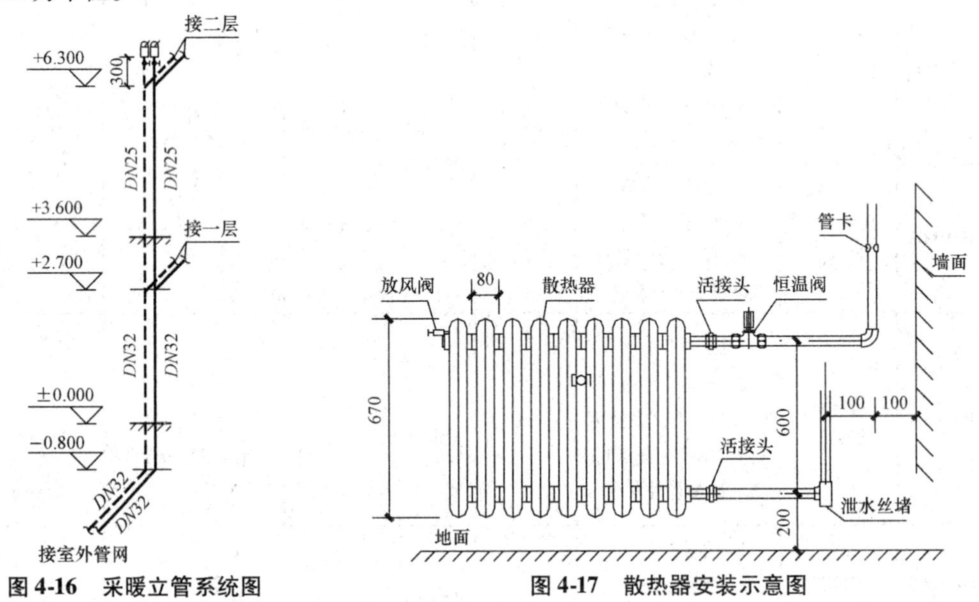

图 4-16 采暖立管系统图

图 4-17 散热器安装示意图

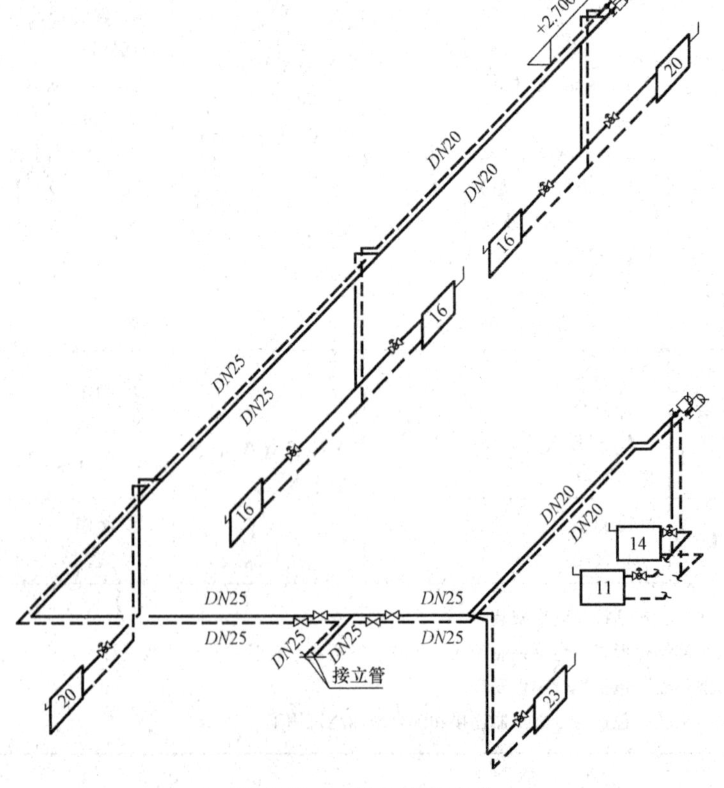

图 4-18 一层采暖系统图

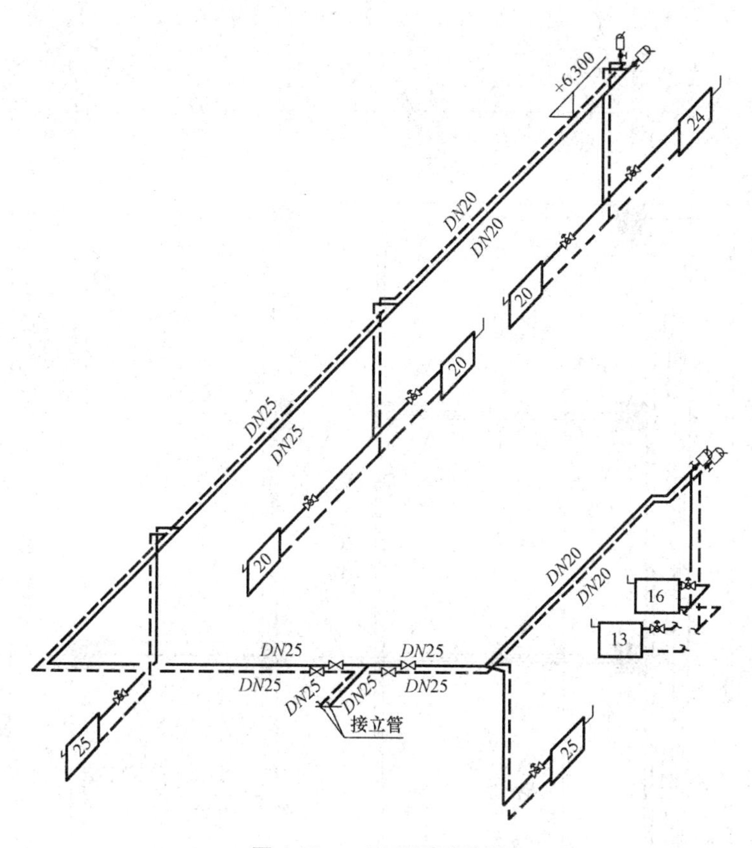

图 4-19　二层采暖系统图

（1）工程情况说明。

1）所有管道均采用热镀锌钢管，螺纹连接。管道支架间距需符合相应规范要求，支架单质量均小于 5 kg，支架除轻锈，刷红丹防锈漆两遍，银粉漆两遍。

2）散热器采用铜铝复合柱翼型（TLZ8 - 6/6 - 1.0），自带放风阀，挂装，散热器中心均需与窗户中心对齐安装。

3）每层水平干管分支处阀门均采用截止阀，立管顶部、水平干管末端均装设自动放气阀，自动放气阀前设置球阀，规格同管径。

4）管道穿墙（砖墙）及楼板（钢筋混凝土板）处均加设一般钢套管（钻孔安装），套管直径比管道大 2 号，管道与套管之间用石棉绳填实。

5）系统水压试验：采暖系统安装完毕后应做水压试验，试验压力为 0.6 MPa，在试验压力下 10 min 内压力降不大于 0.02 MPa，降至工作压力后检查，不渗不漏为合格。

6）采暖系统试压合格后，应对系统进行反复冲洗直至排出水中不含泥沙、铁屑等杂质，且水色不浑浊方为合格。

7）室内非采暖房间内的管道采用 30 mm 厚带铝箔玻璃丝棉管壳保温，埋地管道采用 30 mm 厚玻璃棉管壳保温，外设玻璃丝布并刷沥青两遍。

8）施工范围为外墙皮以内采暖系统所有内容。

（2）造价计算说明。

1）本实例按照清单计价方式（招标控制价）进行计算，清单编制依据《通用安装工程工程量计算规范》（GB 50856—2013）。

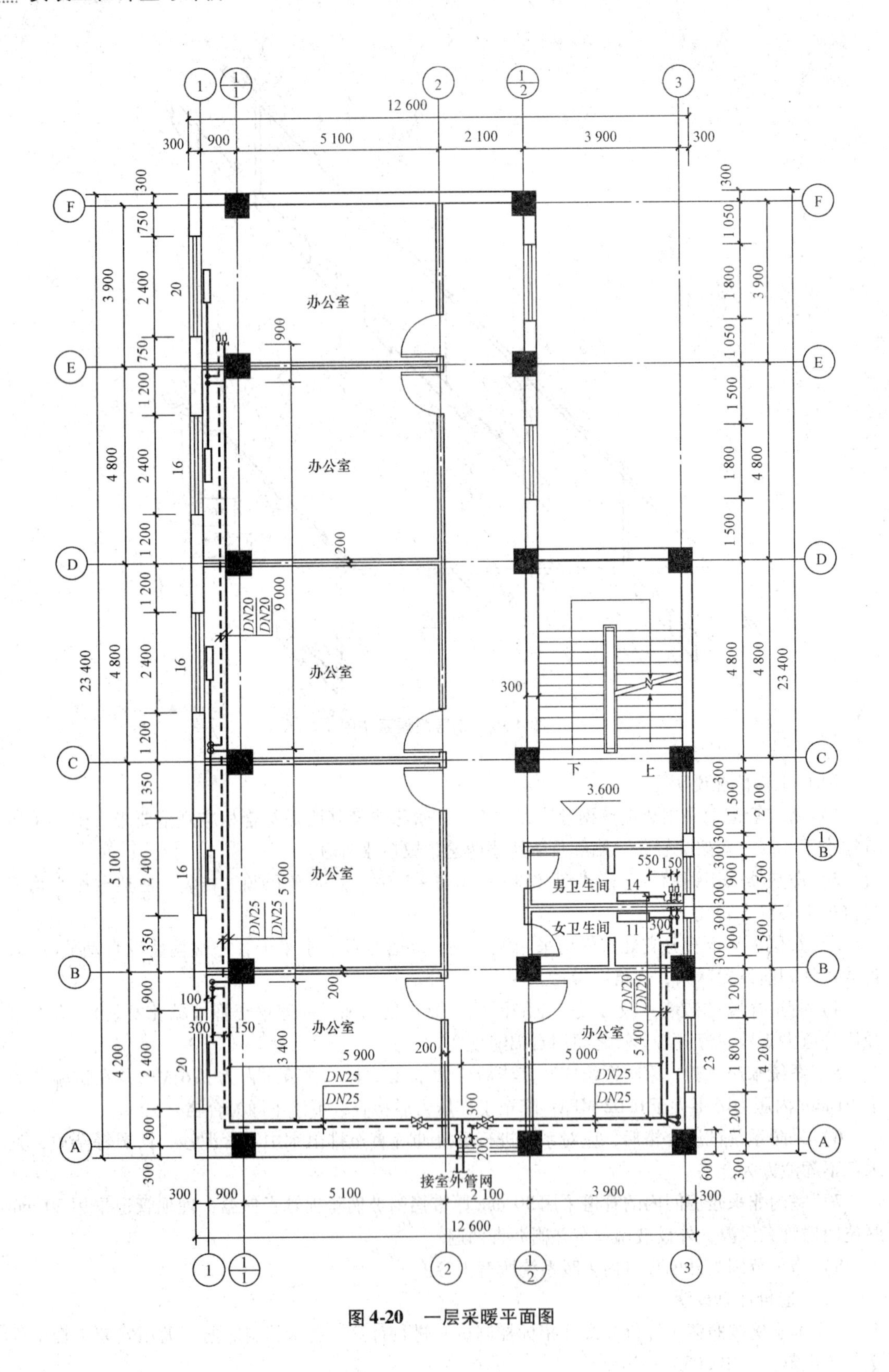

图 4-20 一层采暖平面图

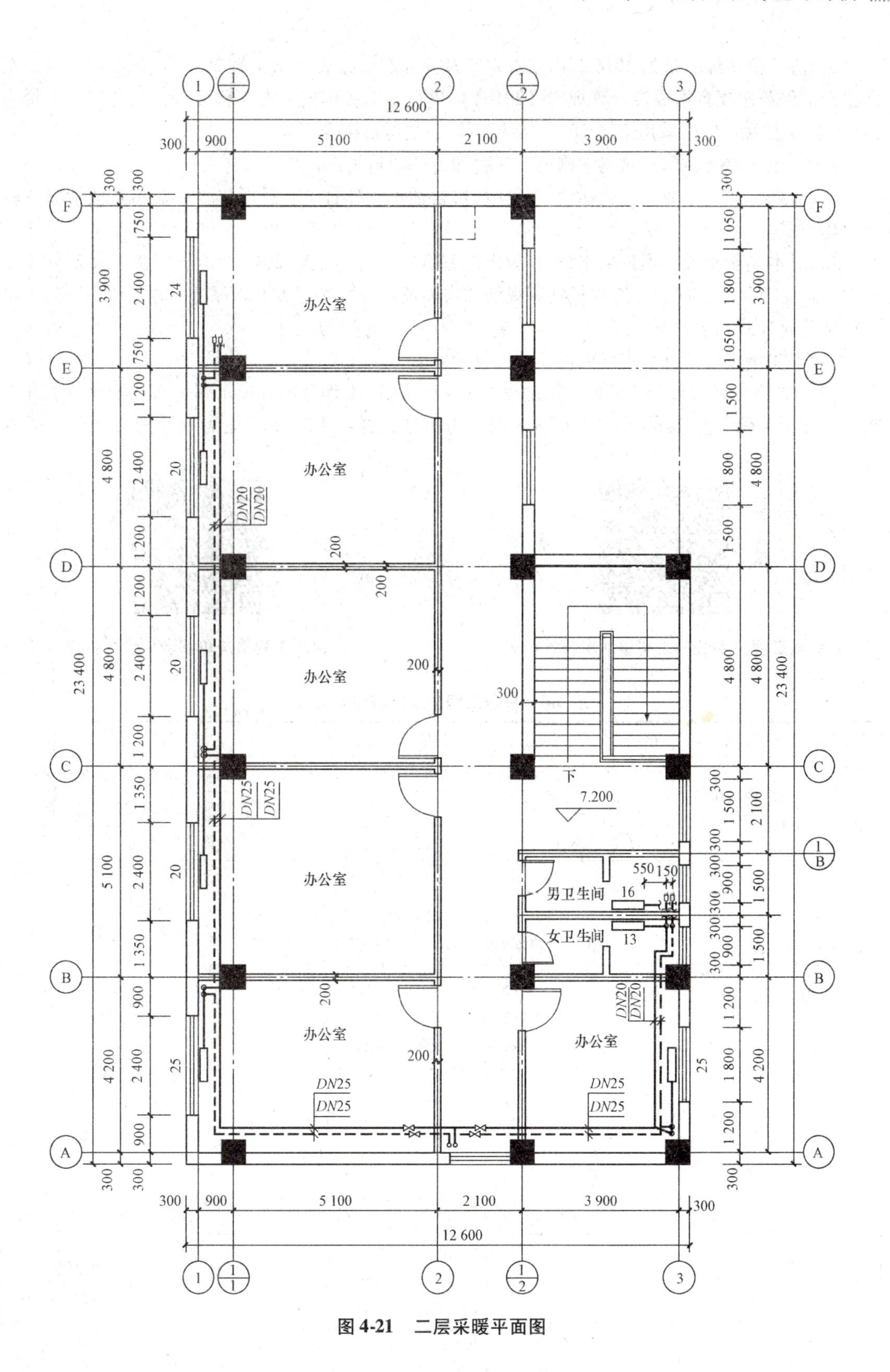

图 4-21　二层采暖平面图

2）清单价格编制依据2016版山东省定额及其配套价目表（山东省2018年价目表）、《山东省建设工程费用项目组成及计算规则（2016）》进行。本实例按三类工程取费，综合工日单价为103元，主要材料价格采用市场询价（市场不同，主材价格会不同）。

3）工程所涉及的所有除锈、刷漆、防腐和绝热项目均未计算。

4）暂列金额、专业工程暂估价、特殊项目暂估价、计日工、总承包服务费和其他检验试验费等均为零。

5）对本实例来说，不论采用2016版山东省定额，还是依据2015版全国定额，在定额项目名称、定额项目包含内容、工程量计算规则和定额消耗量水平等方面均保持一致，所不同的主要是价格差异（价目表差异）。

6）本实例仅计算外墙皮以内涉及的工作内容。

（3）造价计算结果。工程量计算过程见表4-6，采暖工程分部分项工程量清单与计价表和采暖工程综合单价分析表见下列二维码（表格为节选，详细内容及其他清单计价文件可扫码查看）。

采暖工程分部分项工程量清单与计价表

采暖工程量清单综合单价分析表

表4-6 采暖工程清单工程量计算表

序号	项目名称	单位	工程量计算式	工程量	备注
1	热镀锌钢管DN32，螺纹连接	m	（0.3墙厚+0.2+0.8）×2	2.6	埋地，保温
2			2.7×2	5.4	立管，保温
			小计	8	
3	热镀锌钢管DN25，螺纹连接	m	[（6.3-2.7）+0.3]×2	7.8	立管，保温
4			[0.3×2+0.15+（2.1走廊宽度+0.1墙体厚度一半+0.1墙体厚度一半）×2供回双管]×2共两层	10.7	水平干管，保温
5			[（5.9+5）×2+0.15+0.15]×2-（2.1+0.1+0.1）×2×2沿Ⓐ轴线方向长度+（3.4+5.6+0.15+3.4+5.6+0.1）×2沿①轴线方向长度	71.5	水平干管
			小计	90	
6	热镀锌钢管DN20，螺纹连接	m	（9+9+0.9+0.9-0.1）×2沿①轴线方向长度，两层+（5.4+0.3+0.15+5.4+0.3）×2沿③轴线方向长度，两层+（0.3+0.45）×4×2	68.5	水平干管+水平支管
7			（2.7-0.8+2.7-0.2）单组长度×5×2	44	接散热器立管
8			（4.2×0.5-0.1-0.1）+（4.2×0.5-0.1-0.1-0.1）-20×0.08一层+（4.2×0.5-0.1-0.1）+（4.2×0.5-0.1-0.1-0.1）-25×0.08二层	3.8	Ⓑ轴线立管接散热器支管
9			（5.1+4.8）×0.5×2-（16+16）×0.08一层+（5.1+4.8）×0.5×2-（20+20）×0.08二层	14.04	Ⓒ轴线立管接散热器支管

续表

序号	项目名称	单位	工程量计算式	工程量	备注
10	热镀锌钢管 *DN*20，螺纹连接	m	（4.8 +3.9）×0.5 ×2 －（16 +20）×0.08 一层 +（4.8 +3.9）×0.5 ×2 －（20 +24）×0.08 二层	11	Ⓔ轴线立管接散热器支管
11			（4.2 ×0.5 －0.3 －0.1）+（4.2 ×0.5 －0.3 －0.1 －0.1）－23 ×0.08 一层 +（4.2 ×0.5 －0.3 －0.1）+（4.2 ×0.5 －0.3 －0.1 －0.1）－25 ×0.08 二层	2.76	Ⓐ轴线立管接散热器支管
12			（0.55 +0.55 +0.15 女卫生间）×2 +（0.15 +0.2 +0.15 +0.55 +0.15 +0.2 +0.15 +0.15 +0.55 男卫生间）×2	7	卫生间散热器支管
			小计	151.1	
13	铜铝复合柱翼型散热器，11 片/组	组	1	1	一层
14	铜铝复合柱翼型散热器，13 片/组	组	1	1	二层
15	铜铝复合柱翼型散热器，14 片/组	组	1	1	一层
16	铜铝复合柱翼型散热器，16 片/组	组	3 +1	4	一层 + 二层
17	铜铝复合柱翼型散热器，20 片/组	组	2 +3	5	一层 + 二层
18	铜铝复合柱翼型散热器，23 片/组	组	1	1	一层
19	铜铝复合柱翼型散热器，24 片/组	组	1	1	二层
20	铜铝复合柱翼型散热器，25 片/组	组	2	2	二层
21	截止阀（螺纹）*DN*25	个	4 +4	8	
22	温控阀 *DN*20	个	2 +2 +2 +5 +6 +2 +1 +2	22	
23	球阀 *DN*25（螺纹）	个	2	2	
24	球阀 *DN*20（螺纹）	个	4 +4	8	
25	自动放气阀 *DN*25（螺纹）	个	2	3	

续表

序号	项目名称	单位	工程量计算式	工程量	备注
26	自动放气阀 *DN*20（螺纹）	个	4 +4	8	
27	管道支架制作安装	kg	5.4 ×0.53 +（7.8 +10.7）×0.5 +71.5 ×0.27 +173.1 ×0.3	83.35	
28	一般钢套管，介质管径 *DN*32	个	2 穿外墙 +2 穿地板	4	
29	一般钢套管，介质管径 *DN*25	个	2 穿地板 +8 穿一层墙 +8 穿二层墙	18	
30	一般钢套管，介质管径 *DN*20	个	（8 一层干管穿墙 +6 一层散热器支管穿墙）×2 共两层	28	
31	楼板钻孔，孔径 *DN*50	个	2	2	
32	楼板钻孔，孔径 *DN*40	个	2	2	
33	砖墙钻孔，孔径 *DN*50	个	2	2	
34	砖墙钻孔，孔径 *DN*40	个	8 +8	16	
35	砖墙钻孔，孔径 *DN*32	个	（8 +6）×2	28	
36	支架除锈刷油	kg	同支架制安	83.35	
37	聚氨酯管壳	m^3	2.6 ×0.712 ×0.01	0.02	
38	玻璃丝布	m^2	2.6 ×33.11 ×0.01	0.86	
39	玻璃丝布刷沥青	m^2	2.6 ×33.11 ×0.01 ×2	1.72	需刷两遍
40	铝箔玻璃棉管壳	m^3	5.4 ×0.712 ×0.01 +（7.8 +10.7）×0.627 ×0.01	0.15	

第5章

通风空调工程计量与计价

5.1 通风空调工程基础

5.1.1 建筑通风基础

（1）建筑通风系统概念。把室内被污染的空气排到室外（简称排风），同时把新鲜的空气经适当处理（如净化、加热等）之后输送到室内（简称新风），从而保证室内的空气环境符合卫生标准和满足生产工艺的要求。

通风系统不循环使用回风，对送风一般不做处理，或仅做简单加热或净化处理。

（2）通风系统分类。

1）按照空气流动的作用动力不同分类。

①自然通风系统。依靠室内外空气的温度差（实际是密度差）造成的热压，或者是室外风造成的风压，使房间内外空气进行交换的通风换气。

②机械通风系统。利用机械通风机作用使空气流动，造成房间通风换气。

2）按照系统作用范围大小不同分类。

①全面通风系统。全面通风是对整个房间进行通风换气。其基本原理是，用清洁空气稀释（冲淡）室内空气中的有害物浓度，同时不断地把污染空气排至室外，保证室内空气环境达到卫生标准，也称稀释通风。

②局部通风系统。局部通风分为局部进风和局部排风，其基本原理都是通过控制局部气流，使局部工作范围不受有害物的污染，并且营造符合要求的空气环境。

3）按照工作或使用目的不同分类。

①正常通风系统。其是指为在建筑物内进行正常工作、生活设置的通风换气系统。

②事故通风系统。其是指发生突然散发大量有害气体或危险气体等事故时加强室内通风的通风系统。民用建筑常见的如发生燃气泄漏进行的通风系统、发生火灾时工作的防排烟系统等。

防排烟系统是防烟系统和排烟系统的总称，防烟系统用于防止烟气进入疏散通道，有自然排烟和机械加压送风两种方式；排烟系统用于将烟气排至建筑物外，可采用自然排烟或机械排烟两种方式。

（3）通风系统组成。

1）送风系统组成。送风系统一般由新风口、空气处理机组、通风机、送风管、管道附件和送风口等组成。

2）排风系统组成。排风系统一般由排风口（或排风罩）、排风管、排风机、除尘器和排风帽等组成。

5.1.2 空调工程基础

视频：空调工程基础

（1）空气调节的概念。空气调节是对某一房间或空间内的温度、湿度、洁净度和空气流动速度等进行调节与控制，并提供足够量的新鲜空气。

空调系统利用一定的介质与室内进行热交换，如果直接利用制冷剂（氟利昂等）与建筑室内进行热交换，该系统属于直接制冷（热）式空调系统，常见的有家用空调、多联机（一拖多）空调系统；如果利用制冷剂先和其他介质进行热交换，再利用介质和建筑室内空气进行热交换，该类系统属于间接制冷（热）式空调系统。

（2）空调系统的组成。相对来说，直接制冷（热）式空调系统组成简单，间接制冷（热）式空调系统组成复杂，本节重点介绍间接制冷（热）式空调系统。间接制冷（热）式空调系统组成如图 5-1 所示，冷热源设备、空气处理设备、水系统一和风系统是基本组成，所有间接制冷（热）式空调系统均设置，虚线部分存在于部分系统，如果冷热源设备是空气源机组（即该设备直接与室外空气进行热交换）则虚线部分不存在。

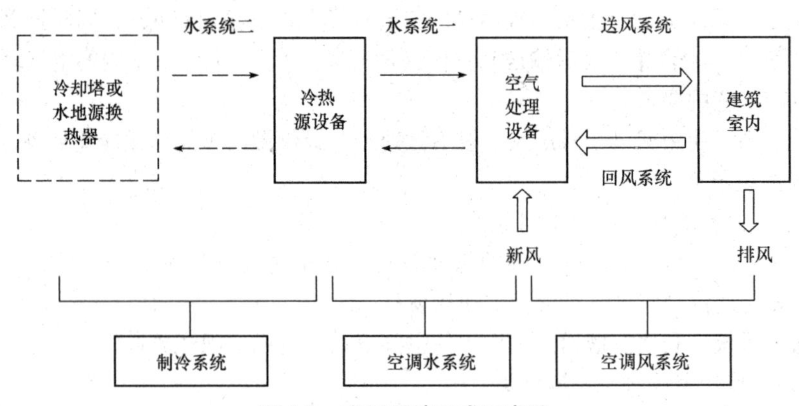

图 5-1 空调系统组成示意图

锅炉是常见的热源设备，制冷机组是常见的冷源设备，热泵机组既可以冬季供热也可以夏季供冷。制冷机组（或热泵机组）根据夏季冷凝器的冷却介质不同可分为空气源机组、地源机组和水源机组，地源热泵机组通过埋入地下的管道作为换热器和大地进行热交换，水源热泵机组通过抽取地下水（或河水、海水等）作为冷凝器的冷却介质。

空气处理设备指对空气温度、湿度和洁净度等进行处理的各种设备，其核心组成是风机和气－水换热器，如风机盘管、新风机组和组合式空气处理机组等。风机盘管主要用于处理回风，新风机组主要用于处理室外新风，组合式空气处理机组处理回风和新风，组合式空气处理机组既可对空气进行温度和湿度的处理，也可对空气进行过滤、加压等处理。

在夏季工况下，水系统一常称为冷冻水系统，水系统二常称为冷却水系统（虚线框内设备是冷却塔时）。

送风系统向房间内送入空气，回风系统将室内空气送入空气处理设备，新风系统将室外空气送入室内，排风系统将室内空气排出室外。

从系统的角度来说，空调系统包含空调制冷系统、空调风系统和空调水系统三部分。

（3）空调系统的分类。

1）按空气处理设备设置的集中程度分类。

①集中式系统。空气处理设备（过滤器、加热器、冷却器、加湿器等）及通风机集中设置在空调机房内，空气经处理后，由风道送入各房间。按送入每个房间的送风管的数目可分为单风管系统和双风管系统（两根送风管道，送风温度不同，在各房间处按不同比例混合后送入），按送风量是否变化可分为定风量系统和变风量系统，目前最常见的是定风量单风管系统。

②半集中式系统。集中处理部分风量，然后送往各房间，在各房间也设置有空气处理设备对另一部分或全部空气进行处理。典型的如风机盘管加新风系统，设置新风机组统一处理新风后送入各房间，各房间内设置风机盘管处理室内回风（或新风+回风）。

③分散式系统（局部机组）。将整体组装的空调机组（包括空气处理设备、通风机和制冷设备）直接放在被调房间内或被调房间附近，属于直接制冷（热）型，家用空调即属于这种情况。

2）按负担室内负荷所用的介质种类分类。

①全空气系统。该系统仅向房间内提供经处理后的空气，房间内的负荷均由空气负担。

②全水系统。该系统仅向房间内提供经处理后的水，房间内的负荷均由水负担。

③空气-水系统。该系统向房间内提供经处理后的空气和水，房间内的负荷由空气和水负担。

④制冷剂系统。该系统仅向房间内提供制冷剂，房间内的负荷均由制冷剂负担。这种系统属于前述直接制冷式系统。如果一台室外机匹配多台室内机即是多联机空调系统（也称VRV系统）。

3）按集中式空调系统处理的空气来源分类。

①封闭式（全回风）系统。所处理的空气全部来自空调房间，即全部使用循环空气。这种系统最节省能量，但由于没有新风，仅适用于人员活动很少的场所，如仓库等。

②直流式（全新风）系统。所处理的空气全部来自室外，经处理后送入室内，吸收室内负荷后再全部排到室外。这种系统能耗高，主要用于空调房间内产生有毒有害物质而不允许利用回风的场所。

③混合式系统。所处理的空气一部分来自室外，另一部分来自空调房间。这种系统综合了上述两种系统的利弊，应用最广。

4）按系统的用途不同分类。

①舒适性空调系统。舒适性空调系统为室内人员创造舒适性环境，所控室内环境参数主要满足人体舒适性需求，主要用于商业建筑、居住建筑、公共建筑以及交通工具等。

②工艺性空调系统。工艺性空调（又称工业空调）系统用于为工业生产或科学研究提供特定室内环境，所控室内环境参数主要满足工艺生产或科学实验要求，如洁净空调系统、恒温恒湿空调系统等。

5.1.3　通风空调工程常用设备、部件及材料

通风空调系统冷源设备（如制冷机组、冷却塔等）介绍见2.2.4节相关内容，空调水系统涉及的相关设备、部件和材料可参见采暖工程章节（第4章）相关内容，本节主要介绍空调风系统相关内容。

多联机示意图

（1）通风空调系统常用设备。

1）多联式空调机组。多联式空调（热泵）机组全称变制冷剂流量多联式空调系统（简称多联机），又称VRV（Variable Refrigerant Volume）或VRF（Variable Refrigerant Flow）系统，它通过一台或数台风冷室外机

连接数台相同或不同形式、容量的直接蒸发式室内机，从而构成一种直接蒸发式制冷系统，它可以向一个或数个区域直接提供处理后的空气。它通过控制压缩机的制冷剂循环量和进入室内换热器的制冷剂流量，适时满足室内冷、热负荷要求。

从系统组成上来说，该系统由室外机组、室内机组、制冷剂循环管路、冷凝水系统和电气控制系统构成。

2）风机盘管。风机盘管是由小型风机、电动机和盘管（空气换热器）等组成的空调系统末端装置之一。在风机的作用下，室内空气流经机组内的盘管，盘管内有冷水或热水流动，空气经过盘管后被冷却、除湿或加热，然后再送入房间内。

风机盘管按结构形式可分为立式、卧式、壁挂式和卡式等，按安装方式可分为明装和暗装。立式机组安装位置类似散热器，一般设于外窗下。卧式机组一般吊装于顶板下，无吊顶时选用卧式明装型，机组自带进风口、回风口；有吊顶时选用卧式暗装型，风盘机组的进出风口通过柔性软管（距离长时还需加设风管）分别和吊顶上的回风口和进风口相连。

风机盘管夏季工作时会产生凝结水，需要及时排除，一般通过冷凝水管集中收集后排至卫生间地面或拖布池等位置。

3）新风机组。新风机组用于处理室外新鲜空气，其组成包含过滤器、换热盘管（表冷器）、加湿器和风机等，考虑到节能需要，还可配备热回收装置。

4）组合式空气处理机组。把各种能对空气进行单一处理的设备、风机、消声装置、能量回收装置等按空气处理过程的需要进行选择和组合，从而形成一台具有多功能空气处理的设备，即组合式空气处理机组。

风机盘管

新风机组

组合式空调机组

组合式空气处理机组主要有分段组装式和整体组合式两大类。分段组装式空气处理机组由具有各种功能的箱式单元组合而成，用户可以根据自己的需要选择不同的功能段进行组合（图5-2）；整体式组合式空气处理机组在工厂中组装成一体，具有固定的功能。

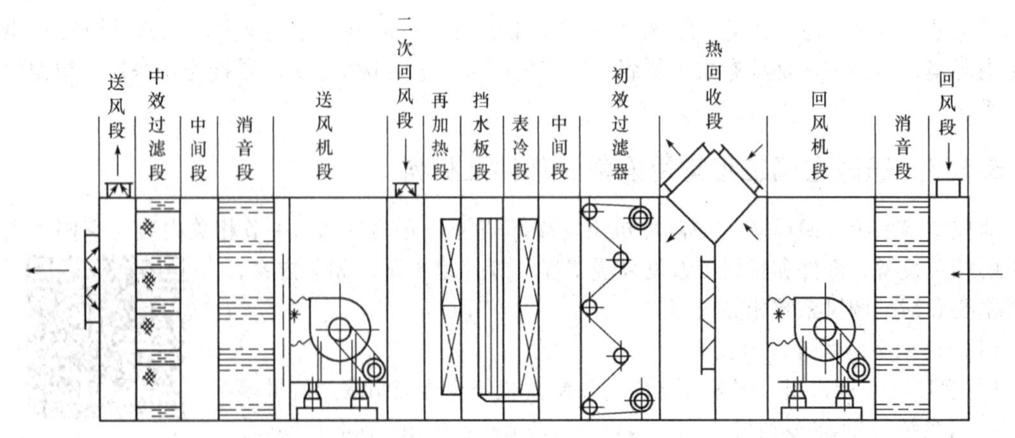

图5-2　分段组装式空气处理机组示意图

5）表面式换热器。表面式换热器包括空气加热器和表面式冷却器，前者用热水或蒸汽作热媒，或用电加热，后者用冷水（或冷盐水和乙二醇）或者蒸发的制冷剂作冷媒，因此表面式冷却器又分为水冷式和直接蒸发式两类，可以实现对空气减湿、加热、冷却多种处理过程。

6）空气过滤器。空气过滤器是通过多孔过滤材料的作用从气固两相流中捕集粉尘，并使气体得以净化的设备。按过滤器性能划分，可分为粗效过滤器、中效过滤器、高中效过滤器、亚高效过滤器和高效过滤器。

①粗效过滤器的主要作用是去除 5.0 μm 以上的大颗粒灰尘，在净化空调系统中做预过滤器，以保护中效、高效过滤器和空调箱内其他配件并延长它们的使用寿命。滤料一般为无纺布，框架由金属或纸板制作，其结构形式有板式、折叠式、袋式和卷绕式。

②中效过滤器的作用主要是去除 1.0 μm 以上的灰尘粒子，在净化空调系统和局部净化设备中作为中间过滤器。其目的是减少高效过滤器的负担，延长高效过滤器和设备中其他配件的寿命。滤料一般是无纺布，有一次性使用和可清洗的两种。框架多为金属板制作。其结构形式有折叠式、袋式和楔形组合式等。

③高中效过滤器能较好地去除 1.0 μm 以上的灰尘粒子，可作净化空调系统的中间过滤器和一般送风系统的末端过滤器。其滤料为无纺布或丙纶滤布，结构形式多为袋式，滤料多为一次性使用。

④亚高效过滤器能较好地去除 0.5 μm 以上的灰尘粒子，可作净化空调系统的中间过滤器和低级别净化空调系统的末端过滤器。其滤料为超细玻璃纤维滤纸和丙纶纤维滤纸。结构形式有折叠式和管式。其滤料为一次性使用。

⑤高效过滤器（HEPA）能较好地去除 0.3 μm 以上的灰尘粒子，是净化空调系统的终端过滤设备和净化设备的核心。HEPA 的滤材都是超细玻璃纤维滤纸，边框由木质、镀锌钢板、不锈钢板、铝合金型材等材料制造，有无分隔板和有分隔板之分。

7）空气幕。空气幕通常由空气处理器、风机及空气分布器组成，它利用条状喷口送出一定速度和温度的幕状气流，以形成一面“无形的门帘”，既出入方便，又能防止室内外空气进行流动交换，具有防蚊蝇、防污染等功能，主要用于公共建筑、工厂中经常开启的外门等部位。

8）风机。风机除常用的离心式、轴流式、混流式和斜流式外（具体可参见 2.2.2 节），建筑通风空调系统中还有几种常用的形式。

①屋顶式风机。屋顶式风机用于安装在屋顶上进行排风换气，它设置有停机后防止空气倒流的装置，具有可靠的防雨、防飞雪和防风沙等性能。屋顶式风机形式常见的有离心式、轴流式和涡轮式等。

②风机箱。风机箱将风机安装于一定的箱体内，箱体中可填充消声、隔热等功能性材料，比普通的风机有更小的噪声和振动，同时外形美观、安装方便，可采用吊顶式或落地式安装。

（2）通风空调系统常用部件。

1）消声器。消声器是一种能阻止噪声在风道中传播，同时允许气流顺利通过的装置。根据消声原理不同，风管消声器可分为阻性消声器、抗性消声器、共振性消声器和复合消声器。

①阻性消声器是利用敷设在气流通道内的多孔吸声材料来吸收声能，降低沿通道传播的噪声，具有良好的中、高频消声性能，但吸收低频噪声能力较差。阻性消声器常见的有管式（图 5-3）、片式和消声弯头式等形式。

②抗性消声器也称为膨胀型消声器，如图 5-4 所示，它利用声波通道截面的突变（扩张或收缩），使沿管道传递的某些特定频段的声波反射回声源，从而达到消声的目的。抗性消声器具有良好的低频或低中频消声性能。

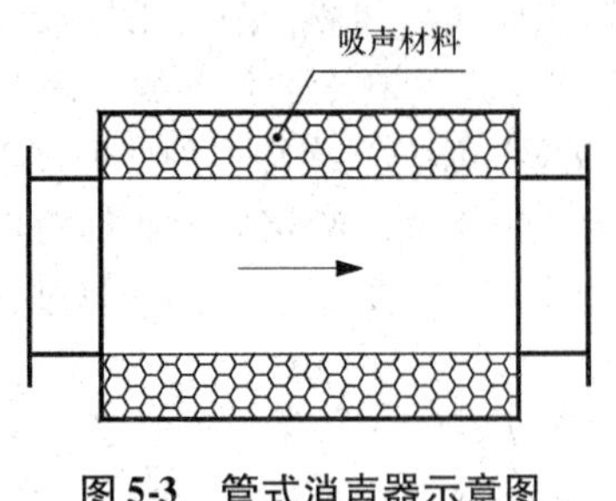

图 5-3　管式消声器示意图

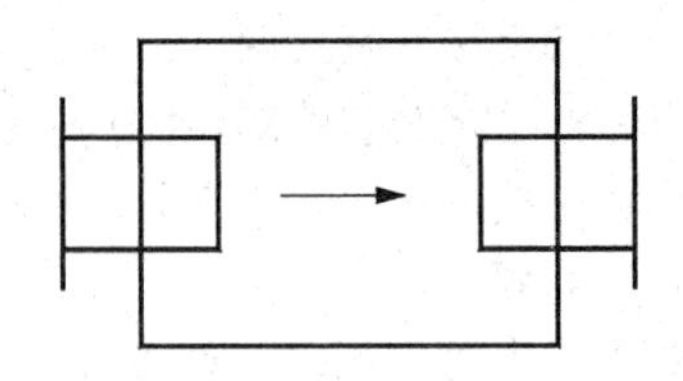

图 5-4　抗性消声器示意图

③共振性消声器也称微穿孔板消声器，如图 5-5 所示，利用孔板吸声结构消除噪声，不用任何多孔吸声材料，可用来消除低频噪声。如在孔板后的空腔内贴附多孔吸声材料，就可利用吸声材料的阻性吸声原理，进一步达到降噪消声目的。其吸声系数高，吸收频带宽。

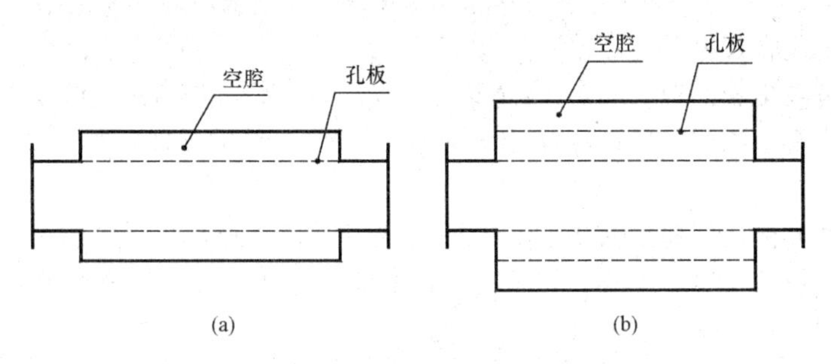

图 5-5　共振性消声器示意图

（a）筒式单层微穿孔板消声器；（b）筒式双层微穿孔板消声器

④复合消声器是上述消声器的复合体，常见的有阻抗复合消声器，既利用阻性消声器对中、高频消声效果较好的特性，也利用抗性消声器对低、中频消声效果较好的特性，将二者结合起来组成，对低、中、高整个频段内的噪声均可获得较好的消声效果。

2）风阀。风阀是空气输配管网的控制、调节机构，基本功能是截断或开通空气流通的管路，调节或分配管路流量。常见的风管阀门有蝶阀、对开多叶调节阀、插板阀、止回阀、防火阀、排烟阀等。

①蝶阀具有控制和调节两种功能，只有一个叶片，靠改变叶片角度调节风量，多用于尺寸较小的风管上。

手动对开多叶调节阀

②对开多叶调节阀主要用于尺寸较大风管，有多个叶片，靠改变叶片角度调节风量，相邻两叶片转动方向相反。

③插板阀可控制也可调节，靠插板插入管道的深度调节风量，多用于尺寸较小的风管上。

④止回阀可控制气流的流动方向，阻止气流逆向流动。

⑤防火阀平常全开，火灾时关闭以切断气流，防止火灾通过风管蔓延。防火阀能在温度达到 70 ℃时自动关闭。防火阀一般可采用易熔片式自动关闭，并与风机联锁。

防火阀、排烟口

⑥排烟阀平常关闭，火灾或需要排烟时手动或电动打开，排除室内的烟气。排烟阀可与火灾探测器联锁，探测到发生火灾后联动开启阀门，进行排烟，变成由电动机或电磁机构驱动的自动阀门。

3）风口。通风空调系统中，空气通过风口流进或流出风道。为了满足实际需要，风口种类繁多。

从空气的来源或去向角度，可将风口分为新风口、排风口、送风口和回风口等。新风口是室外空气进入风道或室内的入口，排风口是室内或管道内空气流动至室外的出口，送风口是风道内空气流动至室内的出口，回风口是室内空气流动至风道的入口。

从材质上来说，常见的有铝合金风口、塑料风口和不锈钢风口等。从形状上来说，常见的有方形、圆形和球形等。从形式上来说，常见的有百叶风口、散流器、旋流风口、网式风口和孔板风口等。新风口、回风口和排风口比较简单，常用百叶风口形式。送风口又称空气分布器，形式比较多，工程中根据室内气流组织的要求选用不同的形式。

从是否具备控制和调节风量功能角度，风口可分为带调节阀和不带调节阀两类。

还有某些风口有特殊用途，比如排烟风口，火灾时烟气通过排烟风口进入排烟风道，该风口带有控制阀门，能与火灾自动报警系统和消防风机联动。

4）静压箱。静压箱是连接在风管系统上的一种箱体，一般由镀锌薄钢板制作，可起到减少动压、增加静压、稳定气流和减少气流振动的作用，它可使送风效果更加理想，有一定程度的消声作用。实际工程中，常在其内壁贴附吸声材料，称之为消声静压箱，使其消声功能得到加强。

5）软管接头。通风空调系统中，在一些位置常需要设置软管接头。风管系统中，风机、风机盘管等设备工作时会产生振动，为防止振动通过风管向远处传递，在风管和这些振动设备连接时需要设置软管接头。风管和风口连接时，为了减少漏风和连接方便，通常也设置软管接头进行连接。

帆布软接头

制作软管接头通常使用帆布（具有防火功能），也有一些新材料，如硅钛型复合新材料，将玻璃纤维涂覆硅橡胶材质，其耐高温，耐振蚀，抗振动，使用寿命长。

（3）通风空调风管系统材料及施工。

1）风管系统类别。风管系统按其工作压力划分为微压、低压、中压和高压四个类别，见表 5-1。

表 5-1　风管类别

类别	风管系统工作压力 P/Pa		密封要求
	管内正压	管内负压	
微压	$P \leqslant 125$	$P \geqslant -125$	接缝及接管连接处应严密
低压	$125 < P \leqslant 500$	$-500 \leqslant P < -125$	接缝及接管连接处应严密，密封面宜设在风管的正压侧
中压	$500 < P \leqslant 1\,500$	$-1\,000 \leqslant P < -500$	接缝及接管连接处应加设密封
高压	$1\,500 < P \leqslant 2\,500$	$-2\,000 \leqslant P < -1\,000$	所有的拼接缝及接管连接处均应采取密封措施

2）风管材料种类。风管按材质可分为金属风管和非金属风管。金属风管包括钢板风管（普通薄钢板风管、镀锌薄钢板风管）、不锈钢板风管和铝板风管等，非金属风管包括硬聚氯乙烯板风管、玻璃钢风管、复合材料风管（如橡塑复合、酚醛复合等）和柔性软风管等，目前最常用的是镀锌薄钢板风管。

3）风管的制作与连接。

①风管制作。在各种刚性材质风管制作中，玻璃钢风管需要在工厂利用模具，将玻璃布和各种添加剂按照一定的工艺制作成型，除此之外，其他各种刚性风管均由板材连接而成。制作金属

风管时连接板材的方法有咬口连接、铆钉连接和焊接等，制作复合新材料风管常采用粘接方法。

咬口连接时，将要相互接合的两个板边折成能相互咬合的各种钩形，钩接后压紧折边。常见咬口形式如图5-6所示，这种连接适用于厚度小于或等于1.2 mm的薄钢板、厚度小于或等于1.0 mm的不锈钢板以及厚度小于或等于1.5 mm的铝板。

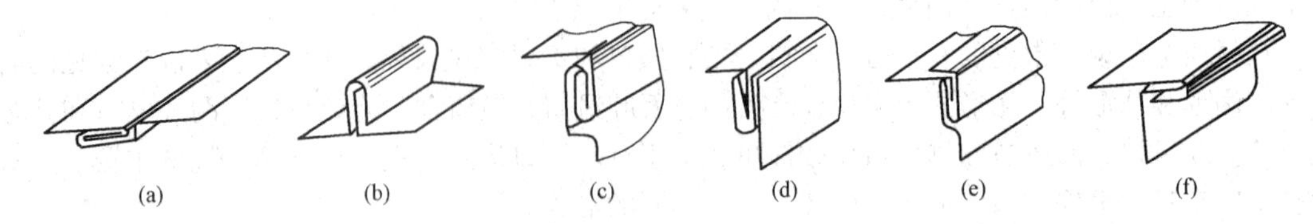

图5-6　常见咬口形式

(a) 单平咬口；(b) 单立咬口；(c) 转角咬口；(d) 按扣式咬口；(e) 联合角咬口；(f) 单角咬口

铆钉连接时，需要将两块要连接的板材板边重叠，用铆钉穿连铆合在一起。

风管制作

焊接连接适用于风管密封要求较高或板材较厚，不能用咬口连接时。常用的焊接方法有电焊、气焊、锡焊及氩弧焊。镀锌钢板及含有各类复合保护层的钢板应采用咬口连接或铆接，不得采用焊接连接。

金属风管板材厚度应符合设计或施工规范要求，表5-2所示为钢板风管板材厚度要求。

表5-2　钢板风管板材厚度

类别 风管直径或长边尺寸 b/mm	板材厚度/mm				
	微压、低压系统风管	中压系统风管		高压系统风管	除尘系统风管
		圆形	矩形		
$b \leqslant 320$	0.5	0.5	0.5	0.75	2.0
$320 < b \leqslant 450$	0.5	0.6	0.6	0.75	2.0
$450 < b \leqslant 630$	0.6	0.75	0.75	1.0	3.0
$630 < b \leqslant 1\,000$	0.75	0.75	0.75	1.0	4.0
$1\,000 < b \leqslant 1\,500$	1.0	1.0	1.0	1.2	5.0
$1\,500 < b \leqslant 2\,000$	1.0	1.2	1.2	1.5	按设计要求
$2\,000 < b \leqslant 4\,000$	1.2	按设计要求	1.2	按设计要求	按设计要求

注：1. 螺旋风管的钢板厚度可按圆形风管减少10%～15%。
2. 排烟系统风管钢板厚度可按高压系统。
3. 不适用于地下人防与防火隔墙的预埋管。

②风管安装。风管安装主要涉及各段风管的连接（本节主要介绍镀锌薄钢板风管的连接）和风管支吊架的安装。镀锌薄钢板风管的连接方法分法兰连接（角钢法兰）和无法兰连接。如果采用法兰连接，需要先用角钢制作法兰框，并钻取螺栓孔，再利用铆接或焊接方法将法兰和风管连接，两段风管连接时将法兰螺栓孔对齐，法兰之间加设相应的垫片（常用橡胶垫），然后逐一紧固螺栓即可。这种角钢法兰风管连接牢固，漏风量小，但费工、费料，

角钢法兰和共板法兰

生产效率较低。

圆形风管无法兰连接形式有承插连接、芯管连接及抱箍连接等；矩形风管无法兰连接形式有插条连接、立咬口连接及薄钢材法兰弹簧夹连接（共板法兰连接）等。图 5-7 所示为共板法兰连接风管，角连接件和弹簧夹是其主要组成，连体法兰由生产机械在加工薄钢板时一起进行加工，该方法生产效率高，并能节约材料。图 5-8 所示为 C 形插条连接风管。

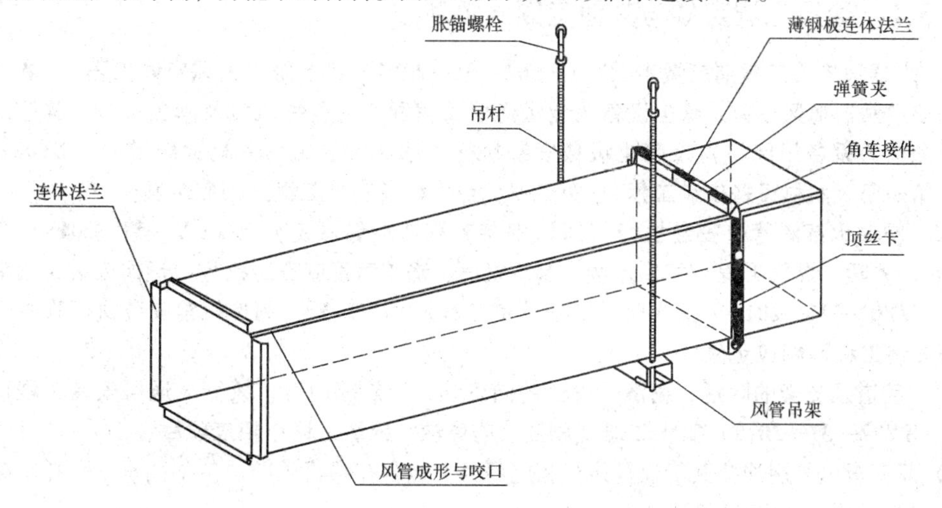

图 5-7　共板法兰连接风管示意图

风管安装支架常见的有托架、吊架和立管夹。当管道沿墙或梁敷设时，常采用托架来支承风管；当管道敷设在楼板下，离墙较远时，常采用吊架来安装风管；当管道垂直敷设时，可采用立管夹进行固定。安装保温风管时，为了防止热损失或结露等，需要在风管和吊架之间加装非金属衬垫（常用木质衬垫）。

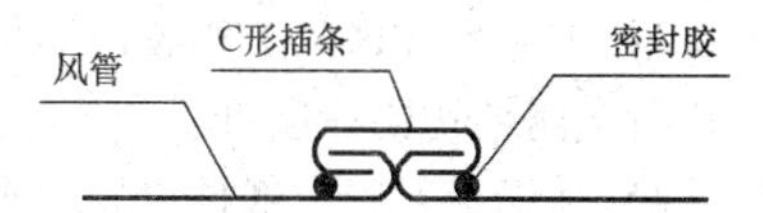

图 5-8　C 形插条连接风管示意图

风管安装连接后，在绝热前应按规范进行严密性试验，确保其漏风量符合设计及规范要求。

5.2　通风空调工程施工图识读

通风空调工程施工图的组成和识读方法与建筑给水排水工程类似，不再赘述，具体可参见 3.2 节相关内容。通风空调工程常见图例见表 5-3，通风空调工程施工图识读练习可参见 5.5 节中图 5-9 ~图 5-15。

表 5-3　通风空调工程常见图例

序号	符号	说明	序号	符号	说明
1	宽×高(mm)	矩形风管	4	φ直径(mm)	圆形风管
2		蝶阀	5		天圆地方 （左接矩形，右接圆形）
3		风管软接头	6		对开多叶调节阀

5.3　通风空调工程定额计量与计价

说明：字体加粗部分为本节中基本知识点或民用建筑中常涉及项目，应熟练掌握。

5.3.1　通风空调定额与其他定额界限划分

（1）《通风安装工程消耗量定额》（TY02—31—2015）第七册《通风空调工程》（本章以下简称本册定额）通风设备、除尘设备为专供通风工程配套的各种风机及除尘设备。其他工业用风机（如热力设备用风机）及除尘设备安装执行《通风安装工程消耗量额定》（TY02—31—2015）第一册《机械设备安装工程》、第二册《热力设备安装工程》相应定额。

（2）空调水系统管道安装执行《通风安装工程消耗量额定》（TY02—31—2015）第十册《给排水、采暖、燃气工程》相应定额，制冷机房、锅炉房管道安装执行《通风安装工程消耗量额定》（TY02—31—2015）第八册《工业管道工程》相应定额。制冷机组安装执行第一册《机械设备安装工程》相应定额。

（3）管道及支架的除锈、刷漆，管道的防腐蚀、绝热等内容，执行《通风安装工程消耗量额定》（TY02—31—2015）第十二册《刷油、防腐蚀、绝热工程》相应项目。

1）薄钢板风管刷油按其工程量执行相应项目，包含在项目中的法兰加固框、吊托支架刷油单独列项执行金属结构刷油项目。

2）薄钢板部件刷油按其工程量执行金属结构刷油项目。

3）未包括在风管工程量内而单独列项的各种支架（不锈钢吊托支架除外）的刷油按其工程量执行金属结构刷油项目。

4）薄钢板风管、部件以及单独列项的支架，其除锈不分锈蚀程度，均按其第一遍刷油的工程量，执行《通风安装工程消耗量额定》（TY02—31—2015）第十二册《刷油、防腐蚀、绝热工程》中除轻锈的项目。

（4）安装在支架上的木衬垫或非金属垫料按实际计入成品材料价格。

5.3.2　通风空调设备及部件制作安装定额计量与应用

（1）通风空调设备及部件制作安装定额计量。

1）空气加热器（冷却器）安装按设计图示数量计算，以“台”为单位计量。

2）除尘设备安装按设计图示数量计算，以“台”为计量单位。

3）整体式空调机组、空调器安装（一拖一分体空调以室内机、室外机之和）按设计图示数量计算，以“台”为计量单位。

4）组合式空调机组安装依据设计风量，按设计图示数量计算，以“台”为计量单位。

5）多联体空调机室外机安装依据制冷量，按设计图示数量计算，以“台”为计量单位。

6）风机盘管安装按设计图示数量计算，以“台”为计量单位。

7）空气幕按设计图示数量计算，以“台”为计量单位。

8）VAV 变风量末端装置安装按设计图示数量计算，以“台”为计量单位。

9）分段组装式空调器安装按设计图示质量计算，以“kg”为计量单位。

10）钢板密闭门制作安装按设计图示数量计算，以“个”为计量单位。

11）挡水板制作和安装按设计图示尺寸以空调器断面面积计算，以“m^2”为计量单位。

12）滤水器、溢水盘、电加热器外壳、金属空调器壳体制作安装按设计图示尺寸以质量计算，以“kg”为计量单位。非标准部件制作安装按成品质量计算。

13）**高、中、低效过滤器安装，净化工作台、风淋室安装按设计图示数量计算，以“台”为计量单位。**

14）过滤器框架制作按设计图示尺寸以质量计算，以“kg”为计量单位。

15）**通风机安装依据不同形式、规格按设计图示数量计算，以“台”为计量单位。风机箱安装按设计图示数量计算，以“台”为计量单位。**

16）**设备支架制作安装按设计图示尺寸以质量计算，以“kg”为计量单位。**

（2）通风空调设备及部件制作安装定额应用。

1）**通风机安装项目内包括电动机安装**，其安装形式包括A、B、C、D等型，适用于碳钢、不锈钢、塑料通风机安装。

2）诱导器安装执行诱导风机安装项目。

3）**VRV系统的室内机按安装方式执行风机盘管项目，应扣除膨胀螺栓。**

4）**风机盘管安装定额内已包含其支吊架的制作安装。**

5）**空气幕的支架制作安装执行设备支架项目。**

6）VAV变风量末端装置适用单风道变风量末端和双风道变风量末端装置，风机动力型变风量末端装置人工乘以系数1.1。

7）洁净室安装执行分段组装式空调器安装项目。

8）玻璃钢和PVC挡水板执行钢板挡水板安装项目。

9）低效过滤器包括：M-A型、WL型、LWP型等系列。

10）中效过滤器包括：ZKL型、YB型、M型、ZX-1型等系列。

11）高效过滤器包括：GB型、GS型、JX-20型等系列。

12）净化工作台包括：XHK型、BZK型、SXP型、SZP型、SZX型、SW型、SZ型、SXZ型、TJ型、CJ型等系列。

13）清洗槽、浸油槽、晾干架、LWP滤尘器支架制作安装执行设备支架项目。

14）通风空调设备的电气接线执行《通用安装工程消耗量定额》（TY02—31—2015）第四册《电气设备安装工程》相应项目。

5.3.3　通风管道制作安装定额计量与应用

视频：通风管道制作安装定额计量与应用

（1）通风管道制作安装定额计量。

1）**薄钢板风管、净化风管、不锈钢风管、铝板风管、塑料风管、玻璃钢风管、复合型风管按设计图示规格以展开面积计算，以“m^2”为计量单位。不扣除检查孔、测定孔、送风口、吸风口等所占面积。风管展开面积不计算风管管口重叠部分。风管堵头堵板按设计图示规格以展开面积并入相应风管中。**

2）**薄钢板风管、净化风管、不锈钢风管、铝板风管、塑料风管、玻璃钢风管、复合型风管长度计算时均以设计图示中心线长度（主管与支管以其中心线交点划分），包括弯头、三通、变径管、天圆地方等管件的长度，不包括部件（阀门、消声器等）所占长度。常见风管部件长度见表5-4（密闭式斜插板阀长度可参见本册定额附录）。**

表5-4　常见风管部件长度

项目	蝶阀	止回阀	密闭对开多叶调节阀	圆形风管防火阀	矩形风管防火阀
长度	150	300	210	一般为300～380	

柔性软风管

3）柔性软风管安装按设计图示中心线长度计算，以“m”为计量单位。

4）弯头导流叶片制作安装按设计图示叶片的面积计算，以“m^2”为计量单位。

5）软管（帆布）接口制作安装按设计图示尺寸，以展开面积计算，以“m^2”为计量单位。

6）风管检查孔制作安装按设计图示尺寸质量计算，以“kg”为计量单位。

7）温度、风量测定孔制作安装依据其型号，按设计图示数量计算，以“个”为计量单位。

（2）通风管道制作安装定额应用。

1）薄钢板风管整个通风系统设计采用渐缩管均匀送风者，圆形风管按平均直径、矩形风管按平均周长参照相应规格项目，其人工乘以系数2.5。

2）如制作空气幕送风管时，按矩形风管平均周长执行相应风管规格项目，其人工乘以系数3，其余不变。

3）镀锌薄钢板风管项目中的板材是按镀锌薄钢板编制的，设计要求不用镀锌薄钢板时，板材可以换算，其他不变。

4）风管导流叶片不分单叶片和香蕉形双叶片，均执行同一项目。

5）薄钢板通风管道、净化通风管道、玻璃钢通风管道、复合型风管制作安装项目中，包括弯头、三通、变径管、天圆地方等管件及法兰、加固框和吊托支架的制作安装，但不包括过跨风管落地支架，落地支架制作安装执行本册定额设备支架制作安装项目。

6）薄钢板风管项目中的板材，如设计要求厚度不同时可以换算，人工、机械消耗量不变。

7）净化风管、不锈钢板风管、铝板风管、塑料风管项目中的主体板材，设计厚度不同时可以换算，人工、机械消耗量不变。

8）净化圆形风管制作安装执行本册定额矩形风管制作安装项目。

9）净化风管涂密封胶按全部口缝外表面涂抹考虑。设计要求口缝不涂抹而只在法兰处涂抹时，每10 m^2 风管应减去密封胶1.5 kg和0.37 工日。

10）净化风管及部件制作安装项目中，型钢未包括镀锌费，如设计要求镀锌，应另加镀锌费。

11）净化通风管道项目按空气洁净度100 000级编制。

12）不锈钢板风管咬口连接制作安装执行本册定额镀锌薄钢板风管法兰连接项目。

13）不锈钢板风管、铝板风管制作安装项目中包括管件，但不包括法兰和吊托支架；法兰和吊托支架应单独列项计算，执行相应项目。

14）塑料风管、复合型风管制作安装项目规格所表示的直径为内径，周长为内周长。

15）塑料风管制作安装项目中包括管件、法兰、加固框，但不包括吊托支架制作安装，吊托支架执行本册定额设备支架制作安装项目。

16）塑料风管制作安装项目中的法兰垫料如与设计要求使用品种不同时可以换算，但人工消耗量不变。

17）塑料通风管道胎具材料摊销费的计算方法：塑料风管管件制作的胎具摊销材料费，未包括在内，按以下规定另行计算。

①风管工程量在30 m^2 以上的，每10 m^2 风管的胎具摊销木材为0.06 m^3，按材料价格计算胎具材料摊销费。

②风管工程量在30 m^2 以下的，每10 m^2 风管的胎具摊销木材为0.09 m^3，按材料价格计算胎具材料摊销费。

18）玻璃钢风管及管件按外加工作考虑。

19）软管（帆布）接头如使用人造革而不使用帆布时可以换算。

20）项目中的法兰垫料按橡胶板编制，如与设计要求使用的材料品种不同时可以换算，但人工消耗量不变。使用泡沫塑料者每1 kg橡胶板换算为泡沫塑料0.125 kg；使用闭孔乳胶海绵者每1 kg橡胶板换算为闭孔乳胶海绵0.5 kg。

21）柔性软风管适用于由金属、涂塑化纤织物、聚酯、聚乙烯、聚氯乙烯薄膜、铝箔等材料制成的软风管。

5.3.4　通风管道部件制作安装定额计量与应用

（1）通风管道部件制作安装定额计量。

1）碳钢调节阀安装依据其类型、直径（圆形）或周长（方形），按设计图示数量计算，以“个”为计量单位。

2）柔性软风管阀门安装按设计图示数量计算，以“个”为计量单位。

3）碳钢各种风口、散流器的安装依据类型、规格尺寸按设计图示数量计算，以“个”为计量单位。

4）钢百叶窗及活动金属百叶风口安装依据规格尺寸按设计图示数量计算，以“个”为计量单位。

5）塑料通风管道柔性接口及伸缩节制作安装应依连接方式按设计图示尺寸以展开面积计算，以“m^2”为计量单位。

6）塑料通风管道分布器、散流器的制作安装按其成品质量，以“kg”为计量单位。

7）塑料通风管道风帽、罩类的制作均按其质量，以“kg”为计量单位；非标准罩类制作按成品质量，以“kg”为计量单位。罩类为成品安装时制作不再计算。

8）不锈钢板风管圆形法兰制作按设计图示尺寸以质量计算，以“kg”为计量单位。

9）不锈钢板风管吊托支架制作安装按设计图示尺寸以质量计算，以“kg”为计量单位。

10）铝板圆伞形风帽、铝板风管圆、矩形法兰制作按设计图示尺寸以质量计算，以“kg”为计量单位。

11）碳钢风帽的制作安装均按其质量以“kg”为计量单位；非标准风帽制作安装按成品质量以“kg”为计量单位。风帽为成品安装时制作不再计算。

12）碳钢风帽筝绳制作安装按设计图示规格长度以质量计算，以“kg”为计量单位。

13）碳钢风帽泛水制作安装按设计图示尺寸以展开面积计算，以“m^2”为计量单位。

14）碳钢风帽滴水盘制作安装按设计图示尺寸以质量计算，以“kg”为计量单位。

15）玻璃钢风帽安装依据成品质量按设计图示数量计算，以“kg”为计量单位。

16）罩类的制作安装均按其质量以“kg”为计量单位；非标准罩类制作安装按成品质量以“kg”为计量单位。罩类为成品安装时制作不再计算。

17）微穿孔板消声器、管式消声器、阻抗式消声器成品安装按设计图示数量计算，以“节”为计量单位。

18）消声弯头安装按设计图示数量计算，以“个”为计量单位。

19）消声静压箱安装按设计图示数量计算，以“个”为计量单位。

20）静压箱制作安装按设计图示尺寸以展开面积计算，以“m^2”为计量单位，不扣除开口的面积。

21）人防通风机安装按设计图示数量计算，以“台”为计量单位。

22）人防各种调节阀制作安装按设计图示数量计算，以“个”为计量单位。

23）LWP型滤尘器制作安装按设计图示尺寸以面积计算，以“m^2”为计量单位。

24）探头式含磷毒气及γ射线报警器安装按设计图示数量计算，以“台”为计量单位。

25）过滤吸收器、预滤器、除湿器等安装按设计图示数量计算，以“台”为计量单位。

26）密闭穿墙管制作安装按设计图示数量计算，以“个”为计量单位。密闭穿墙管填塞按设计图示数量计算，以“个”为计量单位。

27）测压装置安装按设计图示数量计算，以“套”为计量单位。

28）换气堵头安装按设计图示数量计算，以“个”为计量单位。

29）波导窗安装按设计图示数量计算，以“个”为计量单位。

（2）通风管道部件制作安装定额应用。

1）**电动密闭阀安装执行手动密闭阀项目，人工乘以系数1.05**。

2）手（电）动密闭阀安装项目包括一副法兰，两副法兰螺栓及橡胶石棉垫圈。如为一侧接管时，人工乘以系数0.6，材料、机械乘以系数0.5。不包括吊托支架制作与安装，如发生按本册定额设备支架制作安装项目另行计算。

3）碳钢百叶风口安装项目适用于带调节板活动百叶风口、单层百叶风口、双层百叶风口、三层百叶风口、连动百叶风口、135型单层百叶风口、135型双层百叶风口、135型带导流叶片百叶风口、活动金属百叶风口。**风口的宽与长之比≤0.125为条缝形风口，执行百叶风口项目，人工乘以系数1.1**。

4）密闭式对开多叶调节阀与手动式对开多叶调节阀执行同一项目。

5）蝶阀安装项目适用于圆形保温蝶阀，方、矩形保温蝶阀，圆形蝶阀，方、矩形蝶阀，风管止回阀安装项目适用于圆形风管止回阀、方形风管止回阀。

6）铝合金或其他材料制作的调节阀安装应执行本册定额相应项目。

7）碳钢散流器安装项目适用于圆形直片散流器、方形直片散流器、流线形散流器。

8）碳钢送吸风口安装项目适用于单面送吸风口、双面送吸风口。金属防虫网可执行网式风口安装项目。回风口如发生过滤网，则单独计算过滤网主材，其他不变。

9）**铝合金风口安装应执行碳钢风口项目，人工乘以系数0.9**。

10）铝制孔板风口如需电化处理时，电化费另行计算。

11）其他材质和形式的排气罩制作安装可执行本册定额中相近的项目。

12）管式消声器安装适用于各类管式消声器。

13）**静压箱吊托支架执行设备支架项目**。

14）手摇（脚踏）电动两用风机安装，其支架按与设备配套编制，若自行制作，按本册定额设备支架制作安装项目另行计算。

15）**排烟风口吊托支架执行本册定额设备支架制作安装项目**。

16）**除尘过滤器、过滤吸收器安装项目不包括支架制作安装，其支架制作安装执行本册定额设备支架制作安装项目**。

17）探头式含磷毒气报警器安装包括探头固定数和三角支架制作安装，报警器保护孔按建筑预留考虑。

18）γ射线报警器探头安装孔项目按钢套管编制，地脚螺栓（M12×200，6个）按与设备配套编制。包括安装孔孔底电缆穿管，但不包括电缆敷设。如设计电缆穿管长度大于0.5 m，超过部分另外执行相应项目。

19）密闭穿墙管项目填料按油麻丝、黄油封堵考虑，如填料不同，不做调整。

20）密闭穿墙管制作安装分类：Ⅰ型为薄钢板风管直接浇入混凝土墙内的密闭穿墙管；Ⅱ型为取样管用密闭穿墙管；Ⅲ型为薄钢板风管通过套管穿墙的密闭穿墙管。

21）密闭穿墙管按墙厚0.3 m编制，如与设计墙厚不同，管材可以换算，其余不变；Ⅲ型穿墙管项目不包括风管本身。

5.3.5　通风空调工程定额其他说明

（1）**系统调整费**。**按系统工程人工费7%计取，其费用中人工费占35%。包括漏风量测试和漏光法测试费用。**

（2）脚手架搭拆费按定额人工费的4%计算，其费用中人工费占35%。

（3）操作高度增加费。通风空调定额操作物高度是按距离楼地面6 m考虑的，超过6 m时，超过部分工程量按定额人工费乘以系数1.2计取。

（4）建筑物超高增加费。其是指在高度在6层或20 m以上的工业与民用建筑物上进行安装时增加的费用（不包括地下室），按表5-5计算，其费用中人工费占65%。

表5-5　通风空调工程建筑物超高增加系数

建筑物檐高/m	≤40	≤60	≤80	≤100	≤120	≤140	≤160	≤180	≤200
建筑层数/层	≤12	≤18	≤24	≤30	≤36	≤42	≤48	≤54	≤60
按人工费的百分比/%	2	5	9	14	20	26	32	38	44

（5）安装与生产同时进行增加的费用。其按工程总人工费的10%计算。在有害身体健康的环境中施工增加的费用，按工程总人工费的10%计算。

（6）定额中制作和安装的人工、材料、机械比例见表5-6。

表5-6　通风空调定额制作安装比例

序号	项目名称	制作/%			安装/%		
		人工	材料	机械	人工	材料	机械
1	空调部件及设备支架制作安装	86	98	95	14	2	5
2	镀锌薄钢板法兰通风管道制作安装	60	95	95	40	5	5
3	镀锌薄钢板共板法兰通风管道制作安装	40	95	95	60	5	5
4	薄钢板法兰通风管道制作安装	60	95	95	40	5	5
5	净化通风管道及部件制作安装	40	85	95	60	15	5
6	不锈钢板通风管道及部件制作安装	72	95	95	28	5	5
7	铝板通风管道及部件制作安装	68	95	95	32	5	5
8	塑料通风管道及部件制作安装	85	95	95	15	5	5
9	复合型风管制作安装	60	—	99	40	100	1
10	风帽制作安装	75	80	99	25	20	1
11	罩类制作安装	78	98	95	22	2	5

5.4　通风空调工程清单编制与计价

5.4.1　通风空调设备及部件制作安装清单编制与计价

通风空调设备及部件制作安装工程量清单项目设置、项目特征描述、计量单位、工程量计算规则和清单组价时涉及的定额项目［清单组价涉及的定额项目为编者添加内容，其余内容均为《通用安装工程工程量计算规范》（GB 50856—2013）中的规定］见表5-7。

表5-7　通风空调设备及部件制作安装清单编制与计价表

清单编制（编码：030701）						清单组价
项目编码	项目名称	项目特征	计量单位	工程量计算规则	工作内容	计算综合单价涉及的定额项目
030701001	空气加热器（冷却器）	1. 名称 2. 型号 3. 规格 4. 质量 5. 安装形式 6. 支架形式、材质	台	按设计图示数量计算	1. 本体安装、调试 2. 设备支架制作、安装 3. 补刷（喷）油漆	1. 本体安装、调试 2. 设备支架制作、安装 3. 补刷（喷）油漆
030701002	除尘设备					
030701003	空调器	1. 名称 2. 型号 3. 规格 4. 质量 5. 安装形式 6. 隔振垫（器）、支架形式、材质	台（组）		1. 本体制作 2. 本体安装 3. 支架制作、安装	1. 本体制作 2. 本体安装 3. 支架制作、安装
030701004	风机盘管	1. 名称 2. 型号 3. 规格 4. 安装形式 5. 减振器、支架形式、材质 6. 试压要求	台		1. 本体安装或组装、调试 2. 设备支架制作、安装 3. 补刷（喷）油漆	1. 本体安装或组装、调试 2. 设备支架制作、安装 3. 补刷（喷）油漆
030701005	表冷器	1. 名称 2. 型号 3. 规格			1. 本体安装、调试 2. 支架制作、安装 3. 试压 4. 补刷（喷）油漆	1. 本体安装、调试 2. 补刷（喷）油漆
030701006	密闭门	1. 名称 2. 型号 3. 规格 4. 形式 5. 支架形式、材质	个		1. 本体安装 2. 型钢制作、安装 3. 过滤器安装 4. 挡水板安装 5. 调试及运转 6. 补刷（喷）油漆	1. 本体安装 2. 型钢制作、安装 3. 过滤器安装 4. 挡水板安装 5. 补刷（喷）油漆
030701007	挡水板					
030701008	滤水器、溢水盘					
030701009	金属壳体					

续表

<table>
<tr><td colspan="6">清单编制（编码：030701）</td><td>清单组价</td></tr>
<tr><td>项目编码</td><td>项目名称</td><td>项目特征</td><td>计量单位</td><td>工程量计算规则</td><td>工作内容</td><td>计算综合单价涉及的定额项目</td></tr>
<tr><td>030701010</td><td>过滤器</td><td>1. 名称
2. 型号
3. 规格
4. 类型
5. 框架形式、材质</td><td>1. 台
2. m²</td><td>1. 以台计量，按设计图示数量计算
2. 以面积计量，按设计图示尺寸以过滤面积计算</td><td>1. 本体安装
2. 框架制作、安装
3. 补刷（喷）油漆</td><td>1. 本体安装
2. 框架制作、安装
3. 补刷（喷）油漆</td></tr>
<tr><td>030701011</td><td>净化工作台</td><td>1. 名称
2. 型号
3. 规格
4. 类型</td><td rowspan="5">台</td><td rowspan="5">按设计图示数量计算</td><td rowspan="3">1. 本体安装
2. 补刷（喷）油漆</td><td rowspan="3">1. 本体安装
2. 补刷（喷）油漆</td></tr>
<tr><td>030701012</td><td>风淋室</td><td rowspan="2">1. 名称
2. 型号
3. 规格
4. 类型
5. 质量</td></tr>
<tr><td>030701013</td><td>洁净室</td></tr>
<tr><td>030701014</td><td>除湿机</td><td>1. 名称
2. 型号
3. 规格
4. 类型</td><td>本体安装</td><td>本体安装</td></tr>
<tr><td>030701015</td><td>人防过滤吸收器</td><td>1. 名称
2. 规格
3. 形式
4. 材质
5. 支架形式、材质</td><td>1. 过滤吸收器安装
2. 支架制作、安装</td><td>1. 过滤吸收器安装
2. 支架制作、安装</td></tr>
<tr><td colspan="7">注：通风空调设备安装的地脚螺栓按设备自带考虑。</td></tr>
</table>

5.4.2　通风管道制作安装清单编制与计价

通风管道制作安装工程量清单项目设置、项目特征描述、计量单位、工程量计算规则和清单组价时涉及的定额项目［清单组价涉及的定额项目为编者添加内容，其余内容均为《通用安装工程工程量计算规范》（GB 50856—2013）中的规定］见表 5-8。

表 5-8　通风管道制作安装清单编制与计价表

<table>
<tr><th colspan="6">清单编制（编码：030702）</th><th>清单组价</th></tr>
<tr><th>项目编码</th><th>项目名称</th><th>项目特征</th><th>计量单位</th><th>工程量计算规则</th><th>工作内容</th><th>计算综合单价涉及的定额项目</th></tr>
<tr><td>030702001</td><td>碳钢通风管道</td><td rowspan="2">1. 名称
2. 材质
3. 形状
4. 规格
5. 板材厚度
6. 管件、法兰等附件及支架设计要求
7. 接口形式</td><td rowspan="7">m^2</td><td rowspan="7">按设计图示内径尺寸以展开面积计算</td><td rowspan="5">1. 风管、管件、法兰、零件、支吊架制作、安装
2. 过跨风管落地支架制作、安装</td><td rowspan="5">1. 风管制作安装
2. 过跨风管落地支架制作、安装</td></tr>
<tr><td>030702002</td><td>净化通风管道</td></tr>
<tr><td>030702003</td><td>不锈钢板通风管道</td><td rowspan="3">1. 名称
2. 形状
3. 规格
4. 板材厚度
5. 管件、法兰等附件及支架设计要求
6. 接口形式</td></tr>
<tr><td>030702004</td><td>铝板通风管道</td></tr>
<tr><td>030702005</td><td>塑料通风管道</td></tr>
<tr><td>030702006</td><td>玻璃钢通风管道</td><td>1. 名称
2. 形状
3. 规格
4. 板材厚度
5. 支架形式、材质
6. 接口形式</td><td rowspan="2">1. 风管、管件安装
2. 支吊架制作、安装
3. 过跨风管落地支架制作、安装</td><td rowspan="2">1. 风管制作安装
2. 过跨风管落地支架制作、安装</td></tr>
<tr><td>030702007</td><td>复合型风管</td><td>1. 名称
2. 材质
3. 形状
4. 规格
5. 板材厚度
6. 接口形式
7. 支架形式、材质</td></tr>
<tr><td>030702008</td><td>柔性软风管</td><td>1. 名称
2. 材质
3. 规格
4. 风管接头、支架形式、材质</td><td>1. m
2. 节</td><td>1. 以米计量，按设计图示中心线以长度计算
2. 以节计量，按设计图示数量计算</td><td>1. 风管安装
2. 风管接头安装
3. 支吊架制作、安装</td><td>1. 风管安装
2. 支吊架制作、安装</td></tr>
</table>

续表

清单编制（编码：030702）						清单组价
项目编码	项目名称	项目特征	计量单位	工程量计算规则	工作内容	计算综合单价涉及的定额项目
030702009	弯头导流叶片	1. 名称 2. 材质 3. 规格 4. 形式	1. m^2 2. 组	1. 以面积计量，按设计图示以展开面积平方米计算 2. 以组计量，按设计图示数量计算	1. 制作 2. 组装	弯头导流叶片制作安装
030702010	风管检查孔	1. 名称 2. 材质 3. 规格	1. kg 2. 个	1. 以千克计量，按风管检查孔质量计算 2. 以个计量，按设计图示数量计算	1. 制作 2. 安装	风管检查孔制作安装
030702011	温度、风量测定孔	1. 名称 2. 材质 3. 规格 4. 设计要求	个	按设计图示数量计算	1. 制作 2. 安装	温度、风量测定孔制作安装
注：1. 风管展开面积，不扣除检查孔、测定孔、送风口、吸风口等所占面积；风管长度一律以设计图示中心线长度为准（主管与支管以其中心线交点划分），包括弯头、三通、变径管、天圆地方等管件的长度，但不包括部件所占的长度。风管展开面积不包括风管、管口重叠部分面积。风管渐缩管：圆形风管按平均直径；矩形风管按平均周长。 2. 穿墙套管按展开面积计算，计入通风管道工程量中。 3. 通风管道的法兰垫料或封口材料，按图纸要求应在项目特征中描述。 4. 净化通风管的空气洁净度按 10000 级标准编制，净化通风管使用的型钢材料如要求镀锌时工作内容应注明支架镀锌。 5. 弯头导流叶片数量，按设计图纸或规范要求计算。 6. 风管检查孔、温度测定孔、风量测定孔数量，按设计图纸或规范要求计算。						

5.4.3　通风管道部件制作安装清单编制与计价

通风管道部件制作安装工程量清单项目设置、项目特征描述、计量单位、工程量计算规则和清单组价时涉及的定额项目［清单组价涉及的定额项目为编者添加内容，其余内容均为《通用安装工程工程量计算规范》（GB 50856—2013）中的规定］见表 5-9。

表 5-9　通风管道部件制作安装清单编制与计价表

清单编制（编码：030703）						清单组价
项目编码	项目名称	项目特征	计量单位	工程量计算规则	工作内容	计算综合单价涉及的定额项目
030703001	碳钢阀门	1. 名称 2. 型号 3. 规格 4. 质量 5. 类型 6. 支架形式、材质	个	按设计图示数量计算	1. 阀体制作 2. 阀体安装 3. 支架制作、安装	1. 阀体安装（另计成品主材费） 2. 支架制作、安装

续表

清单编制（编码：030703）						清单组价
项目编码	项目名称	项目特征	计量单位	工程量计算规则	工作内容	计算综合单价涉及的定额项目
030703002	柔性软风管阀门	1. 名称 2. 规格 3. 材质 4. 类型	个	按设计图示数量计算	阀体安装	阀体安装
030703003	铝蝶阀	1. 名称 2. 规格 3. 质量 4. 类型				
030703004	不锈钢蝶阀					
030703005	塑料阀门	1. 名称 2. 型号 3. 规格 4. 类型				
030703006	玻璃钢蝶阀					
030703007	碳钢风口、散流器、百叶窗	1. 名称 2. 型号 3. 规格 4. 质量 5. 类型 6. 形式			1. 风口制作、安装 2. 散流器制作、安装 3. 百叶窗安装	1. 风口安装 2. 散流器安装 3. 百叶窗安装
030703008	不锈钢风口、散流器、百叶窗					
030703009	塑料风口、散流器、百叶窗					
030703010	玻璃钢风口	1. 名称 2. 型号 3. 规格 4. 类型 5. 形式			风口安装	风口安装
030703011	铝及铝合金风口、散流器				1. 风口制作、安装 2. 散流器制作、安装	1. 风口安装 2. 散流器安装
030703012	碳钢风帽	1. 名称 2. 规格 3. 质量 4. 类型 5. 形式 6. 风帽筝绳、泛水设计要求			1. 风帽制作、安装 2. 筒形风帽滴水盘制作、安装 3. 风帽筝绳制作、安装 4. 风帽泛水制作、安装	1. 风帽制作、安装 2. 风帽滴水盘制作、安装 3. 风帽筝绳制作、安装 4. 风帽泛水制作、安装
030703013	不锈钢风帽					
030703014	塑料风帽					

续表

清单编制（编码：030703）						清单组价
项目编码	项目名称	项目特征	计量单位	工程量计算规则	工作内容	计算综合单价涉及的定额项目
030703015	铝板伞形风帽	1. 名称 2. 规格 3. 质量 4. 类型 5. 形式 6. 风帽筝绳、泛水设计要求	个	按设计图示数量计算	1. 铝板伞形风帽制作、安装 2. 风帽筝绳制作、安装 3. 风帽泛水制作、安装	1. 铝板伞形风帽制作、安装 2. 风帽筝绳制作、安装 3. 风帽泛水制作、安装
030703016	玻璃钢风帽				1. 玻璃钢风帽安装 2. 筒形风帽滴水盘安装 3. 风帽筝绳安装 4. 风帽泛水安装	1. 玻璃钢风帽安装 2. 风帽滴水盘安装 3. 风帽筝绳安装 4. 风帽泛水安装
030703017	碳钢罩类	1. 名称 2. 型号 3. 规格 4. 质量 5. 类型 6. 形式			1. 罩类制作 2. 罩类安装	罩类制作、安装
030703018	塑料罩类					
030703019	柔性接口	1. 名称 2. 规格 3. 材质 4. 类型 5. 形式	m^2	按设计图示尺寸以展开面积计算	1. 柔性接口制作 2. 柔性接口安装	软管接口制作安装
030703020	消声器	1. 名称 2. 规格 3. 材质 4. 形式 5. 质量 6. 支架形式、材质	个	按设计图示数量计算	1. 消声器制作 2. 消声器安装 3. 支架制作安装	消声器安装
030703021	静压箱	1. 名称 2. 规格 3. 形式 4. 材质 5. 支架形式、材质	1. 个 2. m^2	1. 以个计量，按设计图示数量计算 2. 以平方米计量，按设计图示以展开面积计算	1. 静压箱制作、安装 2. 支架制作、安装	1. 静压箱制作、安装 2. 支架制作、安装

续表

<table>
<tr><th colspan="6">清单编制（编码：030703）</th><th>清单组价</th></tr>
<tr><th>项目编码</th><th>项目名称</th><th>项目特征</th><th>计量单位</th><th>工程量计算规则</th><th>工作内容</th><th>计算综合单价涉及的定额项目</th></tr>
<tr><td>030703022</td><td>人防超压自动排气阀</td><td>1. 名称
2. 型号
3. 规格
4. 类型</td><td rowspan="2">个</td><td rowspan="3">按设计图示数量计算</td><td>安装</td><td>人防排气阀安装</td></tr>
<tr><td>030703023</td><td>人防手动密闭阀</td><td>1. 名称
2. 型号
3. 规格
4. 支架形式、材质</td><td>1. 密闭阀安装
2. 支架制作、安装</td><td>1. 密闭阀安装
2. 支架制作、安装</td></tr>
<tr><td>030703024</td><td>人防其他部件</td><td>1. 名称
2. 型号
3. 规格
4. 类型</td><td>个（套）</td><td>安装</td><td>安装</td></tr>
</table>

注：1. 碳钢阀门包括空气加热器上通阀、空气加热器旁通阀、圆形瓣式启动阀、风管蝶阀、风管止回阀、密闭式斜插板阀、矩形风管三通调节阀、对开多叶调节阀、风管防火阀、各型风罩调节阀等。

2. 塑料阀门包括塑料蝶阀、塑料插板阀、各型风罩塑料调节阀。

3. 碳钢风口、散流器、百叶窗包括百叶风口、矩形送风口、矩形空气分布器、风管插板风口、旋转吹风口、圆形散流器、方形散流器、流线型散流器、送吸风口、活动算式风口、网式风口、钢百叶窗等。

4. 碳钢罩类包括皮带防护罩、电动机防雨罩、侧吸罩、中小型零件焊接台排气罩、整体分组式槽边侧吸罩、吹吸式槽边通风罩、条缝槽边抽风罩、泥心烘炉排气罩、升降式回转排气罩、上下吸式圆形回转罩、升降式排气罩、手锻炉排气罩。

5. 塑料罩类包括塑料槽边侧吸罩、塑料槽边风罩、塑料条缝槽边抽风罩。

6. 柔性接口包括金属、非金属软接口及伸缩节。

7. 消声器包括片式消声器、矿棉管式消声器、聚酯泡沫管式消声器、卡普隆纤维管式消声器、弧形声流式消声器、阻抗复合式消声器、微穿孔板消声器、消声弯头。

8. 通风部件如图纸要求制作安装或用成品部件只安装不制作，这类特征在项目特征中应明确。

9. 静压箱的面积计算：按设计图示尺寸以展开面积计算，不扣除开口的面积。

5.4.4 通风工程检测、调试清单编制与计价

通风工程检测、调试工程量清单项目设置、项目特征描述、计量单位、工程量计算规则和清单组价时涉及的定额项目［清单组价涉及的定额项目为编者添加内容，其余内容均为《通用安装工程工程量计算规范》（GB 50856—2013）中的规定］见表 5-10。

表 5-10　通风工程检测、调试清单编制与计价表

清单编制（编码：030704）						清单组价
项目编码	项目名称	项目特征	计量单位	工程量计算规则	工作内容	计算综合单价涉及的定额项目
030704001	通风工程检测、调试	风管工程量	系统	按通风系统计算	1. 通风管道风量测定 2. 风压测定 3. 温度测定 4. 各系统风口、阀门调整	通风空调系统调整费（按系数计取）
030704002	风管漏光试验、漏风试验	漏光试验、漏风试验、设计要求	m^2	按设计图纸或规范要求以展开面积计算	通风管道漏光试验、漏风试验	

5.4.5　通风空调工程清单编制及计价相关问题及说明

（1）冷冻机组站内的设备安装、通风机安装及人防两用通风机安装执行机械设备安装工程相关项目编码列项及组价。

（2）冷冻机组站内的管道安装，应按工业管道相关项目编码列项及组价。

（3）设备和支架的除锈、刷漆、保温及保护层安装，应按刷油、防腐及绝热工程相关项目编码列项及组价。

5.5　通风空调工程计量计价实例

现有某病房楼标准层空调工程，采用半集中式空调系统（风机盘管 + 新风系统），相关施工图如图 5-9 ~ 图 5-15 所示，图中标高均以 m 为单位，其他尺寸均以 mm 为单位。

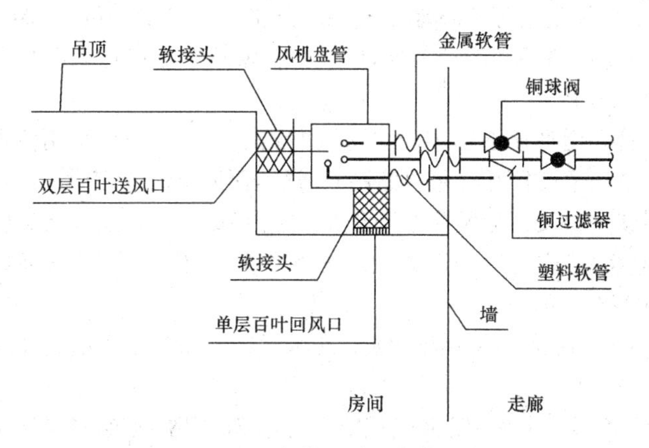

图 5-9　风机盘管侧送风安装示意图

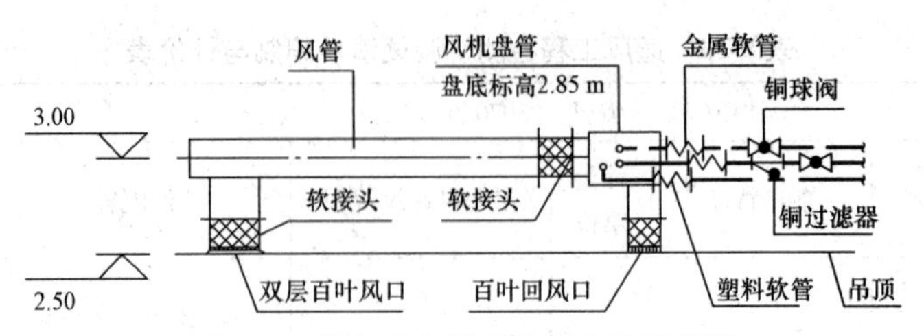

图 5-10　风机盘管平顶送风安装示意图

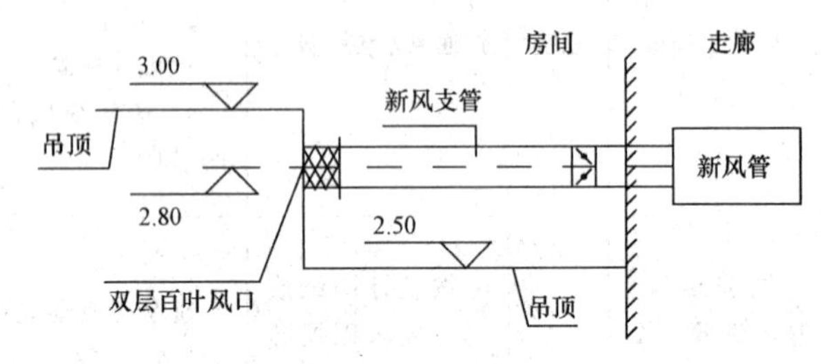

图 5-11　新风口侧送风安装示意图

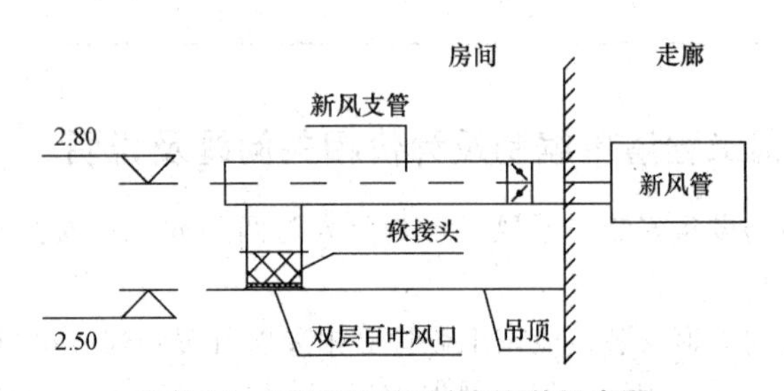

图 5-12　新风口平顶送风安装示意图

（1）工程情况说明。

1）空调风系统说明。

①空调、通风系统风管采用镀锌钢板制作，风管连接采用共板法兰方式。风管长边长≤450 mm时，板厚0.5 mm，风管安装支架间距4 m；450 mm < 长边长≤630 mm时，板厚0.6 mm，风管安装支架间距3 m；630 mm < 长边长≤1 000 mm时，板厚0.75 mm，风管安装支架间距3 m。

②风管与通风机、空调机组等带振动的设备相连接时，应设置长度为200 mm的防火柔性软管。

③设置在外墙上的新风进风口采用防雨风口，室内新风直接送入各房间内，室内新风口采用双层百叶，安装在吊顶上。

④候诊厅风机盘管采用平顶下送下回式送风方式，其余房间均采用侧送风方式，送风口采用双层百叶，回风口采用单层百叶（带过滤网），送、回风口尺寸相同，均安装于吊顶上。

⑤所有风口采用碳钢材质，与风管之间设置长度为200 mm的防火帆布软接头。

⑥风管安装完毕后，应进行严密性抽检，具体方法与要求，详见《通风与空调工程施工质量验收规范》（GB 50243—2016）。

⑦所有支吊架除轻锈，刷红丹防锈漆两遍，在风管与支吊架之间应设置防腐垫木，木垫厚度同保温层。

⑧空调送回风管及新风管道采用带加筋铝箔的离心玻璃棉板绝热，绝热厚度为35 mm。

⑨通风与空调工程安装完毕后，必须进行系统调试。系统调试应包括设备单机试运转及调试、系统无生产负荷下的联合试运转及调试。

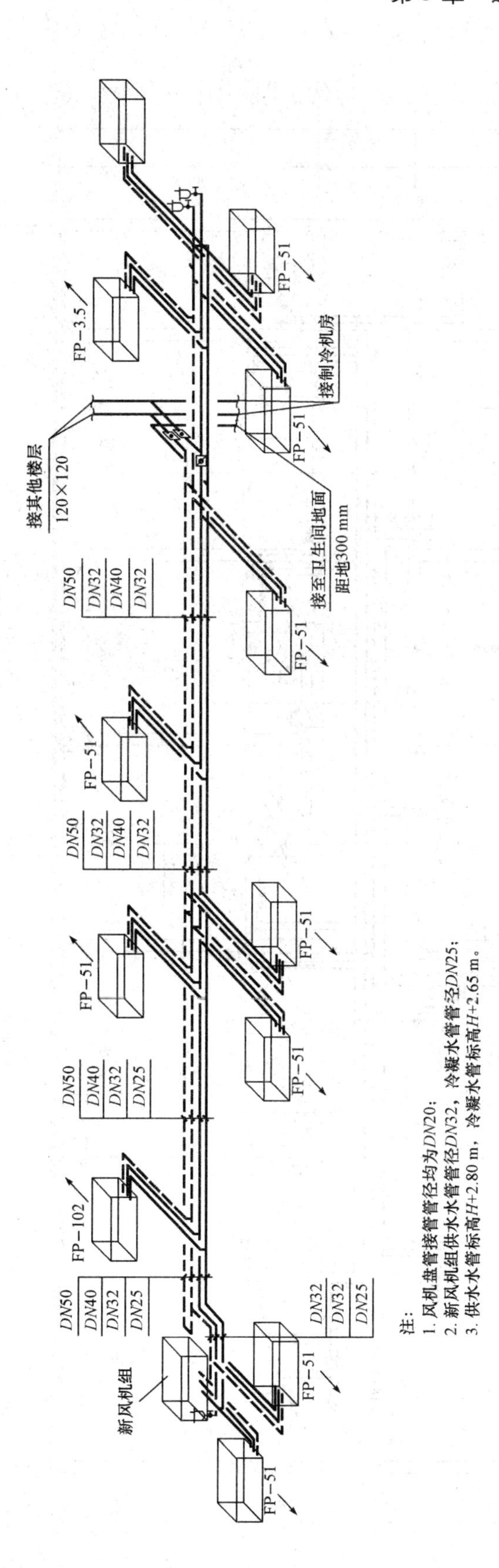

注：
1. 风机盘管接管管径均为$DN20$；
2. 新风机组供水水管管径$DN32$，冷凝水管管径$DN25$；
3. 供水水管标高H+2.80 m，冷凝水管标高H+2.65 m。

图 5-13　空调制冷（热）水系统图

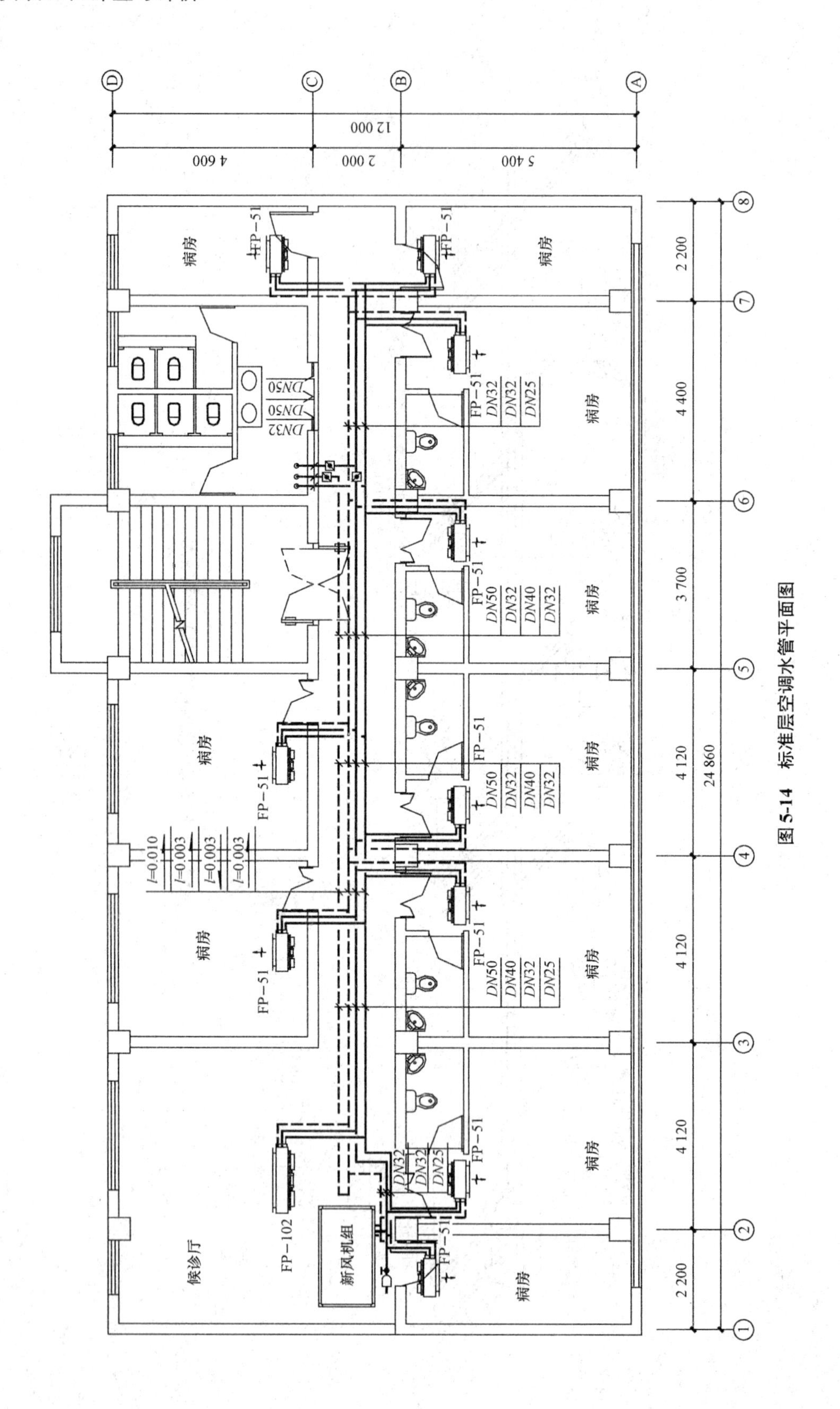

图 5-14　标准层空调水管平面图

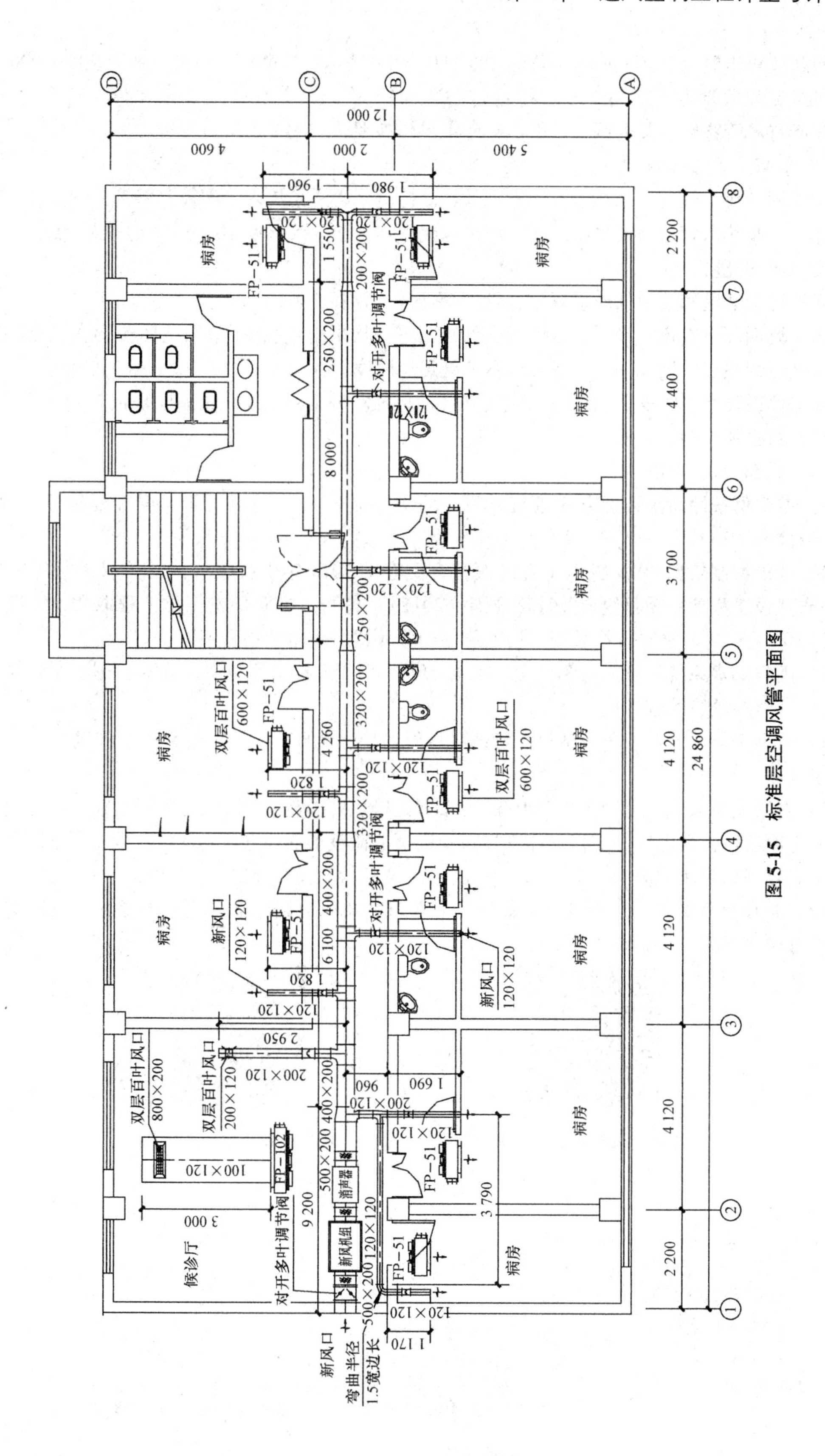

图 5-15　标准层空调风管平面图

⑩新风机组风量 3 000 m^3/h，外形长度 900 mm；消声器为微穿孔板型，外形长度 1 000 mm，新风机组安装吊架共计 18 kg。

⑪所有风管穿墙或板的洞口均由土建施工单位按照建施图标识进行预留。

2）空调水系统说明。

①空调冷热水管道采用热镀锌钢管，丝接。冷凝水管道采用内涂塑镀锌钢管，丝接。

②空调冷热水管道与支吊架之间，应垫以绝热木衬垫，其厚度不应小于绝热层厚度，宽度应大于支承面的宽度。

③管道穿墙壁和楼板处应设置钢套管，套管尺寸较管道外径大 2 ~ 3 号。

④空调循环水管道、冷凝水管道及管件阀门等，均采用难燃 B1 级闭孔橡塑管壳绝热，空调冷热水管道绝热层厚度 25 mm，冷凝水管道绝热层厚度 15 mm。

⑤空调循环水系统安装完毕后，应按照《通风与空调工程施工质量验收规范》（GB 50243—2016）进行水压试验、冲洗。

（2）造价计算说明。

1）本实例按照清单计价方式进行计算，清单编制依据《通用安装工程工程量计算规范》（GB 50856—2013）。

2）计价编制依据 2016 版山东省定额及其配套的 2018 年价目表（配套价目表每年更新）、《山东省建设工程费用项目组成及计算规则（2016）》进行。本实例按三类工程取费，综合工日单价为 103 元，主要材料价格采用市场询价（市场不同，主材价格会不同）。

3）因空调水系统计算方法和过程与给水排水工程和采暖工程类似，故本实例不再计算，本实例仅计算空调风系统造价。

4）暂列金额、专业工程暂估价、特殊项目暂估价、计日工、总承包服务费和其他检验试验费等未计算。

5）对本实例来说，无论采用 2016 版山东省定额，还是依据 2015 版全国定额，在定额项目名称、定额项目包含内容、工程量计算规则和定额消耗量水平等方面均保持一致，所不同的主要是价格差异（价目表差异）。

（3）造价计算结果。工程量计算过程见表 5-11，通风空调分部分项清单及通风空调综合单价分析可扫描下列二维码查看。

通风空调分部分项清单

通风空调综合单价分析

表 5-11　通风空调工程量计算表

序号	项目名称	单位	工程量计算式	工程量
1	镀锌薄钢板风管（共板法兰），320 mm < 长边长 ≤ 630 mm，板厚 0.6 mm	m^2	风管：500 × 200	8.81
			长度 L = 9.2 − 0.21 对开多叶调节阀长度 − 0.2 × 4 软接头长度，包含防雨百叶风口连接软接头 − 0.9 新风机组长度 − 1.0 消声器长度 = 6.29（m）	
			面积 S_1 = 截面周长 × 中心线长度 = （0.5 + 0.2） × 2 × 6.29 = 8.81（m^2）	

续表

序号	项目名称	单位	工程量计算式	工程量
2	镀锌薄钢板风管（共板法兰），320 mm < 长边长 ≤630 mm，板厚 0.5 mm	m^2	风管：400×200	16.13
			长度 L=6.10 m	
			面积 S_2=截面周长×中心线长度=（0.4+0.2）×2×6.10=7.32（m^2）	
			总面积 $S=S_1+S_2$=8.806+7.32=16.13（m^2）	
3	镀锌薄钢板风管（共板法兰），长边长 ≤320 mm，板厚 0.5 mm	m^2	风管 1：320×200	25.44
			长度 L=4.26 m	
			面积 S_1=截面周长×中心线长度=（0.32+0.2）×2×4.26=4.4304（m^2）	
			风管 2：250×200	
			长度 L=8 m	
			面积 S_2=截面周长×中心线长度=（0.25+0.2）×2×8=7.2（m^2）	
			风管 3：200×200	
			长度 L=1.55 m	
			面积 S_3=截面周长×中心线长度=（0.2+0.2）×2×1.55=1.24（m^2）	
			风管 4：200×120	
			长度 L=0.96+（2.95−0.21+2.85−2.5−0.2）=3.85（m）	
			面积 S_4=截面周长×中心线长度+堵板面积=（0.2+0.12）×2×3.85+0.2×0.12=2.49（m^2）	
			风管 5：120×120	
			长度 L=3.79+π×（1.5×0.12）×0.5 弯头的弧线长度+1.17+1.69+1.82×2+（1.69+0.96）×4+1.96+1.98−0.21×10−0.2×10=21.01（m）	
			面积 S_5=截面周长×中心线长度=（0.12+0.12）×2×21.01=10.08（m^2）	
			总面积 $S=S_1+S_2+S_3+S_4+S_5$=4.43+7.2+1.24+2.49+10.08=25.44（m^2）	
4	风机盘管送回风管 1 000×120，共板法兰连接，板厚 0.75 mm	m^2	长度 L=3−0.2+（3−2.5−0.2）+（2.85−2.5−0.2）=3.25（m）	7.4
			面积 S=截面周长×中心线长度+堵板面积=（1+0.12）×2×3.25+1×0.12=7.4（m^2）	
5	新风机组 3 000 m^3/h	台	1	1
6	微穿孔板消声器 500×200	台	1	1
7	风机盘管 FP−102	台	1	1
8	风机盘管 FP−51	台	10	10
9	对开多叶调节阀 500×200	个	1	1

续表

序号	项目名称	单位	工程量计算式	工程量
10	对开多叶调节阀 200×120	个	1	1
11	对开多叶调节阀 120×120	个	10	10
12	防雨百叶风口 500×200	个	1	1
13	双层百叶风口 800×200	个	1	1
14	双层百叶风口 600×120	个	10	10
15	双层百叶风口 200×120	个	1	1
16	双层百叶风口 120×120	个	10	10
17	单层百叶风口（带滤网）800×200	个	1	1
18	单层百叶风口（带滤网）600×120	个	10	10
19	防火软接头（软管接口）	m^2	尺寸 500×200 长度 $L=0.2\times4=0.8$（m） 面积 $S_1=(0.5+0.2)\times2\times0.8=1.12$（$m^2$） 尺寸 120×120 长度 $L=0.2\times10=2$（m） 面积 $S_2=(0.2+0.2)\times2\times2=1.6$（$m^2$） 尺寸 200×120 长度 $L=0.2$ m 面积 $S_3=(0.5+0.2)\times2\times0.2=0.28$（$m^2$） 尺寸 1 000×120 长度 $L=0.2$ m 面积 $S_4=(1+0.12)\times2\times0.2=0.448$（$m^2$） 尺寸 800×200 长度 $L=0.2\times2=0.4$（m） 面积 $S_5=(0.5+0.2)\times2\times0.4=0.56$（$m^2$） 尺寸 600×120 长度 $L=0.2\times2\times10=4$（m） 面积 $S_6=(0.6+0.12)\times2\times4=5.76$（$m^2$） 总面积 $S=1.12+1.6+0.28+0.448+0.56+5.76=9.77$（$m^2$）	9.77

续表

序号	项目名称	单位	工程量计算式	工程量
20	设备支吊架制安	kg	0.18	0.18
21	支架除锈、刷油	kg	0.18	0.18
22	风管保温（铝箔离心玻璃棉板）	m^3	$V=[2(A+B)\times1.033\delta+4\times(1.033\delta)\times(1.033\delta)]\times L=1.033\times S$ 风管面积 $\times\delta+4\times(1.033\delta)\times(1.033\delta)\times L=1.033\times(16.13+25.41+7.4)\times0.035+4\times1.033\times1.033\times0.035\times0.035\times(6.29+6.1+4.26+8+1.55+3.85+21.01+3.25)=2.05$	2.05
23	通风系统调整	系统	1	1
24	木垫，500 mm 长	块	木垫数量 = 管长/支架间距 = 6.29/3 = 3	3
	木垫，400 mm 长	块	木垫数量 = 管长/支架间距 = 6.1/4 = 2	2
	木垫，320 mm 长	块	木垫数量 = 管长/支架间距 = 4.26/4 = 2	2
	木垫，250 mm 长	块	木垫数量 = 管长/支架间距 = 8/4 = 2	2
	木垫，200 mm 长	块	木垫数量 = 管长/支架间距 = (1.55 + 3.85)/4 = 2	2
	木垫，120 mm 长	块	木垫数量 = 管长/支架间距 = 21.01/4 = 6	6
	木垫，1 000 mm 长	块	木垫数量 = 管长/支架间距 = 3.25/3 = 2	2

第6章

工业管道工程计量与计价

6.1 工业管道工程基础知识

6.1.1 工业管道分类

工业管道，是工业（石油、化工、轻工、制药、矿山等）企业内所有管状设施的总称。它是一个系统，包含连接的设备设施、管道、阀门、管件、支吊架等内容。

从行业角度看，工业管道种类很多，比如石油化工管道、电厂的热力管道、冷库站的氨制冷管道、煤气站的煤气输送管道、压缩空气站的压缩空气管道等。

工业管道按照其设计压力可分为低压、中压和高压管道，具体为：

（1）低压管道：$0 < P \leq 1.6$ MPa；

（2）中压管道：$1.6 < P \leq 10$ MPa；

（3）高压管道：$10 < P \leq 42$ MPa；或蒸汽管道 $P \geq 9$ MPa，工作温度≥500 ℃。

6.1.2 工业管道常用管材

（1）钢管。

1）焊接钢管。焊接钢管内容可参见4.1.2节，此处不再赘述。

2）无缝钢管。由整块金属制成的，表面上没有接缝的钢管，称为无缝钢管。无缝钢管常用材质有普通和优质碳素结构钢（含碳量为0.05%～0.70%）、合金钢和不锈耐酸钢等。

3）钢板卷管。碳素钢板卷管是由普通碳素钢板一段一段卷制连接而成，适宜低温低压介质。

4）螺旋焊接钢管。螺旋焊接钢管是将低碳碳素结构钢或低合金结构钢按一定的螺旋线的角度（叫作成型角）卷成管坯，然后将管缝焊接起来制成的。

（2）铸铁管。工业用铸铁管和普通生活用铸铁管相比，其材质中含有一定的硅、锰等元素，以提高其耐腐蚀性能，常见连接方式有承插连接和法兰连接。

（3）有色金属管材。

1）铝及铝合金管。铝及铝合金管用纯铝或铝合金经挤压加工而成。铝管质量小，不生锈，但机械强度较差，常用于输送化工流体（不适用于输送盐酸和碱液）。

2）铜及铜合金管。铜及铜合金管具有良好的力学性能，具有优越的柔韧性、抗腐蚀性、延展性和良好的工艺特性，被广泛地应用于各行业。

（4）非金属管材。

1）塑料管。常见的塑料管有聚氯乙烯（PVC）、聚乙烯管、聚乙烯夹铝复合管、改性聚丙烯管、聚丁烯管、工程塑料管等，详细内容可参见3.1节。

2）玻璃钢管。玻璃钢管也称玻璃纤维夹砂管（RPM管）。主要以玻璃纤维及其制品为增强材料，以高分子成分的不饱和聚酯树脂、环氧树脂等为基本材料，以石英砂及碳酸钙等无机非金属颗粒材料作为主要原料。玻璃钢管具有强耐腐蚀性能，内表面光滑，使用寿命长，运输安装方便，维护成本低，综合造价低，在石油、电力、化工、造纸、城市给水排水、工厂污水处理、海水淡化、煤气输送等行业得到了广泛的应用。

3）混凝土管。用混凝土或钢筋混凝土制作的管子，分为素混凝土管、普通钢筋混凝土管、自应力钢筋混凝土管和预应力混凝土管四类，用于输送水、油、气等流体。其接口形式有水泥砂浆抹带接口、钢丝网水泥砂浆抹带接口、水泥砂浆承插和橡胶圈承插等。

4）衬里管道。衬里管道，一般是指在碳钢管的内壁，衬上耐腐蚀性强的材质，达到既有机械强度，有一定的受压能力，又有较好的耐腐蚀性能。衬里管道施工时，一般需要将碳钢管预制安装好，然后拆下来进行衬里，衬里好后进行二次安装。

衬里管道

6.1.3　工业管道常用管件

（1）弯头。在管道系统中，弯头用于改变方向，常见有45°、90°和180°弯头。从施工角度可分为成品弯头和现场煨制弯头两种情况。根据制作工艺不同，成品弯头常可分为冲压弯头、推制弯头和焊接弯头等。煨制弯头可分为冷煨和热煨两种。

封头

（2）三通。在管道系统中，三通用于分流或汇流。从施工角度看，可分为成品三通安装和挖眼制作三通两种情况。所谓挖眼制作三通，指的是安装人员在主管道上开孔和支管道端部处理后，将两者焊接连接，从而形成三通。

（3）异径管。异径管用于连接不同管径管道。施工时可使用成品异径管进行安装，也可将大口径管收口缩制而成（常称为摔制异径管）。

（4）管帽。其又称封头、堵头，安装在管道端部，用来封闭管路，常用焊接或螺纹连接方式与管道相连。常见的有椭圆形、半球形和平盖形等多种形状，工程中常见的焊接盲板指的即是平盖形封头。

（5）仪表凸台。凸台也称管嘴，是安装在工艺管道上用于连接自控仪表的一次部件。

（6）管接头。管接头是管道系统中用于连接管路或元器件的零件，是管道系统中能装拆的连接件的总称。

凸台

6.1.4　工业管道常用阀门、法兰

（1）阀门。阀门是流体输送系统中的管路附件，用来改变通路断面和介质流动方向，具有开闭、调节、止回、分流或溢流卸压等功能。

1）阀门分类。阀门按其公称压力（*PN*）不同，可分为真空阀（指工作压力低于标准大气压的阀门）、低压阀、中压阀、高压阀（压力等级划分同管道）；按驱动方式不同，可分为手动

阀、电动阀、液动阀、气动阀等；按材质不同，可分为铸铁阀、碳钢阀、铜阀、不锈钢阀以及各种非金属阀等；按阀门与管道的连接方式不同，可分为螺纹阀、法兰阀、焊接阀等。

2）阀门型号表示。阀门型号由七个单元组成，分别表示阀门类型、传动方式、连接方式、结构形式、阀座密封面或衬里材料、公称压力和阀体材料，如图 6-1 所示。

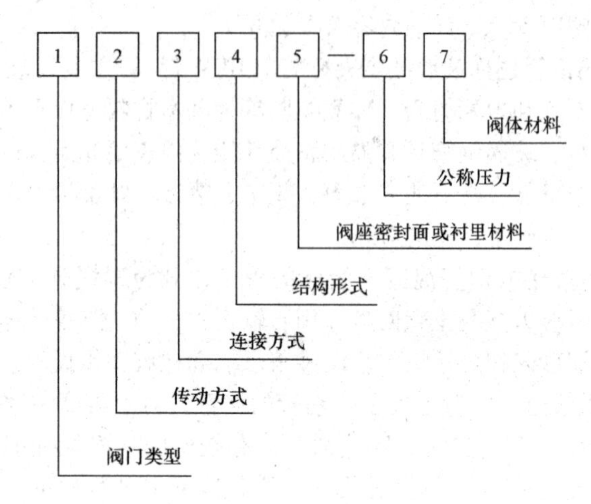

图 6-1　阀门型号表示

①阀门类型代号及意义见表 6-1。

表 6-1　阀门类型代号及意义

类型	闸阀	截止阀	节流阀	球阀	蝶阀	隔膜阀	旋塞阀	止回阀	弹簧载荷安全阀	减压阀	蒸汽疏水阀
代号	Z	J	L	Q	D	G	X	H	A	Y	S
注：用于低温（低于 -40 ℃）、保温（带加热套）和带波纹管的阀门，在类型代号前分别加注“D”“B”和“W”。											

②传动方式代号及意义见表 6-2。

表 6-2　传动方式代号及意义

传动方式	电磁动	电磁 - 液动	电 - 液动	涡轮	正齿轮	伞齿轮	气动	液动	气 - 液动	电动
代号	0	1	2	3	4	5	6	7	8	9
注：1. 用手轮、手柄或扳手传动的阀门以及安全阀、减压阀、疏水阀，省略本代号。 2. 对于气动或液动：常开式用 6K、7K 表示，常闭式用 6B、7B 表示，气动带手动用 6S 表示，防爆电机用 9B 表示。										

③连接方式代号及意义见表 6-3。

表 6-3　连接方式代号及意义

连接方式	内螺纹	外螺纹	法兰	焊接	对夹	卡箍	卡套
代号	1	2	4	6	7	8	9

④结构形式代号及意义。不同类型阀门其结构形式代号不同，见表 6-4 ~ 表 6-12。

表 6-4　闸阀结构形式代号及意义

结构形式	明杆					暗杆			
	楔式			平行式		楔式		平行式	
	弹性闸板	刚性		刚性		刚性		刚性	
		单闸板	双闸板	单闸板	双闸板	单闸板	双闸板	单闸板	双闸板
代号	0	1	2	3	4	5	6	7	8

表 6-5　截止阀、节流阀和柱塞阀结构形式代号及意义

结构形式	阀瓣非平衡式					阀瓣平衡式	
	直通式	Z 形	三通式	角式	直流式	直通式	角式
代号	1	2	3	4	5	6	7

表 6-6　蝶阀结构形式代号及意义

结构形式	密封型					非密封型				
	单偏心	中心垂直板	双偏心	三偏心	连杆机构	单偏心	中心垂直板	双偏心	三偏心	连杆机构
代号	0	1	2	3	4	5	6	7	8	9

表 6-7　隔膜阀结构形式代号及意义

结构形式	屋脊式	直流式	直通式	Y 形角式
代号	1	5	6	9

表 6-8　旋塞阀结构形式代号及意义

结构形式	填料			油封	
	直通式	T 形三通式	四通式	直通式	T 形三通式
代号	3	4	5	7	8

表 6-9　止回阀结构形式代号及意义

结构形式	升降式阀瓣			旋启式阀瓣			蝶形止回式
	直通式	立式	角式	单瓣式	多瓣式	双瓣式	
代号	1	2	3	4	5	6	7

表 6-10　安全阀结构形式代号及意义

结构形式	弹簧载荷弹簧密封结构				杠杆式		弹簧载荷弹簧不封闭且带扳手结构			带控制机构全启式	脉冲式
	带散热片全启式	微启式	全启式	带扳手全启式	单杠杆	双杠杆	微启式、双联阀	微启式	全启式		
代号	0	1	2	4	2	4	3	7	8	6	9

表 6-11　减压阀结构形式代号及意义

结构形式	薄膜式	弹簧薄膜式	活塞式	波纹管式	杠杆式
代号	1	2	3	4	5

表 6-12　蒸汽疏水阀结构形式代号及意义

结构形式	浮球式	浮桶式	液体或固体膨胀式	钟形浮子式	蒸汽压力式或膜盒式	双金属片式	脉冲式	圆盘热动力式
代号	1	3	4	5	6	7	8	9

⑤阀座密封面或衬里材料代号及意义见表 6-13。

表 6-13　阀座密封面或衬里材料代号及意义

阀座密封面或衬里材料	代号	阀座密封面或衬里材料	代号	阀座密封面或衬里材料	代号
铜合金	T	橡胶	X	硬橡胶 *	J
Cr13 系列不锈钢	H	尼龙塑料	N	聚四氟乙烯 *	SA
渗氮钢	D	氟塑料	F	聚三氟氯乙烯 *	SB
渗硼钢	P	衬胶	J	聚氯乙烯 *	SC
巴氏（轴承）合金	B	衬铅	Q	酚醛塑料 *	SD
硬质合金	Y	搪瓷	C	衬塑料 *	CS

注：1. 由阀体直接加工的阀座密封面材料代号用“W”表示。
2. 当阀座和阀瓣（闸板）密封面材料不同时，用低硬度材料代号表示（隔膜阀除外）。
3. * 表示用过的材料代号。

⑥公称压力代号及意义。公称压力直接用压力数值表示，单位是 MPa。
⑦阀体材料代号及意义见表 6-14。

表 6-14　阀体材料代号及意义

阀体材料	代号	阀体材料	代号	阀体材料	代号
灰铸铁	Z	碳素钢	C	铬钼钒合金钢 *	V
可锻铸铁	K	铬钼耐热钢	I	高硅铸铁 *	G
球墨铸铁	Q	铬镍钛耐酸钢	P	铝合金 *	L
铜合金	T	铬镍钼钛耐酸钢	R	铅合金 *	B

注：1. 对于 $PN \leqslant 1.6$ MPa 的灰铸铁阀体和 $PN \geqslant 2.5$ MPa 的碳素钢阀体，则省略本单元。
2. * 表示用过的材料代号。

（2）法兰。法兰又称法兰盘，可用于管道、设备及法兰附件等之间的连接。法兰种类很多，按其工作压力不同，可分为低压、中压和高压法兰（压力等级划分同管道）；按其材质不同，可分为铸铁法兰、铸钢法兰、碳钢法兰、不锈钢法兰、铜法兰和铝法兰等；按其和管道连接的方式不同，可分为平焊法兰、对焊法兰、活套法兰和螺纹法兰等，如图 6-2 所示。

1）平焊法兰。平焊法兰与管道连接时，将法兰套在管端（法兰内径等于管道外径），采用角焊缝将其与管道连接。平焊法兰结构简单，用材省，施工方便，价格便宜，在中低压管道系统

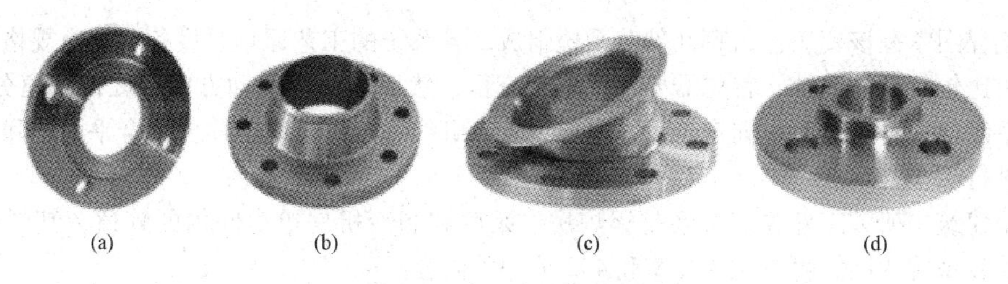

图6-2　常见法兰实物图

（a）平焊法兰；（b）对焊法兰；（c）活套法兰；（d）螺纹法兰

中得到了广泛应用。

2）对焊法兰。对焊法兰带颈并有圆管过渡（自带圆管直径与所连接管道直径相等），安装时将其自带圆管与所连接管道对齐并焊接连接（对焊连接）。对焊法兰焊口离接合面距离大，接合面不受焊接温度影响而变形，适用于压力或温度大幅度波动的管道或高温、高压及低温的管道，一般用于 *PN* 大于2.5 MPa的管道及阀门的连接；也用于输送价格昂贵、易燃易爆介质的管路上。

3）活套法兰。活套法兰也称松套法兰，使用时法兰松套于管道上，利用管口翻边、焊环等作为密封接触面，法兰起紧固作用，多用于有色金属及不锈钢管道上。

4）螺纹法兰。螺纹法兰是将法兰的内孔加工成管螺纹，采用螺纹方式与管道连接。和平焊法兰或对焊法兰相比，螺纹法兰具有安装、维修方便的特点，可在一些现场不允许焊接的管道上使用；缺点是法兰厚度大，造价较高。

5）法兰盖。法兰盖（图6-3）又称法兰盲板，用于管端起封闭作用，与平盖形封头的区别在于其本体自带螺栓孔，使用时在管端配套安装法兰，通过法兰连接方式固定于管端。其优点在于拆卸方便，利于后期维修或改造等。

图6-3　法兰盖

6.1.5　工业管道常用附件

（1）过滤器。可参见4.1.2节相关内容。

（2）阻火器。阻火器是阻止火焰（爆燃）通过的装置，常用于输送易燃易爆气体的管道上。

（3）阀门操纵装置。阀门操纵装置是为了在适当位置能操纵比较远的阀门而设置的一种装置，如用于隔楼板、隔墙操作管道上的阀门。

阀门操纵装置

（4）补偿器。可参见4.1.2节相关内容。

6.2　工业管道工程施工图识读

工业管道工程施工图由目录、设计及施工说明、工艺流程图、平面图、剖面图和详图等组成。此处仅介绍工艺流程图与其他安装工程不同之处，其余内容均与其他安装工程相同，可参见3.2节。

工艺流程图主要表明设备和管道的型号、规格及相互作用关系等。流程图上的设备和管线不代表实际位置，仅表明一种逻辑先后或相互作用的关系。识读工业管道工程施工图时，需要通过工艺流程图掌握该套工艺由哪几部分系统组成、各系统的工艺原理、设备及管道规格等。

对于比较复杂的系统，首先需要熟悉工艺流程，然后顺流体流动方向。逐根管道分别识读，即逐个系统逐根管道进行走向定位。在定位设备、管线和附件等时，需要结合平面图和剖面图等多张图进行综合判定。

民用建筑中所涉工业管道主要是锅炉房、泵房和制冷机房等房间内的管道，其图例与给水排水和采暖系统相同，可参见3.2节和4.2节相关内容。

工业管道工程施工图识读练习可见6.5节中图6-5～图6-10。

6.3 工业管道工程定额计量与定额应用

说明：字体加粗部分为本节中基本知识点或民用建筑中常涉及项目，应熟练掌握。

6.3.1 工业管道定额适用范围及界限划分

（1）适用范围。

视频：工业管道定额适用范围及界限划分

1）《通用安装工程消耗量定额》（TY02—31—2015）第八册《工业管道工程》（本章以下简称本册定额）适用于新建、扩建项目中厂区范围内车间、装置、站、罐区及其相互间各种生产用介质输送管道，厂区第一个连接点以内的生产用（包括生产与生活共用）给水、排水、蒸汽、燃气输送管道安装工程。**常见站（房）指冷冻站、空压站、制氧站、水压机蓄势站、煤气站和加压站、加温站、阀站等。**

2）**生产、生活共用的给水、排水、蒸汽、燃气等输送管道，执行本册定额；生活用的各种管道执行《通用安装工程消耗量定额》（TY02—31—2015）第十册《给排水、采暖、燃气工程》相应项目。**

3）随设备供货预制成型的设备本体管道，其安装费包括在设备安装定额内；按材料或半成品供货的执行本册定额。

4）预应力混凝土管道、管件安装执行市政定额相应项目。

5）**单件质量100 kg以上的管道支吊架制作安装**、管道预制平台的搭拆执行《通用安装工程消耗量定额》（TY02—31—2015）第三册《静置设备与工艺金属结构制作安装工程》相应项目。

6）地下管道的管沟、土石方及砌筑工程执行房屋建筑与装饰工程定额相应项目。

7）刷油、绝热、防腐蚀、衬里，执行《通用安装工程消耗量定额》（TY02—31—2015）第十二册《刷油、防腐蚀、绝热工程》相应项目。

8）**管道安装按设计压力执行相应定额；管件、阀门、法兰按公称压力执行相应定额。**

9）**方形补偿器安装，管道执行本册定额管道安装相应项目；弯头执行本册定额管件安装相应项目。**

（2）与其他定额界限划分。

1）与给水管道以入口水表井为界，水表以内为工业管道，水表以外为供水管道。

2）与排水管道以出厂围墙第一个排水检查井为界，第一个检查井以内为工业管道，以外为污水管道。

3）蒸汽和燃气以进厂第一个计量表（或阀门）为界，第一个计量表（或阀门）以内为工业管道，以外为供汽（气）管道。

4）**与锅炉房、水泵房以外墙皮为界，外墙皮以内为工业管道。**

6.3.2　管道安装定额计量与定额应用

(1) 管道安装定额计量。

1) 管道安装按不同压力、材质、连接形式，以“10 m”为单位计量。

2) 各种管道安装工程量，按设计管道中心线以“延长米”长度计算，不扣除阀门及各种管件等所占长度。

3) 加热套管安装按内、外管分别计算工程量，执行相应定额。

4) 金属软管安装按不同连接形式，以“根”为单位计量。

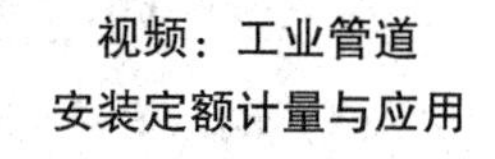

视频：工业管道安装定额计量与应用

(2) 管道安装定额应用。

1) 定额中管道安装种类包括碳钢管、不锈钢管、合金钢管及有色金属管、非金属管、生产用铸铁管安装。

2) 管道安装定额中除另有说明外不包括以下工作内容，应执行本册定额有关章节相应项目。

①管件连接；

②阀门安装；

③法兰安装；

④管道压力试验、吹扫与清洗；

⑤焊口无损检测、预热及后热、热处理、硬度测定、光谱分析；

⑥管道支吊架制作与安装。

3) 管廊及地下管网主材用量，按施工图净用量加规定的损耗量计算。

4) 法兰连接金属软管安装，包括两个垫片和两副法兰用螺栓的安装，螺栓材料量按施工图设计用量加规定的损耗量计算。

5) 定额的管道壁厚是考虑了压力等级所涉及的壁厚范围综合取定的。执行定额时，不区分管道壁厚，均按工作介质的设计压力及材质、规格执行定额。

6.3.3　管件连接定额计量与定额应用

(1) 管件连接定额计量。

1) 管件安装包括弯头（含冲压、煨制、焊接弯头）、三通（四通）、异径管、管接头、管帽、仪表凸台、焊接盲板等。

2) 各种管件连接均按不同压力、材质、连接形式，不分种类以“10 个”为单位计量。

视频：工业管件连接定额计量与计价

3) 各种管道（在现场加工）在主管上挖眼接管三通、摔制异径管，应按不同压力、材质、规格均以主管径执行管件连接相应项目，不另计制作费和主材费。

4) 挖眼接管三通支线管径小于主管径 1/2 时，不计算管件工程量；在主管上挖眼焊接管接头、凸台等配件，按配件管径计算管件工程量。

5) 定额中已综合考虑了弯头、三通、异径管、管帽、管接头等管口含量的差异，使用定额时按设计图纸用量不分种类执行同一定额。

6) 全加热套管的外套管件安装，定额是按两半管件考虑的，包括两道纵缝和两个环缝。两半封闭短管可执行两半管件项目。

7) 半加热外套管摔口后焊在内套管上，每个焊口按一个管件计算。外套碳钢管如焊在不锈钢管内套管上时，焊口间需加不锈钢短管衬垫，每处焊口按两个管件计算，衬垫短管按设计长度计算。如设计无规定时，按 50 mm 长度计算其价值。

（2）管件连接定额应用。

1）在管道上安装的仪表一次部件，执行本册定额管件连接相应项目乘以系数 0.7。

2）仪表的温度计扩大管制作安装，执行本册定额管件连接相应项目乘以系数 1.5。

3）焊接盲板执行本册定额管件连接相应项目乘以系数 0.6。

6.3.4 阀门安装定额计量与定额应用

（1）阀门安装定额计量。

1）各种阀门按不同压力、连接形式，以“个”为单位计量。

2）各种法兰阀门安装与配套法兰的安装，分别计算工程量，但塑料阀门安装定额中已包括配套的法兰安装不需另计。

3）阀门安装中螺栓材料量按施工图设计用量加规定的损耗量。

4）减压阀安装按高压侧直径执行相应项目。

（2）阀门安装定额应用。

1）本章各种阀门安装（调节阀门除外）均包括壳体压力试验和密封试验工作内容。

2）本章各种阀门安装不包括阀体磁粉检测和阀杆密封填料更换工作内容。

3）阀门安装不做壳体压力试验和密封试验时，定额乘以系数 0.6。

4）仪表流量计安装，执行阀门安装相应项目定额乘以系数 0.6。

5）限流孔板、八字盲板执行阀门安装相应项目定额乘以系数 0.4。

6）法兰阀门安装包括一个垫片和一副法兰用螺栓的安装。

7）焊接阀门是按碳钢焊接编制的，设计为其他材质时，焊材可替换，消耗量不变。

8）阀门壳体压力试验和密封试验是按水考虑的，如设计要求其他介质，可按实计算。

9）法兰阀门安装使用垫片是按石棉橡胶板考虑的，实际施工与定额不同时可替换。

10）齿轮、液压传动、电动阀门安装包括齿轮、液压传动、电动机的安装，检查接线执行其他相应定额。

6.3.5 法兰安装定额计量与定额应用

（1）法兰安装定额计量。各种法兰安装按不同压力、材质、连接形式和种类，以“副”为单位计量。

（2）法兰安装定额应用。

1）单片法兰安装执行法兰安装相应项目，定额乘以系数 0.61，螺栓数量不变。

2）中压螺纹法兰、平焊法兰安装，执行低压相应项目，定额乘以系数 1.2。

3）节流装置，执行法兰安装相应项目，定额乘以系数 0.7。

4）全加热套管法兰安装，按内套管法兰径执行相应项目，定额乘以系数 2.0。

5）焊环活动法兰安装，执行翻边活动法兰安装相应项目，翻边短管更换为焊环。

6）法兰安装包括一个垫片和一副法兰用的螺栓；螺栓用量按施工图设计用量加损耗量计算。

7）法兰安装使用垫片是按石棉橡胶板考虑的，实际施工与定额不同时可替换。

6.3.6 管道压力试验、吹扫与清洗定额计量及定额应用

（1）管道压力试验、吹扫与清洗定额计量。管道压力试验、泄漏性试验、吹扫与清洗分别

按不同压力、规格，以“100 m”为计量单位。

（2）管道压力试验、吹扫与清洗定额应用。

1）包括临时用空压机和泵作动力进行试压、吹扫及清洗管道连接的管线、盲板、阀门、螺栓等所用的材料摊销量，不包括管道之间的临时串通管和临时排放管线。

2）管道油清洗项目按系统循环清洗考虑，包括油冲洗、系统连接和滤油机用橡胶管的摊销。

3）管道液压试验是按普通水编制的，如设计要求其他介质，可按实计算。

6.3.7　无损检测与焊口热处理定额计量及定额应用

（1）无损检测与焊口热处理定额计量。

1）管材表面无损检测按规格，以“10 m”为计量单位。

2）焊缝射线检测区别管道不同壁厚、胶片规格，以“10张”为计量单位。

3）X射线、γ射线无损检测，按管材的双壁厚执行定额相应项目。

4）焊缝超声波、磁粉和渗透检测按规格，以“10口”为计量单位。

5）焊口预热及后热和焊口热处理按不同材质、规格，以“10口”为计量单位。

（2）无损检测与焊口热处理定额应用。

1）定额不包括以下工作内容。

①固定射线检测仪器使用的各种支架制作。

②超声波检测对比试块的制作。

2）电加热片、电阻丝、电感应预热及后热项目，如设计要求焊后立即进行热处理，预热及后热项目定额乘以系数0.87。

3）无损探伤定额已综合考虑了高空作业降效因素。

4）电加热片是按履带式考虑的，实际与定额不同时可替换。

6.3.8　其他项目定额计量与定额应用

（1）其他项目定额计量。

1）一般管架制作安装以“100 kg”为计量单位。

2）套管制作与安装分别列项，按工作介质管道的不同规格，以“个”为计量单位。套管的除锈和刷防锈漆已包括在定额内。

3）焊口充氩保护按管道不同规格，以“10口”为计量单位。

4）冷排管制作与安装以“100 m”为计量单位。

5）蒸汽分汽缸制作根据选用的材料及质量，以“100 kg”为计量单位，安装按质量以“个”为计量单位。

分汽缸

6）集气罐制作、安装按公称直径分别以“个”为计量单位。

7）水位计安装以“组”为计量单位，包括全套组件的安装。

8）阀门操纵装置安装按装置质量，以“100 kg”为计量单位。

9）调节阀临时短管装拆工程量的计算是按调节阀公称直径，以“个”为计量单位。

10）管子煨弯，按不同材质、规格、种类以“10个”为计量单位，主材用量包括规定的损耗量。

11）场外运输按距离以“10 t”为计量单位。

12）三通补强圈制作与安装按三通的规格以“10个”为计量单位。

（2）其他项目定额应用。

1）定额不包括以下工作内容：

①分气缸、集气罐和空气分气筒的附件安装。

②冷排管制作与安装定额中的钢带退火和冲、套翅片。

③木垫式管架不包括木垫质量。

④管道支架、分汽缸和集气罐制作安装未包括除锈刷漆，应按设计要求套用《通用安装工程消耗量定额》（TY02—31—2015）第十二册《刷油、防腐蚀、绝热工程》相应项目。

2）关于下列各项费用的规定：

①不锈钢管、有色金属管、非金属管的管架制作安装，按一般管架定额乘以系数1.1。

②采用成型钢管焊接的异形管架制作安装，按一般管架定额乘以系数1.3；如材质不同时，电焊条可以替换，消耗量不变。

3）蒸汽分汽缸制安项目适用于随工艺管道进行现场制作安装、试压、检查、验收的小型分汽缸（通常情况下缸体直径不超过 *DN*400，容积不超过0.2 m^3）。

木垫

4）管道支吊架制作、安装比例：

①一般管架：制作占65%，安装占35%。

②木垫式及弹簧式管架：制作占78%，安装占22%。

5）定额中场外运输子目是指材料及半成品在施工现场范围以外的水平运输，包括发包方供应仓库到场外防腐厂、场外预制厂，场外防腐厂到场外预制厂，场外预制厂到安装现场等。

6.3.9 工业管道工程定额其他说明

（1）本册定额中管道压力等级划分：低压：$0<P\leqslant1.6$ MPa；中压：$1.6<P\leqslant10$ MPa；高压：$10<P\leqslant42$ MPa；蒸汽管道 $P\geqslant9$ MPa、工作温度500 ℃时为高压。

（2）本册定额不包含下列内容：

1）单体试运转所需水、电、蒸汽、气体、油（油脂）、燃气等。

2）配合联动试车费。

3）管道安装后的充氮、防冻保护。

4）设备、材料、成品、半成品、构件等在施工现场范围以外的运输费用。

（3）下列费用可按系数分别计取：

1）厂区外1 km至10 km以内的管道安装项目，其人工、机械乘以系数1.10，柴油发电机台班另计。

2）管廊及整体封闭式（非盖板封闭）地沟的管道施工，其人工、机械乘以系数1.20。

3）超低碳不锈钢管执行不锈钢管项目，其人工、机械乘以系数1.15，焊条消耗量不变，单价可以换算。

4）本册定额各种材质的管道施工使用特殊焊材时，焊材可以换算，消耗量不变。

5）低压螺旋卷管（管件）电弧焊项目执行中压相应项目，定额乘以系数0.8。

6）脚手架搭拆费，按人工费的10%计算，其中人工费占35%。单独承担的埋地管道工程，不计取脚手架费用。

7）操作高度增加费：以设计标高正负零平面为基准，安装高度超过20 m时，超过部分工程量按定额人工、机械乘以表6-15中系数。

表 6-15　工业管道定额操作高度增加系数表

操作物高度/m 以内	≤30	≤50	>50
系数	1.2	1.5	按施工方案确定

6.4　工业管道工程清单编制与计价

6.4.1　低压管道安装清单编制与计价

低压管道安装工程量清单项目设置、项目特征描述、计量单位、工程量计算规则和清单组价时涉及的定额项目［清单组价涉及的定额项目为编者添加内容，其余内容均为《通用安装工程工程量计算规范》（GB 50856—2013）中的规定］见表 6-16。

表 6-16　低压管道安装清单编制与计价表

清单编制（编码：030801）						清单组价
项目编码	项目名称	项目特征	计量单位	工程量计算规则	工作内容	计算综合单价涉及的定额项目
030801001	低压碳钢管	1. 材质 2. 规格 3. 连接形式、焊接方法 4. 压力试验、吹扫与清洗设计要求 5. 脱脂设计要求	m	按设计图示管道中心线以长度计算	1. 安装 2. 压力试验 3. 吹扫、清洗 4. 脱脂	1. 安装 2. 压力试验 3. 吹扫、清洗 4. 脱脂
030801002	低压碳钢伴热管	1. 材质 2. 规格 3. 连接形式 4. 安装位置 5. 压力试验、吹扫与清洗设计要求			1. 安装 2. 压力试验 3. 吹扫、清洗	1. 安装 2. 压力试验 3. 吹扫、清洗
030801003	衬里钢管预制安装	1. 材质 2. 规格 3. 安装方式（预制安装或成品管道） 4. 连接形式 5. 压力试验、吹扫与清洗设计要求			1. 管道、管件及法兰安装 2. 管道、管件拆除 3. 压力试验 4. 吹扫、清洗	1. 管道、管件及法兰安装 2. 管道、管件拆除 3. 管道、管件衬里 4. 成品衬里钢管安装 5. 压力试验 6. 吹扫、清洗
030801004	低压不锈钢伴热管	1. 材质 2. 规格 3. 连接形式 4. 安装位置 5. 压力试验、吹扫与清洗设计要求			1. 安装 2. 压力试验 3. 吹扫、清洗	1. 管道安装 2. 压力试验 3. 吹扫、清洗

续表

<table>
<tr><th colspan="6">清单编制（编码：030801）</th><th>清单组价</th></tr>
<tr><th>项目编码</th><th>项目名称</th><th>项目特征</th><th>计量单位</th><th>工程量计算规则</th><th>工作内容</th><th>计算综合单价涉及的定额项目</th></tr>
<tr><td>030801005</td><td>低压碳钢板卷管</td><td>1. 材质
2. 规格
3. 焊接方法
4. 压力试验、吹扫与清洗设计要求
5. 脱脂设计要求</td><td rowspan="11">m</td><td rowspan="11">按设计图示管道中心线以长度计算</td><td>1. 安装
2. 压力试验
3. 吹扫、清洗
4. 脱脂</td><td>1. 管道安装
2. 压力试验
3. 吹扫、清洗
4. 脱脂</td></tr>
<tr><td>030801006</td><td>低压不锈钢管</td><td rowspan="2">1. 材质
2. 规格
3. 焊接方法
4. 充氩保护方式、部位
5. 压力试验、吹扫与清洗设计要求
6. 脱脂设计要求</td><td rowspan="2">1. 安装
2. 焊口充氩保护
3. 压力试验
4. 吹扫、清洗
5. 脱脂</td><td rowspan="2">1. 管道安装
2. 焊口充氩保护
3. 压力试验
4. 吹扫、清洗
5. 脱脂</td></tr>
<tr><td>030801007</td><td>低压不锈钢板卷管</td></tr>
<tr><td>030801008</td><td>低压合金钢管</td><td>1. 材质
2. 规格
3. 焊接方法
4. 压力试验、吹扫与清洗设计要求
5. 脱脂设计要求</td><td>1. 安装
2. 压力试验
3. 吹扫、清洗
4. 脱脂</td><td>1. 管道安装
2. 压力试验
3. 吹扫、清洗
4. 脱脂</td></tr>
<tr><td>030801009</td><td>低压钛及钛合金管</td><td rowspan="5">1. 材质
2. 规格
3. 焊接方法
4. 充氩保护方式、部位
5. 压力试验、吹扫与清洗设计要求
6. 脱脂设计要求</td><td rowspan="5">1. 安装
2. 焊口充氩保护
3. 压力试验
4. 吹扫、清洗
5. 脱脂</td><td rowspan="5">1. 管道安装
2. 焊口充氩保护
3. 压力试验
4. 吹扫、清洗
5. 脱脂</td></tr>
<tr><td>030801010</td><td>低压镍及镍合金管</td></tr>
<tr><td>030801011</td><td>低压锆及锆合金管</td></tr>
<tr><td>030801012</td><td>低压铝及铝合金管</td></tr>
<tr><td>030801013</td><td>低压铝及铝合金板卷管</td></tr>
<tr><td>030801014</td><td>低压铜及铜合金管</td><td rowspan="2">1. 材质
2. 规格
3. 焊接方法
4. 压力试验、吹扫与清洗设计要求
5. 脱脂设计要求</td><td rowspan="2">1. 安装
2. 压力试验
3. 吹扫、清洗
4. 脱脂</td><td rowspan="2">1. 管道安装
2. 压力试验
3. 吹扫、清洗
4. 脱脂</td></tr>
<tr><td>030801015</td><td>低压铜及铜合金板卷管</td></tr>
</table>

续表

清单编制（编码：030801）						清单组价
项目编码	项目名称	项目特征	计量单位	工程量计算规则	工作内容	计算综合单价涉及的定额项目
030801016	低压塑料管	1. 材质 2. 规格 3. 连接形式 4. 压力试验、吹扫设计要求 5. 脱脂设计要求	m	按设计图示管道中心线以长度计算	1. 安装 2. 压力试验 3. 吹扫 4. 脱脂	1. 管道安装 2. 压力试验 3. 吹扫 4. 脱脂
030801017	金属骨架复合管					
030801018	低压玻璃钢管					
030801019	低压铸铁管	1. 材质 2. 规格 3. 连接形式 4. 接口材料 5. 压力试验、吹扫设计要求 6. 脱脂设计要求				
030801020	低压预应力混凝土管					
注：1. 管道工程量计算不扣除阀门、管件所占长度；室外埋设管道不扣除附属构筑物（井）所占长度；方形补偿器以其所占长度列入管道安装工程量。 2. 衬里钢管预制安装包括直管、管件及法兰的预安装及拆除。 3. 压力试验按设计要求描述试验方法，如水压试验、气压试验、泄漏性试验、真空试验等。 4. 吹扫与清洗按设计要求描述吹扫与清洗方法和介质，如水冲洗、空气吹扫、蒸汽吹扫、化学清洗、油清洗等。 5. 脱脂按设计要求描述脱脂介质种类，如二氯乙烷、三氯乙烯、四氯化碳、动力苯、丙酮或酒精等。						

6.4.2　中压管道安装清单编制与计价

中压管道安装工程量清单项目设置、项目特征描述、计量单位、工程量计算规则和清单组价时涉及的定额项目［清单组价涉及的定额项目为编者添加内容，其余内容均为《通用安装工程工程量计算规范》（GB 50856—2013）中的规定］见表 6-17。

表 6-17　中压管道安装清单编制与计价表

清单编制（编码：030802）						清单组价
项目编码	项目名称	项目特征	计量单位	工程量计算规则	工作内容	计算综合单价涉及的定额项目
030802001	中压碳钢管	1. 材质 2. 规格 3. 连接形式、焊接方法 4. 压力试验、吹扫与清洗设计要求 5. 脱脂设计要求	m	按设计图示管道中心线以长度计算	1. 安装 2. 压力试验 3. 吹扫、清洗 4. 脱脂	1. 安装 2. 压力试验 3. 吹扫、清洗 4. 脱脂
030802002	中压螺旋卷管					

续表

<table>
<tr><th colspan="6">清单编制（编码：030802）</th><th>清单组价</th></tr>
<tr><th>项目编码</th><th>项目名称</th><th>项目特征</th><th>计量单位</th><th>工程量计算规则</th><th>工作内容</th><th>计算综合单价涉及的定额项目</th></tr>
<tr><td>030802003</td><td>中压不锈钢管</td><td rowspan="2">1. 材质
2. 规格
3. 焊接方法
4. 充氩保护方式、部位
5. 压力试验、吹扫与清洗设计要求
6. 脱脂设计要求</td><td rowspan="6">m</td><td rowspan="6">按设计图示管道中心线以长度计算</td><td rowspan="2">1. 安装
2. 焊口充氩保护
3. 压力试验
4. 吹扫、清洗
5. 脱脂</td><td rowspan="2">1. 管道安装
2. 焊口充氩保护
3. 压力试验
4. 吹扫、清洗
5. 脱脂</td></tr>
<tr><td>030802004</td><td>中压合金钢管</td></tr>
<tr><td>030802005</td><td>中压铜及铜合金管</td><td>1. 材质
2. 规格
3. 焊接方法
4. 压力试验、吹扫与清洗设计要求
5. 脱脂设计要求</td><td>1. 安装
2. 压力试验
3. 吹扫、清洗
4. 脱脂</td><td>1. 管道安装
2. 压力试验
3. 吹扫、清洗
4. 脱脂</td></tr>
<tr><td>030802006</td><td>中压钛及钛合金管</td><td rowspan="3">1. 材质
2. 规格
3. 焊接方法
4. 充氩保护方式、部位
5. 压力试验、吹扫与清洗设计要求
6. 脱脂设计要求</td><td rowspan="3">1. 安装
2. 焊口充氩保护
3. 压力试验
4. 吹扫、清洗
5. 脱脂</td><td rowspan="3">1. 管道安装
2. 焊口充氩保护
3. 压力试验
4. 吹扫、清洗
5. 脱脂</td></tr>
<tr><td>030802007</td><td>中压锆及锆合金管</td></tr>
<tr><td>030802008</td><td>中压镍及镍合金管</td></tr>
<tr><td colspan="7">注：1. 管道工程量计算不扣除阀门、管件所占长度；方形补偿器以其所占长度列入管道安装工程量。
2. 压力试验按设计要求描述试验方法，如水压试验、气压试验、泄漏性试验、真空试验等。
3. 吹扫与清洗按设计要求描述吹扫与清洗方法和介质，如水冲洗、空气吹扫、蒸汽吹扫、化学清洗、油清洗等。
4. 脱脂按设计要求描述脱脂介质种类，如二氯乙烷、三氯乙烯、四氯化碳、动力苯、丙酮或酒精等。</td></tr>
</table>

6.4.3 高压管道安装清单编制与计价

高压管道安装工程量清单项目设置、项目特征描述、计量单位、工程量计算规则和清单组价时涉及的定额项目［清单组价涉及的定额项目为编者添加内容，其余内容均为《通用安装工程工程量计算规范》（GB 50856—2013）中的规定］见表6-18。

表 6-18　高压管道安装清单编制与计价表

清单编制（编码：030803）						清单组价
项目编码	项目名称	项目特征	计量单位	工程量计算规则	工作内容	计算综合单价涉及的定额项目
030803001	高压碳钢管	1. 材质 2. 规格 3. 连接形式、焊接方法 4. 充氩保护方式、部位 5. 压力试验、吹扫与清洗设计要求 6. 脱脂设计要求	m	按设计图示管道中心线以长度计算	1. 安装 2. 焊口充氩保护 3. 压力试验 4. 吹扫、清洗 5. 脱脂	1. 管道安装 2. 焊口充氩保护 3. 压力试验 4. 吹扫、清洗 5. 脱脂
030803002	高压合金钢管					
030803003	高压不锈钢管					
注：1. 管道工程量计算不扣除阀门、管件所占长度；方形补偿器以其所占长度列入管道安装工程量。 2. 压力试验按设计要求描述试验方法，如水压试验、气压试验、泄漏性试验、真空试验等。 3. 吹扫与清洗按设计要求描述吹扫与清洗方法和介质，如水冲洗、空气吹扫、蒸汽吹扫、化学清洗、油清洗等。 4. 脱脂按设计要求描述脱脂介质种类，如二氯乙烷、三氯乙烯、四氯化碳、动力苯、丙酮或酒精等。						

6.4.4 低压管件安装清单编制与计价

工程量清单项目设置、项目特征描述、计量单位、工程量计算规则和清单组价时涉及的定额项目［清单组价涉及的定额项目为编者添加内容，其余内容均为《通用安装工程工程量计算规范》（GB 50856—2013）中的规定］见表 6-19。

表 6-19　低压管件安装清单编制与计价表

清单编制（编码：030804）						清单组价
项目编码	项目名称	项目特征	计量单位	工程量计算规则	工作内容	计算综合单价涉及的定额项目
030804001	低压碳钢管件	1. 材质 2. 规格 3. 连接方式 4. 补强圈材质、规格	个	按设计图示数量计算	1. 安装 2. 三通补强圈制作、安装	1. 管件安装 2. 三通补强圈制作、安装
030804002	低压碳钢板卷管件					
030804003	低压不锈钢管件	1. 材质 2. 规格 3. 焊接方法 4. 补强圈材质、规格 5. 充氩保护方式、部位			1. 安装 2. 管件焊口充氩保护 3. 三通补强圈制作、安装	1. 管件安装 2. 焊口充氩保护 3. 三通补强圈制作、安装
030804004	低压不锈钢板卷管件					
030804005	低压合金钢管件					

续表

<table>
<tr><th colspan="6">清单编制（编码：030804）</th><th>清单组价</th></tr>
<tr><th>项目编码</th><th>项目名称</th><th>项目特征</th><th>计量单位</th><th>工程量计算规则</th><th>工作内容</th><th>计算综合单价涉及的定额项目</th></tr>
<tr><td>030804006</td><td>低压加热外套碳钢管件（两半）</td><td rowspan="2">1. 材质
2. 规格
3. 连接形式</td><td rowspan="13">个</td><td rowspan="13">按设计图示数量计算</td><td rowspan="2">安装</td><td rowspan="2">管件安装</td></tr>
<tr><td>030804007</td><td>低压加热外套不锈钢管件（两半）</td></tr>
<tr><td>030804008</td><td>低压铝及铝合金管件</td><td rowspan="2">1. 材质
2. 规格
3. 焊接方法
4. 补强圈材质、规格</td><td rowspan="2">1. 安装
2. 三通补强圈制作、安装</td><td rowspan="2">1. 管件安装
2. 三通补强圈制作、安装</td></tr>
<tr><td>030804009</td><td>低压铝及铝合金板卷管件</td></tr>
<tr><td>030804010</td><td>低压铜及铜合金管件</td><td>1. 材质
2. 规格
3. 焊接方法</td><td>安装</td><td>管件安装</td></tr>
<tr><td>030804011</td><td>低压钛及钛合金管件</td><td rowspan="3">1. 材质
2. 规格
3. 焊接方法
4. 充氩保护方式、部位</td><td rowspan="3">1. 安装
2. 管件焊口充氩保护</td><td rowspan="3">1. 管件安装
2. 焊口充氩保护</td></tr>
<tr><td>030804012</td><td>低压锆及锆合金管件</td></tr>
<tr><td>030804013</td><td>低压镍及镍合金管件</td></tr>
<tr><td>030804014</td><td>低压塑料管件</td><td rowspan="5">1. 材质
2. 规格
3. 连接形式
4. 接口材料</td><td rowspan="5">安装</td><td rowspan="5">管件安装</td></tr>
<tr><td>030804015</td><td>金属骨架复合管件</td></tr>
<tr><td>030804016</td><td>低压玻璃钢管件</td></tr>
<tr><td>030804017</td><td>低压铸铁管件</td></tr>
<tr><td>030804018</td><td>低压预应力混凝土转换件</td></tr>
<tr><td colspan="7">注：1. 管件包括弯头、三通、四通、异径管、管接头、管帽、方形补偿器弯头、管道上仪表一次部件、仪表温度计扩大管制作安装等。
2. 管件压力试验、吹扫、清洗、脱脂均包括在管道安装中。
3. 在主管上挖眼接管的三通和摔制异径管，均以主管径按管件安装工程量计算，不另计制作费和主材费；挖眼接管的三通支线管径小于主管径 1/2 时，不计算管件安装工程量；在主管上挖眼接管的焊接接头、凸台等配件，按配件管径计算管件工程量。
4. 三通、四通、异径管均按大管径计算。
5. 管件用法兰连接时执行法兰安装项目，管件本身不再计算安装。
6. 半加热外套管摔口后焊接在内套管上，每处焊口按一个管件计算；外套碳钢管如焊接不锈钢内套管上时，焊口间需加不锈钢短管衬垫，每处焊口按两个管件计算。</td></tr>
</table>

6.4.5　中压管件安装清单编制与计价

中压管件安装工程量清单项目设置、项目特征描述、计量单位、工程量计算规则和清单组价时涉及的定额项目［清单组价涉及的定额项目为编者添加内容，其余内容均为《通用安装工程工程量计算规范》（GB 50856—2013）中的规定］见表 6-20。

表 6-20　中压管件安装清单编制与计价表

清单编制（编码：030805）						清单组价
项目编码	项目名称	项目特征	计量单位	工程量计算规则	工作内容	计算综合单价涉及的定额项目
030805001	中压碳钢管件	1. 材质 2. 规格 3. 焊接方法 4. 补强圈材质、规格	个	按设计图示数量计算	1. 安装 2. 三通补强圈制作、安装	1. 安装 2. 三通补强圈制作、安装
030805002	中压螺旋卷管件					
030805003	中压不锈钢管件	1. 材质 2. 规格 3. 焊接方法 4. 充氩保护方式、部位			1. 安装 2. 管件焊口充氩保护	1. 管件安装 2. 焊口充氩保护
030805004	中压合金钢管件	1. 材质 2. 规格 3. 焊接方法 4. 充氩保护方式、部位 5. 补强圈材质、规格			1. 安装 2. 三通补强圈制作、安装	1. 安装 2. 三通补强圈制作、安装
030805005	中压铜及铜合金管件	1. 材质 2. 规格 3. 焊接方法			安装	管件安装
030805006	中压钛及钛合金管件	1. 材质 2. 规格 3. 焊接方法 4. 充氩保护方式、部位			1. 安装 2. 管件焊口充氩保护	1. 管件安装 2. 焊口充氩保护
030805007	中压锆及锆合金管件					
030805008	中压镍及镍合金管件					

注：1. 管件包括弯头、三通、四通、异径管、管接头、管帽、方形补偿器弯头、管道上仪表一次部件、仪表温度计扩大管制作安装等。
2. 管件压力试验、吹扫、清洗、脱脂均包括在管道安装中。
3. 在主管上挖眼接管的三通和摔制异径管，均以主管径按管件安装工程量计算，不另计制作费和主材费；挖眼接管的三通支线管径小于主管径 1/2 时，不计算管件安装工程量；在主管上挖眼接管的焊接接头、凸台等配件，按配件管径计算管件工程量。
4. 三通、四通、异径管均按大管径计算。
5. 管件用法兰连接时执行法兰安装项目，管件本身不再计算安装。
6. 半加热外套管摔口后焊接在内套管上，每处焊口按一个管件计算；外套碳钢管如焊接在不锈钢内套管上时，焊口间需加不锈钢短管衬垫，每处焊口按两个管件计算。

6.4.6 高压管件安装清单编制与计价

高压管件安装工程量清单项目设置、项目特征描述、计量单位、工程量计算规则和清单组价时涉及的定额项目［清单组价涉及的定额项目为编者添加内容，其余内容均为《通用安装工程工程量计算规范》（GB 50856—2013）中的规定］见表6-21。

表6-21 高压管件安装清单编制与计价表

<table>
<tr><th colspan="6">清单编制（编码：030806）</th><th>清单组价</th></tr>
<tr><th>项目编码</th><th>项目名称</th><th>项目特征</th><th>计量单位</th><th>工程量计算规则</th><th>工作内容</th><th>计算综合单价涉及的定额项目</th></tr>
<tr><td>030806001</td><td>高压碳钢管件</td><td rowspan="3">1. 材质
2. 规格
3. 连接形式、焊接方法
4. 充氩保护方式、部位</td><td rowspan="3">个</td><td rowspan="3">按设计图示数量计算</td><td rowspan="3">1. 安装
2. 管件焊口充氩保护</td><td rowspan="3">1. 管件安装
2. 焊口充氩保护</td></tr>
<tr><td>030806002</td><td>高压不锈钢管件</td></tr>
<tr><td>030806003</td><td>高压合金钢管件</td></tr>
<tr><td colspan="7">注：1. 管件包括弯头、三通、四通、异径管、管接头、管帽、方形补偿器弯头、管道上仪表一次部件、仪表温度计扩大管制作安装等。
2. 管件压力试验、吹扫、清洗、脱脂均包括在管道安装中。
3. 三通、四通、异径管均按大管径计算。
4. 管件用法兰连接时执行法兰安装项目，管件本身不再计算安装。
5. 半加热外套管摔口后焊接在内套管上，每处焊口按一个管件计算；外套碳钢管如焊接在不锈钢内套管上时，焊口间需加不锈钢短管衬垫，每处焊口按两个管件计算。</td></tr>
</table>

6.4.7 低压阀门安装清单编制与计价

低压阀门安装工程量清单项目设置、项目特征描述、计量单位、工程量计算规则和清单组价时涉及的定额项目［清单组价涉及的定额项目为编者添加内容，其余内容均为《通用安装工程工程量计算规范》（GB 50856—2013）中的规定］见表6-22。

表6-22 低压阀门安装清单编制与计价

<table>
<tr><th colspan="6">清单编制（编码：030807）</th><th>清单组价</th></tr>
<tr><th>项目编码</th><th>项目名称</th><th>项目特征</th><th>计量单位</th><th>工程量计算规则</th><th>工作内容</th><th>计算综合单价涉及的定额项目</th></tr>
<tr><td>030807001</td><td>低压螺纹阀门</td><td rowspan="4">1. 名称
2. 材质
3. 型号、规格
4. 连接形式
5. 焊接方法</td><td rowspan="4">个</td><td rowspan="4">按设计图示数量计算</td><td rowspan="3">1. 安装
2. 操作装置安装
3. 壳体压力试验、解体检查及研磨
4. 调试</td><td rowspan="4">1. 阀门安装
2. 操作装置安装</td></tr>
<tr><td>030807002</td><td>低压焊接阀门</td></tr>
<tr><td>030807003</td><td>低压法兰阀门</td></tr>
<tr><td>030807004</td><td>低压齿轮、液压传动、电动阀门</td><td>1. 安装
2. 壳体压力试验、解体检查及研磨
3. 调试</td></tr>
</table>

续表

清单编制（编码：030807）						清单组价
项目编码	项目名称	项目特征	计量单位	工程量计算规则	工作内容	计算综合单价涉及的定额项目
030807005	低压安全阀门	1. 名称 2. 材质 3. 型号、规格 4. 连接形式	个	按设计图示数量计算	1. 安装 2. 壳体压力试验、解体检查及研磨 3. 调试	阀门安装
030807006	低压调节阀门				1. 安装 2. 临时短管装拆 3. 壳体压力试验、解体检查及研磨 4. 调试	1. 阀门安装 2. 临时短管装拆
注：1. 减压阀直径按高压侧计算。 2. 电动阀门包括电动机安装。 3. 操纵装置安装按规范或设计技术要求计算。						

6.4.8　中压阀门安装清单编制与计价

中压阀门安装工程量清单项目设置、项目特征描述、计量单位、工程量计算规则和清单组价时涉及的定额项目［清单组价涉及的定额项目为编者添加内容，其余内容均为《通用安装工程工程量计算规范》（GB 50856—2013）中的规定］见表 6-23。

表 6-23　中压阀门安装清单编制与计价表

清单编制（编码：030808）						清单组价
项目编码	项目名称	项目特征	计量单位	工程量计算规则	工作内容	计算综合单价涉及的定额项目
030808001	中压螺纹阀门	1. 名称 2. 材质 3. 型号、规格 4. 连接形式 5. 焊接方法	个	按设计图示数量计算	1. 安装 2. 操纵装置安装 3. 壳体压力试验、解体检查及研磨 4. 调试	1. 阀门安装 2. 操纵装置安装
030808002	中压焊接阀门					
030808003	中压法兰阀门					
030808004	中压齿轮、液压传动、电动阀门				1. 安装 2. 壳体压力试验、解体检查及研磨 3. 调试	阀门安装
030808005	中压安全阀门					
030808006	中压调节阀门	1. 名称 2. 材质 3. 型号、规格 4. 连接形式			1. 安装 2. 临时短管装拆 3. 壳体压力试验、解体检查及研磨 4. 调试	1. 阀门安装 2. 临时短管装拆
注：1. 减压阀直径按高压侧计算。 2. 电动阀门包括电动机安装。 3. 操纵装置安装按规范或设计技术要求计算。						

6.4.9 高压阀门安装清单编制与计价

高压阀门安装工程量清单项目设置、项目特征描述、计量单位、工程量计算规则和清单组价时涉及的定额项目［清单组价涉及的定额项目为编者添加内容，其余内容均为《通用安装工程工程量计算规范》（GB 50856—2013）中的规定］见表6-24。

表6-24 高压阀门安装清单编制与计价表

<table>
<tr><th colspan="6">清单编制（编码：030809）</th><th>清单组价</th></tr>
<tr><th>项目编码</th><th>项目名称</th><th>项目特征</th><th>计量单位</th><th>工程量计算规则</th><th>工作内容</th><th>计算综合单价涉及的定额项目</th></tr>
<tr><td>030809001</td><td>高压螺纹阀门</td><td rowspan="2">1. 名称
2. 材质
3. 型号、规格
4. 连接形式
5. 法兰垫片材质</td><td rowspan="3">个</td><td rowspan="3">按设计图示数量计算</td><td rowspan="2">1. 安装
2. 壳体压力试验、解体检查及研磨</td><td rowspan="2">阀门安装</td></tr>
<tr><td>030809002</td><td>高压法兰阀门</td></tr>
<tr><td>030809003</td><td>高压焊接阀门</td><td>1. 名称
2. 材质
3. 型号、规格
4. 焊接方法
5. 充氩保护方式、部位</td><td>1. 安装
2. 焊口充氩保护
3. 壳体压力试验、解体检查及研磨</td><td>1. 阀门安装
2. 焊口充氩保护</td></tr>
<tr><td colspan="7">注：减压阀直径按高压侧计算。</td></tr>
</table>

6.4.10 低压法兰安装清单编制与计价

低压法兰安装工程量清单项目设置、项目特征描述、计量单位、工程量计算规则和清单组价时涉及的定额项目［清单组价涉及的定额项目为编者添加内容，其余内容均为《通用安装工程工程量计算规范》（GB 50856—2013）中的规定］见表6-25。

表6-25 低压法兰安装清单编制与计价表

<table>
<tr><th colspan="6">清单编制（编码：030810）</th><th>清单组价</th></tr>
<tr><th>项目编码</th><th>项目名称</th><th>项目特征</th><th>计量单位</th><th>工程量计算规则</th><th>工作内容</th><th>计算综合单价涉及的定额项目</th></tr>
<tr><td>030810001</td><td>低压碳钢螺纹法兰</td><td>1. 材质
2. 结构形式
3. 型号、规格</td><td rowspan="3">副（片）</td><td rowspan="3">按设计图示数量计算</td><td rowspan="3">1. 安装
2. 翻边活动法兰短管制作</td><td rowspan="3">法兰安装</td></tr>
<tr><td>030810002</td><td>低压碳钢焊接法兰</td><td rowspan="2">1. 材质
2. 结构形式
3. 型号、规格
4. 连接形式
5. 焊接方法</td></tr>
<tr><td>030810003</td><td>低压铜及铜合金法兰</td></tr>
</table>

续表

清单编制（编码：030810）						清单组价
项目编码	项目名称	项目特征	计量单位	工程量计算规则	工作内容	计算综合单价涉及的定额项目
030810004	低压不锈钢法兰	1. 材质 2. 结构形式 3. 型号、规格 4. 连接形式 5. 焊接方法 6. 充氩保护方式、部位	副（片）	按设计图示数量计算	1. 安装 2. 翻边活动法兰短管制作 3. 焊口充氩保护	1. 法兰安装 2. 焊口充氩保护
030810005	低压合金钢法兰					
030810006	低压铝及铝合金法兰					
030810007	低压钛及钛合金法兰					
030810008	低压锆及锆合金法兰					
030810009	低压镍及镍合金法兰					
030810010	钢骨架复合塑料法兰	1. 材质 2. 规格 3. 连接形式 4. 法兰垫片材质			安装	法兰安装

注：1. 法兰焊接时，要在项目特征中描述法兰的连接形式（平焊法兰、对焊法兰、翻边活动法兰及焊环活动法兰等），不同连接形式应分别列项。
2. 配法兰的盲板不计安装工程量。
3. 焊接盲板（封头）按管件连接计算工程量。

6.4.11 中压法兰安装清单编制与计价

中压法兰安装工程量清单项目设置、项目特征描述、计量单位、工程量计算规则和清单组价时涉及的定额项目［清单组价涉及的定额项目为编者添加内容，其余内容均为《通用安装工程工程量计算规范》（GB 50856—2013）中的规定］见表6-26。

表6-26　中压法兰安装清单编制与计价

清单编制（编码：030811）						清单组价
项目编码	项目名称	项目特征	计量单位	工程量计算规则	工作内容	计算综合单价涉及的定额项目
030811001	中压碳钢螺纹法兰	1. 材质 2. 结构形式 3. 型号、规格	副（片）	按设计图示数量计算	1. 安装 2. 翻边活动法兰短管制作	法兰安装
030811002	中压碳钢焊接法兰	1. 材质 2. 结构形式 3. 型号、规格 4. 连接形式 5. 焊接方法				
030811003	中压铜及铜合金法兰					

续表

<table>
<tr><td colspan="6">清单编制（编码：030811）</td><td>清单组价</td></tr>
<tr><td>项目编码</td><td>项目名称</td><td>项目特征</td><td>计量单位</td><td>工程量计算规则</td><td>工作内容</td><td>计算综合单价涉及的定额项目</td></tr>
<tr><td>030811004</td><td>中压不锈钢法兰</td><td rowspan="5">1. 材质
2. 结构形式
3. 型号、规格
4. 连接形式
5. 焊接方法
6. 充氩保护方式、部位</td><td rowspan="5">副（片）</td><td rowspan="5">按设计图示数量计算</td><td rowspan="5">1. 安装
2. 翻边活动法兰短管制作
3. 焊口充氩保护</td><td rowspan="5">1. 法兰安装
2. 焊口充氩保护</td></tr>
<tr><td>030811005</td><td>中压合金钢法兰</td></tr>
<tr><td>030811006</td><td>中压钛及钛合金法兰</td></tr>
<tr><td>030811007</td><td>中压锆及锆合金法兰</td></tr>
<tr><td>030811008</td><td>中压镍及镍合金法兰</td></tr>
<tr><td colspan="7">注：1. 法兰焊接时，要在项目特征中描述法兰的连接形式（平焊法兰、对焊法兰、翻边活动法兰及焊环活动法兰等），不同连接形式应分别列项。
2. 配法兰的盲板不计安装工程量。
3. 焊接盲板（封头）按管件连接计算工程量。</td></tr>
</table>

6.4.12 高压法兰安装清单编制与计价

高压法兰安装工程量清单项目设置、项目特征描述、计量单位、工程量计算规则和清单组价时涉及的定额项目［清单组价涉及的定额项目为编者添加内容，其余内容均为《通用安装工程工程量计算规范》（GB 50856—2013）中的规定］见表6-27。

表6-27 高压法兰安装清单编制与计价表

<table>
<tr><td colspan="6">清单编制（编码：030812）</td><td>清单组价</td></tr>
<tr><td>项目编码</td><td>项目名称</td><td>项目特征</td><td>计量单位</td><td>工程量计算规则</td><td>工作内容</td><td>计算综合单价涉及的定额项目</td></tr>
<tr><td>030812001</td><td>高压碳钢螺纹法兰</td><td>1. 材质
2. 结构形式
3. 型号、规格
4. 法兰垫片材质</td><td rowspan="4">副（片）</td><td rowspan="4">按设计图示数量计算</td><td rowspan="2">安装</td><td rowspan="2">法兰安装</td></tr>
<tr><td>030812002</td><td>高压碳钢焊接法兰</td><td rowspan="3">1. 材质
2. 结构形式
3. 型号、规格
4. 焊接方法
5. 充氩保护方式、部位
6. 法兰垫片材质</td></tr>
<tr><td>030812003</td><td>高压不锈钢焊接法兰</td><td rowspan="2">1. 安装
2. 焊口充氩保护</td><td rowspan="2">1. 法兰安装
2. 焊口充氩保护</td></tr>
<tr><td>030812004</td><td>高压合金钢焊接法兰</td></tr>
<tr><td colspan="7">注：1. 配法兰的盲板不计安装工程量。
2. 焊接盲板（封头）按管件连接计算工程量。</td></tr>
</table>

6.4.13　管件制作安装清单编制与计价

管件制作安装工程量清单项目设置、项目特征描述、计量单位、工程量计算规则和清单组价时涉及的定额项目［清单组价涉及的定额项目为编者添加内容，其余内容均为《通用安装工程工程量计算规范》（GB 50856—2013）中的规定］见表6-28。

表6-28　管件制作安装清单编制与计价表

<table>
<tr><th colspan="6">清单编制（编码：030814）</th><th>清单组价</th></tr>
<tr><th>项目编码</th><th>项目名称</th><th>项目特征</th><th>计量单位</th><th>工程量计算规则</th><th>工作内容</th><th>计算综合单价涉及的定额项目</th></tr>
<tr><td>030814001</td><td>碳钢板管件制作</td><td>1. 材质
2. 规格
3. 焊接方法</td><td rowspan="3">t</td><td rowspan="11">按设计图示质量计算</td><td>1. 制作
2. 卷筒式板材开卷及平直</td><td>缺项</td></tr>
<tr><td>030814002</td><td>不锈钢板管件制作</td><td>1. 材质
2. 规格
3. 焊接方法
4. 充氩保护方式、部位</td><td>1. 制作
2. 焊口充氩保护</td><td>1. 制作缺项
2. 焊口充氩保护</td></tr>
<tr><td>030814003</td><td>铝及铝合金板管件制作</td><td>1. 材质
2. 规格
3. 焊接方法</td><td>制作</td><td>缺项</td></tr>
<tr><td>030814004</td><td>碳钢管虾体弯制作</td><td rowspan="2">1. 材质
2. 规格
3. 焊接方法</td><td rowspan="8">个</td><td rowspan="2">制作</td><td rowspan="2">虾体弯制作</td></tr>
<tr><td>030814005</td><td>中压螺旋卷管虾体弯制作</td></tr>
<tr><td>030814006</td><td>不锈钢管虾体弯制作</td><td>1. 材质
2. 规格
3. 焊接方法
4. 充氩保护方式、部位</td><td>1. 制作
2. 焊口充氩保护</td><td>1. 虾体弯制作
2. 焊口充氩保护</td></tr>
<tr><td>030814007</td><td>铝及铝合金管虾体弯制作</td><td rowspan="2">1. 材质
2. 规格
3. 焊接方法</td><td rowspan="2">制作</td><td rowspan="2">虾体弯制作</td></tr>
<tr><td>030814008</td><td>铜及铜合金管虾体弯制作</td></tr>
<tr><td>030814009</td><td>管道机械煨弯</td><td rowspan="2">1. 压力
2. 材质
3. 型号、规格</td><td rowspan="3">煨弯</td><td rowspan="3">煨弯</td></tr>
<tr><td>030814010</td><td>管道中频煨弯</td></tr>
<tr><td>030814011</td><td>塑料管煨弯</td><td>1. 材质
2. 型号、规格</td></tr>
<tr><td colspan="7">注：管件包括弯头、三通、异径管；异径管按大头口径计算，三通按主管口径计算。</td></tr>
</table>

6.4.14 管架制作安装清单编制与计价

管架制作安装工程量清单项目设置、项目特征描述、计量单位、工程量计算规则和清单组价时涉及的定额项目［清单组价涉及的定额项目为编者添加内容，其余内容均为《通用安装工程工程量计算规范》（GB 50856—2013）中的规定］见表6-29。

表6-29 管架制作安装清单编制与计价表

<table>
<tr><td colspan="6">清单编制（编码：030815）</td><td>清单组价</td></tr>
<tr><td>项目编码</td><td>项目名称</td><td>项目特征</td><td>计量单位</td><td>工程量计算规则</td><td>工作内容</td><td>计算综合单价涉及的定额项目</td></tr>
<tr><td>030815001</td><td>管架制作安装</td><td>1. 单件支架质量
2. 材质
3. 管架形式
4. 支架衬垫材质
5. 减振器形式及做法</td><td>kg</td><td>按设计图示质量计算</td><td>1. 制作、安装
2. 弹簧管架物理性试验</td><td>管架制作安装</td></tr>
<tr><td colspan="7">注：1. 单件支架质量有100 kg以下和100 kg以上时，应分别列项。
2. 支架衬垫需注明采用何种衬垫，如防腐木垫、不锈钢衬垫、铝衬垫等。
3. 采用弹簧减振器时需注明是否做相应试验。</td></tr>
</table>

6.4.15 无损探伤与热处理清单编制与计价

无损探伤与热处理工程量清单项目设置、项目特征描述、计量单位、工程量计算规则和清单组价时涉及的定额项目［清单组价涉及的定额项目为编者添加内容，其余内容均为《通用安装工程工程量计算规范》（GB 50856—2013）中的规定］见表6-30。

表6-30 无损探伤与热处理清单编制与计价表

<table>
<tr><td colspan="6">清单编制（编码：030816）</td><td>清单组价</td></tr>
<tr><td>项目编码</td><td>项目名称</td><td>项目特征</td><td>计量单位</td><td>工程量计算规则</td><td>工作内容</td><td>计算综合单价涉及的定额项目</td></tr>
<tr><td>030816001</td><td>管材表面超声波探伤</td><td rowspan="2">1. 名称
2. 规格</td><td rowspan="2">1. m
2. m^2</td><td rowspan="2">1. 以米计量，按管材无损探伤长度计算
2. 以平方米计量，按管材表面探伤检测面积计算</td><td rowspan="4">探伤</td><td rowspan="4">探伤</td></tr>
<tr><td>030816002</td><td>管材表面磁粉探伤</td></tr>
<tr><td>030816003</td><td>焊缝X射线探伤</td><td rowspan="2">1. 名称
2. 底片规格
3. 管壁厚度</td><td rowspan="2">张（口）</td><td rowspan="3">按规范或设计技术要求计算</td></tr>
<tr><td>030816004</td><td>焊缝γ射线探伤</td></tr>
<tr><td>030816005</td><td>焊缝超声波探伤</td><td>1. 名称
2. 管道规格
3. 对比试块设计要求</td><td>口</td><td>1. 探伤
2. 对比试块的制作</td><td>1. 探伤
2. 对比试块的制作</td></tr>
</table>

续表

清单编制（编码：030816）						清单组价
项目编码	项目名称	项目特征	计量单位	工程量计算规则	工作内容	计算综合单价涉及的定额项目
030816006	焊缝磁粉探伤	1. 名称 2. 管道规格	口	按规范或设计技术要求计算	探伤	探伤
030816007	焊缝渗透探伤					
030816008	焊前预热、后热处理	1. 材质 2. 规格及管壁厚 3. 压力等级 4. 热处理方法 5. 硬度测定设计要求			1. 热处理 2. 硬度测定	1. 热处理 2. 硬度测定
030816009	焊口热处理					
注：探伤项目包括固定探伤仪支架的制作、安装。						

6.4.16 其他项目制作安装清单编制与计价

其他项目制作安装工程量清单项目设置、项目特征描述、计量单位、工程量计算规则和清单组价时涉及的定额项目［清单组价涉及的定额项目为编者添加内容，其余内容均为《通用安装工程工程量计算规范》（GB 50856—2013）中的规定］见表 6-31。

表 6-31 其他项目制作安装清单编制与计价表

清单编制（编码：030817）						清单组价
项目编码	项目名称	项目特征	计量单位	工程量计算规则	工作内容	计算综合单价涉及的定额项目
030817001	冷排管制作安装	1. 排管形式 2. 组合长度	m	按设计图示长度计算	1. 制作、安装 2. 钢带退火 3. 加氨 4. 冲、套翅片	1. 制作、安装 2. 钢带退火 3. 加氨 4. 冲、套翅片
030817002	分、集汽（水）缸制作安装	1. 质量 2. 材质、规格 3. 安装方式	台	按设计图示数量计算	1. 制作 2. 安装	1. 制作 2. 安装
030817003	空气分气筒制作安装	1. 材质 2. 规格	组			制作安装
030817004	空气调节喷雾罐安装				安装	安装
030817005	钢制排水漏斗制作安装	1. 形式、材质 2. 口径规格	个		1. 制作 2. 安装	制作安装

续表

清单编制（编码：030817）						清单组价
项目编码	项目名称	项目特征	计量单位	工程量计算规则	工作内容	计算综合单价涉及的定额项目
030817006	水位计安装	1. 规格 2. 型号	组	按设计图示数量计算	安装	安装
030817007	手摇泵安装		个		1. 安装 2. 调试	1. 安装 2. 调试
030817008	套管制作安装	1. 类型 2. 材质 3. 规格 4. 填料材质	台		1. 制作 2. 安装 3. 除锈、刷油	1. 制作 2. 安装
注：1. 冷排管制作安装项目中包括钢带退火，加氨，冲、套翅片，按设计要求计算。 2. 钢制排水漏斗制作安装，其口径规格按下口公称直径描述。 3. 套管制作安装，适用于穿基础、墙、楼板等部位的防水套管、一般钢套管及防火套管等，应分别列项。						

6.5 工业管道工程计量计价实例

现有某室外消防管网的泵房管道安装工程，施工图如表 6-32、图 6-4 ~ 图 6-9 所示，图表中标高均以 m 为单位，其他尺寸均以 mm 为单位。

表 6-32 图例

图例	名称	图例	名称
—— XHw ——	室外消火栓给水管道		流量测试装置
—— YF ——	压力废水管道		自动放气阀及检修阀
	过滤器		电接点压力表
	闸阀		压力表
	蝶阀	P	压力开关
	止回阀	L	流量开关
	截止阀		橡胶软接头
	电动阀		液压水位控制阀

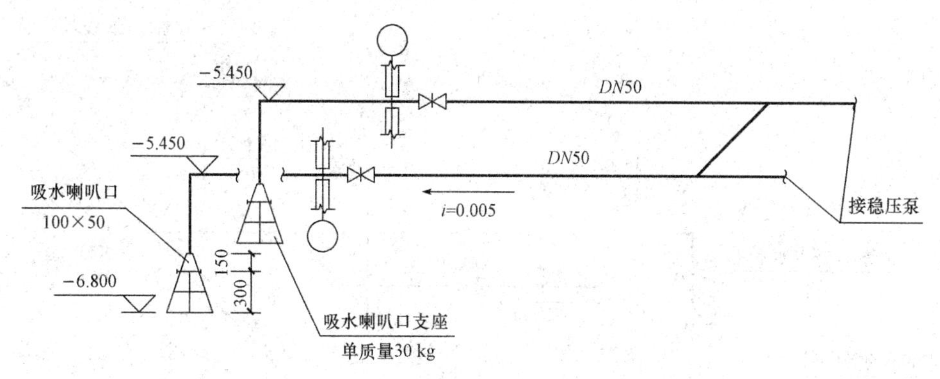

图6-4　稳压泵吸水管系统图

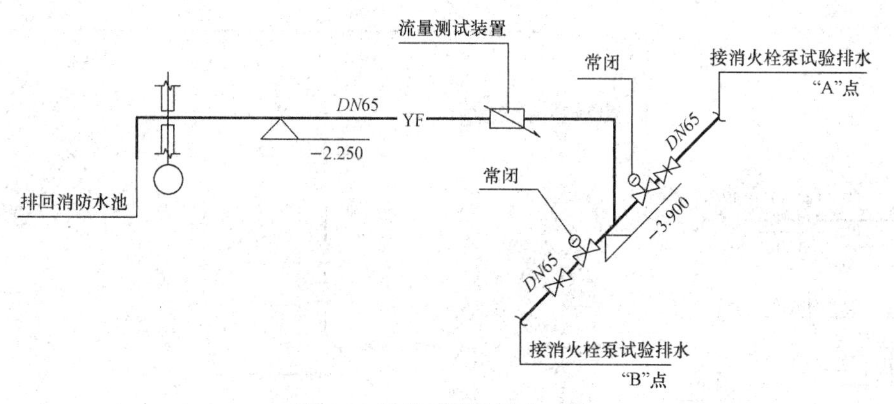

图6-5　消防泵试验排水系统

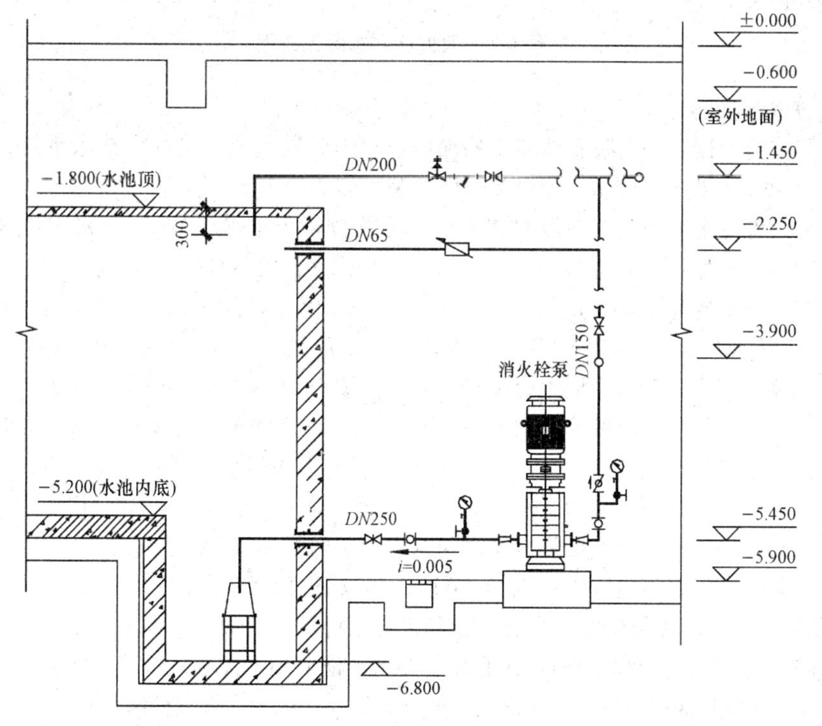

图6-6　1—1剖面示意图

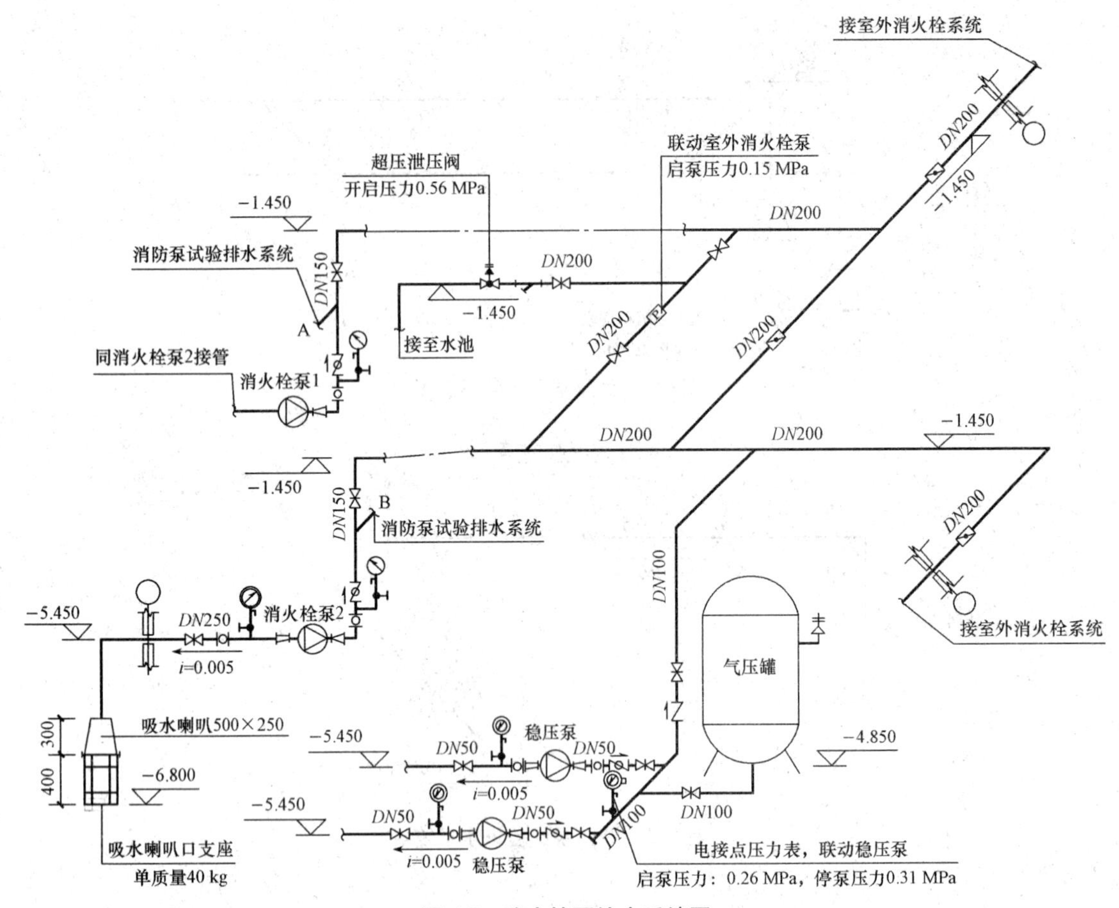

图 6-7 消火栓泵给水系统图

(1) 工程情况说明。

1) 由室外消火栓泵、消防水池和室外加压消火栓管网组成临时高压给水系统，消防用水量为 40 L/s，火灾延续时间为 2 h，管材及管件的公称压力为 1.6 MPa。

2) 泵房内管道采用内外壁热浸镀锌钢管，公称直径小于等于 100 mm 采用螺纹连接，公称直径大于 100 mm 采用沟槽式连接，沟槽管段分支均采用沟槽三通。

3) 消火栓泵型号为 $Q=40$ L/s，$H=50$ m，$N=37$ kW，一用一备，单质量为 450 kg；稳压泵 $Q=6.5$ m^3/h，$H=30$ m，$N=2.2$ kW，互为备用，单质量为 60 kg；气压罐为 $\phi 1\ 000$ 立式隔膜式，有效水容积不小于 150 L。消火栓泵接口管径为 DN150，稳压泵接口管径为 DN50。

4) 消火栓泵、稳压泵前后的闸阀采用明杆式闸阀，公称压力为 1.6 MPa。沟槽管段上阀门采用法兰连接，配套法兰采用沟槽法兰；螺纹连接管段上阀门采用螺纹阀门。

5) 消防泵、稳压泵出口采用防水锤消声缓闭止回阀，公称压力为 1.6 MPa。

6) 水泵安装时底座加装减振垫，管道与水泵连接时均需设置橡胶软接头。

7) 管道上的压力表等接管管径均为 DN15，螺纹管道采用螺纹三通引出，沟槽管段采用主管钻孔后焊接引出，焊接部位刷红丹防锈漆和银粉漆各两遍（每处刷漆面积实测为 0.01 m^2）。

8) 管道穿地下室外墙预埋刚性防水套管，穿水池池壁预埋柔性防水套管（防水套管规格同介质管道管径），穿越其他墙体或楼板时需设一般钢套管，一般钢套管直径满足介质管道保温后尺寸。本项目所有套管均在墙、板施工时配合安装完毕（其他项目施工中也可先预留洞，后安装套管）。

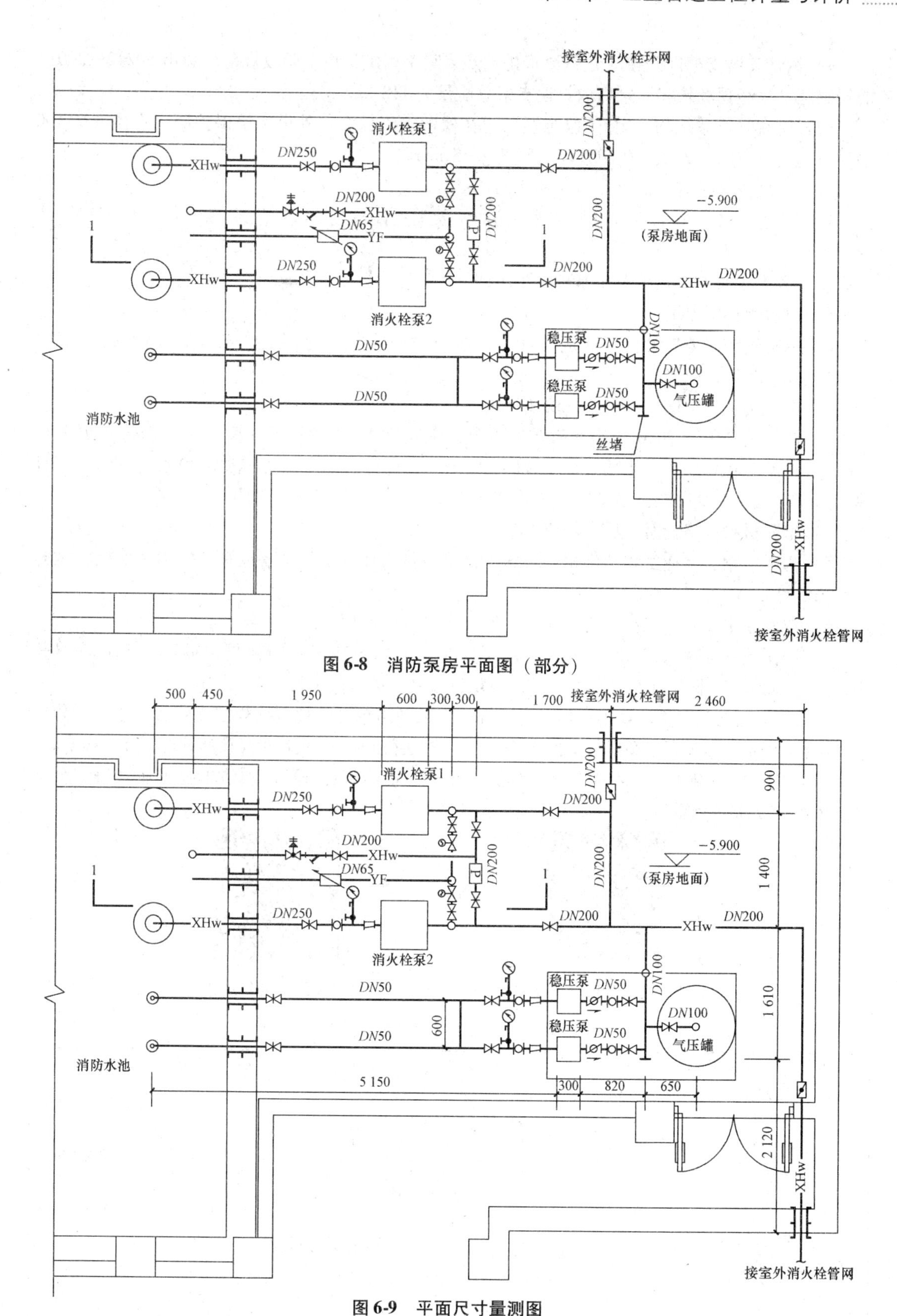

图 6-8　消防泵房平面图（部分）

图 6-9　平面尺寸量测图

9）钢管安装支架间距按《建筑给水排水及采暖工程施工质量验收规范》（GB 50242—2002）的规定施工。经现场核实，泵房内管道支架总质量为 118 kg。

10）所有管道系统均采用 B1 级难燃性闭孔橡塑管壳保温，外设铝箔保护层，管径≥*DN*100 保温厚度为 40 mm，管径<*DN*100 保温厚度为 35 mm。

11）金属支架除轻锈后刷红丹防锈漆两道。

12）管道系统水压试验和冲洗按《消防给水及消火栓系统技术规范》（GB 50974—2014）的规定执行。

13）各类设备均采用混凝土基础，由土建施工。

（2）造价计算说明。

1）本实例按照清单计价方式进行计算，清单编制依据《通用安装工程工程量计算规范》（GB 50856—2013）。

2）本实例计算范围限于泵房外墙皮以内。

3）计价编制依据 2016 版山东省定额及其配套的 2018 年价目表（配套价目表每年更新）、《山东省建设工程费用项目组成及计算规则（2016）》进行。本实例按三类工程取费，综合工日单价为 103 元，主要材料价格采用市场询价（市场不同，主材价格会不同）。

4）主要材料价格为某地区市场价。

5）暂列金额、专业工程暂估价、特殊项目暂估价、计日工、总承包服务费和其他检验试验费等未计算。

6）本例题中以下几点在执行山东省定额和全国统一定额方面有差异。

①涉及的泵房内镀锌钢管沟槽式连接项目在《通用安装工程消耗量定额》（TY02—31—2015）第八册《工业管道工程》中缺项，山东省编列有该安装项目。

②关于三通的工程量计算不一样，全国统一定额和清单计价规范均规定支管管径小于主管径 1/2 不计工程量，山东省定额规定支管管径小于等于主管径 1/2 按支管管径计算管件安装工程量。

（3）造价计算结果。工程量计算过程见表 6-33，工业管道分部分项清单及工业管道综合单价扫描下列二维码查看。

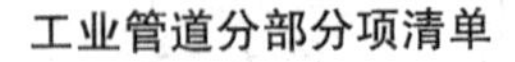

工业管道分部分项清单　　　　工业管道综合单价

表 6-33　工业管道工程量计算书

序号	项目名称	单位	工程量计算式	工程量	备注
1	热浸镀锌钢管 *DN*250（沟槽式连接）	m	［（6.8－0.4－0.3－5.45）＋0.5＋0.45＋1.95］×2＝7.1	7.1	消火栓泵进水管
2	热浸镀锌钢管 *DN*150（沟槽式连接）	m	［0.3＋（5.45－1.45）＋0.3］×2＝9.2	9.2	消火栓泵出水管
3	热浸镀锌钢管 *DN*200（沟槽式连接）	m	1.7×2＋1.4×2＋0.9＋2.46＋1.61＋2.12＝13.29	13.29	消火栓泵供水管
			0.3＋0.3＋0.6＋1.95＋0.45＋（1.8－1.45）＋0.3＝4.25	4.25	消火栓泵泄压管
			小计	17.54	

续表

序号	项目名称	单位	工程量计算式	工程量	备注
4	热浸镀锌钢管 *DN*65（螺纹连接）	m	0.3+0.6+1.95+0.45=3.3	3.3	压力废水管
5	热浸镀锌钢管 *DN*50（螺纹连接）	m	[（6.8-0.3-0.15-5.45）+5.15+0.82]×2+0.6=14.34	14.34	稳压泵进出水管
6	热浸镀锌钢管 *DN*100（螺纹连接）	m	0.65+1.61+（5.45-1.45）=6.26	6.26	接气压罐
7	沟槽弯头 *DN*250	个	2	2	
8	沟槽异径管 *DN*250×150	个	2	2	
9	沟槽弯头 *DN*150	个	2+2	4	
10	沟槽三通 *DN*150×65	个	2（如是挖眼三通，山东省定额和清单计价规范工程量计算规则不一样）	2	
11	沟槽变径 200×150	个	2	2	
12	沟槽三通 *DN*200×200	个	5	5	
13	沟槽弯头 *DN*200	个	1+1	2	
14	沟槽三通 *DN*200×100	个	1（如是挖眼三通，山东省定额和清单计价规范工程量计算规则不一样）	1	
15	螺纹三通 *DN*65×65	个	1	1	
16	螺纹弯头 *DN*65	个	1	1	
17	螺纹弯头 *DN*50	个	2	2	
18	螺纹三通 *DN*50×50	个	2	2	
19	螺纹三通 *DN*100×50	个	2（不是挖眼三通，故需要计算工程量）	2	
20	螺纹三通 *DN*100×100	个	1	1	
21	螺纹弯头 *DN*100	个	3	3	
22	丝堵 *DN*100	个	1	1	
23	凸台 *DN*15	个	6普通压力表+1电接点压力表+1压力开关=8	8	
24	吸水喇叭口 *DN*500×250	个	2	2	
25	吸水喇叭口 *DN*100×50	个	2	2	
26	消火栓泵 $Q=40$ L/s，$H=50$ m，$N=37$ kW	台	2	2	带减振垫
27	稳压泵 $Q=6.5$ m^3/h，$H=30$ m，$N=2.2$ kW	台	2	2	带减振垫
28	气压罐 ϕ1 000 立式隔膜式	台	1	1	

续表

序号	项目名称	单位	工程量计算式	工程量	备注
29	法兰闸阀 *DN*250	个	2	2	各配沟槽法兰1副
30	法兰软接头 *DN*250	个	2	2	
31	法兰软接头 *DN*150	个	2	2	
32	止回阀 *DN*150	个	2	2	
33	法兰闸阀 *DN*150	个	2	2	
34	法兰闸阀 *DN*200	个	3	3	
35	法兰超压泄压阀 *DN*200	个	1	1	
36	法兰过滤器 *DN*200	个	1	1	
37	电动闸阀 *DN*65	个	2	2	螺纹连接
38	闸阀 *DN*65	个	2	2	
39	流量测试装置 *DN*65	个	1	1	
40	闸阀 *DN*50	个	4	4	
41	软接头 *DN*50	个	4	4	
42	止回阀 *DN*50	个	2	2	
43	闸阀 *DN*100	个	2	2	
44	截止阀 *DN*15	个	7	7	与压力表数量对应
45	沟槽法兰 *DN*250	副	4	4	
46	沟槽法兰 *DN*200	副	5	5	
47	沟槽法兰 *DN*150	副	6	6	
48	沟槽法兰 *DN*150	片	4	4	连接水泵
49	沟槽法兰 *DN*50	片	4	4	连接水泵
50	电接点压力表	个	1	1	
51	压力表	个	6	6	
52	压力开关	个	1	1	
53	刚性防水套管制作安装 *DN*200	个	2	2	
54	柔性防水套管制作安装 *DN*250	个	2	2	
55	柔性防水套管制作安装 *DN*65	个	1	1	
56	柔性防水套管制作安装 *DN*50	个	2	2	
57	一般穿墙套管，介质管径 *DN*200 + 80	个	1（穿内墙）+1（穿水池顶）	2	管道保温厚度40 mm
58	支架制作安装	kg	40 + 40 + 30 + 30 + 118（管道支架 + 喇叭口支座）	258	

续表

序号	项目名称	单位	工程量计算式	工程量	备注
59	支架除锈、刷漆	kg	40 +40 +30 +30 +118	258	
60	管道零星刷漆（防锈漆和银粉漆各两遍）	m^2	0.01 ×7（压力表凸台焊接处刷漆）	0.07	
61	管道保温，橡塑管壳，≤*DN*250	m^3	（4.067 ×7.1 +2.712 ×9.2 +3.369 ×17.54）×0.01	1.13	
62	管道保温，≤*DN*100，橡塑管壳	m^3	（1.27 ×3.3 +2.013 ×6.26）×0.01	0.17	
63	管道保温，*DN*50，橡塑管壳	m^3	1.091 ×14.34 ×0.01	0.16	
64	管道铝箔保护层	m^2	（112.15 × 7.1 + 79.26 × 9.2 + 95.22 × 17.54 + 47 × 3.3 + 42.03 × 14.34 +62.3 ×6.26）×0.01	43.43	
65	阀门保温，*DN*125 < 管径≤*DN*250	m^3	（2.482 ×4 +0.978 ×6 +1.645 ×5）×0.01	0.24	
66	阀门保温，*DN*50 < 管径≤*DN*100	m^3	（0.196 ×5 +0.482 ×2）×0.01	0.02	橡塑
67	阀门保温，*DN*50	m^3	0.128 ×10 ×0.01	0.01	
68	阀门铝箔保护层	m^2	（68.86 ×4 +28.95 ×6 +46.84 ×5 +7.42 × 5 + 5.09 × 10 + 15.17 × 2）×0.01	8.02	
69	法兰保温，*DN*125 < 管径≤*DN*250	m^3	（1.489 ×4 +0.987 ×5 +0.587 ×6 +0.587 ×0.5 ×4）×0.01	0.16	橡塑
70	法兰保温，*DN*50		0.077 ×0.5 ×4 ×0.01	0.002	橡塑
71	法兰铝箔保护层	m^2	（41.32 ×4 +28.11 ×5 +17.37 ×6 +17.37 ×0.5 ×4 +3.06 ×0.5 ×4）×0.01	4.51	

第7章

刷油、防腐蚀、绝热工程计量与计价

7.1　刷油、防腐蚀、绝热工程基础知识

7.1.1　除锈工程基础

（1）钢材表面原始锈蚀分级。

1）A级：大面积覆盖着氧化皮而几乎没有铁锈的钢材表面。

2）B级：已发生锈蚀且氧化皮已经剥落的钢材表面，也称轻锈等级。

3）C级：氧化皮已因锈蚀而剥落或者可以刮除，且在正常视力观察下可见轻微点蚀的钢材表面，也称中锈等级。

4）D级：氧化皮已因锈蚀而全面剥离，且在正常视力观察下可见普遍发生点蚀的钢材表面，也称重锈等级。

（2）金属表面除锈方法。

1）手工除锈。手工除锈是一种最简单的方法，主要使用刮刀、砂布、钢丝刷、锤凿等手工工具，进行手工打磨、刷、铲、敲击等操作，从而除去锈垢，然后再用有机溶剂如汽油、丙酮、苯等，将浮锈和油污洗净。适用于一些较小的工件表面及没有条件采用机械方法进行表面处理的设备表面处理。

2）动力工具除锈。利用机械动力的冲击和摩擦作用除去材料表面焊接残渣、松动的氧化层和旧防腐层。常用的机械有风动刷、除锈枪、电动刷、电砂轮等。其除锈效率高，除锈质量好，广泛用于防腐层大修和焊接接头表面处理。

3）喷射除锈。采用压缩空气为动力，以形成高速喷射束将喷料（石榴石砂、铜矿砂、石英砂、金刚砂、铁砂、海南砂）高速喷射到需要处理的工件表面，使工件的外表或形状发生变化。

手工除锈

动力工具除锈

喷射除锈

4）化学除锈。化学除锈就是把金属制件在酸液中进行侵蚀加工，以除掉金属制件表面的氧化物及油垢等。主要适用于对表面处理要求不高、形状复杂的零部件，以及在无喷砂设备条件的除锈场合使用。

化学除锈

（3）钢材表面处理质量等级。

1）手工或动力工具除锈质量等级。

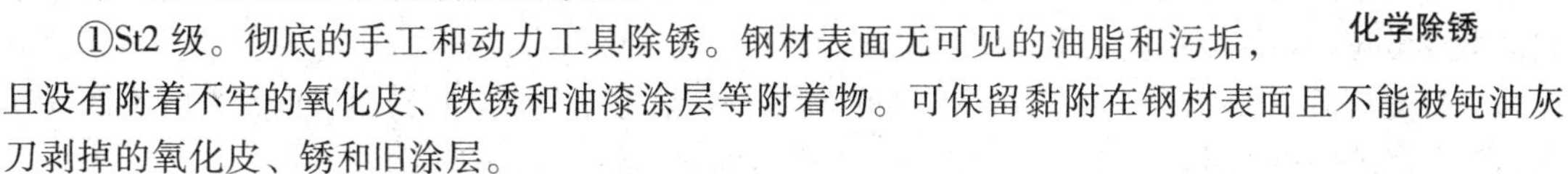

①St2级。彻底的手工和动力工具除锈。钢材表面无可见的油脂和污垢，且没有附着不牢的氧化皮、铁锈和油漆涂层等附着物。可保留黏附在钢材表面且不能被钝油灰刀剥掉的氧化皮、锈和旧涂层。

②St3级。非常彻底的手工和动力工具除锈。钢材表面无可见的油脂和污垢，且没有附着不牢的氧化皮、铁锈和油漆涂层等附着物，除锈应比St2更为彻底，底材显露部分的表面应具有金属光泽。

2）喷射或抛射除锈质量等级。

①Sa1级。轻度的喷射或抛射除锈。钢材表面无可见的油脂和污垢，且没有附着不牢的氧化皮、铁锈和油漆涂层等附着物。

②Sa2级。彻底的喷射或抛射除锈。钢材表面无可见的油脂和污垢，且氧化皮、铁锈和油漆涂层等附着物已基本清除，其残留物应是牢固附着的。

③Sa2.5级。非常彻底的喷射或抛射除锈。钢材表面无可见的油脂、污垢、氧化皮、铁锈和油漆涂层等附着物，任何残留的痕迹仅是点状或条纹状的轻微色斑。

④Sa3级。使钢材表观洁净的喷射或抛射除锈。非常彻底地除掉金属表面的一切杂物，表面无任何可见残留物及痕迹，呈现均匀的金属色泽，并有一定的粗糙度。

7.1.2 刷油工程基础

（1）常用油漆涂料。

1）底漆。底漆是油漆系统的第一层，用于提高面漆的附着力、增加面漆的丰满度、提供抗碱性、提供防腐功能等，同时可以保证面漆的均匀吸收，使油漆系统发挥最佳效果。

常用底漆有生漆（也称大漆）、沥青漆、环氧煤沥青、聚氨酯漆、漆酚树脂漆、酚醛树脂漆、环氧－酚醛漆、环氧树脂涂料、呋喃树脂漆等。

2）面漆。面漆是涂装的最终涂层。对所用材料有较高的要求，不仅要具有装饰和保护功能，如颜色、光泽、质感等，还需有面对恶劣环境的抵抗性，常用聚酯－聚氨酯树脂面漆。

3）防锈漆。防锈漆是一种可保护金属表面免受大气、海水等的化学或电化学腐蚀的涂料。其主要分为物理性和化学性防锈漆两大类。

物理性防锈漆靠颜料和漆料的适当配合，形成致密的漆膜以阻止腐蚀性物质的侵入，如铁红、铝粉、石墨防锈漆等，常见的如银粉漆就是稀料中加入铝粉等填料。

化学性防锈漆靠防锈颜料的化学抑锈作用，如红丹、锌黄防锈漆等，常见的有红丹防锈漆。

防锈漆既有底漆也有面漆，如银粉漆常作为管道面漆，红丹防锈漆常作为管道底漆。

4）防锈漆和底漆的区别。防锈漆和底漆都能防锈。它们的区别是：底漆的颜料较多，可以打磨，漆料对物体表面具有较强的附着力，而且对防腐蚀也能起到一定的作用；防锈漆漆料偏重于满足耐水、耐碱等性能的要求，防锈漆一般分为钢铁表面防锈漆和有色金属表面防锈漆两种。

（2）安装工程常用刷油方法。

1）涂刷法。涂刷法是管道工程常用的涂漆方法，这种方法可用刷子等简单工具进行施工。涂刷法的优点包括漆膜渗透性强，可以深入到细孔、缝隙中；设备简单，投资少，操作容易掌握，适应性强；对工件形状要求不严，节省涂料等。缺点是劳动强度大，生产效率低，涂膜易产生刷痕，外观欠佳。

2）喷涂法。喷涂法可分为空气喷涂法、高压无气喷涂法、静电喷涂法、火焰喷涂法和热熔敷法，其中最常见的是空气喷涂法。

空气喷涂法利用专门的喷枪工具以压缩空气把涂料吸入，由喷枪的喷嘴喷出并使气流将涂料冲散成微粒射向被涂物体表面，使之附着于其上。空气喷涂法几乎适用于一切涂料品种，该法的最大特点是可获得厚薄均匀、光滑平整的涂层。但空气喷涂法涂料利用率低，且由于溶剂挥发，对空气的污染也较严重，施工中必须采取良好的通风和安全预防措施。

7.1.3 绝热工程基础

（1）常用绝热材料。绝热材料的种类很多，比较常用的有矿（岩）棉、玻璃棉、硅藻土、膨胀珍珠岩、泡沫玻璃、硬质聚氨酯泡沫塑料、聚苯乙烯泡沫塑料、橡塑等。

（2）绝热结构及材料。由内到外，绝热结构由防腐层、绝热层、保护层组成。

1）防腐层。将防腐材料涂敷在设备及管道的外表面，防止其因受潮而腐蚀。凡需进行绝热的碳钢设备、管道及其附件应设防腐层；不锈钢、有色金属及非金属材料制造的设备、管道及其附件可不设防腐层。

玻璃棉

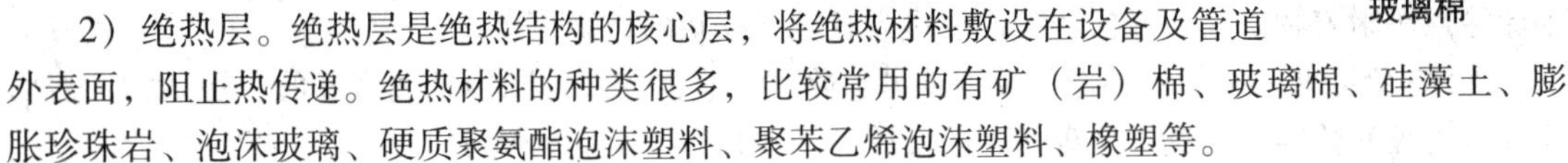

2）绝热层。绝热层是绝热结构的核心层，将绝热材料敷设在设备及管道外表面，阻止热传递。绝热材料的种类很多，比较常用的有矿（岩）棉、玻璃棉、硅藻土、膨胀珍珠岩、泡沫玻璃、硬质聚氨酯泡沫塑料、聚苯乙烯泡沫塑料、橡塑等。

3）保护层。保护层是绝热结构的维护层，将保护层材料敷设在绝热层外部，保护绝热结构免遭水分侵入或外力破坏，使绝热结构外形整洁、美观，延长绝热结构使用年限。常用保护层材料有玻璃丝布（或铝箔玻璃丝布）、塑料布、金属薄板（镀锌薄钢板、不锈钢板和铝板等）和玻璃钢等。

铝箔玻璃布

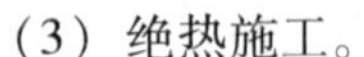

（3）绝热施工。

1）绝热层施工。

①绑扎绝热层。它是目前应用最普遍的绝热层结构形式，主要用于管、柱状保温体的预制保温瓦和保温毡等绝热材料的施工。对于珍珠岩瓦块、蛭石瓦块的绑扎施工，为使保温层与保温面结合紧密，应先抹一层 35 mm 厚的用石棉灰或硅藻土调制的胶泥，再绑扎瓦块。对矿渣棉毡、玻璃丝毡等绝热材料，不需涂抹胶泥，只需直接绑扎。

②粘贴绝热层。它是目前应用广泛的绝热层结构形式，主要用于非纤维材料的预制保温瓦、保温板等绝热材料的施工，如水泥珍珠岩瓦、水玻璃珍珠岩瓦、聚苯乙烯泡沫塑料块等。

③钉贴绝热层。它主要用于矩形风管、大直径管道和设备容器的绝热层施工。适用于各种绝热材料加工成型的预制品件，如珍珠岩板、矿渣棉板等。它用保温钉代替胶粘剂或捆绑钢丝把绝热预制件钉固在保温面上形成绝热层。

④浇灌式绝热层。它是将发泡材料在现场浇灌入被保温的管道、设备的模壳中，发泡成保温层结构。近年来，对管道、阀门、管件法兰及其他异形部件的绝热，常用聚氨酯泡沫塑料在现场发泡，以形成良好的绝热层。

⑤喷塑绝热层。它是近年来发展起来的一种新的施工方法。它适用于以聚苯乙烯泡沫塑料、聚氯乙烯泡沫塑料、聚氨酯泡沫塑料作为绝热层的喷涂法施工。这种结构施工方便，施工工艺简单、施工效率高且不受绝热面几何形状限制，无接缝，整体性好，但要注意施工安全和劳动

保护。

2）保护层施工。

①玻璃丝布保护层施工。它直接将玻璃丝布缠绕在防潮层上面，其他塑料薄膜类保护层也用类似的方法施工。

②金属薄板保护层。它是用镀锌薄钢板、铝合金薄板、不锈钢薄板等加工成型，然后固定连接在管道或设备上而成的。金属薄板的固定方式常见有挂口和钉口两种。所谓挂口指的是金属板通过咬口方式进行连接固定，金属薄板钉扣指通过铆钉等进行固定。

7.2 刷油、防腐蚀、绝热工程定额计量与定额应用

说明：字体加粗部分为本节中基本知识点或民用建筑中常涉及项目，应熟练掌握。

7.2.1 刷油、防腐蚀、绝热工程定额计量

刷油、防腐蚀和绝热工程的工程量计算需分别根据相应公式进行，以下分别进行介绍。在实际计算时，除依据相应公式计算外，也可直接查用定额配套提供的工程量计算表。

（1）除锈、刷油、防腐蚀工程定额计量。

1）计算公式。设备筒体、管道进行除锈、刷油、防腐蚀，其表面积计算见式（7-1）。

$$S=\pi\times D\times L \tag{7-1}$$

式中 π——圆周率；

D——设备或管道直径；

L——设备筒体高或管道延长米。

2）计量规则。

①各种管件、阀门、人孔、管口凹凸部分，定额消耗量已综合考虑，不再另外计算工程量。

②管道、设备与矩型管道、大型型钢钢结构、铸铁暖气片（以散热面积为准）的除锈工程以“10 m^2”为计量单位。

③一般钢结构、管廊钢结构的除锈工程以“100 kg”为计量单位。

④灰面、玻璃布、白布面、麻布、石棉布面、气柜、玛琋脂面刷油工程以“10 m^2”为计量单位。

（2）绝热工程定额计量。绝热工程工程量计算依据相应的公式进行，根据所进行绝热对象的不同，其计算公式不同。

1）设备筒体或管道绝热、防潮和保护层工程量计算。设备筒体或管道绝热、防潮和保护层工程量计算见式（7-2）及式（7-3）。

$$V=\pi\times(D+1.03\delta)\times1.03\delta\times L \tag{7-2}$$

$$S=\pi\times(D+2.1\delta)\times L \tag{7-3}$$

式中 V——绝热体积；

S——防潮或保护层面积；

D——直径；

1.03、2.1——调整系数；

δ——绝热层厚度；

L——设备筒体或管道延长米。

2）伴热管绝热工程量计算。伴热管的绝热工程量计算仍使用前述式（7-2）和式（7-3），

使用时式中的直径改用伴热管道综合值。伴热管道类型不同，伴热管道综合值计算式不同。

①单管伴热或双管伴热（管径相同，夹角小于90°）时伴热管道综合值。单管伴热或双管伴热（管径相同，夹角小于90°）时伴热管道综合值见式（7-4）。

$$D' = D_1 + D_2 + (10 \sim 20\ \text{mm}) \tag{7-4}$$

式中 D'——伴热管道综合管径值；

D_1——主管道直径；

D_2——伴热管道直径；

(10～20 mm)——主管道与伴热管道之间的间隙。

②双管伴热（管径相同，夹角大于90°）时伴热管道综合值。双管伴热（管径相同，夹角大于90°）时伴热管道综合值见式（7-5）。

$$D' = D_1 + 1.5D_2 + (10 \sim 20\ \text{mm}) \tag{7-5}$$

式中，各符号含义同式（7-4）。

③双管伴热（管径不同，夹角小于90°）时伴热管道综合值。双管伴热（管径不同，夹角小于90°）时伴热管道综合值见式（7-6）。

$$D' = D_1 + D_{伴大} + (10 \sim 20\ \text{mm}) \tag{7-6}$$

式中 $D_{伴大}$为较大伴热管的管径，其余同前。

3）阀门绝热、防潮和保护层工程量计算。阀门进行绝热、防潮和保护层施工，其工程量计算见式（7-7）、式（7-8）。

$$V = \pi \times (D + 1.033\delta) \times 2.5D \times 1.033\delta \times 1.05 \times N \tag{7-7}$$

$$S = \pi \times (D + 2.1\delta) \times 2.5D \times 1.05 \times N \tag{7-8}$$

式中 N为阀门个数，其余各符号含义同式（7-2）、式（7-3）。

4）法兰绝热、防潮和保护层工程量计算。法兰进行绝热、防潮和保护层施工，其工程量计算见式（7-9）、式（7-10）。

$$V = \pi \times (D + 1.033\delta) \times 1.5D \times 1.033\delta \times 1.05 \times N \tag{7-9}$$

$$S = \pi \times (D + 2.1\delta) \times 1.5D \times 1.05 \times N \tag{7-10}$$

式中 N为法兰个数，其余各符号含义同式（7-2）、式（7-3）。

5）设备封头绝热、防潮和保护层工程量计算。设备封头进行绝热、防潮和保护层施工，其工程量计算见式（7-11）、式（7-12）。

$$V = [(D + 1.033\delta)/2]^2 \times \pi \times 1.03\delta \times 1.5 \times N \tag{7-11}$$

$$S = [(D + 2.1\delta)/2]^2 \times \pi \times 1.5 \times N \tag{7-12}$$

式中 N为封头个数，其余各符号含义同式（7-2）、式（7-3）。

6）拱顶罐封头绝热、防潮和保护层工程量计算。拱顶罐封头绝热、防潮和保护层工程量计算见式（7-13）、式（7-14）。

$$V = 2\pi r \times (h + 1.03\delta) \times 1.03\delta \tag{7-13}$$

$$S = 2\pi r \times (h + 2.1\delta) \tag{7-14}$$

式中 r表示油罐拱顶球面半径，H表示罐顶拱高，其余同前。

7）绝热层分层施工时工程量计算。当绝热层需要分层施工时，工程量分层计算，执行设计要求相应厚度子目。第一层工程量按照式（7-2）计算；计算第二层工程量时，其直径按式（7-15）计算，依次类推。

$$D_n = D + 2.1\delta_n \times (N - 1) \tag{7-15}$$

式中 D_n为第二至N层绝热工程量计算直径，δ_n为分层保温厚度，其余同前。

8）矩形通风管道绝热层、防潮层和保护层计算。矩形通风管道绝热层、防潮层和保护层计算见式（7-16）、式（7-17）。

$$V=[2(A+B)\times1.033\delta+4(1.033\delta)^2]L \tag{7-16}$$

$$S=[2(A+B)+8(1.05\delta+0.0041)]L \tag{7-17}$$

式中 V——绝热体积；

S——防潮或保护层面积；

A、B——矩形通风管道的截面尺寸；

δ——绝热层厚度；

L——管道延长米。

（3）定额配套工程量计算表。为了方便使用，根据本节上述计算公式，定额配套提供了“钢管刷油、防腐蚀和绝热工程量计算表”（表7-1）和“法兰、阀门保温盒保护层和绝热层工程量计算表”（表7-2）。

表7-1 钢管刷油、防腐蚀和绝热工程量计算表（节选）

体积（m^3）、面积（m^2）/100 m

公称直径/mm	管道外径/mm	绝热层厚度/mm							
		0		20		25		30	
		体积	面积	体积	面积	体积	面积	体积	面积
20	26.9	—	8.45	0.307	21.64	0.426	24.94	0.561	28.24
25	33.7	—	10.59	0.351	23.78	0.481	27.08	0.627	30.38
32	42.4	—	13.32	0.408	26.51	0.551	29.81	0.712	33.11

表7-2 法兰、阀门保温盒保护层和绝热层工程量计算表（节选）

公称直径	法兰		阀门	
	保护层/（$m^2\cdot$副$^{-1}$）	绝热层/（$m^3\cdot$副$^{-1}$）	保护层/（$m^2\cdot$个$^{-1}$）	绝热层/（$m^3\cdot$个$^{-1}$）
*DN*20	0.187	0.009 3	0.192	0.009 6
*DN*25	0.193	0.009 6	0.208	0.010 4
*DN*32	0.208	0.010 4	0.246	0.012 3

7.2.2 除锈、刷油、防腐蚀和绝热工程定额应用

（1）除锈工程定额应用。

1）**各种管件、阀件及设备上人孔、管口凸凹部分的除锈已综合考虑在定额内，不另行计算。**

2）手工和动力工具除锈按St2标准确定。若变更级别标准，按St3标准定额乘以系数1.1。

3）喷射除锈按Sa2 1/2级标准确定。若变更级别标准时，Sa3级定额乘以系数1.1，Sa2级定额乘以系数0.9。

4）定额不包括除微锈（氧化皮完全紧附，仅有少量锈点），发生时其工程量执行轻锈定额乘以系数0.2。

（2）刷油工程定额应用。

1）**各种管件、阀件和设备上人孔、管口凹凸部分的刷油已综合考虑在定额内，不另行**

计算。

2）金属面刷油不包括除锈工作内容。

3）标志色环等零星刷油，执行《通用安装工程消耗量定额》（TY02—31—2015）第十二册《刷油、防腐蚀、绝热工程》相应项目，其人工乘以系数2.0。

4）刷油和防腐蚀工程按安装场地内涂刷油漆考虑，如安装前集中刷油，人工乘以系数0.45（暖气片除外）。如安装前集中喷涂，执行刷油子目人工乘以系数0.45，材料乘以系数1.16，增加喷涂机械电动空气压缩机3 m^3/min（其消耗量同调整后的合计工日消耗量计取）。

5）主材与稀干料可以换算，但人工和材料消耗量不变。

（3）防腐蚀涂料工程定额应用。

1）定额不包括除锈工作内容。

2）涂料配合比与实际设计配合比不同时，可根据设计要求进行换算，其人工、机械消耗量不变。

3）定额对聚合热固化是采用蒸汽及红外线间接聚合固化考虑的，如采用其他方法，应按施工方案另行计算。

4）定额未包括的新品种涂料，应按相近定额项目执行，其人工、机械消耗量不变。

5）无机富锌底漆执行氯磺化聚乙烯漆，漆用量进行换算。

6）如涂刷时需要强行通风，应增加轴流通风机7.5 kW，其台班消耗量按合计工日消耗量计取。

（4）绝热工程定额应用。

1）镀锌薄钢板保护层厚度按0.8 mm以下综合考虑，若厚度大于0.8 mm时，其人工乘以系数1.2。

2）铝皮保护层执行镀锌薄钢板保护层安装项目，主材可以换算，若厚度大于1 mm时，其人工乘以系数1.2。

3）采用不锈钢薄板作保护层，执行金属保护层相应项目，其人工乘以系数1.25，钻头消耗量乘以系数2.0，机械乘以系数1.15。

4）管道绝热均按现场安装后绝热施工考虑，若先绝热后安装时，其人工乘以系数0.9。

5）管道绝热工程，除法兰、阀门单独套用定额外，其他管件均已考虑在内；设备绝热工程，除法兰、人孔外，其封头已考虑在内。

6）聚氨酯泡沫塑料安装子目执行泡沫塑料相应子目。

7）保温卷材安装执行相同材质的板材安装项目，其人工、铁线消耗量不变，但卷材用量损耗率按3.1%考虑。

8）复合材料安装执行相同材质瓦块（或管壳）安装项目。复合材料分别安装时应按分层计算。

9）根据绝热工程施工及验收技术规范，保温层厚度大于100 mm，保冷层厚度大于75 mm时，若分为两层安装，其工程量可按两层计算并分别套用定额子目；如厚140 mm的要两层，分别为60 mm和80 mm，该两层分别计算工程量，套用定额时，按单层60 mm和80 mm分别套用定额子目。

10）聚氨酯泡沫塑料发泡安装，是按无模具直喷施工考虑的。若采用有模具浇筑安装，其模具（制作安装）费另行计算；由于批量不同，相差悬殊的，可另行协商，分次数摊销。发泡效果受环境温度条件影响较大，因此定额以成品体积计算，环境温度低于15 ℃应采取措施，其费用另计。

（5）除锈、刷油、防腐蚀和绝热工程定额其他规定。

1）脚手架搭拆费按刷油、防腐蚀和绝热工程分别计取，刷油、防腐蚀工程按人工费的 7%；绝热工程按人工费的 10%；其中人工工资占 35%。

2）操作高度增加费以设计标高正负零为基准，当安装高度超过 6 m 时，超过部分工程量按定额人工、机械费乘以表 7-3 中系数。

表 7-3　刷油、防腐和绝热工程定额操作高度增加系数

操作物高度/m	≤30	≤50
系数	1.1	1.3

（6）管道补口补伤工程定额应用。

1）**定额适用于金属管道防腐工程中的补口补伤。**

2）**定额计量单位为“10 个口”。**

3）每口涂刷长度取定为：ϕ426 mm 以下（含 426 mm）管道每个口补口长度为 400 mm；ϕ426 mm 以上管道每个口补口长度为 600 mm。

4）定额不含管口表面除锈，发生时按相应定额项目计算。

5）定额项目均采用手工操作。

7.3　刷油、防腐蚀、绝热工程清单编制与计价

7.3.1　刷油工程清单编制与计价

刷油工程工程量清单项目设置、项目特征描述、计量单位、工程量计算规则和清单组价时涉及的定额项目［清单组价涉及的定额项目为编者添加内容，其余内容均为《通用安装工程工程量计算规范》（GB 50856—2013）中的规定］见表 7-4。

表 7-4　刷油工程清单编制与计价表

<table>
<tr><th colspan="6">清单编制（编码：031201）</th><th>清单组价</th></tr>
<tr><th>项目编码</th><th>项目名称</th><th>项目特征</th><th>计量单位</th><th>工程量计算规则</th><th>工作内容</th><th>计算综合单价涉及的定额项目</th></tr>
<tr><td>031201001</td><td>管道刷油</td><td rowspan="2">1. 除锈级别
2. 油漆品种
3. 涂刷遍数、漆膜厚度
4. 标志色方式、品种</td><td rowspan="2">1. m²
2. m</td><td rowspan="2">1. 以平方米计量，按设计图示表面积尺寸以面积计算
2. 以米计量，按设计图示尺寸以长度计算</td><td rowspan="3">1. 除锈
2. 调配、涂刷</td><td rowspan="3">1. 除锈
2. 刷油</td></tr>
<tr><td>031201002</td><td>设备与矩形管道刷油</td></tr>
<tr><td>031201003</td><td>金属结构刷油</td><td>1. 除锈级别
2. 油漆品种
3. 结构类型
4. 涂刷遍数、漆膜厚度</td><td>1. m²
2. kg</td><td>1. 以平方米计量，按设计图示表面积尺寸以面积计算
2. 以千克计量，按金属结构理论质量计算</td></tr>
</table>

续表

<table>
<tr><th colspan="6">清单编制（编码：031201）</th><th>清单组价</th></tr>
<tr><th>项目编码</th><th>项目名称</th><th>项目特征</th><th>计量单位</th><th>工程量计算规则</th><th>工作内容</th><th>计算综合单价涉及的定额项目</th></tr>
<tr><td>031201004</td><td>铸铁管、暖气片刷油</td><td>1. 除锈级别
2. 油漆品种
3. 涂刷遍数、漆膜厚度</td><td>1. m^2
2. m</td><td>1. 以平方米计量，按设计图示表面积尺寸以面积计算
2. 以米计量，按设计图示尺寸以长度计算</td><td>1. 除锈
2. 调配、涂刷</td><td>1. 除锈
2. 刷油</td></tr>
<tr><td>031201005</td><td>灰面刷油</td><td>1. 油漆品种
2. 涂刷遍数、漆膜厚度
3. 涂刷部位</td><td rowspan="5">m^2</td><td rowspan="5">按设计图示表面积计算</td><td rowspan="2">调配、涂刷</td><td rowspan="2">刷油</td></tr>
<tr><td>031201006</td><td>布面刷油</td><td>1. 布面品种
2. 油漆品种
3. 涂刷遍数、漆膜厚度
4. 涂刷部位</td></tr>
<tr><td>031201007</td><td>气柜刷油</td><td>1. 除锈级别
2. 油漆品种
3. 涂刷遍数、漆膜厚度
4. 涂刷部位</td><td>1. 除锈
2. 调配、涂刷</td><td>1. 除锈
2. 刷油</td></tr>
<tr><td>031201008</td><td>玛琋酯面刷油</td><td>1. 除锈级别
2. 油漆品种
3. 涂刷遍数、漆膜厚度</td><td>调配、涂刷</td><td>刷油</td></tr>
<tr><td>031201009</td><td>喷漆</td><td>1. 除锈级别
2. 油漆品种
3. 涂刷遍数、漆膜厚度
4. 涂刷部位</td><td>1. 除锈
2. 调配、喷涂</td><td>1. 除锈
2. 喷漆</td></tr>
<tr><td colspan="7">注：1. 管道刷油以米计算，按图示中心线以延长米计算，不扣除附属构筑物、管件及阀门等所占长度。
2. 涂刷部位指涂刷表面的部位，如设备、管道等部位。
3. 结构类型指涂刷金属结构的类型，如一般钢结构、管廊钢结构、H 型钢钢结构等类型。
4. 设备筒体、管道表面积包括管件、阀门、法兰、人孔、管口凹凸部分。
5. 工程量计算公式同定额计量，详见 7.2.1 节相应公式。
6. 一般钢结构（包括吊、支、托架，梯子，栏杆，平台）、管廊钢结构以千克（kg）为计量单位；大于 400 mm型钢及 H 型钢制结构以平方米（m^2）为计量单位，按展开面积计算。
7. 由钢管组成的金属结构的刷油按管道刷油相关项目编码，由钢板组成的金属结构的刷油按 H 型钢刷油相关项目编码。</td></tr>
</table>

7.3.2 防腐蚀涂料工程清单编制与计价

防腐蚀涂料工程工程量清单项目设置、项目特征描述、计量单位、工程量计算规则和清单组价时涉及的定额项目［清单组价涉及的定额项目为编者添加内容，其余内容均为《通用安装工程工程量计算规范》（GB 50856—2013）中的规定］见表7-5。

表7-5 防腐蚀涂料工程清单编制与计价表

<table>
<tr><th colspan="6">清单编制（编码：031202）</th><th>清单组价</th></tr>
<tr><th>项目编码</th><th>项目名称</th><th>项目特征</th><th>计量单位</th><th>工程量计算规则</th><th>工作内容</th><th>计算综合单价涉及的定额项目</th></tr>
<tr><td>031202001</td><td>设备防腐蚀</td><td rowspan="4">1. 除锈级别
2. 涂刷（喷）品种
3. 分层内容
4. 涂刷（喷）遍数、漆膜厚度</td><td>m^2</td><td>按设计图示表面积计算</td><td rowspan="7">1. 除锈
2. 调配、涂刷（喷）</td><td rowspan="7">1. 除锈
2. 防腐蚀涂料</td></tr>
<tr><td>031202002</td><td>管道防腐蚀</td><td>1. m^2
2. m</td><td>1. 以平方米计量，按设计图示表面积尺寸以面积计算
2. 以米计量，按设计图示尺寸以长度计算</td></tr>
<tr><td>031202003</td><td>一般钢结构防腐蚀</td><td rowspan="2">kg</td><td>按一般钢结构的理论质量计算</td></tr>
<tr><td>031202004</td><td>管廊钢结构防腐蚀</td><td>按管廊钢结构的理论质量计算</td></tr>
<tr><td>031202005</td><td>防火涂料</td><td>1. 除锈级别
2. 涂刷（喷）品种
3. 涂刷（喷）遍数、漆膜厚度
4. 耐火极限（h）
5. 耐火厚度（mm）</td><td rowspan="3">m^2</td><td rowspan="3">按设计图示表面积计算</td></tr>
<tr><td>031202006</td><td>H型钢制钢结构防腐蚀</td><td rowspan="2">1. 除锈级别
2. 涂刷（喷）品种
3. 分层内容
4. 涂刷（喷）遍数、漆膜厚度</td></tr>
<tr><td>031202007</td><td>金属油罐内壁防静电</td></tr>
</table>

续表

清单编制（编码：031202）						清单组价
项目编码	项目名称	项目特征	计量单位	工程量计算规则	工作内容	计算综合单价涉及的定额项目
031202008	埋地管道防腐蚀	1. 除锈级别 2. 刷缠品种 3. 分层内容 4. 刷缠遍数	1. m^2 2. m	1. 以平方米计量，按设计图示表面积尺寸以面积计算 2. 以米计量，按设计图示尺寸以长度计算	1. 除锈 2. 刷油 3. 防腐蚀 4. 缠保护层	1. 除锈 2. 刷油 3. 防腐蚀 4. 缠保护层
031202009	环氧煤沥青防腐蚀				1. 除锈 2. 涂刷、缠玻璃布	1. 除锈 2. 涂刷、缠玻璃布
031202010	涂料聚合一次	1. 聚合类型 2. 聚合部位	m^2	按设计图示表面积计算	聚合	涂料聚合一次

注：1. 分层内容指应注明每一层的内容，如底漆、中间漆、面漆及玻璃丝布等内容。
2. 如设计要求热固化需注明。
3. 工程量计算公式同定额计量，详见 7.2.1 节相应公式。
4. 计算设备、管道内壁防腐蚀工程量，当壁厚大于 10 mm 时，按其内径计算；当壁厚小于 10 mm 时，按其外径计算。

7.3.3 绝热工程清单编制与计价

绝热工程工程量清单项目设置、项目特征描述、计量单位、工程量计算规则和清单组价时涉及的定额项目［清单组价涉及的定额项目为编者添加内容，其余内容均为《通用安装工程工程量计算规范》（GB 50856—2013）中的规定］见表 7-6。

表 7-6 绝热工程清单编制与计价表

清单编制（编码：031208）						清单组价
项目编码	项目名称	项目特征	计量单位	工程量计算规则	工作内容	计算综合单价涉及的定额项目
031208001	设备绝热	1. 绝热材料品种 2. 绝热厚度 3. 设备形式 4. 软木品种	m^3	按图示表面积加绝热层厚度及调整系数计算	1. 安装 2. 软木制品安装	1. 绝热安装 2. 软木制品安装
031208002	管道绝热	1. 绝热材料品种 2. 绝热厚度 3. 管道外径 4. 软木品种				
031208003	通风管道绝热	1. 绝热材料品种 2. 绝热厚度 3. 软木品种	m^3 m^2	1. 以立方米计量，按图示表面积加绝热层厚度及调整系数计算 2. 以平方米计量，按图示表面积及调整系数计算		

续表

清单编制（编码：031208）						清单组价
项目编码	项目名称	项目特征	计量单位	工程量计算规则	工作内容	计算综合单价涉及的定额项目
031208004	阀门绝热	1. 绝热材料 2. 绝热厚度 3. 阀门规格	m^3	按图示表面积加绝热层厚度及调整系数计算	安装	绝热安装
031208005	法兰绝热	1. 绝热材料 2. 绝热厚度 3. 法兰规格				
031208006	喷涂、涂抹	1. 材料 2. 厚度 3. 对象	m^2	按图示表面积计算	喷涂、涂抹安装	喷涂、涂抹
031208007	防潮层、保护层	1. 材料 2. 厚度 3. 层数 4. 对象 5. 结构形式	1. m^2 2. kg	1. 以平方米计量，按图示表面积加绝热层厚度及调整系数计算 2. 以千克计量，按图示金属结构质量计算	安装	防潮层、保护层安装
031208008	保温盒、保温托盘	名称	1. m^2 2. kg	1. 以平方米计量，按图示表面积计算 2. 以千克计量，按图示金属结构质量计算	制作、安装	保温盒、保温托盘制作安装
注：1. 设备形式指立式、卧式或球形。 2. 层数指一布二油、两布三油等。 3. 对象指设备、管道、通风管道、阀门、法兰、钢结构。 4. 结构形式指钢结构：一般钢结构、H型钢制结构、管廊钢结构。 5. 如设计要求保温、保冷分层施工需注明。 6. 工程量计算公式同定额计量，详见7.2.1节相应公式。						

7.3.4　管道补口补伤工程清单编制与计价

管道补口补伤工程量清单项目设置、项目特征描述、计量单位、工程量计算规则和清单组价时涉及的定额项目［清单组价涉及的定额项目为编者添加内容，其余内容均为《通用安装工程工程量计算规范》（GB 50856—2013）中的规定］见表7-7。

表 7-7　管道补口补伤工程清单编制与计价表

<table>
<tr><th colspan="6">清单编制（编码：031209）</th><th>清单组价</th></tr>
<tr><th>项目编码</th><th>项目名称</th><th>项目特征</th><th>计量单位</th><th>工程量计算规则</th><th>工作内容</th><th>计算综合单价涉及的定额项目</th></tr>
<tr><td>031209001</td><td>刷油</td><td>1. 除锈级别
2. 油漆品种
3. 涂刷遍数
4. 管外径</td><td rowspan="3">1. m²
2. 口</td><td rowspan="3">1. 以平方米计量，按设计图示表面积尺寸以面积计算
2. 以口计量，按设计图示数量计算</td><td rowspan="2">1. 除锈、除油污
2. 涂刷</td><td rowspan="2">1. 除锈
2. 补口补伤</td></tr>
<tr><td>031209002</td><td>防腐蚀</td><td>1. 除锈级别
2. 材料
3. 管外径</td></tr>
<tr><td>031209003</td><td>绝热</td><td>1. 绝热材料品种
2. 绝热厚度
3. 管道外径</td><td>安装</td><td>绝热材料安装或绝热材料补口安装</td></tr>
<tr><td>031209004</td><td>管道热缩套管</td><td>1. 除锈级别
2. 热缩管品种
3. 热缩管规格</td><td>m²</td><td>按图示表面积计算</td><td>1. 除锈
2. 涂刷</td><td>1. 除锈
2. 热缩管安装（缺项）</td></tr>
</table>

7.4　刷油、防腐蚀、绝热工程计量计价实例

有关刷油、防腐蚀、绝热工程计量计价的计算实例可参见其余各章节实例。

第8章

电力设备安装工程计量与计价

8.1　电力设备安装工程基础

8.1.1　三相交流电路

（1）三相交流电源。三相交流发电机是三相交流电路的电源，对于用电单位来说，也可以把三相电力变压器视为电源。

三相交流电源由定子和转子组成，定子包含三组对称的绕组（U_1U_2、V_1V_2、W_1W_2），在空间位置上互差120°；转子是铁芯上绕有励磁绕组，由外电路供给直流电励磁。当原动机拖动转子旋转时，在定子绕组中产生感应电动势，其相位差互为120°，如图8-1所示。

（2）三相交流电源星形联结（Y形联结）。三相交流电源和负载均有星形（Y）和三角形（△）两种接法，Y-Y系统最常见。三相电源星形（Y形）联结（图8-2），即把三相绕组尾端（U_2、V_2、W_2）联结（联结点称为中性点，用字母O表示），由三个首端引出三根相线。三根相线分别称为U线、V线、W线（或L1线、L2线、L3线），统称为相线（火线）；由中性点引出导线称为中线（中性线），也称为工作零线，用N表示。

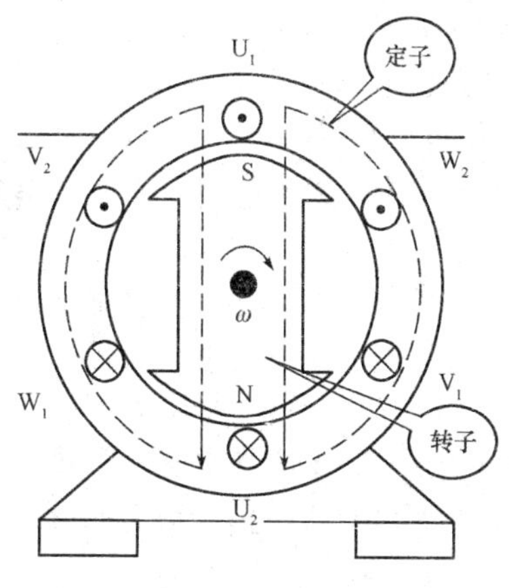

图8-1　三相交流发电机示意图

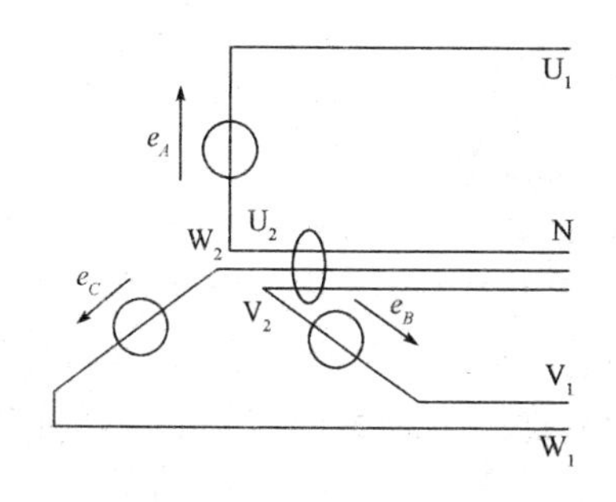

图8-2　三相电源星形（Y形）联结示意图

8.1.2 建筑供配电负荷等级及供电要求

建筑供配电系统的负荷指的是各种用电设备或器具。不同的负荷，重要程度不同。重要的负荷对供电的可靠性要求高，反之则低。我国电力负荷共分三级，分别为一级负荷、二级负荷和三级负荷。

（1）一级负荷及供电要求。中断供电将造成人身伤亡，或造成重大经济损失，或影响重要用电单位的正常工作时，视为一级负荷。在一级负荷中，当中断供电将发生中毒、爆炸和火灾等情况的负荷，以及特别重要场所的不允许中断供电的负荷，视为特别重要的负荷。

一级负荷应采用双路独立电源供电，双电源不应同时受到损坏。特别重要负荷除由双电源供电外，还必须增设应急电源，并严禁将其他负荷接入应急供电系统。供电电源的切换时间应满足设备允许中断供电的要求。

（2）二级负荷及供电要求。中断供电将造成较大经济损失，或影响较重要用电单位的正常工作时，视为二级负荷。

二级负荷应做到当发生电力变压器故障或线路常见故障而不致中断供电或能迅速恢复供电。

二级负荷宜由双回路供电，在负荷较小或地区供电条件困难时，可由一路6 kV及以上专业架空线路供电，当采用电力电缆敷设时，应由两根电缆供电，且每根电缆均能承担全部二级负荷的容量。

（3）三级负荷及供电要求。不属于一级和二级负荷的视为三级负荷。三级负荷供电无特殊要求，采用单回路供电。

8.1.3 建筑供配电系统配电方式

建筑供配电系统的基本配电方式分放射式和树干式，如图8-3所示。放射式供电可靠性较高，配电设备集中，检修比较方便，但系统灵活性差，造价较高。树干式供电可靠性较差，系统灵活性好，成本较低。在实际应用中，往往是两者混合使用。

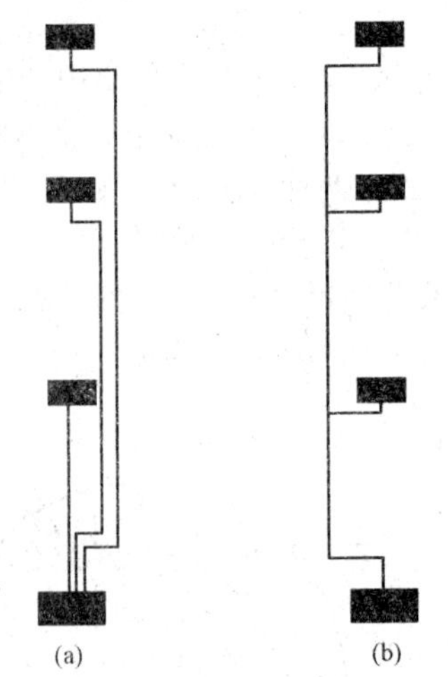

图8-3 建筑供配电系统基本配电方式

（a）放射式；（b）树干式

8.1.4 建筑照明系统

（1）照明方式。照明装置按照其分布特点分为四种照明方式。

1）一般照明。其是指照亮整个场所而设置的均匀照明，即在整个房间的被照面上产生同样照度。一般照明的照明器在被照空间均匀布置，适用于除旅馆客房外的对光照方向无特殊要求的场所。

2）分区一般照明。其是指为照亮工作场所中某一特定区域而设置的均匀照明。

3）局部照明。其是指特定视觉工作用的、为照亮某个局部而设置的照明。局限于工作部位的固定的或移动的照明，是为了提高房间内某一工作地点的照度而装设的照明系统。

4）混合照明。其是指一般照明与局部照明组成的照明。对于工作位置需要较高照度并对照射方向有特殊要求的场所，宜采用混合照明。此时，一般照明照度宜按不低于混合照明总照度设计。

（2）照明种类。照明种类可分为正常照明、应急照明、值班照明、警卫照明和障碍照明。

1）正常照明。在正常情况下使用的室内外照明，是能顺利完成工作、保证安全通行和能看清周围的物体而永久安装的照明。所有居住房间、工作场所、公共场所、运输场地道路以及楼梯和公众走廊等，都应设置正常照明。

2）应急照明。应急照明是指因正常照明的电源失效而启用的照明，是指当正常工作照明因故障熄灭后，为了避免人身伤亡、继续维持重要工作而设置的照明。应急照明也称事故照明，包括疏散照明、安全照明和备用照明。

①疏散照明。疏散照明是用于确保疏散通道被有效地辨认和使用的应急照明。疏散照明是在正常照明因电源失效后，为了避免发生意外事故，而需要对人员进行安全疏散时，在出口和通道设置的指示出口位置及方向的疏散标志灯和为照亮疏散通道而设置的照明。

②安全照明。安全照明是用于确保处于潜在危险之中的人员安全的应急照明。在正常照明因电源失效后，为确保处于潜在危险状态下的人员安全而设置的照明。

③备用照明。备用照明是用于确保正常活动继续或暂时继续进行的应急照明，是在当正常照明因故障熄灭后，可能会造成爆炸、火灾和人身伤亡等严重事故的场所，或停止工作将造成很大影响或经济损失的场所而设的继续工作用的照明，或在发生火灾时为了保证消防作用能正常进行而设置的照明。

3）值班照明。其是在非工作时间里，为需要夜间值守或巡视值班的车间、商店营业厅、展厅等场所提供的照明。它对照度要求不高，可以利用工作照明中能单独控制的一部分，也可利用应急照明，对其电源没有特殊要求。

4）警卫照明。警卫照明是用于警戒而安装的照明。在重要的厂区、库区等有警戒任务的场所，为了防范的需要，应根据警戒范围的要求设置警卫照明。

5）障碍照明。障碍照明是在可能危及航行安全的建筑物或构筑物上安装的标志照明。在飞行区域建设的高楼、烟囱、水塔以及在飞机起飞和降落的航道上等，对飞机的安全起降可能构成威胁，应按民航部门的规定，装设障碍标志灯；船舶在夜间航行时航道两侧或中间的建筑物、构筑物等，可能危及航行安全，应按交通部门有关规定，在有关建筑物、构筑物或障碍物上装设障碍标志灯。

（3）电光源种类。光源按其工作原理可分为热辐射光源、气体放电光源和半导体发光光源三类。

1）热辐射光源。利用物体通电加热至高温时辐射发光原理制成，常见的有白炽灯、卤钨灯等。

2）气体放电光源。主要利用电流通过气体（蒸汽）时，激发气体（或蒸汽）电离和放电而产生可见光。按其发光物质又可分为金属、惰性气体和金属卤化物三种。常见的有高压汞灯、高压钠灯、低压钠灯、荧光灯（低压汞灯）、金属卤化物灯等。

3）半导体发光光源。半导体发光光源为发光二极管，简称 LED。

（4）灯具种类。

1）按光通量在上下空间分布的比例不同，可分为直射型灯具、半直射型灯具、漫射型灯具、反射型灯具和半反射型灯具。

2）按控照结构的密封程度不同，可分为开启式灯具、防护式灯具、密闭式灯具和防爆灯具。

3）按用途不同，可分为功能性灯具和装饰性灯具。

4）按安装方式不同，可分为吊灯（线吊式、链吊式和管吊式）、吸顶式、壁式、嵌入式、柱式或杆式等。

5）按光源种类不同，可分为白炽灯、荧光灯、卤钨灯等。

8.1.5　建筑防雷及接地系统

（1）建筑防雷接地装置。接闪器系统是建筑防雷的基本系统，由接闪器、引下线和接地装置组成，如图 8-4 所示。

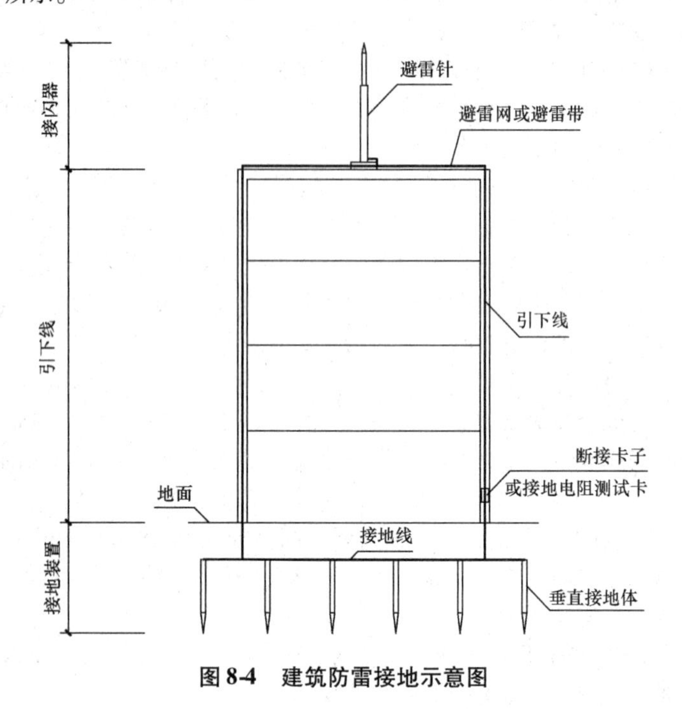

图 8-4　建筑防雷接地示意图

1）接闪器。接闪器是专门用来吸引雷电的金属导体，设在建筑物顶部，常见的形式有避雷针、避雷带和避雷网。建筑物的避雷针一般采用镀锌圆钢或镀锌钢管做成，避雷针的制作和安装应根据施工图纸或有关标准进行。避雷带是对建筑物雷击率高的部位（屋角和檐角）进行重点保护的一种接闪装置。当建筑物较高、屋顶面积较大但坡度不大时，可采用避雷网作为屋面保护的接闪装置。

避雷网和避雷带可采用镀锌圆钢（直径不小于 8 mm）或镀锌扁钢（截面不小于 12 mm × 4 mm），避雷网或避雷带水平敷设时，可采用混凝土支座或金属支架固定，混凝土支座间距不大于 2 m，金属支架间距不大于 1 m。

对高层建筑物来说，为防止雷电侧击而设计环绕建筑物周边的水平避雷带，称为等电位连接环（俗称均压环）。均压环一般利用建筑结构圈梁中的主筋形成。

避雷针

避雷带和避雷网

均压环

2）引下线。引下线用于将雷电流从接闪器传导至接地装置。引下线可采用金属导体专门敷设，也可利用建筑物本身的金属构件，如结构柱内主筋等。利用结构柱内主筋时，最少要利用四根柱子，每根柱子中至少应利用两根直径不小于 16 mm（或四根直径 10 mm）主筋（绑扎或焊接）作为一组引下线。

引下线

3）接地装置。接地装置是埋入地下土壤中的金属导体，由接地线和接地体组成，其作用是把雷电流疏散到大地中去。为防止对地电压过高，接地装置的接地电阻要小（具体数值由设计图纸规定）。

接地装置

接地体分人工接地体和自然接地体两种。人工接地体是将金属导体制成一定形状并敷设于地下，人工接地体又分为垂直接地体和水平接地体。垂直埋设人工接地体一般采用镀锌角钢、镀锌钢管或镀锌圆钢等（长度宜为2.5 m），水平接地体一般采用镀锌扁钢、镀锌圆钢等。人工接地体在土壤中的埋深不小于0.5 m，并宜敷设在冻土层以下，其距墙或基础不宜小于1 m。

自然接地体就是利用建筑物基础内的钢筋作为接地体，不再专门设置人工接地体。民用建筑宜优先采用自然接地体，当采用自然接地体不能满足接地电阻要求时，需增设人工接地体。

（2）低压配电系统接地形式。低压配电系统的接地形式分为TN系统、TT系统和IT系统，其中TN系统又分为TN-C系统、TN-S系统和TN-C-S系统，共三种五类。

1）低压配电系统接地形式命名含义。

第一个字母表示电源侧的接地状态：T表示直接接地；I表示不直接接地（即对地绝缘）或经阻抗接地。

第二个字母表示用电设备外露可导电部分的对地关系：T表示外露可导电部分直接接地，此接地与电源端的接地独立；N表示外露可导电部分与电源端接地有直接的电气连接。

第二个字母后面的字母则表明中性线与保护线的组合情况：S表示整个系统的中性线与保护线是分开的；C表示整个系统的中性线与保护线是共用的，即PEN线；C-S系统中有部分中性线与保护线是共用的。

2）TN-C系统。TN-C系统的接线形式如图8-5所示。TN-C系统的安全水平较低，可用于有专业人员维护管理的一般性工业厂房和场所。该系统不允许断开PEN线检修设备，对信息系统和电子设备易产生干扰。TN-C系统通常用于三相负荷比较平衡，单相负荷容量比较小的工厂、车间的供配电系统中。

3）TN-S系统。TN-S系统的接线形式如图8-6所示。该系统的优点在于公共PE线在正常情况下没有电流通过，因此不会对PE线上的其他设备产生电磁干扰，但这种系统消耗材料较多。这种系统多用于环境条件较差、对安全可靠性要求较高及设备对电磁干扰要求较严的场合。

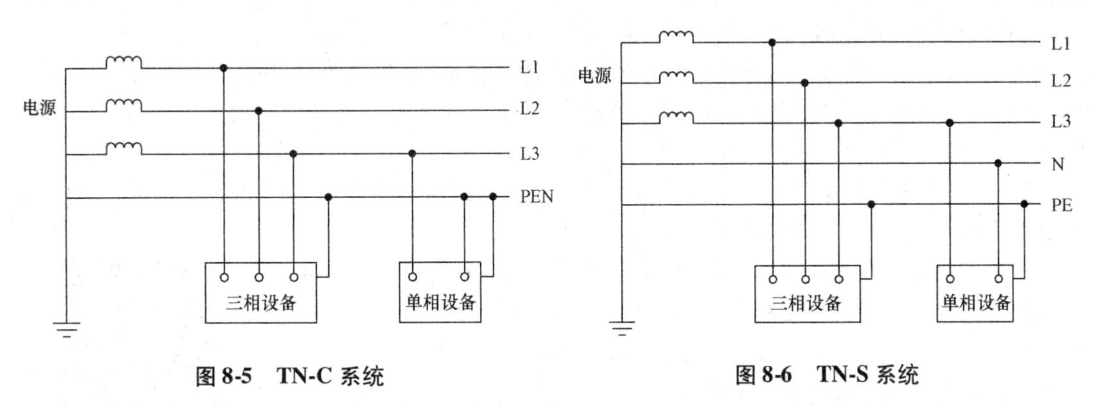

图8-5　TN-C系统　　图8-6　TN-S系统

4）TN-C-S系统。TN-C-S系统的接线形式如图8-7所示。该系统中N线与PE线有一部分是共用的，局部采用专设的保护线。TN-C-S系统是在TN-C系统上临时变通的做法。主要用于前部分为TN-C系统，而后部分必须采用TN-S系统方式供电的情况。

5）TT系统。TT系统的接线形式如图8-8所示。该系统需要装设灵敏的漏电保护装置，耗用

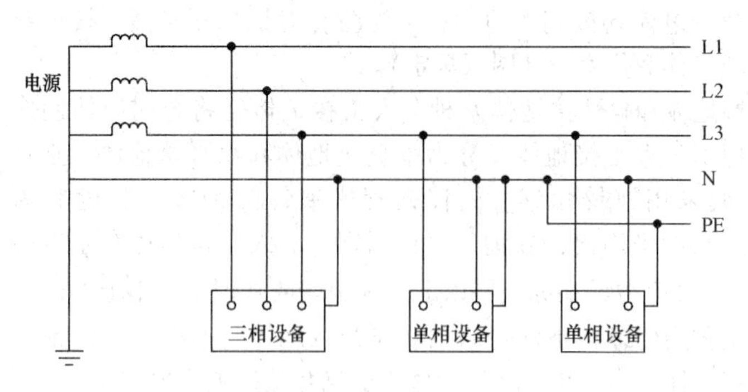

图 8-7　TN-C-S 系统

钢材较多，在我国较少使用。

6）IT 系统。IT 系统的接线形式如图 8-9 所示。该系统当发生单相接地故障时，其三相电压仍保持不变，三相用电设备仍可暂时继续运行，但同时另两相对地电压将由相电压升为线电压，当另一相再发生单相接地故障时，将发展为两相接地短路，导致供电中断。

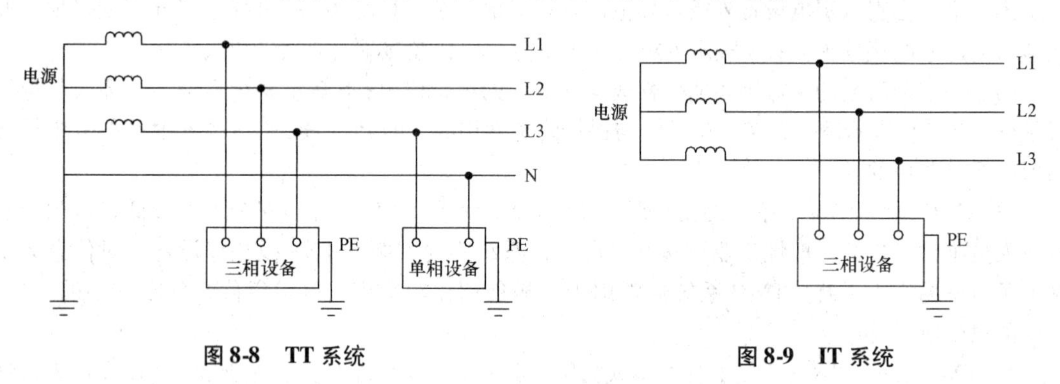

图 8-8　TT 系统　　**图 8-9　IT 系统**

IT 系统适用于不间断供电要求高和对接地故障电压有严格限制的场所，如应急电源装置，消防、矿井下电气装置，胸腔手术室以及有防火防爆要求的场所。

（3）建筑物等电位联结。

1）等电位联结作用。其作用是减小各种金属构件和各种系统之间的电位差，以消除接触电压，并消除雷击或其他原因经电气线路（或各种金属管道）引入危险故障电压的危害。其用以防止发生火灾、爆炸、触电等事故。

2）建筑等电位联结种类。建筑等电位联结根据联结范围可分为总等电位联结（MEB）、局部等电位联结（LEB）和辅助等电位联结（SEB）。

①总等电位联结（MEB）。其作用于全建筑，它在一定程度上可降低建筑物内间接接触电击的接触电压和不同金属部件间的电位差，消除自建筑物外沿电气线路和各种金属管道窜入的危险故障电压，还对防止雷电波侵入对人身及设备造成危害有重要作用。

等电位端子箱

总等电位联结通过总等电位联结端子板，将相应导电部分互相连通，如图 8-10 所示。

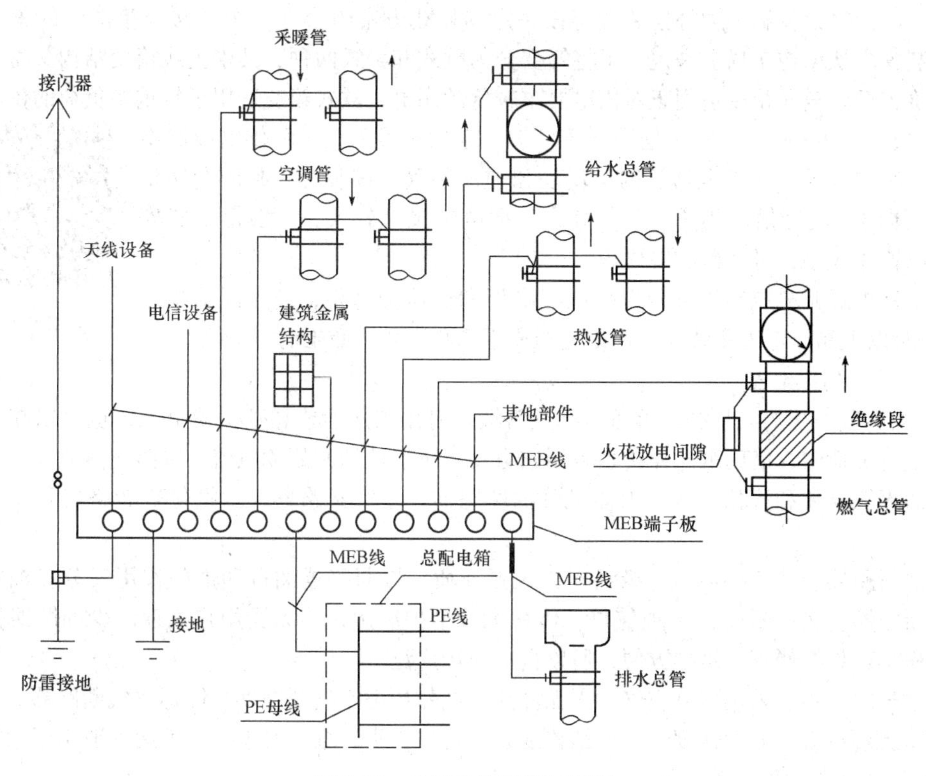

图 8-10　总等电位联结示意图

②局部等电位联结（LEB）。局部等电位联结指在局部范围内，将电气装置外露可接近导体和其他外露可接近导体互相连接，使建筑物局部范围内发生电气故障时没有电位差或电位差小于接触电压限值。民用建筑中浴室、游泳池、医院手术室等应做局部等电位联结。

③辅助等电位联结（SEB）。辅助等电位联结指将两导电部分用导线直接做等电位联结，使故障电压降至接触电压限值以下。它是总等电位联结和局部等电位联结的补充。

8.1.6　常见建筑电气设备及电线、电缆

（1）常见变配电设备。

1）变压器。变压器是变配电所（站）的核心设备，它的作用是变换电压，在小区或建筑内主要起降压作用，以满足用电设备的需要。变压器按照冷却方式的不同，可分为干式变压器和油浸式变压器。干式变压器依靠空气对流进行自然冷却或增加风机冷却。油浸式变压器依靠油作为冷却介质，如油浸自冷、油浸风冷、油浸水冷等。

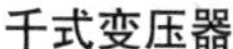
千式变压器

油浸式变压器

箱式变电站

2）箱式变电站。箱式变电站（简称箱变）是一种把高压配电装置、电力变压器、低压配电

装置、电能计量设备和无功补偿装置等按一定的接线方案组合在一个或几个箱体内的紧凑型成套配电装置。从结构布局上来说，可将箱变分为欧式和美式两种，其中美式箱变结构紧凑、体积小，造价较低。美式箱变适用于对供电要求较低的用电，欧式箱变适用于较重要负荷的供电。

3）成套配电柜（箱）。其是指制造厂按一定的接线方式，将供电线路中的母线、控制开关、保护电器、测量仪表和辅助装置等都装配在封闭金属柜（或箱）体内，成套供应用户。一般来说，配电柜尺寸较大，一般落地式安装，配电箱体积小，可暗敷在墙体内。

配电柜、箱

配电柜根据其电压等级可分为高压配电柜和低压配电柜，高压配电柜用于6 kV及以上高压电力系统，低压配电柜用于380/220 V低压电力系统。

（2）常见高压电器。

1）高压断路器。高压断路器可以在正常运行时用来接通或切断负荷电流，也可以在发生故障或严重过负荷时，借助继电保护装置用它自动、迅速地切断故障电流，以防止事故发生。根据所采用的灭弧介质和灭弧方式，大体可分油断路器、空气断路器、六氟化硫断路器和真空断路器等。

①油断路器。油断路器用绝缘油作为灭弧介质。按断路器油量和油的作用又分多油断路器和少油断路器。多油断路器出现较早，体积大，维护麻烦，不太受用户欢迎。少油断路器油量少，体积小，价格便宜，维护方便，所以目前应用广泛。

②空气断路器。采用压缩空气为灭弧介质的叫作压缩空气断路器，简称空气断路器。该类型断路器断流容量大，分闸速度快，但结构复杂，价格昂贵，维护要求高，因而一般用于国家电网110 V及以上大型电站或变电所。

③六氟化硫断路器。六氟化硫断路器是近些年发展的新产品。它采用具有良好灭弧和绝缘性能的气体六氟化硫（SF6）作为灭弧介质。这种断路器动作快、断流容量大、使用寿命长、无火灾和爆炸危险、可频繁通断、体积小，但价格偏高、维护要求严格，在全封闭的组合电器中，多采用该型断路器。

④真空断路器。真空断路器利用稀薄空气的高绝缘强度来熄灭电弧。具有体积小、质量小、适用于频繁操作、灭弧不用检修的优点，在配电网中应用较为普及。

2）高压隔离开关。高压隔离开关主要是用来隔离高压电源，并形成明显可见的间隔，以保证其他电气设备能安全检修。但因隔离开关没有灭弧设置，因而不能接通和切断负荷电流，只能接通或者断开较小电流。

3）高压负荷开关。高压负荷开关是专门用于接通和断开负荷电流的电气设备，但它仅具有简单的灭弧装置，不能切断短路电流，一般与高压熔断器串联，借助熔断器切除短路电流。

4）高压熔断器。高压熔断器是常用的一种简单的保护电器，它广泛用于配电装置中，常用作保护电气设备免受过载和短路电流的损害。

（3）常见低压电器。低压电器通常是指工作在交流电压为1 000 V或直流电压为1 500 V以下的电路中起着转换、控制、保护与调节等作用的电器。在民用建筑电气线路中，常用的低压电器主要有刀开关、熔断器、断路器、剩余电流动作保护器、接触器和继电器等。

1）刀开关。刀开关俗称闸刀开关，是一种简单的手动操作电器，用作电路隔离，只能非频繁接通或切断容量不大的电路，并兼作电源隔离开关。按操作原理和结构形式，刀开关可分为刀形转换开关、开启式负荷开关、封闭式负荷开关、熔式刀开关和组合开关5类。

2）低压熔断器。低压熔断器用作交、直流线路和设备的短路和过载保护。常用的低压熔断器有瓷插式、螺旋式和管式等。

3）低压断路器。低压断路器俗称自动空气开关或自动开关，是一种能自动切断故障电路的保护电器，主要用作交、直流线路的过载、短路或欠电压保护，也可用于电路的不频繁通断操作。

断路器按其结构可分为塑料外壳式、框架式、快速式和限流式等，基本形式有万能式（DW）和装置式（DZ）两种。

4）剩余电流动作保护器。当剩余电流（漏电电流）达到或超过给定值时，剩余电流动作保护器能自动断开电路或及时反馈漏电信号，是低压线路中防止人身触电、电气火灾及电气设备损坏的保护电器。按其保护功能及用途可分为漏电保护继电器、漏电保护开关和漏电断路器。

①漏电保护继电器。其是指具有对漏电流检测和判断的功能，而不具有切断和接通主回路功能的漏电保护装置。漏电保护继电器由零序互感器、脱扣器和输出信号的辅助接点组成。它可与大电流的自动开关配合，作为低压电网的总保护或主干路的漏电、接地或绝缘监视保护。

②漏电保护开关。其是指不仅与其他开关一样可将主电路接通或断开，而且具有对漏电流检测和判断的功能，当主回路发生漏电或绝缘破坏时，漏电保护开关可根据判断结果将主电路接通或断开的开关元件。它与熔断器、热继电器配合可构成功能完善的低压开关元件。

③漏电断路器。其具有过载保护和漏电保护的功能，是在断路器上加装漏电保护器件而构成的。

5）接触器。其是用作远距离频繁地起动或控制交、直流电动机，以及接通分断正常工作的电路。另外，它用按钮控制操作，安全可靠，同时还具有失压或欠压保护作用。

6）继电器。继电器是根据电量或非电量（如电流、电压、时间、温度、压力等）的变化，来断开或接通电路的自动电器。它能起到控制和保护的作用，常见的有热继电器、时间继电器、电流继电器、电压继电器和中间继电器等。

7）电度表。电度表（也称电能表）是专门用来测量交流电能的，分为单相电度表和三相电度表两种。

（4）应急电源。

1）柴油发电机组。柴油发电机组是以柴油为主燃料的一种发电设备，以柴油发动机为原动力带动发电机（即电球）发电，把动能转换成电能和热能的机械设备。作为应急电源使用时，机组应能在市电突然中断时，迅速启动运行，并在最短时间内向负载提供稳定的交流电源，以保证及时地向负载供电。

2）不间断电源装置（UPS）。不间断电源装置（UPS）具有不间断供电能力。当市电输入正常时，UPS 将市电稳压后供应给负载使用，同时它还向机内电池充电；当市电中断（事故停电）时，UPS 把蓄电池的直流电逆变成稳定无杂质的交流电，继续给负载使用。UPS 的不间断供电时间受制于蓄电池自身储存能量的大小。

（5）桥架。桥架用于支撑和敷设电缆，由桥架本体、托臂（臂式支架）和附件等组成。常见电缆桥架有槽式、托盘式、梯架式和组合式等结构形式。

槽式、托盘式和梯式桥架

槽式桥架是一种全封闭型电缆桥架，对控制电缆屏蔽干扰和重腐蚀环境中电缆的防护都有较好效果，但其散热较差。托盘式桥架本体采用托盘，具有质量小、载荷大、造型美观、结构简单、安装方便等优点。梯架式桥架本体采用梯架，它具有质量小、成本低、安装方便、散热、透气好等优点，适用于直径较大电缆的敷设。

组合式桥架是一种新型桥架，其结构形式如图 8-11 所示。它可以根据不同基片组合成多种尺寸规格，不需要生产弯通、三通等配件就可以根据现场安装任意转向、变宽，分引上、引下。

在任意部位，不需要打孔、焊接就可用管引出。

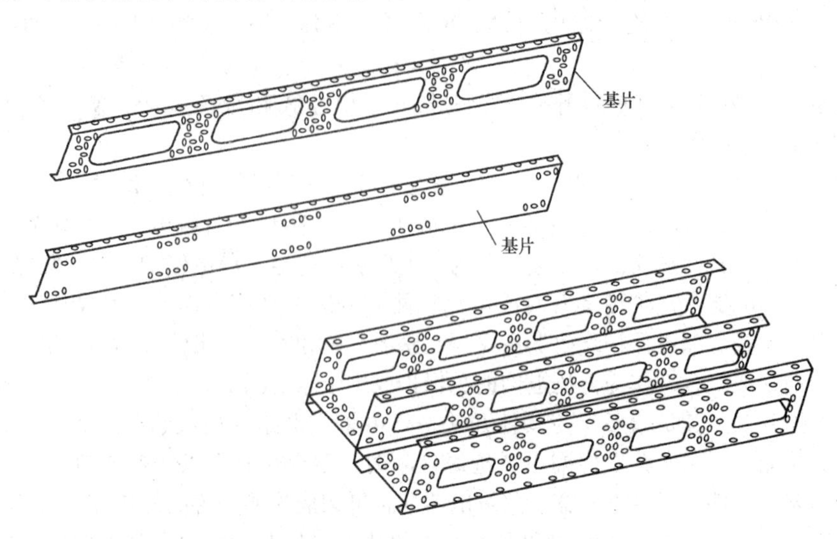

图 8-11　组合式桥架示意图

（6）配管。电气配管一般指敷设用于穿设线缆的管道。常见的电气配管管材有刚性阻燃管、半硬质塑料管、电线管（薄皮钢管）、焊接钢管、镀锌钢管、可挠金属套管、金属软管、套接紧定式钢导管（JDG）和扣压式薄壁钢导管（KBG）等。

刚性阻燃管，为刚性 PVC 管，管子采用插入法连接，连接处接合面涂专用胶合剂接口密封。

半硬质阻燃管，指聚乙烯管，一般成盘供应，采用套接粘接法连接，只能用于暗敷设。

可挠金属套管，指普利卡（PULLKA）金属套管，它是由镀锌钢带（Fe、Zn）及电工纸（P）构成双层金属制成的可挠性电线、电缆保护套管，主要用于砖、混凝土内暗设和吊顶内敷设及钢管、电线管和设备连接间的过渡，与钢管、电线、设备入口均采用专用混合接头连接。

金属软管（又称蛇皮管），一般敷设在较小型电动机的接线盒与钢管口的连接处，用来保护电缆或导线不受机械损伤。定额按其内径分别以每根管长列项。

紧定（扣压）式钢套管，连接采用专用接头螺栓头紧定（或扣压），该管最大特点是连接、弯曲操作简易，不用套丝，无须做跨接线，无须刷油，效率仅次于刚性阻燃管。

刚性、半硬质阻烯管　　普利卡管、蛇皮管　　紧定（扣压）式管接头

（7）电线电缆。

1）母线。在电力系统中，母线指用高导电率的铜（铜排）、铝质材料制成的，用以传输电能，具有汇集和分配电力能力的产品，通常用在变配电室，一般采用矩形或圆形截面的裸导线或绞线。母线按外型和结构，大致分为硬母线、软母线和封闭母线三类。硬母线包括矩形母线、槽形母线、管形母线等，软母线包括铝绞线、铜绞线、钢芯铝绞线、扩径空心导线等，封闭母线包括共箱母线和分相母线等。

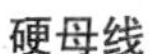

硬母线

封闭母线槽

电缆

2）电力电缆。电力电缆用来输送和分配电能，具有绝缘性能好，耐拉、耐压力强，敷设及维护方便和占位置小等优点。电力电缆基本结构由线芯、绝缘层和保护层组成，如图 8-12 所示。常见的电力电缆型号及其名称见表 8-1。近年来，一些电缆厂家在生产时，按设计图纸要求，在主干电缆上预制分支线，称为预分支电缆。该种电缆可大幅缩短工期、减少安装费用和增加配电可靠性。

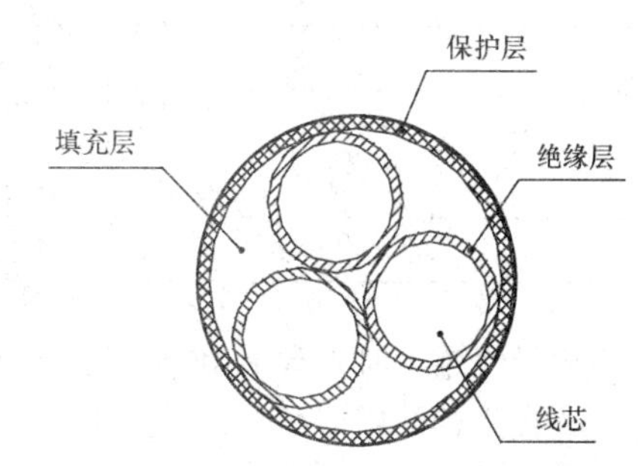

图 8-12　电力电缆基本结构示意图

表 8-1　常见的电力电缆型号及其名称

序号	电缆型号	名　　称
1	VV（VLV）	铜（铝）芯塑料绝缘塑料护套电缆
2	YJV（YJLV）	铜（铝）芯交联聚乙烯绝缘聚乙烯护套电缆
3	YFD-YJV	铜芯交联聚乙烯绝缘聚乙烯护套预分支电缆
4	VV22	铜芯聚乙烯绝缘聚乙烯护套铠装电缆
5	YJV22	铜芯交联聚乙烯绝缘塑料护套铠装电缆
6	WDZ-YJY	交联聚乙烯绝缘聚烯烃护套低烟无卤电力电缆
7	WDZN-YY	交联聚乙烯绝缘聚烯烃护套阻燃耐火低烟无卤电力电缆
8	BTTQ	（轻载）矿物绝缘电缆，全称轻型铜芯氧化镁绝缘铜护套聚氯乙烯外护套电力电缆
9	BTTZ	（重载）矿物绝缘电缆，全称重型铜芯氧化镁绝缘铜护套聚氯乙烯外护套电力电缆
10	BTTVZ	聚烯烃外护套矿物绝缘电缆

电缆敷设时，在室外可采用直接埋地敷设、在电缆沟或电缆隧道内敷设和排管内敷设等方式；室内电缆可采用沿墙或建筑构件明敷、穿管敷设和桥架敷设等方式。

电缆终端头

电缆连接设备器件时，需要对电缆两端专门制作终端头，统称电缆终端头。根据制作方法的不同，电缆终端头可分为热缩式、冷缩式和干包式三种，室内低压配电系统一般采用干包式电缆终端头。

3）绝缘电线。民用建筑中，照明回路和插座回路一般采用绝缘电线输配电能。根据导体材料不同，电线可分为铜芯线和铝芯线；按绝缘材料不同，电线可分为橡皮绝缘和聚氯乙烯绝缘；按线芯性能不同，可分为硬线和软线。常见的绝缘电线型号及其名称见表 8-2。

表 8-2　常见的绝缘电线型号及其名称

序号	绝缘电线型号	名　称
1	BV	铜芯聚氯乙烯绝缘电线
2	BLV	铝芯聚氯乙烯绝缘电线
3	BVV	铜芯聚氯乙烯绝缘聚氯乙烯护套电线
4	RVB	铜芯聚氯乙烯绝缘平行软线
5	RVS	铜芯聚氯乙烯绝缘绞形软线
6	RVV	铜芯聚氯乙烯绝缘聚氯乙烯护套软线
7	BX	铜芯橡皮线
8	BLX	铝芯橡皮线

室内导线施工时，常采用穿管敷设和线槽配线等方式。导线连接设备器件时，一般 6 mm^2 以上导线连接需要使用接线端子。接线端子俗称线鼻子，如图 8-13 所示。

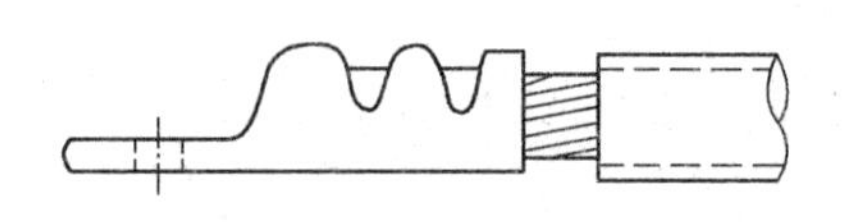

图 8-13　接线端子压接示意图

接线端子

8.2　建筑供配电及照明工程施工图识读

8.2.1　建筑供配电及照明工程施工图识读基础

视频：建筑照明识图基础

(1) 建筑供配电及照明工程图中常用图形与符号。识读建筑供配电及照明工程施工图前，必须熟悉常用的相关图例。建筑供配电及照明工程常用图例见表 8-3。

表 8-3　建筑供配电及照明工程常用图例

序号	符号	说明	序号	符号	说明
1		接地一般符号	5		电线、电缆等
2		三根导线 三根导线	6		端子
3		双绕组变压器	7		隔离开关
4		断路器	8		负荷开关（负荷隔离开关）

续表

序号	符号	说明	序号	符号	说明
9		避雷器	23		熔断器一般符号
10		灯，一般符号	24	Wh	电度表（瓦时计）
11		保护线	25		中性线
12		保护线和中性线共用线	26	PE	保护接地线
13		向下配线	27		向上配线
14		（电源）插座，一般符号	28		垂直通过配线
15		带保护接点（电源）插座	29		避雷针
16		双联单控开关	30		开关一般符号（单联单控开关）
17	N	*N* 联单控开关（*n*＞3）	31		三联单控开关
18		双控单极开关	32		荧光灯，一般符号（单管荧光灯）
19		双管荧光灯	33		三管荧光灯
20	n	多管荧光灯，*n*＞3	34		自带电源的事故照明灯
21		在专用电路上的事故照明灯	35	E	应急疏散指示标志灯
22	*	电气箱（柜）， “＊”表示种类代码， AP 表示动力配电箱， AL 表示照明配电箱	36		应急疏散指示 标志灯（向左、向右）

（2）建筑电气设备及线路的标注。建筑电气设备及线路的标注方法见表 8-4，灯具安装方式的标注见表 8-5，线路敷设方式的标注见表 8-6，导线敷设部位的标注见表 8-7。

表 8-4　建筑电气设备及线路的标注方法

序号	名称	标注方式	说明	示例
1	用电设备	$\frac{a}{b}$	a—参照代号； b—额定容量（kW 或 kV · A）	$\frac{\text{P01B}}{\text{30 kW}}$，设备的编号是 P01B，设备功率是 30 kW
2	照明灯具标注	$a-b\frac{c\times d\times L}{e}f$	a—数量； b—型号（无则省略）； c—每盏灯具的光源数量； d—光源安装容量； e—安装高度（m），“—”表示吸顶安装； f—安装方式； L—光源种类	$5-\text{BYS}\frac{2\times40\times\text{FL}}{3.5}\text{CS}$，表示 5 盏 BYS－80 型灯具，灯管为两根 40 W 荧光灯管，灯具链吊安装，安装高度距地 3. 5 m
3	线缆的标注	$ab-c\ (d\times e+f\times g)\ i-jh$	a—参照代号； b—型号（不需要可省略）； c—线缆根数； d—相导线根数； e—相导体截面（mm^2）； f—N、PE 导体根数； g—N、PE 导体截面（mm^2）； i—敷设方式和管径； j—线缆敷设部位； h—安装高度（m）。 上述字母无内容则省略该部分	WP201 YJV － 0. 6/1 kV － 2（3 × 150 ＋ 2 × 70） SC80 － ws3. 5 表示电缆编号为 WP201，电缆型号、规格为 YJV－0；两根电缆并联连接，敷设方式为穿 DN80 焊接钢管沿墙明敷，线缆敷设高度距地 3. 5 m
4	电缆梯架、托盘和槽盒标注	$\frac{a\times b}{c}$	a—宽度（mm）； b—高度（mm）； c—安装高度（m）	$\frac{600\times150}{3.5}$，表示电缆桥架宽度（600mm），桥架高度（150mm），安装高度距地 3. 5 m
5	相序	L1 L2 L3 U V W	交流系统电源第一相 交流系统电源第二相 交流系统电源第三相 交流系统设备端第一相 交流系统设备端第二相 交流系统设备端第三相	
6	中性线	N		
7	保护线	PE		

表 8-5　灯具安装方式的标注

序号	名称	文字符号	英文全称
1	线吊式	SW	Wire suspension type
2	链吊式	CS	Catenary suspension type
3	管吊式	DS	Conduit suspension type

续表

序号	名称	文字符号	英文全称
4	壁装式	W	Wall mounted type
5	吸顶式	C	Ceiling mounted type
6	嵌入式	R	Flush type
7	天棚内安装	CR	Recessed in ceiling
8	墙壁内安装	WR	Recessed in wall
9	支架上安装	S	Mounted on support
10	柱上安装	CL	Mounted on columm
11	座装	HM	Holder mounting

表 8-6　线路敷设方式的标注

序号	名称	文字符号	英文名称
1	穿普通碳素钢电线套管敷设	MT	Run in electrical metallic tubing
2	穿可挠金属电线保护套管敷设	CP	Run in flexible metal trough
3	穿硬塑料导管敷设	PC	Run in rigid PVC conduit
4	穿阻燃半硬塑料导管敷设	FPC	Run in flame retardant semiflexible PVC conduit
5	穿塑料波纹电线管敷设	KPC	Run in corrugated PVC conduit
6	电缆托盘敷设	CT	Installed in cable tray
7	电缆梯架敷设	CL	Installed in cable ladder
8	金属槽盒敷设	MR	Installed in metallic trunking
9	塑料槽盒敷设	PR	Installed in PVC trunking
10	钢索敷设	M	Supported by messenger wire
11	直埋敷设	DB	Direct burying
12	电缆沟敷设	TC	Installed in cable trough
13	电缆排管敷设	CE	Installed in concrete encasement

表 8-7　导线敷设部位的标注

序号	名称	文字符号	英文名称
1	沿或跨梁（屋架）敷设	AB	Along or across beam
2	暗敷设在梁内	BC	Concealed in beam
3	沿或跨柱敷设	AC	Along or across column
4	暗敷设在柱内	CLC	Concealed in column
5	沿墙面敷设	WS	On wall surface
6	暗敷设在墙内	WC	Concealed in wall
7	沿天棚或顶板面敷设	CE	Along ceiling or slab surface
8	暗敷设在顶板内	CC	Concealed in ceiling or slab
9	吊顶内敷设	SCE	Recessed in ceiling
10	暗敷设在地板或地面下	FC	In floor or ground

（3）照明系统基本线路。

1）照明开关“联”数、“控”数含义。

①照明开关“联”数的含义。表示开关能分别独立控制的线路数，等丁开关面板上的按钮

数，也可理解为几个独立开关联在一起的意思。

②照明开关“控”数的意义。照明开关的控数表明有几个开关可以同时控制一条线路。如楼梯的双控开关就表明楼梯的某一个灯具可以由两个开关分别控制。再如卧室吊灯的双控开关，就表示在进门处可以控制，在床头也可以控制。

2）基本照明线路。对于照明线路，如未设置保护线则进线为两根线，如设置保护线则进线为三根线。以下按无保护线线路介绍接线方法。需要注意的是，开关必须串接在相线上，一进一出，其出线接灯座，零线和保护线不进开关，直接接灯座。

①一个开关控制一盏灯或多盏灯。一个开关控制一盏灯（无保护线）如图 8-14 所示。

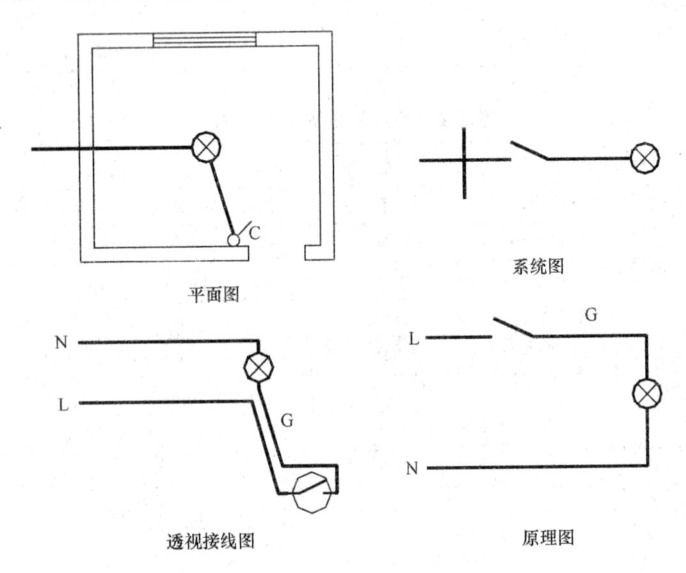

图 8-14　一个开关控制一盏灯的线路

②多个开关控制多盏灯。多个开关控制多盏灯（无保护线）如图 8-15 所示。

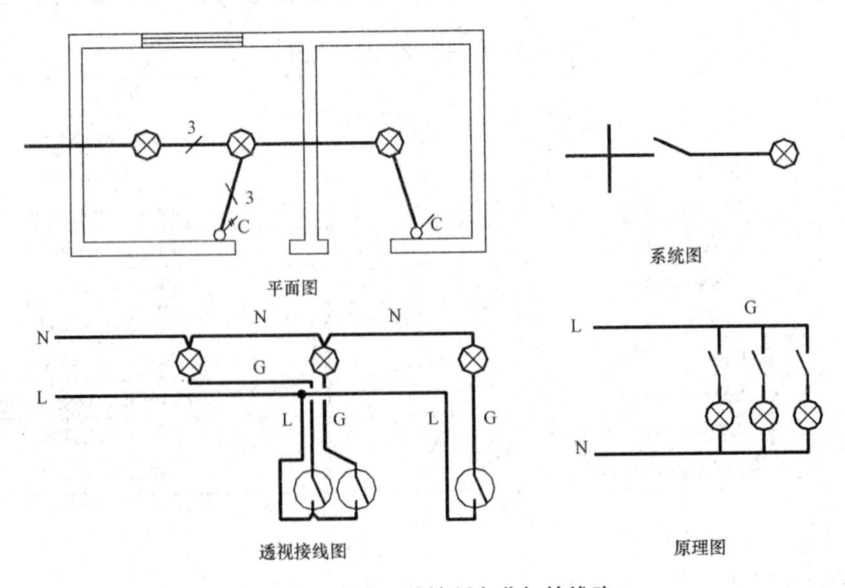

图 8-15　多个开关控制多盏灯的线路

③两个开关控制一盏灯。两个开关控制一盏灯（无保护线）如图 8-16 所示。

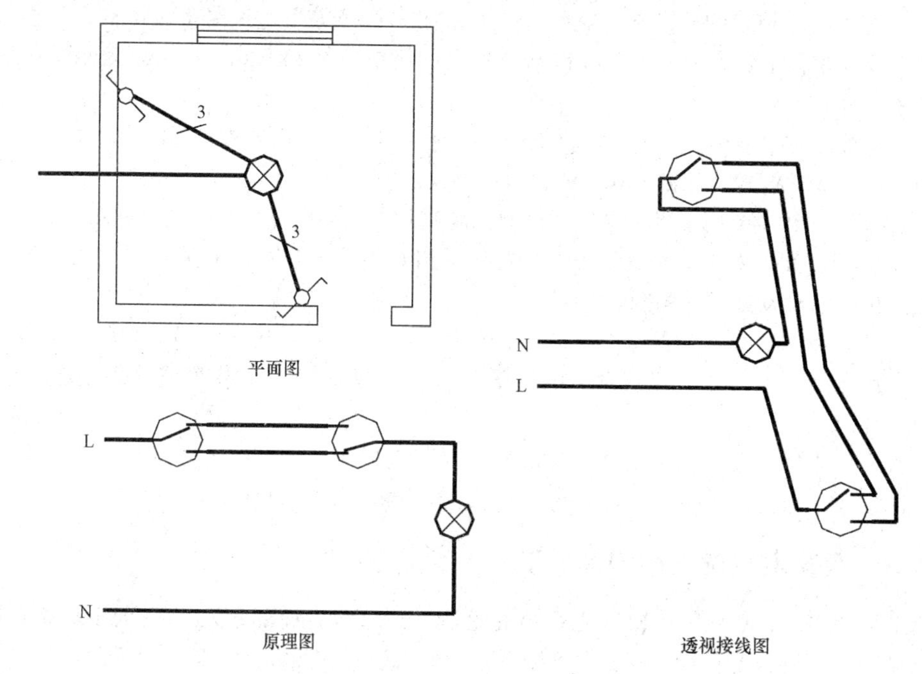

图 8-16　两个开关控制一盏灯的线路

④插座线路。从接线类型上说，插座可以分为单相两孔、单相三孔、单相多孔（>3 孔）和三相四孔等，其接线如图 8-17 所示，单相多孔（>3 孔）接线同单相三孔。

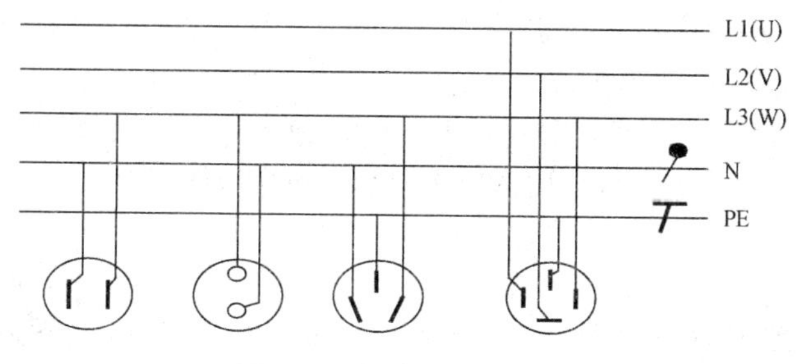

图 8-17　插座接线原理图

8.2.2　建筑电气工程施工图的组成

建筑电气工程施工图包含图纸目录、图例、设备材料表、设计及施工说明、系统图或原理图、平面图、安装接线图和详图等。

（1）图纸目录。图纸目录反映该套图纸的总页数、包含哪些图纸内容和每页对应的图纸名称等信息。

（2）图例表和设备材料表。图例表是对该套图纸中所用到的图形符号进行示例说明的汇总表。设备材料表反映该套图纸涉及的设备和主要材料的种类、规格型号及其数量。

（3）设计及施工说明。建筑电气施工图设计及施工说明包含设计依据、工程概况、负荷等级、保护方式、接地要求、负荷分配、线路敷设方式、设备安装高度、施工图未能表明的特殊要求、施工注意事项、测试参数及业主的要求和施工原则等。

(4) 系统图。用规定的符号表示电气系统的组成和连接关系，它用单线将整个工程的供电线路示意连接起来，主要表示整个工程或某一项目的供电方案和方式，也可以表示某一装置各部分的关系。

供配电系统图主要表达供电方式、供电回路、电压等级及进户方式；标注回路个数、设备容量及启动方法、保护方式、计量方式、线路敷设方式。

(5) 原理图。其主要用于表示电气系统的控制原理，例如电动机的控制原理图等。

(6) 平面图。其主要用于表达设备、装置和线路具体平面位置。一般按层出图，不同楼层但内容做法相同的可以共用一张图。

(7) 安装接线图。表达项目组件或单元之间物理连接信息的简图（表）。它包括接线图、单元接线图、互连接线图、端子接线图、电缆图等，表示或列出一个装置或设备的连接关系的简图。

(8) 详图。电气工程详图指某些电气部件的安装大样图。大样图的特点是对安装部件的各部位都有详细尺寸标注，一般在没有标准图可选用并有特殊要求的情况下才绘制。

8.2.3 建筑电气施工图识读方法

建筑电气识图时，总体可按照“先系统后定位、先总体后局部、先文字后图形和先主电路后辅助电路”的原则执行。针对一套电气图纸，一般来说可按照以下步骤进行阅读。

(1) 看图纸目录。了解工程名称、项目内容、设计日期及图纸内容、数量等。

(2) 看设计及施工说明。通过此项一方面了解工程总体概况及设计依据，另一方面掌握不能用图形表达的设计信息，比如供电电源情况、电压等级、设备及材料的技术要求、补充使用的非国标图形符号、施工时应注意的事项等。

(3) 看系统图。了解系统基本组成，主要电气设备、元件之间的连接关系以及它们的规格、型号、参数等，掌握该系统的组成概况。

(4) 看平面图。通过平面图可以确定电气设备的型号及位置，线路的走向、敷设部位、敷设方式和导线根数等。平面图的阅读可按照电源进线、总配电箱、干线、支线、分配电箱和末端用电设备的顺序进行。

(5) 看原理图。看原理图时，要搞清楚主电路（一次回路系统）和辅助电路（二次回路系统）的相互关系和控制原理及其作用。控制回路和保护回路是为主电路服务的，起着对主电路的启动、停止、制动和保护等作用。识读时应逐回路进行，对每一回路的识读应从电源端开始，顺电源线识读，依次通过每一电气元件时，都要分别弄清楚其动作及变化，以及该变化可能引起的连锁反应。

(6) 看安装接线图。了解设备或电器的布置与接线。

(7) 看安装大样图。安装大样图是用来详细表示设备安装方法的图纸，是依据施工平面图进行安装施工和编制工程材料计划时的重要参考图纸。除了图纸绘制大样图外，识图时还经常需要配合使用电气标注图集。

(8) 看设备材料表。通过设备材料表可获得设备、材料的具体型号、技术参数和数量等信息，这些信息可作为概预算编制的参考依据。

以上仅是一般性的阅读步骤，实际工作中没有统一的规定，需要灵活运用。总的来说，这些图纸各自的用途不同，但相互之间是有联系并协调一致的。在识读时应根据需要，将各图纸结合起来识读，以达到对整个工程或分部项目全面了解的目的。

8.2.4　建筑电气施工图识读实例

参见8.5节中图8-18~图8-20进行识读。

8.3　电力设备安装工程定额计量与应用

说明：字体加粗部分为本节中基本知识点或民用建筑中常涉及项目，应熟练掌握。

8.3.1　定额适用范围及与其他定额界限

（1）**《通用安装工程消耗量定额》（TY02—31—2015）第四册《电气设备安装工程》（以下简称本册定额）适用于工业与民用电压等级小于或等于10 kV变配电设备及线路安装、车间动力电气设备及电气照明器具、防雷及接地装置安装、配管配线、电梯电气装置、电气调整试验等安装工程。**

（2）**电压等级大于10 kV配电、输电、用电设备及装置安装，应执行电力行业相关定额。**

（3）**厂区和居民生活小区以外部分的路灯照明工程、景观（艺术）照明工程、管道沟、电缆沟、接地沟土石方工程，应执行市政工程相关定额。**

8.3.2　变压器安装工程定额计量与应用

变压器安装工程涉及油浸电力变压器、干式变压器、油浸式消弧线圈、干式消弧线圈安装及绝缘油过滤等内容。

（1）变压器安装定额计量。

1）**三相变压器、单相变压器、消弧线圈安装根据设备容量及结构性能，按照设计安装数量以“台”为计量单位。**

2）绝缘油过滤不分次数至油过滤合格止。按照设备载油量以“t”为计量单位。

①变压器绝缘油过滤，按照变压器铭牌充油量计算。

②油断路器及其他充油设备绝缘油过滤，按照设备铭牌充油量计算。

（2）变压器安装定额应用。

1）**设备安装定额包括放注油、油过滤所需的临时油罐等设施摊销费。不包括变压器防震措施安装、端子箱与控制箱的制作与安装、变压器干燥、二次喷漆、变压器铁梯及母线铁构件的制作与安装，工程实际发生时，执行相应的定额。**

2）油浸式变压器安装定额适用于自耦式变压器、带负荷调压变压器的安装；电炉变压器安装执行同容量变压器定额乘以系数1.6；整流变压器安装执行同容量变压器定额乘以系数1.2。

3）变压器的器身检查：容量≤4 000 kV·A变压器是按照吊芯检查考虑，容量>4 000 kV·A变压器是按照吊钟罩考虑。如果容量>4 000 kV·A变压器需吊芯检查时，定额中机械乘以系数2.0。

4）安装带有保护外罩的干式变压器时，执行相应定额的人工、机械乘以系数1.1。

5）单体调试包括熟悉图纸及相关资料、核对设备、填写试验记录、整理试验报告等工作内容。

①变压器单体调试内容包括测量绝缘电阻、直流电阻、极性组别、电压变比、交流耐压及空载电流和空载损耗、阻抗电压和负载损耗试验；包括变压器绝缘油取样、简化试验、绝缘强度试验。

②消弧线圈单体调试包括测量绝缘电阻、直流电阻和交流耐压试验；包括油浸式消弧线圈绝缘油取样、简化试验、绝缘强度试验。

6）**绝缘油是按照设备供货考虑的**。

7）非晶合金变压器安装根据容量执行相应的油浸变压器安装定额。

8.3.3 配电装置安装工程定额计量与应用

配电装置安装包括油断路器、真空断路器、SF6断路器、空气断路器、隔离开关、负荷开关、互感器、熔断器、避雷器、电抗器、电容器、并联补偿电容器组架、开闭所成套配电装置、成套配电柜、成套配电箱、组合式成套箱式变电站、配电智能设备安装及单体调试等。

（1）配电装置安装工程定额计量。

1）断路器、电流互感器、电压互感器、油浸电抗器、电力电容器的安装，根据设备容量或质量，按照设计安装，以“台”或“个”为计量单位。

2）隔离开关、负荷开关、熔断器、避雷器、干式电抗器的安装，根据设备质量或容量，按照设计安装数量以“组”为计量单位，每三相为一组。

3）并联补偿电抗器组架安装根据设备布置形式，按照设计安装，以“台”为计量单位。

4）交流滤波器装置组架安装根据设备功能，按照设计安装，以“台”为计量单位。

5）**成套配电柜安装，根据设备功能，按照设计安装，以“台”为计量单位**。

6）**成套配电箱安装，根据箱体半周长，按照设计安装，以“台”为计量单位**。

7）**箱式变电站安装，根据引进技术特征及设备容量，按照设计安装，以“座”为计量单位**。

8）变压器配电采集器、柱上变压器配电采集器、环网柜配电采集器调试根据系统布置，按照设计安装变压器或环网柜，以“台”为计量单位。

9）开闭所配电采集器调试根据系统布置，以“间隔”为计量单位，一台断路器计算一个间隔。

10）电压监控切换装置安装、调试，根据系统布置，按照设计安装，以“台”为计量单位。

11）GPS时钟安装、调试，根据系统布置，按照设计安装，以“套”为计量单位。天线系统不单独计算工程量。

12）配电自动化子站、主站系统设备调试根据管理需求，以“系统”为计量单位。

13）电度表、中间继电器安装调试，根据系统布置，按照设计安装，以“台”为计量单位。

14）电表采集器、数据集中器安装调试，根据系统布置，按照设计安装，以“台”为计量单位。

15）各类服务器、工作站安装，根据系统布置，按照设计安装，以“台”为计量单位。

（2）配电装置安装工程定额应用。

1）设备所需的绝缘油、六氟化硫气体、液压油等均按照设备供货编制。设备本体以外的加压设备和附属管道的安装，应执行相应定额另行计算。

2）**设备安装定额不包括端子箱安装、控制箱安装、设备支架制作及安装、绝缘油过滤、电抗器干燥、基础槽（角）钢安装、配电设备的端子板外部接线、预埋地脚螺栓、二次灌浆**。

3）配电智能设备安装调试定额不包括光缆敷设、设备电源电缆（线）的敷设、配线架跳线的安装、焊（绕、卡）接及钻孔等；不包括系统试运行、电源系统安装测试、通信测试、软件生产和系统组态以及因设备质量问题而进行的修配改工作；应执行相应的定额另行计算费用。

4）干式电抗器安装定额适用于混凝土电抗器、铁芯干式电抗器和空心电抗器等干式电抗器安装。定额是按照三相叠放、三相平放和二叠一平放的安装方式综合考虑的，工程实际与其不同时，执行定额不做调整。励磁变压器安装根据容量及冷却方式执行相应的变压器安装定额。

5）交流滤波装置安装定额不包括铜母线安装。

6）开闭所（开关站）成套配电装置安装定额综合考虑了开关的不同容量与形式，执行定额时不做调整。

7）高压成套配电柜安装定额综合考虑了不同容量，执行定额时不做调整。定额中不包括母线配制及设备干燥。

8）低压成套配电柜安装定额综合考虑了不同容量、不同回路，执行定额时不做调整。

9）组合式成套箱式变电站主要是指电压等级小于或等于10 kV箱式变电站。定额是按照通用布置方式编制的，即：变压器布置在箱中间，箱一端布置高压开关，箱另一端布置低压开关，内装6～24台低压配电箱（屏）。执行定额时，不因布置形式而调整。在结构上采用高压开关柜、低压开关柜、变压器组成方式的箱式变压器称为欧式变压器；在结构上将负荷开关、环网开关、熔断器等结构简化放入变压器油箱中且变压器取消油枕方式的箱式变压器称为美式变压器。

10）成套配电柜和箱式变电站安装不包括基础槽（角）钢安装；成套配电柜安装不包括母线及引下线的配制与安装。

11）配电设备基础槽（角）钢、支架、抱箍、延长环、套管、间隔板等安装，执行本册定额第七章金属构件、穿墙板安装工程相应项目。

12）配电箱空箱体安装执行相应的成套配电箱安装定额乘以系数0.5。

13）开闭所配电采集器安装定额是按照分散分布式编制的，若实际采用集中组屏形式，执行分散式定额乘以系数0.9；若为集中式配电终端安装，可执行环网柜配电采集器定额乘以系数1.2；单独安装屏可执行相应定额。

14）环网柜配电采集器安装定额是按照集中式配电终端编制的，若实际采用分散式配电终端，执行开闭所配电采集器定额乘以系数0.85。

15）对应用综合自动化系统新技术的开闭所，其测控系统单体调试可执行开闭所配电采集器调试定额乘以系数0.8，其常规微机保护调试已经包含在断路器系统调试中。

16）配电智能设备单体调试定额中只考虑三遥（遥控、遥信、遥测）功能调试，若实际工程增加遥调功能时，执行相应定额乘以系数1.2。

17）电能表集中采集系统安装调试定额包括基准表安装调试、抄表采集系统安装调试。定额不包括箱体及固定支架安装、端子板与汇线槽及电气设备元件安装、通信线及保护管敷设、设备电源安装测试、通信测试等。

18）环网柜安装根据进出线回路数量执行开闭所成套配电装置安装相应定额。环网柜进出线回路数量与开闭所成套配电装置间隔数量对应。

19）变频柜安装执行可控硅柜安装相应定额；软启动柜安装执行保护屏安装相应定额。

8.3.4　绝缘子、母线安装工程定额计量与应用

绝缘子、母线安装工程包括绝缘子、穿墙套管、穿墙板、软母线、软母线引下线与跳线及设备连线、矩形母线、矩形母线引下线、矩形母线伸缩节及过渡板、槽形母线、槽形母线与设备连线、管型母线、管型母线引下线、分相封闭母线、共箱母线、低压封闭式插接母线槽、重型母线等安装内容，以及重型母线伸缩器及导板制作与安装、重型铝母线接触面加工等内容。

(1) 绝缘子、母线安装工程定额计量。

1) 悬垂绝缘子安装是指垂直或V形安装的提挂导线、跳线、引下线、设备连线或设备所用的绝缘子串安装，根据工艺布置，按照设计图示安装数量，以“单串”为计量单位。V形串按照两串计算工程量。

2) 持绝缘子安装根据工艺布置和安装固定孔数，按照设计图示安装数量，以“个”为计量单位。

3) 穿墙套管安装不分水平、垂直安装，按照设计图示数量，以“个”为计量单位。

4) 软母线安装是指直接由耐张绝缘子串悬挂安装，根据母线形式和截面面积或根数，按照设计布置，以“跨/三相”为计量单位。

5) 软母线引下线是指由T形线夹或并沟线夹从软母线引向设备的连线，其安装根据导线截面面积，按照设计布置，以“组/三相”为计量单位。

6) 两跨软母线间的跳线、引下线安装，根据工艺布置，按照设计图示安装数量，以“组/三相”为计量单位。

7) 设备连接线是指两设备间的连线。其安装根据工艺布置和导线截面面积，按照设计图示安装数量，以“组/三相”为计量单位。

8) 软母线安装预留长度按照设计规定计算，设计无规定时按照表8-8规定计算。

表8-8　软母线安装预留长度表

项目	耐张	跳线	引下线	设备连接线
预留长度	2.5	0.8	0.6	0.6

9) 矩形与管形母线及母线引下线安装，根据母线材质及每相片数、截面面积或直径，按照设计图示安装数量以“m/单相”为计量单位。计算长度时，应考虑母线挠度和连接需要增加的工程量，不计算安装损耗量。母线和固定母线金具应按照安装数量加损耗量另行计算主材费。

10) 矩形母线伸缩节安装，根据母线材质和伸缩节安装片数，按照设计图示安装数量，以“个”为计量单位；矩形母线过渡板安装，按照设计图示安装数量，以“块”为计量单位。

11) 槽形母线安装，根据母线根数与规格，按照设计图示安装数量，以“m/单相”为计量单位。计算长度时，应考虑母线挠度和连接需要增加的工程量，不计算安装损耗量。

12) 槽形母线与设备连接，根据连接的设备与接头数量及槽形母线规格，按照设计连接设备数量，以“台”为计量单位。

13) 分相封闭母线安装根据外壳直径及导体截面面积规格，按照设计图示安装，轴线长度以“m”为计量单位，不计算安装损耗量。

14) 共箱母线安装根据箱体断面及导体截面面积和每相片数规格，按照设计图示安装，轴线长度以“m”为计量单位，不计算安装损耗量。

15) 低压（电压等级≤380 V）封闭式插接母线槽安装，根据每相电流容量，按照设计图示安装，轴线长度以“m”为计量单位；计算长度时，不计算安装损耗量。母线槽及母线槽专用配件按照安装数量计算主材费。

16) 分线箱、始端箱安装根据电流容量，按照设计图示安装数量，以“台”为计量单位。

17) 重型母线安装，根据母线材质及截面面积或用途，按照设计图示安装，成品质量以“t”为计量单位。

18）计算质量时，不计算安装损耗量。母线、固定母线金具、绝缘配件应按照安装数量加损耗量另行计算主材费。

19）重型母线伸缩节制作与安装，根据重型母线截面面积，按照设计图示安装数量以“个”为计量单位。铜带、伸缩节螺栓、垫板等单独计算主材费。

20）重型母线导板制作与安装，根据材质与极性，按照设计图示安装数量以“束”为计量单位。铜带、导板等单独计算主材费。

21）重型铝母线接触面加工是指对铸造件接触面的加工，根据重型铝母线接触面加工断面，按照实际加工数量，以“片/单相”为计量单位。

22）硬母线安装预留长度按照设计规定计算，设计无规定时按照表 8-9 规定计算。

表 8-9　硬母线安装预留长度表　　单位：m/根

序号	项目	预留长度	说明
1	矩形、槽形、管形母线终端	0.3	从最后一个支持点算起
2	矩形、槽形、管形母线与分支线连接	0.5	分支线预留
3	矩形、槽形母线与设备连接	0.5	从设备端子接口算起
4	多片重型母线与设备连接	1.0	从设备端子接口算起

（2）绝缘子、母线安装工程定额应用。

1）定额不包括支架、铁构件的制作与安装，工程实际发生时，执行本册定额第十三章金属构件相应项目。

2）组合软母线安装定额不包括两端铁构件制作与安装及支持瓷瓶、矩形母线的安装，工程实际发生时，应执行有关相应定额。安装的跨距是按照标准跨距综合编制的，如实际安装跨距与定额不符时，执行定额不做调整。

3）软母线安装定额是按照单串绝缘子编制的，如设计为双串绝缘子，其定额人工乘以系数 1.14。耐张绝缘子串的安装与调整已包含在软母线安装定额内。

4）软母线引下线、跳线、经终端耐张线夹引下（不经过 T 型线夹或并沟线夹引下）与设备连接的部分应按照导线截面分别执行定额。软母线跳线安装定额综合考虑了耐张线夹的连接方式，执行定额时不做调整。

5）矩形钢母线安装执行铜母线安装定额。

6）矩形母线伸缩节头和铜过渡板安装定额是按照成品安装编制，定额不包括加工配制及主材费。

7）矩形母线、槽形母线安装定额不包括支持瓷瓶安装和钢构件配置安装，工程实际发生时，执行相应定额。

8）高压共箱母线和低压封闭式插接母线槽安装定额是按照成品安装编制，定额不包括加工配制及主材费；包括接地安装及材料费。

8.3.5　配电控制、保护、直流装置安装工程定额计量与应用

配电控制、保护、直流装置包括控制与继电及模拟配电屏、控制台、控制箱、端子箱、端子板、焊（压）接线端子、高频开关电源、直流屏（柜）等。

（1）配电控制、保护、直流装置安装工程定额计量。

1）**配电控制设备安装根据设备性能和规格，按照设计图示安装，以“台”为计量单位。**

2）**端子板外部接线根据设备外部接线图，按照设计图示接线数量，以“个”为计量单位。**

3）高频开关电源、硅整流柜、可控硅柜安装根据设备电流容量，按照设计图示安装数量以“台”为计量单位。

（2）配电控制、保护、直流装置安装工程定额应用。

1）设备安装定额包括屏、柜、台、箱设备本体及其辅助设备安装，即标签框、光字牌、信号灯、附加电阻、连接片等。定额不包括支架制作与安装、二次喷漆及喷字、设备干燥、焊（压）接线端子、端子板外部（二次）接线、基础槽（角）钢制作与安装、设备上开孔。

2）**接线端子定额只适用于导线，电力电缆终端头制作安装定额中包括压接线端子，控制电缆终端头制作安装定额中包括终端头制作及接线至端子板，不得重复计算。**

3）直流屏（柜）不单独计算单体调试，其费用综合在分系统调试中。

8.3.6 蓄电池安装工程定额计量与应用

蓄电池安装涉及蓄电池防振支架、碱性蓄电池、密闭式铅酸蓄电池、免维护铅酸蓄电池安装、蓄电池充放电、太阳能电池等内容。

（1）蓄电池安装工程定额计量。

1）蓄电池防振支架安装根据设计布置形式，按照设计图示安装成品数量，以“m”为计量单位。

2）碱性蓄电池和铅酸蓄电池安装，根据蓄电池容量，按照设计图示安装数量，以“个”为计量单位。

3）免维护铅酸蓄电池安装根据电压等级及蓄电池容量，按照设计图示安装数量，以“组件”为计量单位。

4）蓄电池充放电根据蓄电池容量，按照设计图示安装数量，以“组”为计量单位。

5）**UPS安装根据单台设备容量及输入与输出相数，按照设计图示安装，以“台”为计量单位。**

UPS

6）太阳能电池板钢架安装根据安装的位置，按实际安装太阳能电池板和预留安装太阳能电池板面积之和计算工程量。不计算设备支架、不同高度与不同斜面太阳能电池板支撑架的面积；设备支架按照质量计算，执行金属构件、穿墙板安装工程相应定额。

7）小区路灯柱上安装太阳能电池，根据路灯柱高度，以“块”为计量单位。

8）太阳能电池组装与安装根据设计布置，功率小于或等于1 500 Wp（peak watt，峰瓦，在标准测试条件下太阳能电池组件或方阵的额定最大输出功率）按照每组电池输出功率，以“组”为计量单位；功率大于1 500 Wp时每增加500 Wp计算一组增加工程量，功率小于500 Wp按照500 Wp计算。

9）太阳能电池与控制屏联测，根据设计布置，按照设计图示安装单方阵数量，以“组”为计量单位。

10）光伏逆变器安装根据额定交流输出功率，按照设计图示安装数量，以“台”为计量单位。功率大于1 000 kW光伏逆变器根据组合安装方式，分解成若干台设备计算工程量。

11）太阳能控制器根据额定系统电压，按照设计图示安装数量，以“台”为计量单位。当控制器与逆变器组合为复合电气逆变器时，控制器不单独计算安装工程量。

（2）蓄电池安装工程定额应用。

1）定额适用电压等级小于220 V各种容量的碱性和酸性固定型蓄电池安装。定额不包括蓄电池抽头连接用电缆及电缆保护管的安装，工程实际发生时，执行相应定额。

2）蓄电池防振支架安装定额是按照地坪打孔、膨胀螺栓固定编制，工程实际采用其他形式安装时，执行定额不做调整。

3）蓄电池防振支架、电极连接条、紧固螺栓、绝缘垫按照设备供货编制。

4）碱性蓄电池安装需要补充的电解液，按照厂家设备供货编制。

5）密封式铅酸蓄电池安装定额包括电解液材料消耗，执行时不做调整。

6）蓄电池充放电定额包括充电消耗的电量，不分酸性、碱性电池均按照其电压和容量相应定额。

7）UPS不间断电源安装定额分单相（单相输入/单相输出）、三相（三相输入/三相输出），三相输入/单相输出设备安装执行三相定额。EPS应急电源安装根据容量执行相应的UPS安装定额。

8）太阳能电池安装定额不包括小区路灯柱安装、太阳能电池板钢架混凝土地面与混凝土基础及地基处理、太阳能电池板钢架支柱与支架、防雷接地。

8.3.7　发电机、电动机检查接线定额计量与应用

（1）发电机、电动机检查接线定额计量。

1）发电机、**电动机检查接线，根据设备容量，按照设计图示安装数量，以“台”为计量单位。单台电动机质量在30 t，以上时，按照质量计算检查接线工程量。**

2）电动机检查接线定额中，每台电动机按照0.824 m计算金属软管材料费。电机电源线为导线时，其接线端子分导线截面按照“个”计算工程量，执行配电控制、保护、直流装置安装工程相应定额。

（2）发电机、电动机检查接线定额应用。

1）发电机检查接线定额包括发电机干燥。电动机检查接线定额不包括电动机干燥，工程实际发生时，另行计算费用。

2）电机空转电源是按照施工电源编制的，定额中包括空转所消耗的电量及6 000 V电机空转所需的电压转换设施费用。空转时间按照安装规范综合考虑，工程实际施工与定额不同时不做调整。当工程采用永久电源进行空转时，应根据定额中的电量进行费用调整。

3）**电动机根据质量分为大型、中型、小型。单台质量小于或等于3 t电动机为小型电动机；单台质量大于3 t，小于或等于30 t电动机为中型电动机；单台质量大于30 t电动机为大型电动机。小型电动机安装按照电动机类别和功率大小执行相应定额；大中型电动机安装不分交、直流电动机，按照电动机质量执行相应的定额。**

4）微型电机包括驱动微型电机、控制微型电机、电源微型电机三类。驱动微型电机是指微型异步电机、微型同步电机、微型交流换向器电机、微型直流电机等；控制微型电机是指自整角机、旋转变压器、交/直流测速发电机、交/直流伺服电动机、步进电动机、力矩电动机等；电源微型电机是指微型电动发电机组和单枢变流机等。

5）**功率小于或等于0.75 kW电机检查接线均执行微型电机检查接线定额。设备出厂时电动机带出线的，不计算电动机检查接线费用（如排风机、电风扇等）。**

6）电机检查接线定额不包括控制装置的安装和接线。

7）定额中电机接地材质是按照镀锌扁钢编制的，如采用铜接地时，可以调整接地材料费，但安装人工和机械不变。

8）定额不包括发电机与电动机的安装。包括电动机空载试运转所消耗的电量，工程实际与定额不同时，不做调整。

9）电动机控制箱安装执行本册定额第二章成套配电箱相应定额。

8.3.8 金属构件、穿墙板制作安装工程定额计量与应用

（1）金属构件、穿墙板制作安装工程定额计量。

1）基础槽钢、角钢制作与安装，根据设备布置，按照设计图示安装数量以“m”为计量单位。

2）电缆桥架支撑架及沿墙支架、铁构件的制作与安装，按照设计图示安装成品质量以“t”为计量单位。

3）金属箱、盒制作按照设计图示安装，成品质量以“kg”为计量单位。

4）穿墙板制作与安装根据穿墙板材质，按照设计图示安装数量，以“块”为计量单位。

5）围网、网门制作与安装根据工艺布置，按照设计图示安装成品数量，以“m^2”为计量单位。计算面积时，围网长度按照中心线计算，围网高度按照实际高度计算，不计算围网底至地面的高度。

（2）金属构件、穿墙板制作安装工程定额应用。

1）电缆桥架支撑架制作与安装适用于电缆桥架的立柱、托臂现场制作与安装，如果生产厂家成套供货时，只计算安装费。

2）铁构件制作与安装定额适用于本册范围内除电缆桥架支撑架、沿墙支架以外的各种支架、构件的制作与安装。

3）铁构件制作定额不包括镀锌、镀锡、镀铬、喷塑等其他金属防护费用，工程实际发生时，执行相应的定额另行计算。

4）轻型铁构件是指铁构件的主体结构厚度小于3 mm的铁构件。单件质量大于100 kg的铁构件安装执行《通用安装工程消耗量定额》（TY02—31—2015）第三册《静置设备与工艺金属结构制作安装工程》相应定额。

5）穿墙板制作与安装定额综合考虑了板的规格与安装高度，执行定额时不做调整。定额中不包括电木板、环氧树脂板的主材，应按照安装用量加损耗量另行计算主材费。

6）金属围网、网门制作与安装定额包括网或门的边柱、立柱制作与安装。

7）金属构件制作定额中包括除锈、刷油漆费用。

8.3.9 配电、输电电缆敷设工程定额计量与应用

配电、输电电缆敷设涉及直埋电缆辅助设施、电缆保护管铺设、电缆桥架与槽盒安装、电力电缆敷设、电力电缆头制作安装、控制电缆敷设、控制电缆终端头制作安装、电缆防火设施安装等内容。

（1）配电、输电电缆敷设工程定额计量。

1）开挖路面、修复路面根据路面材质与厚度，结合施工组织设计，按照实际开挖的数量，以“m^2”为计量单位。需要单独计算渣土外运工作量时，按照路面开挖厚度乘以开挖面积计算，不考虑松散系数。

室外电缆敷设

2）直埋电缆沟槽挖填根据电缆敷设路径，除特殊要求外，按照表8-10规定以“m^3”为计量单位。沟槽开挖长度按照电缆敷设路径长度计算。需要单独计算余土（余石）外运工程量时，按照直埋电缆沟槽挖填量12.5%计算。

表8-10　直埋电缆沟槽土石方挖填计算表

项目	电缆根数	
	1~2	每增一根
每米沟长挖方量/m^3	0.45	0.153

注：1. 两根以内电缆沟，按照上口宽度600 mm、下口宽度400 mm、深900 mm计算常规土方量（深度按规范的最低标准）。
2. 每增加一根电缆，其宽度增加170 mm。
3. 土石方量从自然地坪挖起，若挖深>900 mm时，按照开挖尺寸另行计算。
4. 挖淤泥、流砂按照本表数量乘以系数1.5。

3）电缆沟揭、盖移动盖板根据施工组织设计，以揭一次与盖一次或者移出一次与移回一次为计算基础，按照实际揭与盖或移出与移回的次数乘以其长度，以“m”为计量单位。

4）电缆保护管铺设根据电缆敷设路径，应区别不同敷设方式、敷设位置、管材材质、规格，按照设计图示敷设数量，以“m”为计量单位。计算电缆保护管长度时，设计无规定者按照以下规定增加保护管长度。

①横穿马路时，按照路基宽度两端各增加2 m。

②保护管需要出地面时，弯头管口距地面增加2 m。

③穿过建（构）筑物外墙时，从基础外缘起增加1 m。

④穿过沟（隧）道时，从沟（隧）道壁外缘起增加1 m。

5）电缆保护管地下敷设，其土石方量施工有设计图纸的，按照设计图纸计算；无设计图纸的，沟深按照0.9 m计算，沟宽按照保护管边缘每边各增加0.3 m工作面计算。

6）电缆桥架安装根据桥架材质与规格，按照设计图示安装数量，以“m”为计量单位。

7）组合式桥架安装按照设计图示安装数量以“片”为计量单位；复合支架安装按照设计图示安装数量以“付”为计量单位。

8）电缆敷设根据电缆敷设环境与规格，按照设计图示单根敷设数量以“m”为计量单位。

①竖井通道内敷设电缆长度按照电缆敷设在竖井通道垂直高度，以“延长米”计算工程量。

②预制分支电缆敷设长度按照敷设主电缆长度计算工程量。

③计算电缆敷设长度时，应考虑因波形敷设、弛度、电缆绕梁（柱）所增加的长度以及电缆与设备连接、电缆接头等必要的预留长度。预留长度按照设计规定计算，设计无规定时按照表8-11规定计算。

表8-11　电缆敷设附加长度计算表

电缆敷设		附加长度计算表	
序号	项目	预留长度（附加）	说明
1	电缆敷设弛度、波形弯度、交叉	2.5%	按电缆全长计算
2	电缆进入建筑物	2.0 m	规范规定最小值
3	电缆进入沟内或吊架时引上（下）预留	1.5 m	规范规定最小值
4	变电所进线、出线	1.5 m	规范规定最小值
5	电力电缆终端头	1.5 m	检修余量最小值
6	电缆中间接头盒	两端各留2.0 m	检修余量最小值
7	电缆进控制、保护屏及模拟盘等	高+宽	按盘面尺寸

续表

电缆敷设		附加长度计算表	
序号	项目	预留长度（附加）	说明
8	高压开关柜及低压配电盘、柜	2.0 m	盘下进出线
9	电缆至电动机	0.5 m	从电机接线盒算起
10	厂用变压器	3.0 m	从地坪起算
11	电缆绕过梁柱等增加长度	按实计算	按被绕物的断面情况计算增加长度
12	电梯电缆与电缆架固定点	每处 0.5 m	范围最小值

9）电缆头制作安装根据电压等级与电缆头形式及电缆截面，按照设计图示单根电缆接头数量以“个”为计量单位。

①电力电缆和控制电缆均按照一根电缆有两个终端头计算。

②电力电缆中间头按照设计规定计算；设计没有规定的以单根长度 400 m 为标准，每增加 400 m 计算一个中间头，增加长度 <400 m 时计算一个中间头。

③电缆分支箱按照设计图安装数量以“台”为计量单位。

10）电缆防火设施安装根据防火设施的类型及材料，按照设计用量分别以不同计量单位计算工程量。

（2）配电、输电电缆敷设工程定额应用。

1）直埋电缆辅助设施定额包括开挖与修复路面、沟槽挖填、铺砂与保护、揭或盖移动盖板等内容。

①定额不包括电缆沟与电缆井的砌砖或浇筑混凝土、隔热层与保护层制作安装，工程实际发生时，执行相应定额。

②开挖路面、修复路面定额包括安装警戒设施的搭拆、开挖、回填、路面修复、余物外运、场地清理等工作内容。定额不包括施工场地的手续办理、秩序维护、临时通行设施搭拆等。

③开挖路面定额综合考虑了人工开挖、机械开挖，执行定额时不因施工组织与施工技术的不同而调整。

④修复路面定额综合考虑了不同材质的制备，执行定额时不做调整。

⑤沟槽挖填定额包括土石方开挖、回填、余土外运等，适用于电缆保护管土石方施工。定额是按照人工施工考虑的，工程实际采用机械施工时，执行人工施工定额不做调整。

⑥揭、盖移动盖板定额综合考虑了不同的工序，执行定额时不因工序的多少而调整。

⑦定额中渣土、余土（余石）外运距离综合考虑 1 km，不包括弃土场费用。工程实际运距大于 1 km 时，执行《市政工程消耗量定额》（ZYA1—31—2015）相应项目。

2）电缆保护管铺设定额分为地下铺设、地上铺设两个部分。入室后需要敷设电缆保护管时，执行本册定额第十二章配管工程相应项目。

①地下铺设不分人工或机械铺设、铺设深度，均执行定额，不做调整。

②地下顶管、拉管定额不包括入口、出口施工，应根据施工措施方案另行计算。

③地上铺设保护管定额不分角度与方向，综合考虑了不同壁厚与长度，执行定额时不做调整。

④多孔梅花管安装参照相应的 UPVC 管定额执行。

多孔梅花管

3）桥架安装定额适用于输电、配电及用电工程电力电缆与控制电缆的桥架安装。

4）桥架安装定额包括组对、焊接、桥架开孔、隔板与盖板安装、接地、附件安装、修理等。

①梯式桥架安装定额是按照不带盖考虑的，若梯式桥架带盖，则执行相应的槽式桥架定额。

②钢制桥架主结构设计厚度大于3 mm时，执行相应安装定额的人工、机械乘以系数1.20。

③不锈钢桥架安装执行相应的钢制桥架定额乘以系数1.10。

④电缆桥架安装定额是按照厂家供应成品安装编制的，若现场需要制作桥架时，应执行本册定额第七章金属构件、穿墙板安装工程相应项目。

⑤槽盒安装根据材质与规格，执行相应的槽式桥架安装定额，其中：人工、机械乘以系数1.08。

5）电力电缆敷设定额包括输电电缆敷设与配电电缆敷设项目，根据敷设环境执行相应定额。定额综合了裸包电缆、铠装电缆、屏蔽电缆等电缆类型，凡是电压等级小于或等于10 kV电力电缆和控制电缆敷设不分结构形式和型号，一律按照相应的电缆截面和芯数执行定额。

①输电电力电缆敷设环境分为直埋式、电缆沟（隧）道内、排管内、街码金具上。输电电力电缆起点为电源点或变（配）电站，终点为用户端配电站。

②配电电力电缆敷设环境分为室内、竖井通道内。配电电力电缆起点为用户端配电站，终点为用电设备。室内敷设电力电缆定额综合考虑了用户区内室外电缆沟、室内电缆沟、室内桥架、室内支架、室内线槽、室内管道等不同环境敷设，执行定额时不做调整。

③预制分支电缆、控制电缆敷设定额综合考虑了不同的敷设环境，执行定额时不做调整。

④矿物绝缘电力电缆敷设根据电缆敷设环境与电缆截面执行相应的电力电缆敷设定额与接头定额。

⑤矿物绝缘控制电缆敷设根据电缆敷设环境与电缆芯数执行相应的控制电缆敷设定额与接头定额。

矿物绝缘电缆

⑥电缆敷设定额中综合考虑了电缆布放费用，当电缆布放穿过高度大于20 m的竖井时，需要计算电缆布放增加费。电缆布放增加费按照穿过竖井电缆长度计算工程量，执行竖井通道内敷设电缆相应的定额乘以系数0.3。

⑦竖井通道内敷设电缆定额适用于单段高度大于3.6 m的竖井。在单段高度小于或等于3.6 m的竖井内敷设电缆时，应执行室内敷设电力电缆相应定额。

⑧预制分支电缆敷设定额中，包括电缆吊具、每个长度小于10 m分支电缆安装；不包括分支电缆头的制作安装，应根据设计图示数量与规格执行相应的电缆接头定额；每个长度大于10 m的分支电缆，应根据超出的数量与规格及敷设的环境执行相应的电缆敷设定额。

6）室外电力电缆敷设定额是按照平原地区施工条件编制的，未考虑在积水区、水底、深井下等特殊条件下的电缆敷设。电缆在一般山地、丘陵地区敷设时，其定额人工乘以系数1.30。该地段施工所需的额外材料（如固定桩、夹具等）应根据施工组织设计另行计算。

7）电力电缆敷设定额是按照三芯（包括三芯连地）编制的，电缆每增加一芯相应定额增加15%。单芯电力电缆敷设按照同截面电缆敷设定额乘以系数0.7，两芯电缆按照三芯电缆定额执行。截面400 mm^2以上至800 mm^2的单芯电力电缆敷设，按照400 mm^2电力电缆敷设定额乘以系数1.35。截面800 mm^2以上至1 600 mm^2的单芯电力电缆敷设，按照400 mm^2电力电缆敷设定额乘以系数1.85。

8）电缆敷设需要钢索及拉紧装置安装时，应执行本册定额第十三章配线工程相应项目。

9）电缆头制作安装定额中包括镀锡裸铜线、扎索管、接线端子、压接管、螺栓等消耗性材料。定额不包括终端盒、中间盒、保护盒、插接式成品头、铅套管主材及支架安装。

10）双屏蔽电缆头制作安装执行相应定额人工乘以系数1.05。若接线端子为异型端子，需要单独加工时，应另行计算加工费。

11）电缆防火设施安装不分规格、材质，执行定额时不做调整。

12）阻燃槽盒安装定额按照单件槽盒2.05 m长度考虑，定额中包括槽盒、接头部件的安装，包括接头防火处理。执行定额时不得因阻燃槽盒的材质、壁厚、单件长度而调整。

13）电缆敷设定额中不包括支架的制作与安装，发生时，执行本册定额第七章金属构件、穿墙板安装工程相应项目。

14）铝合金电缆敷设根据规格执行相应的铝芯电缆敷设定额。

15）电缆沟盖板采用金属盖板时，根据设计图纸分工执行相应的定额。属于电气安装专业设计范围的电缆沟金属盖板制作安装，执行本册定额第七章金属构件、穿墙板安装工程相应项目乘以系数0.6。

16）本册定额第七章是按照区域内（含厂区、站区、生活区等）施工考虑的，当工程在区域外施工时，相应定额乘以系数1.065。

17）电缆沟道、隧道、工井工程，根据项目施工地点分别执行《房屋建筑与装饰工程消耗量定额》（TY02—31—2015）或《市政工程消耗量定额》（ZYA1—31—2015）相应项目。

①项目施工地点在区域内（含厂区、站区、生活区等）的工程，执行《房屋建筑与装饰工程消耗量定额》（TY02—31—2015）。

②项目施工地点在区域外且城市内（含市区、郊区、开发区）的工程，执行《市政工程消耗量定额》（ZYA1—31—2015）。

③项目施工地点在区域外且城市外的工程，执行《房屋建筑与装饰工程消耗量定额》（TY02—31—2015）乘以系数1.05，所有材料按照本册定额第十一章电压等级≤10 kV架空线路输电工程计算工地运输费。

8.3.10 防雷及接地装置安装工程定额计量与应用

视频：防雷接地装置安装定额计量与应用

（1）防雷及接地装置安装工程定额计量。

1）避雷针制作根据材质及针长，按照设计图示安装成品数量以“根”为计量单位。

2）避雷针、避雷小短针安装根据安装地点及针长，按照设计图示安装成品数量以“根”为计量单位。

3）独立避雷针安装根据安装高度，按照设计图示安装成品数量以“基”为计量单位。

4）避雷引下线敷设根据引下线采取的方式，按照设计图示敷设数量，以“m”为计量单位。

5）断接卡子制作安装按照设计规定装设的断接卡子数量，以“套”为计量单位。检查井内接地的断接卡子安装按照每井一套计算。

6）均压环敷设长度按照设计需要作为均压接地梁的中心线长度，以“m”为计量单位。

7）接地极制作安装根据材质与土质，按照设计图示安装数量，以“根”为计量单位。接地极长度按照设计长度计算，设计无规定时，每根按照2.5 m计算。

接地跨接

8）避雷网、接地母线敷设按照设计图示敷设数量以“m”为计量单位。计算长度时，按照设计图示水平和垂直规定长度3.9%计算附加长度（包括转弯、上下波动、避绕障碍物、搭接头等长度），当设计有规定时，按照设计规定计算。

9）接地跨接线安装根据跨接线位置，结合规程规定，按照设计图示跨接数量以“处”为计量单位。户外配电装置构架按照设计要求需要接地时，每组构架计算一处；钢窗、铝合金窗按照设计要求需要接地时，每一樘金属窗计算一处。

10）桩承台接地根据桩连接根数，按照设计图示数量，以“基”为计量单位。

11）电子设备防雷接地装置安装根据需要避雷的设备，按照“个数”计算工程量。

12）阴极保护接地根据设计采取的措施，按照设计用量计算工程量。

13）等电位装置安装根据接地系统布置，按照安装数量，以“套”为计量单位。

14）接地网测试。

①工程项目连成一个母网时，按照一个系统计算测试工程量；单项工程或单位工程自成母网、不与工程项目母网相连的独立接地网，单独计算一个系统测试工程量。

②工厂、车间、大型建筑群各自有独立的接地网（按照设计要求），在最后将各接地网连在一起时，需要根据具体的测试情况计算系统测试工程量。

（2）防雷及接地装置安装工程定额应用。

1）定额适用于建筑物与构筑物的防雷接地、变配电系统接地、设备接地以及避雷针塔接地等装置安装。

2）接地极安装与接地母线敷设定额不包括采用爆破法施工、接地电阻率高的土质换土、接地电阻测定工作。工程实际发生时，执行相应定额。

3）避雷针制作、安装定额不包括避雷针底座及埋件的制作与安装。工程实际发生时，应根据设计划分，分别执行相应定额。

4）避雷针安装定额综合考虑了高空作业因素，执行定额时不做调整。避雷针安装在木杆和水泥杆上时，包括了其避雷引下线安装。

5）独立避雷针安装包括避雷针塔架、避雷引下线安装，不包括基础浇筑。塔架制作执行本册定额第七章金属构件、穿墙板安装工程相应项目。

6）利用建筑结构钢筋作为接地引下线安装定额是按照每根柱子内焊接两根主筋编制的，当焊接主筋超过两根时，可按照比例调整定额安装费。防雷均压环是利用建筑物梁内主筋作为防雷接地连接线考虑的，每一梁内按焊接两根主筋编制，当焊接主筋数超过两根时，可按比例调整定额安装费。如果采用单独扁钢或圆钢明敷设作为均压环时，可执行户内接地母线敷设相应定额。

7）利用铜绞线作为接地引下线时，其配管、穿铜绞线执行同规格相应定额。

8）高层建筑物屋顶防雷接地装置安装应执行避雷网安装定额。避雷网安装沿折板支架敷设定额包括了支架制作安装，不得另行计算。电缆支架的接地线安装执行户内接地母线敷设定额。

9）利用基础梁内两根主筋焊接连通作为接地母线时，执行均压环敷设定额。

10）户外接地母线敷设定额是按照室外整平标高和一般土质综合编制的，包括地沟挖填土和夯实，执行定额时不再计算土方工程量。户外接地沟挖深为0.75 m，每米沟长土方量为0.34 m^3。如设计要求埋设深度与定额不同时，应按照实际土方量调整。遇有石方、矿渣、积水、障碍物等情况时，应另行计算。

11）利用建（构）筑物梁、柱、桩承台等接地时，柱内主筋与梁、柱内主筋与桩承台跨接不另行计算，其工作量已经综合在相应的项目中。

12）阴极保护接地等定额适用于接地电阻率高的土质地区接地施工。包括挖接地井、安装接地电极、安装接地模块、换填降阻剂、安装电解质离子接地极等。

13）定额不包括固定防雷接地设施所用的预制混凝土块制作（或购置混凝土块）与安装费用，工程实际发生时，执行《房屋建筑与装饰工程消耗量定额》（TY01—31—2015）相应项目。

8.3.11　配管工程定额计量与应用

视频：配管工程定额计量与应用

配管工程包括套接紧定式镀锌钢导管（JDG）、镀锌钢管、防爆钢管、可挠金属套管、塑料管、金属软管、金属线槽的敷设等内容。

（1）配管工程定额计量。

1）配管敷设根据配管材质与直径，区别敷设位置、敷设方式，按照设计图示安装数量以“m”为计量单位。计算长度时，不计算安装损耗量，不扣除管路中间的接线箱、接线盒、灯头盒、开关盒、插座盒、管件等所占长度。

2）金属软管敷设根据金属管直径及每根长度，按照设计图示安装数量以“m”为计量单位。计算长度时，不计算安装损耗量。

线槽

3）线槽敷设根据线槽材质与规格，按照设计图示安装数量，以“m”为计量单位。计算长度时，不计算安装损耗量，不扣除管路中间的接线箱、接线盒、灯头盒、开关盒、插座盒、管件等所占长度。

（2）配管工程定额应用。

1）配管定额中钢管材质是按照镀锌钢管考虑的，定额不包括采用焊接钢管刷油漆、刷防火漆或防火涂料、管外壁防腐保护以及接线箱、接线盒、支架的制作与安装。焊接钢管刷油漆、刷防火漆或涂防火涂料、管外壁防腐保护执行《通用安装工程消耗量定额》（TY02—31—2015）第十二册《刷油、防腐蚀、绝热工程》相应项目；支架的制作与安装执行本册定额第十三章金属构件相应项目。

2）工程采用镀锌电线管时，执行镀锌钢管定额计算安装费；镀锌电线管主材费按照镀锌钢管用量另行计算。

3）工程采用扣压式薄壁钢导管（KBG）时，执行套接紧定式镀锌钢导管（JDG）定额计算安装费；扣压式薄壁钢导管（KBG）主材费按照镀锌钢管用量另行计算。计算其管主材费时，应包括管件费用。

4）定额中刚性阻燃管为刚性 PVC 难燃线管，管材长度一般为 4 m/根，管子连接采用专用接头插入法连接，接口密封；半硬质塑料管为阻燃聚乙烯软管，管子连接采用专用接头抹塑料胶后粘接。工程实际安装与定额不同时，执行定额不做调整。

5）定额中可挠金属套管是指普利卡金属管（PULLKA），主要应用于混凝土内埋管及低压室外电气配线管。可挠金属套管规格见表 8-12。

表 8-12　可挠金属套管规格表

规格	10#	12#	15#	17#	24#	30#	38#	50#	63#	76#	83#	101#
内径/mm	9.2	11.4	14.1	16.6	23.8	29.3	37.1	49.1	62.6	76	81	100.2
外径/mm	13.3	16.1	19	21.5	28.8	34.9	42.9	54.9	69.1	82.9	88.1	107.3

6）配管定额是按照各专业间配合施工考虑的，定额中不考虑凿槽、刨沟、凿孔（洞）等费用。

7）室外埋设配线管的土石方施工，参照电缆沟沟槽挖填定额执行。室内埋设配线管的土石方原则上不单独计算。

8）吊顶天棚板内敷设电线管根据管材介质执行砖、混凝土结构明配相应定额。

8.3.12　配线工程定额计量与应用

配线工程包括管内穿线、绝缘子配线、线槽配线、塑料护套线明敷设、绝缘导线明敷设、车间配线、接线箱安装、接线盒安装、盘（柜、箱、板）配线等内容。

视频：配线工程定额计量与应用

（1）配线工程定额计量。

1）**管内穿线根据导线材质与截面面积，区别照明线与动力线，按照设计图示安装数量以“10 m”为计量单位；管内穿多芯软导线根据软导线芯数与单芯软导线截面面积，按照设计图示安装数量，以“10 m”为计量单位。管内穿线的线路分支接头线长度已综合考虑在定额中，不得另行计算。**

2）绝缘子配线根据导线截面面积，区别绝缘子形式（针式、鼓形、碟式）、绝缘子配线位置（沿屋架、梁、柱、墙，跨屋架、梁、柱、木结构、天棚内、砖、混凝土结构，沿钢支架及钢索），按照设计图示安装数量，以“10 m”为计量单位。当绝缘子暗配时，计算引下线工程量，其长度从线路支持点计算至天棚下缘距离。

3）**线槽配线根据导线截面面积，按照设计图示安装数量，以“10 m”为计量单位。**

4）**塑料护套线明敷设根据导线芯数与单芯导线截面面积，区别导线敷设位置（木结构、砖混凝土结构、沿钢索），按照设计图示安装数量，以“10 m”为计量单位。**

5）绝缘导线明敷设根据导线截面面积，按照设计图示安装数量以“10 m”为计量单位。

6）车间带型母线安装根据母线材质与截面面积，区别母线安装位置（沿屋架、梁、柱、墙，跨屋架、梁、柱），按照设计图示安装数量，以单相延长米为计量单位。

7）车间配线钢索架设区别圆钢、钢索直径，按照设计图示墙（柱）内缘距离，以“10 m”为计量单位，不扣除拉紧装置所占长度。

8）车间配线母线与钢索拉紧装置制作与安装，根据母线截面面积、索具螺栓直径，按照设计图示安装数量，以“套”为计量单位。

9）**接线箱安装根据安装形式（明装、暗装）及接线箱半周长，按照设计图示安装数量，以“个”为计量单位。**

10）**接线盒安装根据安装形式（明装、暗装）及接线盒类型，按照设计图示安装数量，以“个”为计量单位。**

11）**盘、柜、箱、板配线根据导线截面面积，按照设计图示配线数量，以“10 m”为计量单位。配线进入盘、柜、箱、板时每根线的预留长度按照设计规定计算，设计无规定时按照表8-13规定计算。**

表8-13　配线进入盘、柜、箱、板的预留线长度表

序号	项目	预留长度	说明
1	各种箱、盘、板	宽+高	盘面尺寸
2	单独安装（无箱、盘）的铁壳开关、闸刀开关、启动器、母线槽进出线盒	0.3 m	从安装对象中心算起
3	由地面管子出口引至动力接线箱	1.0 m	从管口计算
4	电源与管内导线连接（管内穿线与软、硬母线接头）	1.5 m	从管口计算
5	出户线	1.5 m	从管口计算

12）**灯具、开关、插座、按钮等预留线，已分别综合在相应项目内，不另行计算。**

（2）配线工程定额应用。

1）管内穿线定额包括扫管、穿线、焊接包头；绝缘子配线定额包括埋螺钉、钉木楞、埋穿墙管、安装绝缘子、配线、焊接包头；线槽配线定额包括清扫线槽、布线、焊接包头；导线明敷设定额包括埋穿墙管、安装瓷通、安装街码、上卡子、配线、焊接包头。

2）**照明线路中导线截面面积 >6 mm² 时，执行穿动力线相应定额。**

3）车间配线定额包括支架安装、绝缘子安装、母线平直与连接及架设、刷分相漆。定额不包括母线伸缩器制作与安装。

4）**接线箱、接线盒安装及盘柜配线定额适用于电压等级≤380 V 电压等级用电系统。定额不包括接线箱、接线盒费用及导线与接线端子材料费。**

5）**暗装接线箱、接线盒定额中槽孔按照事先预留考虑，不计算开槽、开孔费用。**

8.3.13 照明器具安装工程定额计量与应用

照明器具安装包括普通灯具、装饰灯具、荧光灯具、嵌入式地灯、工厂灯、防水防尘灯、医院灯具、霓虹灯、小区路灯、景观灯的安装，开关、按钮、插座的安装，艺术喷泉照明的安装等内容。

（1）照明器具安装工程定额计量。

1）**普通灯具安装根据灯具种类、规格，按照设计图示安装数量，以“套”为计量单位。**

2）**吊式艺术装饰灯具安装根据装饰灯具示意图所示，区别不同装饰物以及灯体直径和灯体垂吊长度，按照设计图示安装数量，以“套”为计量单位。**

3）**吸顶式艺术装饰灯具安装根据装饰灯具示意图所示，区别不同装饰物、吸盘几何形状、灯体直径、灯体周长和灯体垂吊长度，按照设计图示安装数量，以“套”为计量单位。**

4）荧光艺术装饰灯具安装根据装饰灯具示意图所示，区别不同安装形式和计量单位计算。

①组合荧光灯带安装根据灯管数量，按照设计图示安装数量，以灯带“m”为计量单位。

②内藏组合式灯安装根据灯具组合形式，按照设计图示安装数量，以“m”为计量单位。

③发光棚荧光灯安装按照设计图示发光棚数量以“m²”为计量单位。灯具主材根据实际安装数量加损耗量以“套”另行计算。

④立体广告灯箱、天棚荧光灯带安装按照设计图示安装数量，以“m”为计量单位。

5）几何形状组合艺术灯具安装根据装饰灯具示意图所示，区别不同安装形式及灯具形式，按照设计图示安装数量以“套”为计量单位。

6）**标志、诱导装饰灯具安装根据装饰灯具示意图所示，区别不同的安装形式，按照设计图示安装数量，以“套”为计量单位。**

标志诱导灯

7）水下艺术装饰灯具安装根据装饰灯具示意图所示，区别不同安装形式，按照设计图示安装数量，以“套”为计量单位。

8）点光源艺术装饰灯具安装根据装饰灯具示意图所示，区别不同安装形式、不同灯具直径，按照设计图示安装数量，以“套”为计量单位。

9）草坪灯具安装根据装饰灯具示意图所示，区别不同安装形式，按照设计图示安装数量，以“套”为计量单位。

10）歌舞厅灯具安装根据装饰灯具示意图所示，区别不同安装形式，按照设计图示安装数量，以“套”或“m”或“台”为计量单位。

11）**荧光灯具安装根据灯具安装形式、灯具种类、灯管数量，按照设计图示安装数量，以**

“套”为计量单位。

12）嵌入式地灯安装根据灯具安装形式，按照设计图示安装数量，以“套”为计量单位。

13）工厂灯及防水防尘灯安装根据灯具安装形式，按照设计图示安装数量，以“套”为计量单位。

14）工厂其他灯具安装根据灯具类型、安装形式、安装高度，按照设计图示安装数量，以“套”或“个”为计量单位。

15）医院灯具安装根据灯具类型，按照设计图示安装数量，以“套”为计量单位。

16）霓虹灯管安装根据灯管直径，按照设计图示延长米数量，以“m”为计量单位。

17）霓虹灯变压器、控制器、继电器安装根据用途与容量及变化回路，按照设计图示安装数量，以“台”为计量单位。

18）小区路灯安装根据灯杆形式、臂长、灯数，按照设计图示安装数量，以“套”为计量单位。

19）楼宇亮化灯安装根据光源特点与安装形式，按照设计图示安装数量，以“套”或“m”为计量单位。

20）**开关、按钮安装根据安装形式与种类、开关极数及单控与双控，按照设计图示安装数量，以“套”为计量单位。**

21）声控（红外线感应）延时开关、柜门触动开关安装，按照设计图示安装数量，以“套”为计量单位。

22）**插座安装根据电源数、定额电流、插座安装形式，按照设计图示安装数量，以“套”为计量单位。**

23）艺术喷泉照明系统程序控制柜、程序控制箱、音乐喷泉控制设备、喷泉特技效果控制设备安装根据安装位置方式及规格，按照设计图示安装数量，以“台”为计量单位。

24）艺术喷泉照明系统喷泉防水配件安装根据玻璃钢电缆槽规格，按照设计图示安装长度，以“m”为计量单位。

25）艺术喷泉照明系统喷泉水下管灯安装根据灯管直径，按照设计图示安装数量，以“m”为计量单位。

26）艺术喷泉照明系统喷泉水上辅助照明安装根据灯具功能，按照设计图示安装数量，以“套”为计量单位。

（2）照明器具安装工程定额应用。

1）灯具引导线是指灯具吸盘到灯头的连线，除注明者外，均按照灯具自备考虑。如引导线需要另行配置时，其安装费不变，主材费另行计算。

2）小区路灯、投光灯、氙气灯、烟囱或水塔指示灯的安装定额，考虑了超高安装（操作超高）因素，其他照明器具的安装高度 >5 m 时，按照规定另行计算超高安装增加费。

3）装饰灯具安装定额考虑了超高安装因素，并包括脚手架搭拆费用。

4）吊式艺术装饰灯具的灯体直径为装饰灯具的最大外缘直径，灯体垂吊长度为灯座底部到灯梢之间的总长度。

5）吸顶式艺术装饰灯具的灯体直径为吸盘最大外缘直径，灯体半周长为矩形吸盘的半周长，灯体垂吊长度为吸盘到灯梢之间的总长度。

6）照明灯具安装除特殊说明外，均不包括支架制作安装。工程实际发生时，执行本册定额第七章金属构件、穿墙板安装工程相应项目。

7）定额包括灯具组装、安装、利用摇表测量绝缘及一般灯具的试亮工作。

8）小区路灯安装定额包括灯柱、灯架、灯具安装；成品小区路灯基础安装包括基础土方施工，现浇混凝土小区路灯基础及土方施工执行《房屋建筑与装饰工程消耗量定额》（TY01—31—2015）相应项目。

9）普通灯具安装定额适用范围见表8-14。

表8-14　普通灯具安装定额适用范围表

定额名称	灯具种类
圆球吸顶灯	材质为玻璃的独立的半圆球吸顶灯、扁圆罩吸顶灯、平圆形吸顶灯
方形吸顶灯	材质为玻璃的独立的矩形罩吸顶灯、方形罩吸顶灯、大口方罩吸顶灯
软线吊灯	利用软线为垂吊材料、独立的，材质为玻璃、塑料罩等各式吊链灯
吊链灯	利用吊链作辅助悬吊材料、独立的，材料为玻璃、塑料罩的各式吊链灯
防水吊灯	一般防水吊灯
一般弯脖灯	圆球弯脖灯、风雨壁灯
一般墙壁灯	各种材质的一般壁灯、镜前灯
软线吊灯头	一般吊灯头
声光控座灯头	一般声控、光控座灯头
座头灯	一般塑料、瓷质座灯头

10）组合荧光灯带、内藏组合式灯、发光棚荧光灯、立体广告灯箱、天棚荧光灯带的灯具设计用量与定额不同时，成套灯具根据设计数量加损耗量计算主材费，安装费不做调整。

11）装饰灯具安装定额适用范围见表8-15。

表8-15　装饰灯具安装定额适用范围表

定额名称	灯具种类（形式）
吊式艺术装饰灯具	不同材质、不同灯体垂吊长度、不同灯体直径的蜡烛灯、挂片灯、串珠（穗）串棒灯、吊杆式组合灯、玻璃罩（带装饰）灯
吸顶式艺术装饰灯具	不同材质、不同灯体垂吊长度、不同灯体几何形状的串珠（穗）串棒灯、挂片、挂碗、挂吊蝶灯、玻璃（带装饰）灯
荧光艺术装饰灯具	不同安装形式、不同灯管数量的组合荧光灯光带，不同几何组合形式的内藏组合式灯，不同几何尺寸、不同灯具形式的发光棚，不同形式的立体广告灯箱、荧光灯光沿
几何形状组合艺术灯具	不同固定形式、不同灯具形式的繁星灯、钻石星灯、礼花灯、玻璃罩钢架组合灯、凸片灯、反射挂灯、筒形钢架灯、U形组合灯、弧形管组合灯
标志、诱导装饰灯具	不同安装形式的标志灯、诱导灯
水下艺术装饰灯具	简易型彩灯、密封型彩灯、喷水池灯、幻光型灯
点光源艺术装饰灯具	不同安装形式、不同灯体直径的筒灯、牛眼灯、射灯、轨道射灯
草坪灯具	各种立柱式、墙壁式的草坪灯
歌舞厅灯具	各种安装形式的变色转盘灯、雷达射灯、幻影转彩灯、维纳斯旋转灯、卫星旋转效果灯、飞碟旋转效果灯、多头转灯、滚筒灯、频闪灯、太阳灯、雨灯、歌星灯、边界灯、射灯、迷你满天星彩灯、迷你灯（盘彩灯）、多头宇宙灯、镜面球灯、蛇光灯

12）荧光灯具安装定额按照成套型荧光灯考虑，工程实际采用组合式荧光灯时，执行相应的成套型荧光灯安装定额乘以系数 1.1。荧光灯具安装定额适用范围见表 8-16。

表 8-16　荧光灯具安装定额适用范围表

定额名称	灯具种类
成套型荧光灯	单管、双管、三管、四管，吊链式、吊管式、吸顶式、嵌入式，成套独立荧光灯

13）工厂灯及防水防尘灯安装定额适用范围见表 8-17。

表 8-17　工厂灯及防水防尘灯安装定额适用范围表

定额名称	灯具种类
直杆式工厂灯	配照（GC1-A）、广照（GC3-A）、深照（GC5-A）、圆球（GC17-A）、双照（GC19-A）
吊链式工厂灯	配照（GC1-B）、深照（GC3-A）、斜照（GC5-C）、圆球（GC7-A）、双照（GC19-A）
吸顶灯	配照（GC1-A）、广照（GC3-A）、深照（GC5-A）、斜照（GC7-C）、圆球双照（GC19-A）
弯杆式工厂灯	配照（GCI-D/E）、广照（GC3-D/E）、深照（GC5-D/E）、斜照（GC7-D/E）、双照（GC19-C）、局部深照（GC26-F/H）
悬挂式工厂灯	配照（GC21-2）、深照（GC23-2）
防水防尘灯	广照（GC9-A、B、C）、广照保护网（GC11-A、B、C）、散照（GC15-A、B、C、D、E）

14）工厂其他灯具安装定额适用范围见表 8-18。

表 8-18　工厂其他灯具安装定额适用范围表

定额名称	灯具种类
防潮灯	扁形防潮灯（CC-31）、防潮灯（CC-33）
腰形舱顶灯	腰形舱顶灯 CCD-1
管形氙气灯	自然冷却式 220 V/380 V 功率≤20 kW
投光灯	TG 型室外投光灯

15）医院灯具安装定额适用范围见表 8-19。

表 8-19　医院灯具安装定额适用范围表

定额名称	灯具种类
病房指示灯	病房指示灯
病房暗角灯	病房暗角灯
无影灯	3～12 孔管式无影灯

16）工厂厂区内、住宅小区内路灯的安装执行本册定额。小区路灯安装定额适用范围见表 8-20。小区路灯安装定额中不包括小区路灯杆接地，接地参照 10 kV 输电电杆接地定额执行。

表 8-20　小区路灯安装定额适用范围表

定额名称		灯具种类
单臂挑灯		单抱箍臂长≤1 200 mm、臂长≤3 000 mm
		双抱箍臂长≤3 000 mm、臂长≤5 000 mm、臂长 >5 000 mm
		双拉梗臂长≤3 000 mm、臂长≤5 000 mm、臂长 >5 000 mm
		成套型臂长≤3 000 mm、臂长≤5 000 mm、臂长 >5 000 mm
		组装型臂长≤3 000 mm、臂长≤5 000 mm、臂长 >5 000 mm
双臂挑灯	成套型	组装型臂长≤3 000 mm、臂长≤5 000 mm、臂长 >5 000 mm
		非对称式臂长≤2 500 mm、臂长≤5 000 mm、臂长 >5 000 mm
	组装型	组装型臂长≤3 000 mm、臂长≤5 000 mm、臂长 >5 000 mm
		非对称式臂长≤2 500 mm、臂长≤5 000 mm、臂长 >5 000 mm
高杆灯架	成套型	灯高≤11 m、灯高≤20 m、灯高 >20 m
	组装型	灯高≤11 m、灯高 <20 m、灯高 >20 m
大马路弯灯		臂长≤1 200 m、臂长 >1 200 m
庭院小区路灯		光源≤五火、光源 >七火
桥栏杆灯		嵌入式、明装式

①艺术喷泉照明系统安装定额包括程序控制柜、程序控制箱、音乐喷泉控制设备、喷泉特技效果控制设备、喷泉防水配件、艺术喷泉照明等系统安装。

②LED 灯安装根据其结构、形式、安装地点，执行相应的灯具安装定额。

③并列安装一套光源双罩吸顶灯时，按照两个单罩周长或半周长之和执行相应的定额；并列安装两套光源双罩吸顶灯时，按照两套灯具各自灯罩周长或半周长执行相应的定额。

④灯具安装定额中灯槽、灯孔按照事先预留考虑，不计算开孔费用。

⑤插座箱安装执行相应的配电箱定额。

⑥楼宇亮化灯具控制器、小区路灯集中控制器安装执行艺术喷泉照明系统安装相应定额。

8.3.14　低压电器安装工程定额计量与应用

低压电器安装包括插接式空气开关箱、控制开关、DZ 自动空气断路器、熔断器、限位开关、用电控制装置、电阻器、变阻器、安全变压器、仪表、民用电器安装及低压电器接线等内容。

（1）低压电器安装工程定额计量。

1）**控制开关安装根据开关形式与功能及电流量，按照设计图示安装数量，以“个”为计量单位。**

2）**集中空调开关、请勿打扰装置安装，按照设计图示安装数量，以“套”为计量单位。**

3）熔断器、限位开关安装根据类型，按照设计图示安装数量，以“个”为计量单位。

4）用电控制装置、安全变压器安装根据类型与容量，按照设计图示安装数量，以“台”为计量单位。

5）仪表、分流器安装根据类型与容量，按照设计图示安装数量，以“个”或“套”为计量单位。

6）民用电器安装根据类型与规模，按照设计图示安装数量，以“台”或“个”或“套”为计量单位。

7）低压电器接线是指电器安装不含接线的电器接线，按照设计图示安装数量，以“台”或“个”为计量单位。

8）小母线安装是指电器需要安装的母线，按照实际安装数量，以“m”为计量单位。

（2）低压电器安装工程定额应用。

1）低压电器安装定额适用于工业低压用电装置、家用电器的控制装置及电器的安装。定额综合考虑了型号、功能，执行定额时不做调整。

2）控制装置安装定额中，除限位开关及水位电气信号装置安装定额外，其他安装定额均未包括支架制作、安装。工程实际发生时，可执行本册定额第七章金属构件、穿墙板安装工程相应项目。

3）本册第七章定额包括电器安装、接线（除单独计算外）、接地。

8.3.15　电气设备调试工程定额计量与应用

电气设备调试工程包括发电、输电、配电、太阳能光伏电站、用电工程中电气设备的分系统调试、整套启动调试、特殊项目测试与性能验收等试验内容。

单体调试是指设备或装置安装完成后未与系统连接时，根据设备安装施工交接验收规范，为确认其是否符合产品出厂标准和满足实际使用条件而进行的单体试运或单体调试工作。单体调试项目的界限是设备没有与系统连接，设备和系统断开时的单独调试。

分系统调试是指工程的各系统在设备单机试运或单体调试合格后，为使系统达到整套启动所必须具备的条件而进行的调试工作。分系统调试项目的界限是设备与系统连接，设备和系统连接在一起进行的调试。

整套启动调试是指工程各系统调试合格后，根据启动试运规程、规范，在工程投料试运前以及试运行期间，对工程整套工艺运行产生以及全部安装结果的验证、检验所进行的调试。整套启动调试项目的界限是工程各系统间连接，系统和系统连接在一起进行的调试。

（1）电气设备调试工程定额计量。

1）**电气调试系统根据电气布置系统图，结合调试定额的工作内容进行划分，按照定额计量单位计算工程量**。

2）电气设备常规试验不单独计算工程量，特殊项目的测试与试验根据工程需要按照实际数量计算工程量。

3）供电桥回路的断路器、母线分段断路器，均按照独立的输配电设备系统计算调试费。

4）**输配电设备系统调试是按照一侧有一台断路器考虑的，若两侧均有断路器时，则按照两个系统计算**。

5）**变压器系统调试是按照每个电压侧有一台断路器考虑的，若断路器多于一台时，则按照相应的电压等级另行计算输配电设备系统调试费**。

6）保护装置系统调试以被保护的对象主体为一套。其工程量按照下列规定计算：

①发电机组保护调试按照发电机台数计算。

②变压器保护调试按照变压器的台数计算。

③母线保护调试按照设计规定所保护的母线条数计算。

④线路保护调试按照设计规定所保护的进出线回路数计算。

⑤小电流接地保护按照装设该保护装置的套数计算。

7）自动投入装置系统调试包括继电器、仪表等元件本身和二次回路的调整试验。其工程量按照下列规定计算：

①备用电源自动投入装置按照连锁机构的个数计算自动投入装置的系统工程量。一台备用厂用变压器作为三段厂用工作母线备用电源，按照三个系统计算工程量。设置自动投入的两条互为备用的线路或两台变压器，按照两个系统计算工程量。备用电动机自动投入装置亦按此规定计算。

②线路自动重合闸系统调试按照采用自动重合闸装置的线路自动断路器的台数计算系统工程量。综合重合闸也按此规定计算。

③自动调频装置系统调试以一台发电机为一个系统计算工程量。

④同期装置系统调试按照设计构成一套能够完成同期并车行为的装置为一个系统计算工程量。

⑤用电切换系统调试按照设计能够完成交直流切换的一套装置为一个系统计算工程量。

8）测量与监视系统调试包括继电器、仪表等元件本身和二次回路的调整试验。其工程量按照下列规定计算：

①直流监视系统调试以蓄电池的组数为一个系统计算工程量。

②变送器屏系统调试按照设计图示数量以个数计算工程量。

③低压低周波减负荷装置系统调试按照设计装设低周低压减负荷装置屏数计算工程量。

9）保安电源系统调试按照安装的保安电源台数计算工程量。

10）事故照明、故障录波器系统调试根据设计标准，按照发电机组台数、独立变电站与配电室的座数计算工程量。

11）电除尘器系统调试根据烟气进除尘器入口净面积以套计算工程量。按照一台升压变压器、一组整流器及附属设备为一套计算。

12）硅整流装置系统调试按照一套装置为一个系统计算工程量。

13）**电动机负载调试是指电动机连带机械设备及装置一并进行调试。电动机负载调试根据电机的控制方式、功率按照电动机的台数计算工程量。**

14）**一般民用建筑电气工程中，配电室内带有调试元件的盘、箱、柜和带有调试元件的照明配电箱，应按照供电方式计算输配电设备系统调试数量。用户所用的配电箱供电不计算系统调试费。电量计量表一般是由供应单位经有关检验校验后进行安装，不计算调试费。**

15）具有较高控制技术的电气工程（包括照明工程中由程控调光的装饰灯具），应按照控制方式计算系统调试工程量。

16）成套开闭所根据开关间隔单元数量，按照成套的单个箱体数量计算工程量。

17）**成套箱式变电站根据变压器容量，按照成套的单个箱体数量计算工程量。**

18）配电智能系统调试根据间隔数量，以“系统”为计量单位。一个站点为一个系统。一个柱上配电终端若接入主（子）站，可执行两个以下间隔的分系统调试定额，若就地保护则不能执行系统调试定额。

19）整套启动调试按照发电、输电、变电、配电、太阳能光伏发电工程分别计算。发电厂根据锅炉蒸发量按照台计算工程量，无发电功能的独立供热站不计算发电整套调试；输电线路根据电压等级及输电介质不分回路数按照“条”计算工程量；变电、配电根据高压侧电压等级不分容量按照“座”计算工程量；太阳能光伏发电站根据发电功率，以“项目”为计量单位，按照“座”计算工程量。

①用电工程项目电气部分整套启动调试随用电工程项目统一考虑，不单独计算有关用电电气整套启动调试费用。

②用户端配电站（室）根据高压侧电压等级（接受端电压等级）计算配电整套启动调试费。

③中心变电站至用户端配电室（含箱式变电站）的输电线路，根据输电电压等级计算输电线路整套启动调试费；用户端配电室（含箱式变电站）至用户各区域或用电设备的配电电缆、电线工程不计算输电整套启动调试费。

20）特殊项目测试与性能验收试验根据技术标准与测试的工作内容，按照实际测试与试验的设备或装置数量计算工程量。

（2）电气设备调试工程定额应用。

1）调试定额是按照现行的发电、输电、配电、用电工程启动试运及验收规程进行编制的，标准与规程未包括的调试项目和调试内容所发生的费用，应结合技术条件及相应的规定另行计算。

2）调试定额中已经包括熟悉资料、编制调试方案、核对设备、现场调试、填写调试记录、整理调试报告等工作内容。

3）调试定额所用到的电源是按照永久电源编制的，定额中不包括调试与试验所消耗的电量，其电费已包含在其他费用（甲方费用）中。当工程需要单独计算调试与试验电费时，应按照实际表计电量计算。

4）分系统调试包括电气设备安装完毕后进行系统联动、对电气设备单体调试进行校验与修正、电气一次设备与二次设备常规的试验等工作内容。非常规的调试与试验执行特殊项目测试与性能验收试验相应的定额子目。

5）输配电装置系统调试中电压等级≤1 kV的定额适用于所有低压供电回路，如从低压配电装置至分配电箱的供电回路（包括照明供电回路）；从配电箱直接至电动机的供电回路已经包括在电动机的负载系统调试定额内。凡供电回路中带有仪表、继电器、电磁开关等调试元件的（不包括刀开关、保险器），均按照调试系统计算。移动电器和以插座连接的家电设备不计算调试费用。输配电设备系统调试包括系统内的电缆试验、绝缘耐压试验等调试工作。桥形接线回路中的断路器、母线分段接线回路中断路器均作为独立的供电系统计算。配电箱内只有开关、熔断器等不含调试元件的供电回路，则不再作为调试系统计算。

6）根据电动机的形式及规格，计算电动机负载调试。无保护电动机不计调试费用。

7）移动式电器和以插座连接的家用电器及电量计量装置，不计算调试费用。

8）定额不包括设备的干燥处理和设备本身缺陷造成的元件更换修理，也未考虑因设备元件质量低劣或安装质量问题对调试工作造成的影响。发生时，按照有关的规定进行处理。

9）定额是按照新的且合格的设备考虑的。当调试经更换修改的设备、拆迁的旧设备时，定额乘以系数1.15。

10）调试定额是按照现行的《电气装置安装工程 电气设备交接试验标准》（GB 50150—2016）进行编制的，标准未包括的调试项目和调试内容所发生的费用，应结合技术条件及相应的规定另行计算。发电机、变压器、母线、线路的分系统调试中均包括了相应保护调试，保护装置系统调试定额适用于单独调试保护系统。

11）调试定额中已经包括熟悉资料、核对设备、填写试验记录、保护整定值的整定、整理调试报告等工作内容。

12）调试带负荷调压装置的电力变压器时，调试定额乘以系数1.12；三线圈变压器、整流变压器、电炉变压器调试按照同容量的电力变压器调试定额乘以系数1.2。

13）3～10 kV母线系统调试定额中包含一组电压互感器，电压等级≤1 kV母线系统调试定额中不包含电压互感器，定额适用于低压配电装置的各种母线（包括软母线）的调试。

14）可控硅调速直流电动机负载调试内容包括可控硅整流装置系统和直流电动机控制回路系统两个部分的调试。

15）直流、硅整流、可控硅整流装置系统调试定额中包括其单体调试。

16）交流变频调速直流电动机负载调试内容包括变频装置系统和交流电动机控制回路系统两个部分的调试。

17）智能变电站系统调试中只考虑遥控、遥信、遥测的功能，若工程需要增加遥调时，相应定额应乘以系数1.2。

18）整套启动调试包括发电、输电、变电、配电、太阳能光伏发电部分在项目生产投料或使用前后进行的项目电气部分整套调试和配合生产启动试运以及程序校验、运行调整、状态切换、动作试验等内容。不包括在整套启动试运过程中暴露出来的设备缺陷处理或因施工质量、设计质量等问题造成的返工所增加的调试工作量。

19）其他材料费中包括调试消耗、校验消耗材料费。

8.3.16 电气设备安装工程定额其他说明

(1) 脚手架搭拆费按定额人工费（不包括定额电气设备调试工程中人工费，不包括装饰灯具安装工程中人工费）5%计算，其费用中人工费占35%。电压等级小于或等于10 kV架空输电线路工程、直埋敷设电缆工程、路灯工程不单独计算脚手架费用。

(2) 操作高度增加费指安装高度距离楼面或地面大于5 m时，超过部分工程量按定额人工费乘以系数1.1计算（已经考虑了超高因素的定额项目除外，如小区路灯、投光灯、氙气灯、烟囱或水塔指示灯、装饰灯具），电缆敷设工程、电压等级小于或等于10 kV架空输电线路工程不执行本条规定。

(3) 建筑物超高增加费指在建筑物层数大于6层或建筑物高度大于20 m以上的工业与民用建筑物上进行安装时，按表8-21计算，建筑物超高增加费用，其费用中人工费占65%。

表8-21 电力设备安装建筑物超高增加费系数表

建筑物高度/m	≤40	≤60	≤80	≤100	≤120	≤140	≤160	≤180	≤200
建筑层数/层	≤12	≤18	≤24	≤30	≤36	≤42	≤48	≤54	≤60
按人工费的百分比/%	2	5	9	14	20	26	32	38	44

(4) 在地下室内（含地下车库）、暗室内、净高度小于1.6 m楼层、断面小于4 m^2大于2 m^2隧道或洞内进行安装的工程，定额人工乘以系数1.12。

(5) 在管井内、竖井内、断面小于或等于2 m^2隧道或洞内、封闭吊顶天棚内进行安装的工程（竖井内敷设电缆项目除外），定额人工乘以系数1.16。

8.4 电力设备安装工程清单编制与计价

8.4.1 变压器安装工程清单编制与计价

变压器安装工程工程量清单项目设置、项目特征描述、计量单位、工程量计算规则、工作内容和清单组价时涉及的定额项目［清单组价涉及的定额项目为编者添加内容，其余内容均为《通用安装工程工程量计算规范》（GB 50856—2013）中的规定］见表8-22。

表 8-22　变压器安装工程清单编制与计价表

清单编制（编码：030401）						清单组价
项目编码	项目名称	项目特征	计量单位	工程量计算规则	工作内容	计算综合单价涉及的定额项目
030401001	油浸式电力变压器	1. 名称 2. 型号 3. 容量（kV·A） 4. 电压（kV） 5. 油过滤要求 6. 干燥要求 7. 基础型钢形式、规格 8. 网门、保护门材质、规格 9. 温控箱型号、规格	台	按设计图示数量计算	1. 本体安装 2. 基础型钢制作、安装 3. 油过滤 4. 干燥 5. 接地 6. 网门、保护门制作、安装 7. 补刷（喷）油漆	1. 油浸式电力变压器安装 2. 基础型钢制作、安装 3. 油过滤 4. 干燥 5. 网门制作、安装
030401002	干式变压器				1. 本体安装 2. 基础型钢制作、安装 3. 温控箱安装 4. 接地 5. 网门、保护门制作、安装 6. 补刷（喷）油漆	1. 干式变压器安装 2. 基础型钢制作、安装 3. 温控箱安装 4. 网门制作、安装
030401003	整流变压器	1. 名称 2. 型号 3. 容量（kV·A） 4. 电压（kV） 5. 油过滤要求 6. 干燥要求 7. 基础型钢形式、规格 8. 网门、保护门材质、规格			1. 本体安装 2. 基础型钢制作、安装 3. 油过滤 4. 干燥 5. 网门、保护门制作、安装 6. 补刷（喷）油漆	1. 本体安装 2. 基础型钢制作、安装 3. 油过滤 4. 干燥 5. 网门制作、安装
030401004	自耦变压器					
030401005	有载调压变压器					
030401006	电炉变压器	1. 名称 2. 型号 3. 容量（kV·A） 4. 电压（kV） 5. 基础型钢形式、规格 6. 网门、保护门材质、规格			1. 本体安装 2. 基础型钢制作、安装 3. 网门、保护门制作、安装 4. 补刷（喷）油漆	1. 本体安装 2. 基础型钢制作、安装 3. 网门制作、安装

续表

<table>
<tr><th colspan="6">清单编制（编码：030401）</th><th>清单组价</th></tr>
<tr><th>项目编码</th><th>项目名称</th><th>项目特征</th><th>计量单位</th><th>工程量计算规则</th><th>工作内容</th><th>计算综合单价涉及的定额项目</th></tr>
<tr><td>030401007</td><td>消弧线圈</td><td>1. 名称
2. 型号
3. 容量（kV·A）
4. 电压（kV）
5. 油过滤要求
6. 干燥要求
7. 基础型钢形式、规格</td><td>台</td><td>按设计图示数量计算</td><td>1. 本体安装
2. 基础型钢制作、安装
3. 油过滤
4. 干燥
5. 补刷（喷）油漆</td><td>1. 消弧线圈安装
2. 基础型钢制作、安装
3. 油过滤
4. 干燥</td></tr>
<tr><td colspan="7">注：变压器油如需试验、化验、色谱分析应按措施项目相关内容编码列项。</td></tr>
</table>

8.4.2 配电装置安装工程清单编制与计价

配电装置安装工程工程量清单项目设置、项目特征描述、计量单位、工程量计算规则和清单组价时涉及的定额项目［清单组价涉及的定额项目为编者添加内容，其余内容均为《通用安装工程工程量计算规范》（GB 50856—2013）中的规定］见表 8-23。

表 8-23 配电装置安装工程清单编制与计价表

<table>
<tr><th colspan="6">清单编制（编码：030402）</th><th>清单组价</th></tr>
<tr><th>项目编码</th><th>项目名称</th><th>项目特征</th><th>计量单位</th><th>工程量计算规则</th><th>工作内容</th><th>计算综合单价涉及的定额项目</th></tr>
<tr><td>030402001</td><td>油断路器</td><td rowspan="3">1. 名称
2. 型号
3. 容量（A）
4. 电压等级（kV）
5. 安装条件
6. 操作机构名称及型号
7. 基础型钢规格
8. 接线材质、规格
9. 安装部位
10. 油过滤要求</td><td rowspan="4">台</td><td rowspan="4">按设计图示数量计算</td><td>1. 本体安装、调试
2. 基础型钢制作、安装
3. 油过滤
4. 补刷（喷）油漆
5. 接地</td><td>1. 油断路器安装
2. 基础型钢制安
3. 绝缘油过滤
4. 补漆</td></tr>
<tr><td>030402002</td><td>真空断路器</td><td rowspan="3">1. 本体安装、调试
2. 基础型钢制作、安装
3. 补刷（喷）油漆
4. 接地</td><td>1. 真空断路器安装
2. 基础型钢制安
3. 补漆</td></tr>
<tr><td>030402003</td><td>SF_6 断路器</td><td>1. SF_6断路器安装
2. 基础型钢制安
3. 补漆</td></tr>
<tr><td>030402004</td><td>空气断路器</td><td>1. 名称
2. 型号
3. 容量（A）
4. 电压等级（kV）
5. 安装条件
6. 操作机构名称及型号
7. 接线材质、规格
8. 安装部位</td><td>1. 空气断路器安装
2. 基础型钢制安
3. 补漆</td></tr>
</table>

续表

清单编制（编码：030402）						清单组价
项目编码	项目名称	项目特征	计量单位	工程量计算规则	工作内容	计算综合单价涉及的定额项目
030402005	真空接触器	1. 名称 2. 型号 3. 容量（A） 4. 电压等级（kV） 5. 安装条件 6. 操作机构名称及型号 7. 接线材质、规格 8. 安装部位	台	按设计图示数量计算	1. 本体安装、调试 2. 补刷（喷）油漆 3. 接地	1. 真空接触器安装 2. 补漆
030402006	隔离开关		组		1. 本体安装、调试 2. 补刷（喷）油漆 3. 接地	1. 隔离、负荷开关安装 2. 补刷（喷）油漆
030402007	负荷开关					
030402008	互感器	1. 名称 2. 型号 3. 规格 4. 类型 5. 油过滤要求	台		1. 本体安装、调试 2. 干燥 3. 油过滤 4. 接地	1. 互感器安装 2. 干燥 3. 油过滤
030402009	高压熔断器	1. 名称 2. 型号 3. 规格 4. 安装部位	组		1. 本体安装、调试 2. 接地	熔断器安装
030402010	避雷器	1. 名称 2. 型号 3. 规格 4. 电压等级 5. 安装部位			1. 本体安装 2. 接地	避雷器安装
030402011	干式电抗器	1. 名称 2. 型号 3. 规格 4. 质量 5. 安装部位 6. 干燥要求			1. 本体安装 2. 干燥	1. 干式电抗器安装 2. 干燥
030402012	油浸式电抗器	1. 名称 2. 型号 3. 规格 4. 容量（kV·A） 5. 油过滤要求 6. 干燥要求	台		1. 本体安装 2. 油过滤 3. 干燥	1. 油浸式电抗器安装 2. 油过滤 3. 干燥

续表

清单编制（编码：030402）						清单组价
030402013	移相及串联电容器	1. 名称 2. 型号 3. 规格 4. 质量 5. 安装部位	个	按设计图示数量计算	1. 本体安装 2. 接地	移相及串联电容器安装
030402014	集合式并联电容器					集合式并联电容器安装
030402015	并联补偿电容器组架	1. 名称 2. 型号 3. 规格 4. 结构形式	台			并联补偿电容器组架安装
030402016	交流滤波装置组架	1. 名称 2. 型号 3. 规格				交流滤波装置组架安装
030402017	高压成套配电柜	1. 名称 2. 型号 3. 规格 4. 母线配置方式 5. 种类 6. 基础型钢形式、规格			1. 本体安装 2. 基础型钢制作、安装 3. 补刷（喷）油漆 4. 接地	1. 高压成套配电柜安装 2. 基础型钢制作、安装 3. 补刷（喷）油漆 4. 接地
030402018	组合型成套箱式变电站	1. 名称 2. 型号 3. 容量（kV·A） 4. 电压（kV） 5. 组合形式 6. 基础规格、浇筑材质			1. 本体安装 2. 基础浇筑 3. 进箱母线安装 4. 补刷（喷）油漆 5. 接地	1. 组合型成套箱式变电站安装 2. 基础浇筑 3. 进箱母线安装

注：1. 空气断路器的储气罐及储气罐至断路器的管路应按工业管道工程相关项目编码列项。
2. 干式电抗器项目适用于混凝土电抗器、铁芯干式电抗器、空心干式电抗器等。
3. 设备安装未包括地脚螺栓、浇筑（二次灌浆、抹面），如需安装应按现行国家标准《房屋建筑与装饰工程工程量计算规范》（GB 50854—2013）相关项目编码列项。

8.4.3 母线安装工程清单编制与计价

母线安装工程工程量清单项目设置、项目特征描述、计量单位、工程量计算规则和清单组价时涉及的定额项目［清单组价涉及的定额项目为编者添加内容，其余内容均为《通用安装工程工程量计算规范》（GB 50856—2013）中的规定］见表8-24。

表 8-24　母线安装工程清单编制与计价表

清单编制（编码：030403）						清单组价
项目编码	项目名称	项目特征	计量单位	工程量计算规则	工作内容	计算综合单价涉及的定额项目
030403001	软母线	1. 名称 2. 材质 3. 型号 4. 规格 5. 绝缘子类型、规格	m	按设计图示尺寸以单相长度计算（含预留长度）	1. 母线安装 2. 绝缘子耐压试验 3. 跳线安装 4. 绝缘子安装	1. 母线安装 2. 跳线安装 3. 绝缘子安装
030403002	组合软母线					
030403003	带形母线	1. 名称 2. 型号 3. 规格 4. 材质 5. 绝缘子类型、规格 6. 穿墙套管材质、规格 7. 穿通板材质、规格 8. 母线桥材质、规格 9. 引下线材质、规格 10. 伸缩节、过渡板材质、规格 11. 分相漆品种			1. 母线安装 2. 穿通板制作、安装 3. 支持绝缘子、穿墙套管的耐压试验、安装 4. 引下线安装 5. 伸缩节安装 6. 过渡板安装 7. 刷分相漆	1. 矩形母线安装 2. 穿通板制作安装 3. 绝缘子、穿墙套管安装 4. 母线引下线安装 5. 母线伸缩节安装 6. 过渡板安装
030403004	槽形母线	1. 名称 2. 型号 3. 规格 4. 材质 5. 连接设备名称、规格 6. 分相漆品种			1. 母线制作、安装 2. 与发电机、变压器连接 3. 与断路器、隔离开关连接 4. 刷分相漆	1. 槽形母线安装 2. 槽形母线与发电机、变压器连接 3. 槽形母线与断路器、隔离开关连接
030403005	共箱母线	1. 名称 2. 型号 3. 规格 4. 材质		按设计图示尺寸以中心线长度计算	1. 母线安装 2. 补刷（喷）油漆	共箱母线安装
030403006	低压封闭式插接母线槽	1. 名称 2. 型号 3. 规格 4. 容量（A） 5. 线制 6. 安装部位				低压封闭式插接母线槽安装

续表

清单编制（编码：030403）						清单组价
项目编码	项目名称	项目特征	计量单位	工程量计算规则	工作内容	计算综合单价涉及的定额项目
030403007	始端箱、分线箱	1. 名称 2. 型号 3. 规格 4. 容量（A）	台	按设计图示数量计算	1. 本体安装 2. 补刷（喷）油漆	本体安装
030403008	重型母线	1. 名称 2. 型号 3. 规格 4. 容量（A） 5. 材质 6. 绝缘子类型、规格 7. 伸缩器及导板规格	t	按设计图示尺寸以质量计算	1. 母线制作、安装 2. 伸缩器及导板制作、安装 3. 支持绝缘子安装 4. 补刷（喷）油漆	1. 重型母线安装 2. 重型母线伸缩器安装 3. 重型母线导板制作安装 4. 绝缘子安装
注：1. 软母线安装预留长度同定额计价规定，详见8.3节相关内容。 2. 硬母线配置安装预留长度同定额计价规定，详见8.3节相关内容。						

8.4.4 控制设备及低压电器安装工程清单编制与计价

控制设备及低压电器安装工程工程量清单项目设置、项目特征描述、计量单位、工程量计算规则和清单组价时涉及的定额项目［清单组价涉及的定额项目为编者添加内容，其余内容均为《通用安装工程工程量计算规范》（GB 50856—2013）中的规定］见表8-25。

表8-25 控制设备及低压电器安装工程清单编制与计价表

清单编制（编码：030404）						清单组价
项目编码	项目名称	项目特征	计量单位	工程量计算规则	工作内容	计算综合单价涉及的定额项目
030404001	控制屏	1. 名称 2. 型号 3. 规格 4. 种类 5. 基础型钢形式、规格 6. 接线端子材质、规格 7. 端子板外部接线材质、规格 8. 小母线材质、规格 9. 屏边规格	台	按设计图示数量计算	1. 本体安装 2. 基础型钢制作、安装 3. 端子板安装 4. 焊、压接线端子 5. 盘柜配线、端子接线 6. 小母线安装 7. 屏边安装 8. 补刷（喷）油漆 9. 接地	1. 本体安装 2. 基础型钢制作、安装 3. 焊、压接线端子 4. 端子板外部接线 5. 小母线安装 6. 屏边安装
030404002	继电、信号屏					
030404003	模拟屏					

续表

<table>
<tr><th colspan="6">清单编制（编码：030404）</th><th>清单组价</th></tr>
<tr><th>项目编码</th><th>项目名称</th><th>项目特征</th><th>计量单位</th><th>工程量计算规则</th><th>工作内容</th><th>计算综合单价涉及的定额项目</th></tr>
<tr><td>030404004</td><td>低压开关柜（屏）</td><td rowspan="2">1. 名称
2. 型号
3. 规格
4. 种类
5. 基础型钢形式、规格
6. 接线端子材质、规格
7. 端子板外部接线材质、规格
8. 小母线材质、规格
9. 屏边规格</td><td rowspan="2">台</td><td rowspan="5">按设计图示数量计算</td><td>1. 本体安装
2. 基础型钢制作、安装
3. 端子板安装
4. 焊、压接线端子
5. 盘柜配线、端子接线
6. 屏边安装
7. 补刷（喷）油漆
8. 接地</td><td>1. 低压开关柜（屏）安装
2. 基础型钢制作、安装
3. 焊、压接线端子
4. 端子板外部接线
5. 屏边安装</td></tr>
<tr><td>030404005</td><td>弱电控制返回屏</td><td>1. 本体安装
2. 基础型钢制作、安装
3. 端子板安装
4. 焊、压接线端子
5. 盘柜配线、端子接线
6. 小母线安装
7. 屏边安装
8. 补刷（喷）油漆
9. 接地</td><td>1. 弱电控制返回屏安装
2. 基础型钢制作、安装
3. 端子板外部接线
4. 焊、压接线端子
5. 小母线安装
6. 屏边安装</td></tr>
<tr><td>030404006</td><td>箱式配电室</td><td>1. 名称
2. 型号
3. 规格
4. 质量
5. 基础规格、浇筑材质
6. 基础型钢形式、规格</td><td>套</td><td>1. 本体安装
2. 基础型钢制作、安装
3. 基础浇筑
4. 补刷（喷）油漆
5. 接地</td><td>1. 本体安装
2. 基础型钢制作、安装
3. 基础浇筑</td></tr>
<tr><td>030404007</td><td>硅整流柜</td><td>1. 名称
2. 型号
3. 规格
4. 容量（A）
5. 基础型钢形式、规格</td><td rowspan="2">台</td><td rowspan="2">1. 本体安装
2. 基础型钢制作、安装
3. 补刷（喷）油漆
4. 接地</td><td rowspan="2">1. 本体安装
2. 基础型钢制作、安装</td></tr>
<tr><td>030404008</td><td>可控硅柜</td><td>1. 名称
2. 型号
3. 规格
4. 容量（kW）
5. 基础型钢形式、规格</td></tr>
</table>

续表

<table>
<tr><th colspan="6">清单编制（编码：030404）</th><th>清单组价</th></tr>
<tr><th>项目编码</th><th>项目名称</th><th>项目特征</th><th>计量单位</th><th>工程量计算规则</th><th>工作内容</th><th>计算综合单价涉及的定额项目</th></tr>
<tr><td>030404009</td><td>低压电容器柜</td><td rowspan="6">1. 名称
2. 型号
3. 规格
4. 基础型钢形式、规格
5. 接线端子材质、规格
6. 端子板外部接线材质、规格
7. 小母线材质、规格
8. 屏边规格</td><td rowspan="10">台</td><td rowspan="10">按设计图示数量计算</td><td rowspan="6">1. 本体安装
2. 基础型钢制作、安装
3. 端子板安装
4. 焊、压接线端子
5. 盘柜配线、端子接线
6. 小母线安装
7. 屏边安装
8. 补刷（喷）油漆
9. 接地</td><td rowspan="6">1. 本体安装
2. 基础型钢制作、安装
3. 焊、压接线端子
4. 端子板外部接线
5. 小母线安装
6. 屏边安装</td></tr>
<tr><td>030404010</td><td>自动调节励磁屏</td></tr>
<tr><td>030404011</td><td>励磁灭磁屏</td></tr>
<tr><td>030404012</td><td>蓄电池屏（柜）</td></tr>
<tr><td>030404013</td><td>直流馈电屏</td></tr>
<tr><td>030404014</td><td>事故照明切换屏</td></tr>
<tr><td>030404015</td><td>控制台</td><td>1. 名称
2. 型号
3. 规格
4. 基础型钢形式、规格
5. 接线端子材质、规格
6. 端子板外部接线材质、规格
7. 小母线材质、规格</td><td>1. 本体安装
2. 基础型钢制作、安装
3. 端子板安装
4. 焊、压接线端子
5. 盘柜配线、端子接线
6. 小母线安装
7. 补刷（喷）油漆
8. 接地</td><td>1. 本体安装
2. 基础型钢制作、安装
3. 焊、压接线端子
4. 端子板外部接线
5. 小母线安装</td></tr>
<tr><td>030404016</td><td>控制箱</td><td rowspan="2">1. 名称
2. 型号
3. 规格
4. 基础形式、材质、规格
5. 接线端子材质、规格
6. 端子板外部接线材质、规格
7. 安装方式</td><td rowspan="2">1. 本体安装
2. 基础型钢制作、安装
3. 焊、压接线端子
4. 补刷（喷）油漆
5. 接地</td><td rowspan="2">1. 本体安装
2. 基础型钢制作、安装
3. 焊、压接线端子
4. 端子板外部接线</td></tr>
<tr><td>030404017</td><td>配电箱</td></tr>
<tr><td>030404018</td><td>插座箱</td><td>1. 名称
2. 型号
3. 规格
4. 安装方式</td><td>1. 本体安装
2. 接地</td><td>本体安装（需借套其他箱体安装定额）</td></tr>
</table>

续表

<table>
<tr><th colspan="6">清单编制（编码：030404）</th><th>清单组价</th></tr>
<tr><th>项目编码</th><th>项目名称</th><th>项目特征</th><th>计量单位</th><th>工程量计算规则</th><th>工作内容</th><th>计算综合单价涉及的定额项目</th></tr>
<tr><td>030404019</td><td>控制开关</td><td rowspan="3">1. 名称
2. 型号
3. 规格
4. 接线端子材质、规格
5. 额定电流（A）</td><td rowspan="3">个</td><td rowspan="11">按设计图示数量计算</td><td rowspan="11">1. 本体安装
2. 焊、压接线端子
3. 接线</td><td rowspan="11">1. 本体安装
2. 焊、压接线端子</td></tr>
<tr><td>030404020</td><td>低压熔断器</td></tr>
<tr><td>030404021</td><td>限位开关</td></tr>
<tr><td>030404022</td><td>控制器</td><td rowspan="8">1. 名称
2. 型号
3. 规格
4. 接线端子材质、规格</td><td rowspan="6">台</td></tr>
<tr><td>030404023</td><td>接触器</td></tr>
<tr><td>030404024</td><td>磁力启动器</td></tr>
<tr><td>030404025</td><td>Y－△自耦减压启动器</td></tr>
<tr><td>030404026</td><td>电磁铁（电磁制动器）</td></tr>
<tr><td>030404027</td><td>快速自动开关</td></tr>
<tr><td>030404028</td><td>电阻器</td><td>箱</td></tr>
<tr><td>030404029</td><td>油浸式频敏变阻器</td><td>台</td></tr>
</table>

续表

<table>
<tr><th colspan="6">清单编制（编码：030404）</th><th>清单组价</th></tr>
<tr><th>项目编码</th><th>项目名称</th><th>项目特征</th><th>计量单位</th><th>工程量计算规则</th><th>工作内容</th><th>计算综合单价涉及的定额项目</th></tr>
<tr><td>030404030</td><td>分流器</td><td>1. 名称
2. 型号
3. 规格
4. 容量（A）
5. 接线端子材质、规格</td><td>个</td><td rowspan="7">按设计图示数量计算</td><td rowspan="2">1. 本体安装
2. 焊、压接线端子
3. 接线</td><td rowspan="2">1. 本体安装
2. 焊、压接线端子</td></tr>
<tr><td>030404031</td><td>小电器</td><td>1. 名称
2. 型号
3. 规格
4. 接线端子材质、规格</td><td>个（套、台）</td></tr>
<tr><td>030404032</td><td>端子箱</td><td>1. 名称
2. 型号
3. 规格
4. 安装部位</td><td rowspan="2">台</td><td>1. 本体安装
2. 接线</td><td>1. 本体安装
2. 端子板外部接线
3. 焊、压接线端子</td></tr>
<tr><td>030404033</td><td>风扇</td><td rowspan="3">1. 名称
2. 型号
3. 规格
4. 安装方式</td><td>1. 本体安装
2. 调速开关安装</td><td>1. 风扇安装
2. 风扇接线
3. 风扇调速开关安装</td></tr>
<tr><td>030404034</td><td>照明开关</td><td rowspan="2">个</td><td rowspan="2">1. 本体安装
2. 接线</td><td rowspan="3">本体安装</td></tr>
<tr><td>030404035</td><td>插座</td></tr>
<tr><td>030404036</td><td>其他电器</td><td>1. 名称
2. 规格
3. 安装方式</td><td>个（套、台）</td><td>1. 安装
2. 接线</td></tr>
<tr><td colspan="7">注：1. 控制开关包括自动空气开关、刀型开关、铁壳开关、胶盖刀闸开关、组合控制开关、万能转换开关、风机盘管三速开关、漏电保护开关等。
2. 小电器包括按钮、电笛、电铃、水位电气信号装置、测量表计、继电器、电磁锁、屏上辅助设备、辅助电压互感器、小型安全变压器等。
3. 其他电器安装指本节未列的电器项目。
4. 其他电器必须根据电器实际名称确定项目名称，明确描述工作内容、项目特征、计量单位、计算规则。</td></tr>
</table>

8.4.5 蓄电池安装工程清单编制与计价

蓄电池安装工程工程量清单项目设置、项目特征描述、计量单位、工程量计算规则和清单组价时涉及的定额项目［清单组价涉及的定额项目为编者添加内容，其余内容均为《通用安装工程工程量计算规范》（GB 50856—2013）中的规定］见表8－26。

表8-26 蓄电池安装工程清单编制与计价表

清单编制（编码：030405）						清单组价
项目编码	项目名称	项目特征	计量单位	工程量计算规则	工作内容	计算综合单价涉及的定额项目
030405001	蓄电池	1. 名称 2. 型号 3. 容量（A·h） 4. 防振支架形式、材质 5. 充放电要求	个（组件）	按设计图示数量计算	1. 本体安装 2. 防振支架安装 3. 充放电	1. 本体安装 2. 防振支架安装 3. 充放电
030405002	太阳能电池	1. 名称 2. 型号 3. 规格 4. 容量 5. 安装方式	组		1. 本体安装 2. 电池方阵钢架安装 3. 联调	1. 本体安装 2. 电池板钢架安装

8.4.6 电机检查接线及调试工程清单编制与计价

电机检查接线及调试工程工程量清单项目设置、项目特征描述、计量单位、工程量计算规则和清单组价时涉及的定额项目［清单组价涉及的定额项目为编者添加内容，其余内容均为《通用安装工程工程量计算规范》（GB 50856—2013）中的规定］见表8-27。

表8-27 电机检查接线及调试工程清单编制与计价表

清单编制（编码：030406）						清单组价
项目编码	项目名称	项目特征	计量单位	工程量计算规则	工作内容	计算综合单价涉及的定额项目
030406001	发电机	1. 名称 2. 型号 3. 容量（kW） 4. 接线端子材质、规格 5. 干燥要求	台	按设计图示数量计算	1. 检查接线 2. 接地 3. 干燥 4. 调试	1. 检查接线 2. 调试
030406002	调相机					1. 检查接线 2. 干燥 3. 调试
030406003	普通小型直流电动机					
030406004	可控硅调速直流电动机	1. 名称 2. 型号 3. 容量（kW） 4. 类型 5. 接线端子材质、规格 6. 干燥要求				

续表

清单编制（编码：030406）						清单组价
项目编码	项目名称	项目特征	计量单位	工程量计算规则	工作内容	计算综合单价涉及的定额项目
030406005	普通交流同步电动机	1. 名称 2. 型号 3. 容量（kW） 4. 启动方式 5. 电压等级（kV） 6. 接线端子材质、规格 7. 干燥要求	台	按设计图示数量计算	1. 检查接线 2. 接地 3. 干燥 4. 调试	1. 检查接线 2. 干燥 3. 调试
030406006	低压交流异步电动机	1. 名称 2. 型号 3. 容量（kW） 4. 控制保护方式 5. 接线端子材质、规格 6. 干燥要求				
030406007	高压交流异步电动机	1. 名称 2. 型号 3. 容量（kW） 4. 保护类别 5. 接线端子材质、规格 6. 干燥要求				
030406008	交流变频调速电动机	1. 名称 2. 型号 3. 容量（kW） 4. 类别 5. 接线端子材质、规格 6. 干燥要求				
030406009	微型电机、电加热器	1. 名称 2. 型号 3. 规格 4. 接线端子材质、规格 5. 干燥要求				

续表

<table>
<tr><th colspan="6">清单编制（编码：030406）</th><th>清单组价</th></tr>
<tr><th>项目编码</th><th>项目名称</th><th>项目特征</th><th>计量单位</th><th>工程量计算规则</th><th>工作内容</th><th>计算综合单价涉及的定额项目</th></tr>
<tr><td>030406010</td><td>电动机组</td><td>1. 名称
2. 型号
3. 电动机台数
4. 联锁台数
5. 接线端子材质、规格
6. 干燥要求</td><td rowspan="2">组</td><td rowspan="3">按设计图示数量计算</td><td rowspan="2">1. 检查接线
2. 接地
3. 干燥
4. 调试</td><td>1. 检查接线
2. 干燥
3. 调试</td></tr>
<tr><td>030406011</td><td>备用励磁机组</td><td>1. 名称
2. 型号
3. 接线端子材质、规格
4. 干燥要求</td><td>1. 检查接线
2. 调试</td></tr>
<tr><td>030406012</td><td>励磁电阻器</td><td>1. 名称
2. 型号
3. 规格
4. 接线端子材质、规格
5. 干燥要求</td><td>台</td><td>1. 本体安装
2. 检查接线
3. 干燥</td><td>1. 本体安装
2. 干燥</td></tr>
<tr><td colspan="7">注：1. 可控硅调速直流电动机类型指一般可控硅调速直流电动机、全数字式控制可控硅调速直流电动机。
2. 交流变频调速电动机类型指交流同步变频电动机、交流异步变频电动机。
3. 电动机按其质量划分为大、中、小型：3 t 以下为小型，3 ~ 30 t 为中型，30 t 以上为大型。</td></tr>
</table>

8.4.7　电缆安装工程清单编制与计价

电缆安装工程工程量清单项目设置、项目特征描述、计量单位、工程量计算规则和清单组价时涉及的定额项目［清单组价涉及的定额项目为编者添加内容，其余内容均为《通用安装工程工程量计算规范》（GB 50856—2013）中的规定］见表 8-28。

表 8-28　电缆安装工程清单编制与计价表

<table>
<tr><th colspan="6">清单编制（编码：030408）</th><th>清单组价</th></tr>
<tr><th>项目编码</th><th>项目名称</th><th>项目特征</th><th>计量单位</th><th>工程量计算规则</th><th>工作内容</th><th>计算综合单价涉及的定额项目</th></tr>
<tr><td>030408001</td><td>电力电缆</td><td rowspan="2">1. 名称
2. 型号
3. 规格
4. 材质
5. 敷设方式、部位
6. 电压等级（kV）
7. 地形</td><td rowspan="2">m</td><td rowspan="2">按设计图示尺寸以长度计算（含预留长度及附加长度）</td><td rowspan="2">1. 电缆敷设
2 揭（盖）盖板</td><td rowspan="2">1. 电缆敷设
2. 揭（盖）盖板</td></tr>
<tr><td>030408002</td><td>控制电缆</td></tr>
</table>

续表

清单编制（编码：030408）						清单组价
项目编码	项目名称	项目特征	计量单位	工程量计算规则	工作内容	计算综合单价涉及的定额项目
030408003	电缆保护管	1. 名称 2. 材质 3. 规格 4. 敷设方式	m	按设计图示尺寸以长度计算	保护管敷设	保护管敷设
030408004	电缆槽盒	1. 名称 2. 材质 3. 规格 4. 型号			槽盒安装	槽盒安装
030408005	铺砂、盖保护板（砖）	1. 种类 2. 规格			1. 铺砂 2. 盖板（砖）	铺砂、保护
030408006	电力电缆头	1. 名称 2. 型号 3. 规格 4. 材质、类型 5. 安装部位 6. 电压等级（kV）	个	按设计图示数量计算	1. 电力电缆头制作 2. 电力电缆头安装 3. 接地	1. 电缆头制作与安装 2. 接地
030408007	控制电缆头	1. 名称 2. 型号 3. 规格 4. 材质、类型 5. 安装方式				
030408008	防火堵洞	1. 名称 2. 材质 3. 方式 4. 部位	处	按设计图示数量计算	安装	防火包或防火堵料安装
030408009	防火隔板		m^2	按设计图示尺寸以面积计算		防火隔板安装
030408010	防火涂料		kg	按设计图示尺寸以质量计算		防火涂料
030408011	电缆分支箱	1. 名称 2. 型号 3. 规格 4. 基础形式、材质、规格	台	按设计图示数量计算	1. 本体安装 2. 基础制作、安装	接线箱安装

注：1. 电缆穿刺线夹按电缆头编码列项。
2. 电缆井、电缆排管、顶管，应按现行国家标准《市政工程工程量计算规范》（GB 50857—2013）相关项目编码列项。
3. 电缆敷设预留长度及附加长度同定额计价，详见 8.3 节相关内容。

8.4.8　防雷及接地装置工程清单编制与计价

防雷及接地装置安装工程工程量清单项目设置、项目特征描述、计量单位、工程量计算规则和清单组价时涉及的定额项目［清单组价涉及的定额项目为编者添加内容，其余内容均为《通用安装工程工程量计算规范》（GB 50856—2013）中的规定］见表 8-29。

表 8-29　防雷及接地装置安装工程清单编制与计价表

清单编制（编码：030409）						清单组价
项目编码	项目名称	项目特征	计量位	工程量计算规则	工作内容	计算综合单价涉及的定额项目
030409001	接地极	1. 名称 2. 材质 3. 规格 4. 土质 5. 基础接地形式	根（块）	按设计图示数量计算	1. 接地极（板、桩）制作、安装 2. 基础接地网安装 3. 补刷（喷）油漆	1. 接地极（板）制作、安装 2. 桩承台接地 3. 接地跨接线安装（接地网）
030409002	接地母线	1. 名称 2. 材质 3. 规格 4. 安装部位 5. 安装形式			1. 接地母线制作、安装 2. 补刷（喷）油漆	接地母线敷设
030409003	避雷引下线	1. 名称 2. 材质 3. 规格 4. 安装部位 5. 安装形式 6. 断接卡子、箱材质、规格			1. 避雷引下线制作、安装 2. 断接卡子、箱制作、安装 3. 利用主钢筋焊接 4. 补刷（喷）油漆	1. 避雷引下线敷设 2. 断接卡子制作、安装
030409004	均压环	1. 名称 2. 材质 3. 规格 4. 安装形式	m	按设计图示尺寸以长度计算（含附加长度）	1. 均压环敷设 2. 钢铝窗接地 3. 柱主筋与圈梁焊接 4. 利用圈梁钢筋焊接 5. 补刷（喷）油漆	1. 均压环敷设（利用圈梁钢筋） 2. 钢铝窗接地
030409005	避雷网	1. 名称 2. 材质 3. 规格 4. 安装形式 5. 混凝土块标号			1. 避雷网制作、安装 2. 跨接 3. 混凝土块制作 4. 补刷（喷）油漆	1. 避雷网制作、安装 2. 混凝土块制作

续表

清单编制（编码：030409）						清单组价
项目编码	项目名称	项目特征	计量单位	工程量计算规则	工作内容	计算综合单价涉及的定额项目
030409006	避雷针	1. 名称 2. 材质 3. 规格 4. 安装形式、高度	根	按设计图示数量计算	1. 避雷针制作、安装 2. 跨接 3. 补刷（喷）油漆	1. 避雷针制作、安装 2. 跨接
030409007	半导体少长针消雷装置	1. 型号 2. 高度	套		本体安装	本体安装
030409008	等电位端子箱、测试板	1. 名称 2. 材质 3. 规格	台（块）			接线箱安装或等电位端子盒安装
030409009	绝缘垫		m^2	按设计图示尺寸以展开面积计算	1. 制作 2. 安装	缺项
030409010	浪涌保护器	1. 名称 2. 规格 3. 安装形式 4. 防雷等级	个	按设计图示数量计算	1. 本体安装 2. 接线 3. 接地	设备防雷装置安装
030409011	降阻剂	1. 名称 2. 类型		按设计图示以质量计算	1. 挖土 2. 释放降阻剂 3. 回填土 4. 运输	1. 挖土 2. 施放降阻剂 3. 回填土 4. 运输

注：1. 利用桩基础作接地极，应描述桩台下桩的根数，每桩台下需焊接柱筋根数，其工程量按柱引下线计算；利用基础钢筋作接地极按均压环项目编码列项。
2. 利用柱筋作引下线的，需描述柱筋焊接根数。
3. 利用圈梁筋作均压环的，需描述圈梁筋焊接根数。
4. 使用电缆、电线作接地线，应按电缆、电线安装相关项目编码列项。
5. 接地母线、引下线、避雷网按其全长计算3.9%附加长度。

8.4.9 配管、配线工程清单编制与计价

配管、配线工程工程量清单项目设置、项目特征描述、计量单位、工程量计算规则和清单组价时涉及的定额项目［清单组价涉及的定额项目为编者添加内容，其余内容均为《通用安装工程工程量计算规范》（GB 50856—2013）中的规定］见表8-30。

表8-30　配管、配线工程清单编制与计价表

<table>
<tr><th colspan="6">清单编制（编码：030411）</th><th>清单组价</th></tr>
<tr><th>项目编码</th><th>项目名称</th><th>项目特征</th><th>计量单位</th><th>工程量计算规则</th><th>工作内容</th><th>计算综合单价涉及的定额项目</th></tr>
<tr><td>030411001</td><td>配管</td><td>1. 名称
2. 材质
3. 规格
4. 配置形式
5. 接地要求
6. 钢索材质、规格</td><td rowspan="4">m</td><td rowspan="3">按设计图示尺寸以长度计算</td><td>1. 电线管路敷设
2. 钢索架设（拉紧装置安装）
3. 预留沟槽
4. 接地</td><td>1. 电线管路敷设
2. 钢索架设（拉紧装置安装）</td></tr>
<tr><td>030411002</td><td>线槽</td><td>1. 名称
2. 材质
3. 规格</td><td>1. 本体安装
2. 补刷（喷）油漆</td><td>线槽敷设</td></tr>
<tr><td>030411003</td><td>桥架</td><td>1. 名称
2. 型号
3. 规格
4. 材质
5. 类型
6. 接地方式</td><td>1. 本体安装
2. 接地</td><td>桥架安装</td></tr>
<tr><td>030411004</td><td>配线</td><td>1. 名称
2. 配线形式
3. 型号
4. 规格
5. 材质
6. 配线部位
7. 配线线制
8. 钢索材质、规格</td><td>按设计图示尺寸以单线长度计算（含预留长度）</td><td>1. 配线
2. 钢索架设（拉紧装置安装）
3. 支持体（夹板、绝缘子、槽板等）安装</td><td>1. 配线
2. 钢索架设（拉紧装置安装）</td></tr>
<tr><td>030411005</td><td>接线箱</td><td rowspan="2">1. 名称
2. 材质
3. 规格
4. 安装形式</td><td rowspan="2">个</td><td rowspan="2">按设计图示数量计算</td><td rowspan="2">本体安装</td><td>接线箱安装</td></tr>
<tr><td>030411006</td><td>接线盒</td><td>接线盒安装</td></tr>
</table>

注：1. 配管、线槽安装不扣除管路中间的接线箱（盒）、灯头盒、开关盒所占长度。
2. 配管名称指电线管、钢管、防爆管、塑料管、软管、波纹管等。
3. 配管配置形式指明配、暗配、吊顶内、钢结构支架、钢索配管、埋地敷设、水下敷设、砌筑沟内敷设等。
4. 配线名称指管内穿线、瓷夹板配线、塑料夹板配线、绝缘子配线、槽板配线、塑料护套配线、线槽配线、车间带形母线等。
5. 配线形式指照明线路，动力线路，木结构，天棚内，砖、混凝土结构，沿支架、钢索、屋架、梁、柱墙，以及跨屋架、梁、柱。
6. 配线保护管遇到下列情况之一时，应增设管路接线盒和拉线盒：
（1）管长度每超过30 m，无弯曲；
（2）管长度每超过20 m，有1个弯曲；
（3）管长度每超过15 m，有2个弯曲；
（4）管长度每超过8 m，有3个弯曲。
7. 垂直敷设的电线保护管遇到下列情况之一时，应增设固定导线用的拉线盒：
（1）管内导线截面为50 mm^2 及以下，长度每超过30 m；
（2）管内导线截面为70～95 mm^2，长度每超过20 m；
（3）管内导线截面为120～240 mm^2，长度每超过18 m。
在配管清单项目计量时，设计无要求时上述规定可以作为计量接线盒、拉线盒的依据。
8. 配管安装中不包括凿槽、刨沟，应按附属工程相关项目编码列项。
9. 配线进入箱、柜、板的预留长度同定额计量计价，详见8.3节相关内容。

8.4.10　照明器具安装工程清单编制与计价

照明器具安装工程工程量清单项目设置、项目特征描述、计量单位、工程量计算规则和清单组价时涉及的定额项目［清单组价涉及的定额项目为编者添加内容，其余内容均为《通用安装工程工程量计算规范》（GB 50856—2013）中的规定］见表8-31。

表8-31　照明器具安装工程清单编制与计价表

<table>
<tr><th colspan="6">清单编制（编码：030412）</th><th>清单组价</th></tr>
<tr><th>项目编码</th><th>项目名称</th><th>项目特征</th><th>计量单位</th><th>工程量计算规则</th><th>工作内容</th><th>计算综合单价涉及的定额项目</th></tr>
<tr><td>030412001</td><td>普通灯具</td><td>1. 名称
2. 型号
3. 规格
4. 类型</td><td rowspan="7">套</td><td rowspan="7">按设计图示数量计算</td><td rowspan="6">本体安装</td><td>普通灯具安装</td></tr>
<tr><td>030412002</td><td>工厂灯</td><td>1. 名称
2. 型号
3. 规格
4. 安装形式</td><td>工厂灯安装</td></tr>
<tr><td>030412003</td><td>高度标志（障碍）灯</td><td>1. 名称
2. 型号
3. 规格
4. 安装部位
5. 安装高度</td><td>高度标志（障碍）灯安装</td></tr>
<tr><td>030412004</td><td>装饰灯</td><td rowspan="2">1. 名称
2. 型号
3. 规格
4. 安装形式</td><td>装饰灯安装</td></tr>
<tr><td>030412005</td><td>荧光灯</td><td>荧光灯安装</td></tr>
<tr><td>030412006</td><td>医疗专用灯</td><td>1. 名称
2. 型号
3. 规格</td><td>医疗专用灯安装</td></tr>
<tr><td>030412007</td><td>一般路灯</td><td>1. 名称
2. 型号
3. 规格
4. 灯杆材质、规格
5. 灯架形式及臂长
6. 附件配置要求
7. 灯杆形式（单、双）
8. 基础形式、砂浆配合比
9. 杆座材质、规格
10. 接线端子材质、规格
11. 编号
12. 接地要求</td><td>1. 基础制作、安装
2. 立灯杆
3. 杆座安装
4. 灯架及灯具附件安装
5. 焊、压接线端子
6. 补刷（喷）油漆
7. 灯杆编号
8. 接地</td><td>1. 基础制作、安装
2. 路灯杆安装
3. 杆座安装
4. 路灯安装
5. 路灯附件安装
6. 补刷（喷）油漆
7. 灯杆编号</td></tr>
</table>

续表

<table>
<tr><th colspan="6">清单编制（编码：030412）</th><th>清单组价</th></tr>
<tr><th>项目编码</th><th>项目名称</th><th>项目特征</th><th>计量单位</th><th>工程量计算规则</th><th>工作内容</th><th>计算综合单价涉及的定额项目</th></tr>
<tr><td>030412008</td><td>中杆灯</td><td>1. 名称
2. 灯杆材质及高度
3. 灯架的型号、规格
4. 附件配置
5. 光源数量
6. 基础形式、浇筑材质
7. 杆座材质、规格
8. 接线端子材质、规格
9. 铁构件规格
10. 编号
11. 灌浆配合比
12. 接地要求</td><td rowspan="4">套</td><td rowspan="4">按设计图示数量计算</td><td>1. 基础浇筑
2. 立灯杆
3. 杆座安装
4. 灯架及灯具附件安装
5. 焊、压接线端子
6. 铁构件安装
7. 补刷（喷）油漆
8. 灯杆编号
9. 接地</td><td>1. 基础浇筑
2. 路灯杆安装
3. 杆座安装
4. 路灯安装
5. 路灯附件安装
6. 铁构件安装
7. 补刷（喷）油漆
8. 灯杆编号</td></tr>
<tr><td>030412009</td><td>高杆灯</td><td>1. 名称
2. 灯杆高度
3. 灯架形式（成套或组装、固定或升降）
4. 附件配置
5. 光源数量
6. 基础形式、浇筑材质
7. 杆座材质、规格
8. 接线端子材质、规格
9. 铁构件规格
10. 编号
11. 灌浆配合比
12. 接地要求</td><td>1. 基础浇筑
2. 立灯杆
3. 杆座安装
4. 灯架及灯具附件安装
5. 焊、压接线端子
6. 铁构件安装
7. 补刷（喷）油漆
8. 灯杆编号
9. 升降机构接线调试
10. 接地</td><td>1. 基础浇筑
2. 路灯杆安装
3. 杆座安装
4. 路灯安装
5. 路灯附件安装
6. 铁构件安装
7. 补刷（喷）油漆
8. 灯杆编号</td></tr>
<tr><td>030412010</td><td>桥栏杆灯</td><td rowspan="2">1. 名称
2. 型号
3. 规格
4. 安装形式</td><td rowspan="2">1. 灯具安装
2. 补刷（喷）油漆</td><td rowspan="2">1. 灯具安装
2. 补刷（喷）油漆</td></tr>
<tr><td>030412011</td><td>地道涵洞灯</td></tr>
<tr><td colspan="7">注：1. 普通灯具包括圆球吸顶灯、半圆球吸顶灯、方形吸顶灯、软线吊灯、座灯头、吊链灯、防水吊灯、壁灯等。
2. 工厂灯包括工厂罩灯、防水灯、防尘灯、碘钨灯、投光灯、泛光灯、混光灯、密闭灯等。
3. 高度标志（障碍）灯包括烟囱标志灯、高塔标志灯、高层建筑屋顶障碍指示灯等。
4. 装饰灯包括吊式艺术装饰灯、吸顶式艺术装饰灯、荧光艺术装饰灯、几何形组合艺术装饰灯、标志灯、诱导装饰灯、水下（上）艺术装饰灯、点光源艺术灯、歌舞厅灯具、草坪灯具等。
5. 医疗专用灯包括病房指示灯、病房暗脚灯、紫外线杀菌灯、无影灯等。
6. 中杆灯是指安装在高度小于或等于 19 m 的灯杆上的照明器具。
7. 高杆灯是指安装在高度大于 19 m 的灯杆上的照明器具。</td></tr>
</table>

8.4.11 附属工程工程清单编制与计价

附属工程工程量清单项目设置、项目特征描述、计量单位、工程量计算规则和清单组价时涉及的定额项目［清单组价涉及的定额项目为编者添加内容，其余内容均为《通用安装工程工程量计算规范》（GB 50856—2013）中的规定］见表8-32。

表8-32 附属工程工程清单编制与计价表

清单编制（编码：030413）						清单组价
项目编码	项目名称	项目特征	计量单位	工程量计算规则	工作内容	计算综合单价涉及的定额项目
030413001	铁构件	1. 名称 2. 材质 3. 规格	kg	按设计图示尺寸以质量计算	1. 制作 2. 安装 3. 补刷（喷）油漆	1. 金属构件制作 2. 金属构件安装
030413002	凿（压）槽	1. 名称 2. 规格 3. 类型 4. 填充（恢复）方式 5. 混凝土标准	m	按设计图示尺寸以长度计算	1. 开槽 2. 恢复处理	凿槽
030413003	打洞（孔）	1. 名称 2. 规格 3. 类型 4. 填充（恢复）方式 5. 混凝土标准	个	按设计图示数量计算	1. 开孔、洞 2. 恢复处理	开孔、洞
030413004	管道包封	1. 名称 2. 规格 3. 混凝土强度等级	m	按设计图示长度计算	1. 灌注 2. 养护	安装缺项
030413005	人（手）孔砌筑	1. 名称 2. 规格 3. 类型	个	按设计图示数量计算	砌筑	安装缺项
030413006	人（手）孔防水	1. 名称 2. 类型 3. 规格 4. 防水材质及做法	m^2	按设计图示防水面积计算	防水	防水
注：铁构件适用于电气工程的各种支架、铁构件的制作安装。						

8.4.12　电气调整试验工程清单编制与计价

电气调整试验工程工程量清单项目设置、项目特征描述、计量单位、工程量计算规则和清单组价时涉及的定额项目［清单组价涉及的定额项目为编者添加内容，其余内容均为《通用安装工程工程量计算规范》（GB 50856—2013）中的规定］见表 8-33。

表 8-33　电气调整试验工程清单编制与计价表

清单编制（编码：030414）						清单组价
项目编码	项目名称	项目特征	计量单位	工程量计算规则	工作内容	计算综合单价涉及的定额项目
030414001	电力变压器系统	1. 名称 2. 型号 3. 容量（kV·A）	系统	按设计图示系统计算	系统调试	变压器系统调试
030414002	送配电装置系统	1. 名称 2. 型号 3. 电压等级（kV） 4. 类型		按设计图示数量计算	调试	输配电装置系统调试
030414003	特殊保护装置	1. 名称 2. 类型	台（套）			保护装置系统调试
030414004	自动投入装置		系统（台、套）			自动投入装置系统调试
030414005	中央信号装置		系统（台）			测量与监视系统调试
030414006	事故照明切换装置		系统	按设计图示系统计算		事故照明切换装置系统调试
030414007	不间断电源	1. 名称 2. 类型 3. 容量				不间断电源系统调试
030414008	母线	1. 名称 2. 电压等级（kV）	段	按设计图示数量计算		母线系统调试
030414009	避雷器		组			系统调试
030414010	电容器					电容器系统调试
030414011	接地装置	1. 名称 2. 类别	1. 系统 2. 组	按设计图示系统（或数量）计算	接地电阻测试	接地系统测试
030414012	电抗器、消弧线圈		台	按设计图示数量计算	调试	电抗器系统调试

续表

清单编制（编码：030414）						清单组价
项目编码	项目名称	项目特征	计量单位	工程量计算规则	工作内容	计算综合单价涉及的定额项目
030414013	电除尘器	1. 名称 2. 型号 3. 规格	组	按设计图示数量计算	调试	电除尘器系统调试
030414014	硅整流设备、可控硅整流装置	1. 名称 2. 类别 3. 电压（V） 4. 电流（A）	系统	按设计图示系统计算		硅整流设备、可控硅整流装置调试
030414015	电缆试验	1. 名称 2. 电压等级（kV）	次（根、点）	按设计图示数量计算	试验	缺项

注：1. 功率大于10 kW电动机及发电机的启动调试用的蒸汽、电力和其他动力能源消耗及变压器空载试运转的电力消耗及设备需烘干处理应说明。
2. 配合机械设备及其他工艺的单体试车，应按措施相关项目编码列项。
3. 计算机系统调试应按自动化控制仪表安装工程相关项目编码列项。

8.4.13 电气设备安装工程清单计价相关问题及说明

（1）电气设备安装工程适用于10 kV以下变配电设备及线路的安装工程、车间动力电气设备及电气照明、防雷及接地装置安装、配管配线、电气调试等。

（2）挖土、填土工程，应按现行国家标准《房屋建筑与装饰工程工程量计算规范》（GB 50854—2013）相关项目编码列项。

（3）开挖路面，应按现行国家标准《市政工程工程量计算规范》（GB 50857—2013）相关项目编码列项。

（4）过梁、墙、楼板的钢（塑料）套管，应按采暖、给水排水、燃气工程相关项目编码列项。

（5）除锈、刷漆（补刷漆除外）、保护层安装，应按刷油、防腐蚀、绝热工程相关项目编码列项。

（6）由国家或地方检测验收部门进行的检测验收应按措施项目编码列项。

8.5 电力设备安装工程计量计价实例

现有某市三层住宅楼照明及防雷接地安装工程（未包含等电位联结），图纸如表8-34、图8-19～图8-26所示，图中标高均以m为单位，其他尺寸均以mm为单位。

（1）工程情况说明。

1）照明及配电系统。

①电力及照明供电电缆由小区室外箱变引来，供电电压为220 V/380 V。

②照明及电力配电箱底边距地1.5 m暗装，弱电箱底边距地0.3 m暗装。

表 8-34　图例及规格

序号	图例	名称	规格
1		住户弱电配线箱（ADD1）	非标定构
2		住户配电箱	非标定构
3		单管 LED	220 V 15 W
4		防水防尘灯	220 V 15 W
5		开关	250 V 10 A
6		双联开关	250 V 10 A
7		防水防尘插座	220 V 10 A
8		二、三极暗装插座	220 V 10 A
9	S	节能吸顶灯（带声控光敏开关）	220 V 30 W
10	W	热水器插座	220 V 20 A
11	C	密闭型二、三极暗装插座	220 V 10 A

z

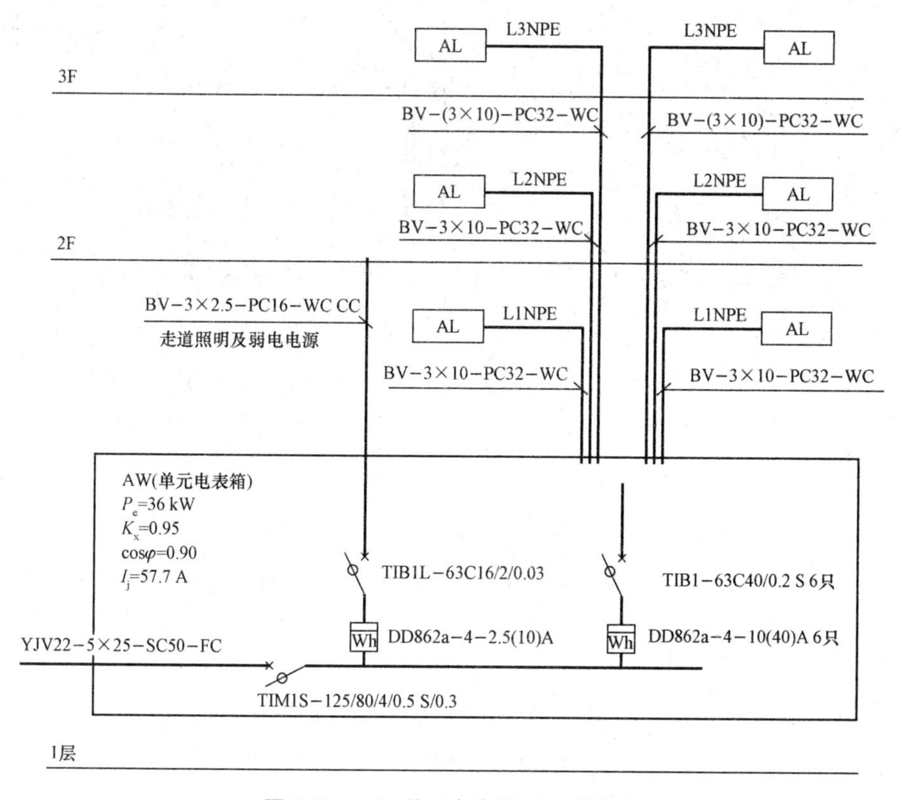

图 8-19　AW 单元电表箱配电系统图

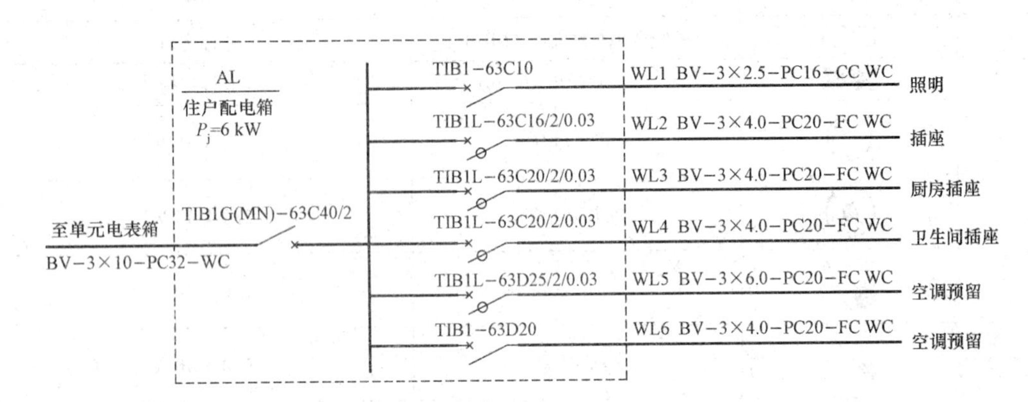

图 8-20 AL 住户配电箱配电系统图

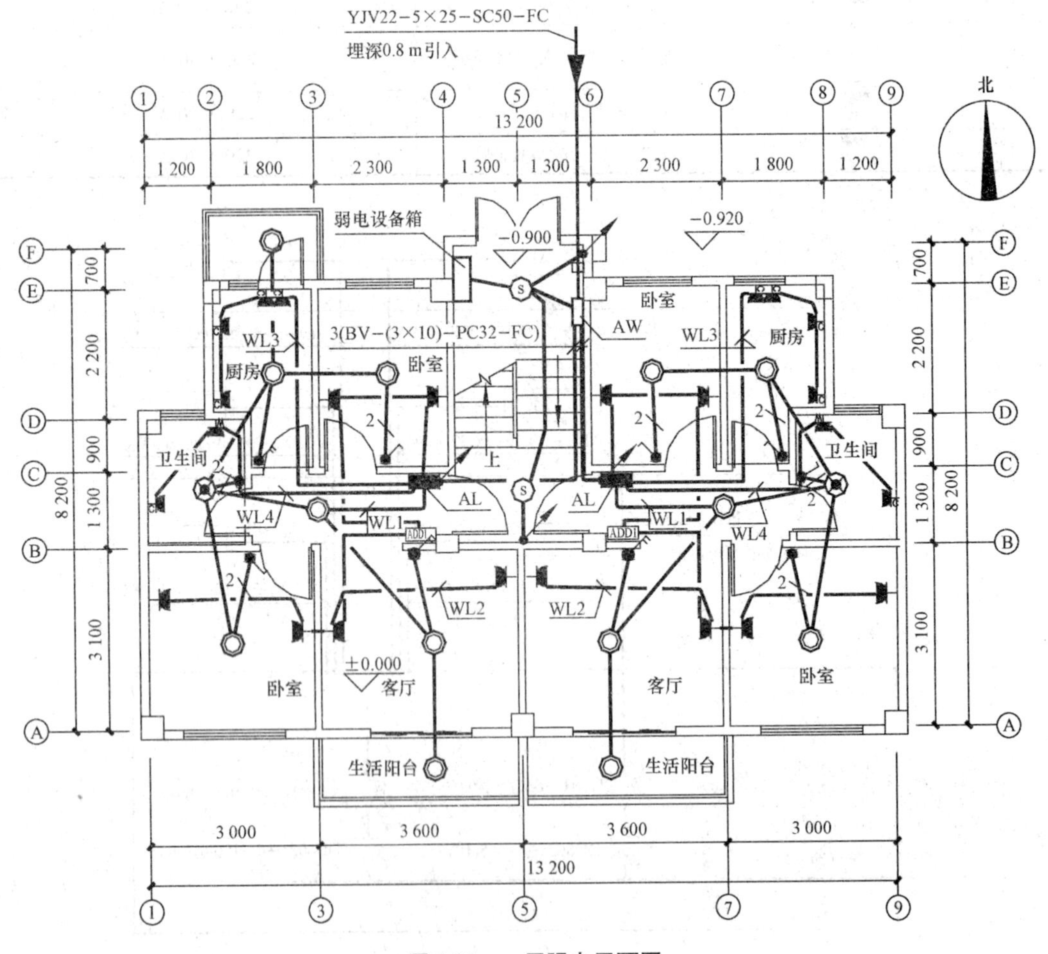

图 8-21 一层强电平面图

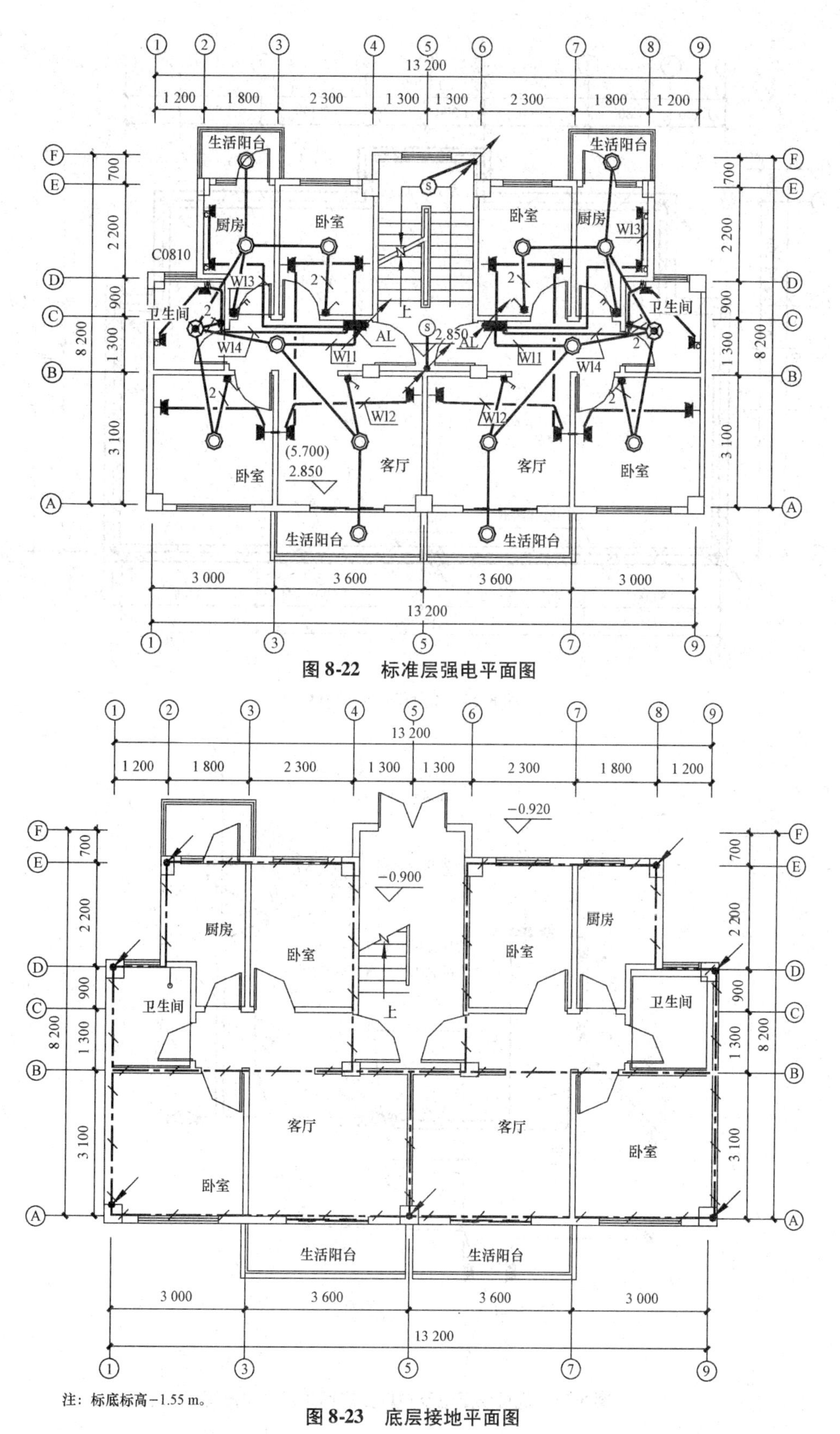

图 8-22　标准层强电平面图

注：标底标高−1.55 m。

图 8-23　底层接地平面图

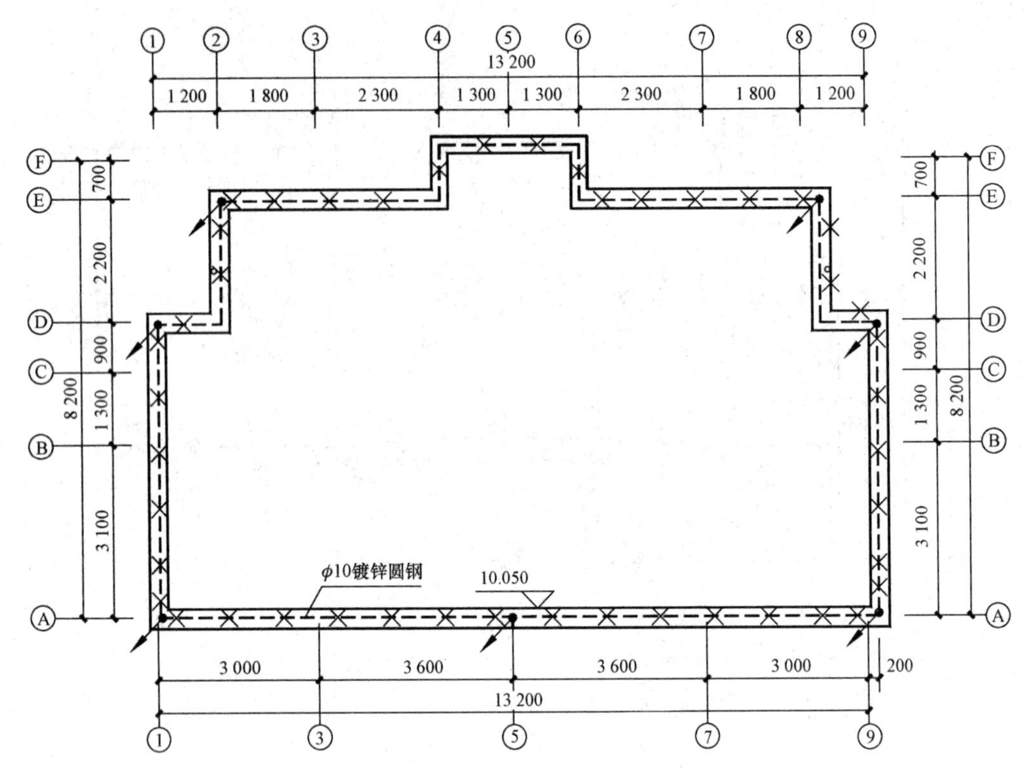

图 8-24　屋面防雷平面图

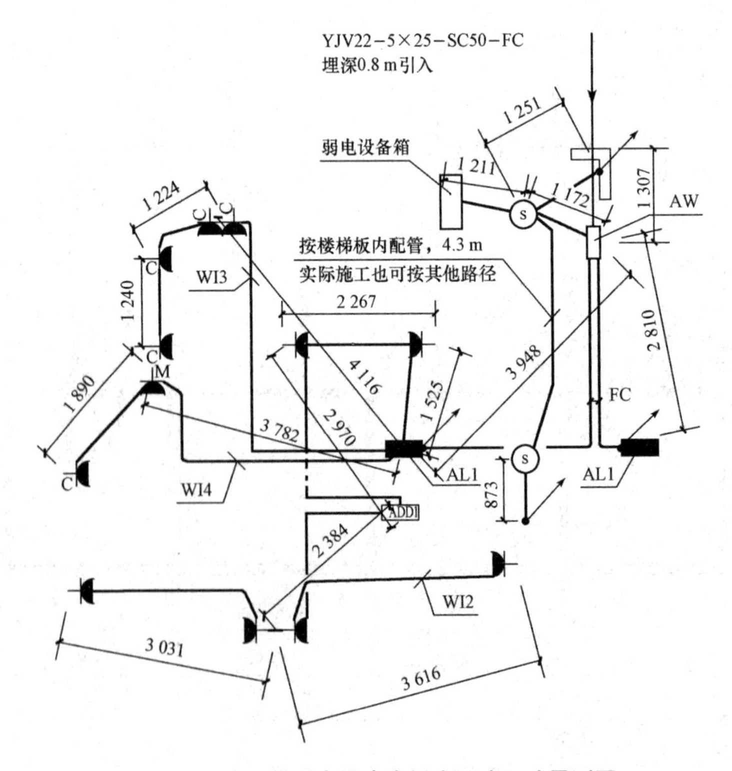

图 8-25　底层供配电及户内插座回路尺寸量测图

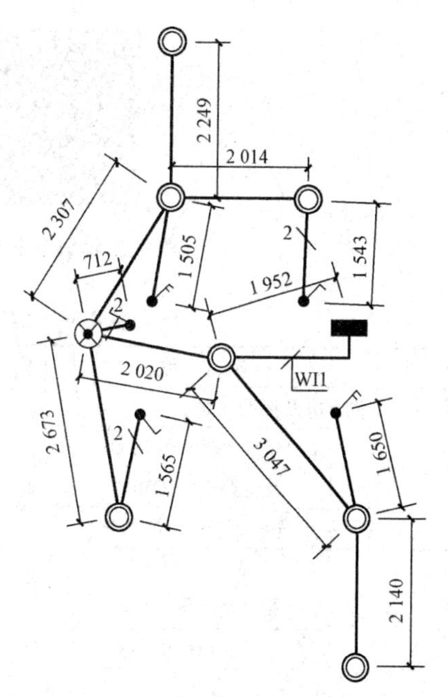

图 8-26　户内照明回路尺寸量测图

③厨房和卫生间内开关、插座均采用防溅型，其余采用普通型。开关（中心）距地 1.35 m 暗装，普通插座（中心）距地 0.3 m 暗装，厨房插座（中心）距地 1.3 m 暗装，卫生间插座（中心）距地 1.8 m 暗装。

④卫生间采用防水防尘吸顶灯（220 V，15 W），楼梯间采用节能吸顶灯（带声控光敏开关，220 V，30 W），其余均采用普通单管 LED 吸顶灯（220 V，15 W），所有吸顶灯直径为 300 mm。

⑤照明回路导线未标注者为 3 根线，插座回路导线均为 3 根线。

⑥AW 箱外形尺寸（宽×高×深）为 600 mm×450 mm×180 mm，AL 箱外形尺寸（宽×高×深）为 350 mm×250 mm×110 mm，弱电箱外形尺寸（宽×高×深）为 400 mm×300 mm×110 mm。

⑦规格≥10 mm^2 的导线接线时使用铜接线端子。

2）防雷接地系统。

①沿屋顶女儿墙顶采用 $\phi10$ 热镀锌圆钢明敷作为接闪带。

②利用柱内 2 根≥$\phi16$ 主筋按建筑结构连接方式连通作为防雷引下线，引下线间距不大于25 m。

③建筑物四角的外墙引下线在距室外地面上 0.5 m 处预埋－60×6 镀锌扁钢连接板（每处需 0.45 m），供接地电阻检测或连接人工接地体等使用。

④接地电阻 $R \leqslant 1\ \Omega$，实测不满足要求时，增设人工接地极。

（2）造价计算说明。

1）本实例按照清单计价方式进行计算，清单编制依据《通用安装工程工程量计算规范》（GB 50856—2013）。

2）清单价格依据 2016 版山东省定额及其配套的 2018 年价目表（配套价目表每年更新）、《山东省建设工程费用项目组成及计算规则（2016）》进行编制。本实例按三类工程取费，综合工日单价为 103 元，主要材料价格采用市场询价（市场不同，主材价格会不同）。

3）暂列金额、专业工程暂估价、特殊项目暂估价、计日工、总承包服务费和其他检验试验费等未计算。

4）入户电缆未计算，仅考虑其相应的配管预留安装（配管伸出外墙皮 2 m）。

5）本实例计算工程量时忽略楼板厚度。

6）需说明的是，对本实例来说，不论采用 2016 版山东省定额，还是依据《通用安装工程消耗量定额》（TY02—31—2015），在定额项目名称、定额项目包含内容、工程量计算规则和定额消耗量水平等方面均保持一致，所不同的主要是价格差异［《通用安装工程消耗量定额》（TY02—31—2015）没有配套价目表］。

（3）造价计算结果。工程量计算过程见表 8-35 和表 8-36，电气工程分部分项清单及电气工程综合单价可扫描下列二维码查看。

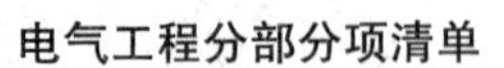

电气工程分部分项清单　　电气工程综合单价

表 8-35　照明及防雷接地系统清单工程量计算表

序号	项目名称	单位	工程量计算式	工程量	备注
一、供配电及照明系统					
（一）入户部分（挖填土未计算）					
1	焊接钢管 SC50	m	2 + 1. 307 + 1. 5	4. 81	
（二）单元电表箱至户内箱部分					
1	AW 单元电表箱（P_e = 36 kW）	台		1	
2	AL 住户配电箱	台		6	
3	AW 至公共照明回路				
（1）	暗配管 PC16	m	2. 85/2 楼梯踏步标高 + 0. 9 楼梯间地面标高 − 1. 5 − 0. 45 + 1. 172 + （1. 251 × 2 + 2. 85） + 4. 3 + （0. 873 + 2. 85 + 0. 873） × 2	20. 39	
（2）	BV − 2. 5	m	（0. 6 + 0. 45） × 3 + 20. 39 × 3	64. 32	
（3）	外部接线 BV − 2. 5	个	3 + 3	6	
（4）	节能吸顶灯（带声控光敏开关）	个		5	
4	AW1 至弱电设备箱				
（1）	暗配管 PC16	m	1. 211 + 2. 85/2 + 0. 9 − 1. 5 − 0. 3	1. 74	
（2）	BV − 2. 5	m	（0. 4 + 0. 3） × 3 + 1. 74 × 3 + （0. 6 + 0. 45） × 3	10. 47	
5	AW1 至 AL 箱回路				
（1）	暗配管 PC32	m		69. 77	
	①水平埋地	m	3. 948 × 3 + 2. 81 × 3	20. 27	
	②墙内竖直	m	1. 5 × 6 + （0. 9 + 1. 5） × 6 + 1. 5 × 2 + （2. 85 + 1. 5） × 2 + （5. 7 + 1. 5） × 2	49. 5	
（2）	BV − 10	m	（0. 6 + 0. 45） × 3 × 6 + 69. 77 × 3 + （0. 35 + 0. 25） × 3 × 6	239. 01	
（3）	铜接线端子 BV − 10	个	6 × 3 + 6 × 3	36	
（三）户内箱至用电器具部分（单户工程量，共计 6 户）					
1	照明回路				单户工程量
（1）	暗配管 PC16	m		33. 98	
	①穿 2 根线	m	1. 565 + （2. 85 − 1. 35） + 0. 712 + （2. 85 − 1. 35） + 1. 543 + （2. 85 − 1. 35）	8. 32	
	②穿 3 根线	m	（2. 85 − 1. 5 − 0. 25） + 1. 952 + 3. 047 + 2. 14 + 1. 65 + （2. 85 − 1. 35） + 2. 02 + 2. 673 + 2. 307 + 2. 247 + 1. 505 + （2. 85 − 1. 35） + 2. 014	25. 66	

续表

序号	项目名称	单位	工程量计算式	工程量	备注
(2)	BV－2.5	m	(0.35＋0.25)×3＋25.66×3＋8.32×2	95.42	单户工程量
(3)	防水防尘吸顶灯(220 V，15 W)	个		1	
(4)	单管 LED 吸顶灯(220 V，15 W)	个		7	
(5)	单联单控开关(防溅型，10 A)	个		1	
(6)	双联单控开关(防溅型，10 A)	个		1	
(7)	单联单控开关(10 A)	个		2	
(8)	双联单控开关(10 A)	个		1	
(9)	外部接线 BV－2.5	个		3	
2	插座回路				
(1)	暗配管 PC20	m		49.59	
	①普通插座回路	m	1.5＋1.525＋0.3＋0.3＋4.116＋0.3＋0.3＋2.97＋0.3＋0.3＋2.384＋0.3＋0.3＋3.616＋0.3＋0.3＋3.031＋0.3	22.44	
	②厨房插座回路	m	1.5＋4.116＋1.3＋1.3＋1.224＋1.3＋1.3＋1.24＋1.3	14.58	
	③卫生间插座回路	m	1.5＋3.782＋1.8＋1.8＋1.890＋1.8	12.57	
(2)	BV－4	m	[(0.35＋0.25)×3＋22.44＋14.58＋12.57]×3	154.17	
(3)	二、三极暗装插座 10 A	个		6.00	
(4)	密闭型二、三极暗装插座 10 A	个		6.00	
(5)	外部接线 BV－4	个		9.00	
二、防雷接地系统					
1	避雷带，ϕ10 热镀锌圆钢	m	(13.2＋0.2)×2＋8.2×2	43.2	
2	引下线(利用柱内主筋)	m	(10.05＋1.55)×7	81.2	
3	接地网(利用圈梁内主筋)	m	[(13.2＋0.2)×3－2.6]＋3.1×3＋(2.2＋0.9＋1.3)×4	64.5	
4	等电位测试卡，镀锌扁钢－60×6	m	0.45×7	3.15	
5	接地电阻测试	系统		1.00	

表 8-36 照明及防雷接地系统清单工程量汇总表

序号	项目名称	单位	工程量	序号	项目名称	单位	工程量
一、供配电及照明系统							
1	AW 单元电表箱（P_e =36 kW）	台	1	10	BV－2.5	m	647.31
2	AL 住户配电箱	台	6	11	接线端子 BV－10	个	36
3	焊接钢管 SC50	m	4.81	12	节能吸顶灯（带声控光敏开关）	个	5
4	暗配管 PC32	m	69.77	13	防水防尘吸顶灯（220 V，15 W）	个	6
5	暗配管 PC20	m	297.56	14	双联单控开关（防溅型，10 A）	个	6
6	暗配管 PC16	m	26.39	15	单联单控开关（10 A）	个	12
7	BV－10	m	239.01	16	双联单控开关（10 A）	个	6
9	BV－4	m	925.02	17	二、三极暗装插座 10 A	个	36
二、防雷接地系统							
1	避雷带，ϕ10 热镀锌圆钢	m	43.2	4	等电位测试卡，镀锌扁钢－60×6	m	3.15
2	引下线（利用柱内主筋）	m	81.2	5	接地电阻测试	系统	1
3	接地网（利用圈梁内主筋）	m	64.5				

第9章

建筑智能化工程计量与计价

9.1 建筑智能化工程基础

9.1.1 计算机及网络系统工程基础

计算机及网络系统主要由硬件系统和软件系统组成。

（1）计算机及网络硬件系统。

1）计算机系统。

①工作站。工作站是具有独立处理能力的计算机，它是计算机网络系统的终端设备，或称客户机，通常是PC。

②服务器。服务器是指局域网中运行管理软件以控制对网络或网络资源（磁盘驱动器、打印机等）进行访问的计算机，并能够为在网络上的计算机提供资源，使其犹如工作站那样进行操作。

a. 根据服务器提供的服务类型不同，分为文件服务器、数据库服务器、应用程序服务器、Web服务器等。

b. 根据服务器在网络中应用的层次（或服务器的档次）不同，可分为入门级服务器、工作组级服务器、部门级服务器、企业级服务器。

（a）入门级服务器所连的终端比较有限，通常为20台左右，这种服务器无论在性能上还是在价格上都与一台高性能PC品牌机相似。

（b）工作组服务器所连的终端通常为50台左右，工作组服务器较入门级服务器来说性能有所提高，功能有所增强，有一定的可扩展性，但容错和冗余性能仍不完善，也不能满足大型数据库系统的应用，价格也比前者贵许多，一般相当于2~3台高性能PC总价。

（c）部门级服务器属于中档服务器之列。它除了具有工作组服务器全部特点外，还集成了大量的监测及管理电路，具有全面的服务器管理能力，可监测温度、电压、风扇、机箱等状态参数，结合标准服务器管理软件，使管理人员及时了解服务器的工作状况。部门级服务器可连接100个左右的计算机用户，其价格大约通常为5台高性能PC价格总和。

（d）企业级服务器属于高档服务器行列。企业级服务器除了具有部门级服务器全部特性外，最大的特点就是它还具有高度的容错能力、优良的扩展性能、故障预报警功能等。企业级服务器用于所连终端在数百台以上、对处理速度和数据安全要求非常高的大型网络。

c. 服务器根据其外形的不同，可分为台式、机架式、刀片式和机柜式等。机架式服务器有1 U（1 U＝1.75 英寸＝4.445 cm）、2 U、4 U 等规格。机柜式通常由机架式、刀片式服务器再加上其他设备组合而成。

2）网络通信设备。

①通信控制器。通信控制器是指在数据通信系统中，处于数据电路和主机之间，用于处理所有与外部设备的通信，这可防止主机被外部设备不断打断，使得它能更有效地处理应用。其通常由小型机、微机或带有 CPU 的专用设备充当。在广域网中，采用专门的计算机充当通信处理机控制通信；在局域网中，由于通信控制功能比较简单，所以没有专门的通信处理机，而是在计算机中插入一个网络适配器（网卡）来控制通信。

②网络适配器。网络适配器又称为网卡，它的作用是将计算机与通信设施相连接，将计算机的数字信号转换成通信线路能够传送的电子信号或电磁信号。网卡是物理通信的瓶颈，它的好坏直接影响用户将来的软件使用效果和物理功能的发挥。

③中继器。中继器主要完成物理层的功能，负责在两个节点的物理层上按位传递信息，完成信号的复制、调整和放大，以此来延长网络的长度。

④网桥。网桥也叫桥接器，是连接两个局域网的一种存储/转发设备，它能将一个大的 LAN 分割为多个网段，或将两个以上的 LAN 互联为一个逻辑 LAN，使 LAN 上的所有用户都可访问服务器。随着技术的发展，网桥被具有更多端口，同时也可隔离冲突域的交换机所取代。

⑤交换机。交换机是一种用于电（光）信号转发的网络设备。它可以为接入交换机的任意两个网络节点提供独享的电信号通路。最常见的交换机是以太网交换机，其他常见的还有电话语音交换机、光纤交换机等。交换机在同一时刻可进行多个端口之间的数据传输，每一端口都可视为独立的物理网段（注：非 IP 网段），连接在其上的网络设备独自享有全部的带宽，无须同其他设备竞争使用。

⑥路由器。路由器是互联网中使用的连接设备，它可以将两个网络连接在一起，组成更大的网络。它根据信道的情况自动选择和设定路由，以最佳路径，按前后顺序发送信号，广泛用于各种骨干网内部连接、骨干网间互联和骨干网与互联网互联互通业务。路由器具有判断网络地址和选择 IP 路径的功能，能在多网络互联环境中建立灵活的连接，可用完全不同的数据分组和介质访问方法连接各种子网。

路由器和交换机的一个显著区别是路由器可以给网络分配 IP 地址，根据所分配地址进行数据传输，同时路由器可以在不同时间内把一个 IP 分配给多台主机使用。交换机是通过 MAC 地址来识别各个不同的主机。路由器有防火墙功能，而交换机不具有该功能。

⑦调制解调器。调制解调器是调制器与解调器的简称，它是在发送端通过调制将数字信号转换为模拟信号，而在接收端通过解调再将模拟信号转换为数字信号的一种装置，这样就可以利用传输模拟信号的普通电话线来完成计算机间的通信。

⑧防火墙设备。防火墙指的是一个由软件和硬件设备组合而成，在内部网和外部网之间、专用网与公共网之间的边界上构造的保护屏障。它是一种计算机硬件和软件的结合，使 Internet 与 Intranet 之间建立起一个安全网关，从而保护内部网免受非法用户的侵入。防火墙主要由服务访问规则、验证工具、包过滤和应用网关组成。

根据防火墙实现技术的不同，通常把防火墙分为包过滤防火墙、应用代理防火墙和状态检测防火墙（又叫动态包过滤防火墙）。

3）网络外部设备。

①存储设备。计算机网络中的存储器件常见有磁盘阵列、光盘库、磁带机或磁带库等。其中磁盘阵列是由很多块独立的磁盘，组合成一个容量巨大的磁盘组，它利用个别磁盘提供数据所产生加成效果提升整个磁盘系统效能。

②输入输出设备。常见的输入设备有扫描仪、数字化仪等，常见的输出设备有打印机、绘图仪、监视器和记录仪等。

4）传输介质。网络传输介质是网络中发送方与接收方之间的物理通路，它对网络的数据通信具有一定的影响。常用的传输介质有双绞线、同轴电缆、光纤和无线传输媒介等。

①双绞线。双绞线是现在最普通的传输介质，它由两条相互绝缘的铜线组成，直径一般为0.4～0.65 mm。双绞线电缆一般包含4个双绞线对，另有5对、10对、20对、25对等，称之为大对数缆，多用于传输系统的干线。

双绞线可分为非屏蔽双绞线（UTP）和屏蔽双绞线（STP），非屏蔽双绞线价格便宜，传输速度偏低，抗干扰能力较差，屏蔽双绞线抗干扰能力较好，具有更高的传输速度，但价格相对较贵。双绞线按其传输速率的高低也可分为3、4、5、超5、超6、7类线，类别越高，传输速度越快。

②同轴电缆。由一根空心的外圆柱导体和一根位于中心轴线的内导线组成，内导线和圆柱导体及外界之间用绝缘材料隔开。根据其衰减值的不同，有-9、-7、-5等型号。

③光纤。光纤又称为光缆或光导纤维，由光导纤维纤芯、玻璃网层和能吸收光线的外壳组成。光纤传输信号时，应用光学原理，由光发送机产生光束，将电信号变为光信号，再把光信号导入光纤，在另一端由光接收机接收光纤上传来的光信号，并把它变为电信号，经解码后再处理。与其他传输介质比较，光纤的电磁绝缘性能好、信号衰小、频带宽、传输速度快、传输距离大，主要用于传输距离较长、布线条件特殊的主干网连接。

光纤分为单模光纤和多模光纤。单模光纤是由激光作光源，仅有一条光通路，传输距离长，为20～120 km。多模光纤是由二极管发光，低速短距离，2 km以内。

光纤在连接使用时还需要跳线、尾纤和连接器。

光纤跳线用作从设备到光纤布线链路的跳接线。其有较厚的保护层，一般用于光端机和终端盒之间的连接。

尾纤只有一端有连接头，而另一端是一根光缆纤芯的断头，通过熔接与其他光缆纤芯相连，常出现在光纤终端盒内，用于连接光缆与光纤收发器（之间还用到耦合器、跳线等）。

双绞线

同轴电缆

光纤

跳线、尾纤

光纤连接器是光纤与光纤之间进行可拆卸（活动）连接的器件，它是把光纤的两个端面精密对接起来，以使发射光纤输出的光能量能最大限度地耦合到接收光纤中去，并使由于其介入光链路而对系统造成的影响减到最小。在一定程度上，光纤连接器也影响了光传输系统的可靠性和各项性能。

（2）计算机及网络软件系统。计算机及网络系统常见软件包括网络操作系统、专业工作站软件和个人计算机常用软件等。

9.1.2 建筑设备自动化系统工程基础

建筑设备自动化系统实际上是一套中央监控系统。它通过对建筑物或建筑群内的电力、照明、暖通空调、给水排水等设备子系统进行集中监视、控制和管理，在确保建筑内环境舒适、充分考虑能源节约和环境保护的条件下，使建筑内的各种设备状态及利用率均达到最佳。

（1）建筑设备自动化系统的内容。

1）供配电监控系统。供配电监控系统的主要功能是保证建筑物安全可靠供电，主要是对各级开关设备的状态，主要回路的电流、电压，变压器的温度以及发电机运行状态进行监测。在保障安全可靠供电的基础上，系统还可包括用电计量、各户用电费用分析计算、用电高峰期对次要回路的限制供电控制等功能。

2）照明监控系统。照明监控系统主要是对门厅、走廊、庭院和停车场等处照明的按顺序启停控制，对照明回路的分组控制，用电过大时自动切断，以及对厅堂、办公室等地的无人熄灯控制等。这些控制可以通过计算机设定启停时间表、值班人员远程控制等方式来进行，也可以采用门锁红外线等方式探测是否无人从而自动熄灭的控制方式。

3）给水排水监控系统。给水排水的监控目标是保证建筑物的给水排水系统正常运行，基本功能是对各给水泵、排水泵、污水泵及饮用水泵的运行状态及故障情况进行监测，对各种水箱及污水池的水位、给水系统压力、流量进行监测以及根据这些水位及压力状态，启、停相应的水泵。

4）暖通空调监控系统。通过对大楼环境温湿度的监测，对冷冻机组、空调机组及水泵等设备状态的监控，实现对空调系统所需冷热源的温度、流量等的自动调节。暖通空调监控系统功能为：设备最佳启、停控制，空调及制冷机的节能优化控制，设备运行周期控制，电力负荷控制，蓄冷系统优化控制等。

5）电梯监控系统。电梯一般都带有完备的控制装置，但需要将这些控制装置与楼宇自动化系统相连并实现它们之间的数据通信，使管理中心能够随时掌握各个电梯的工作状况，有多部电梯时进行群控优化，并在火灾、非法入侵等特殊场合对电梯的运行进行直接的管理控制。电梯监控系统宜具有功能：电梯（自动扶梯）运行状态监视、故障检测与报警、电梯群控制管理、电梯的时间程序控制、与消防信号及保安信号的连锁控制。

（2）建筑设备自动化系统的组成及原理。一个自动化系统主要由控制器、被控对象、执行机构和变送器四个环节组成。

1）控制器。控制器是建筑设备自动化系统的核心，现场所有设备的执行和反馈、所有参数的采集和下达全部依赖于控制器的指令。

2）被控对象。广义的理解被控对象包括处理工艺、电机、阀门等具体的设备；狭义的理解可以是各设备的输入、输出参数等。

3）执行机构。使用液体、气体、电力或其他能源并通过电机、气缸或其他装置将其转化成驱动作用。控制器通过输出信号对执行机构进行控制，执行机构发生动作之后信号反馈给控制器，控制器接收到反馈信号后判断执行器完成了指定动作，一次控制完成。

4）变送器。变送器作用是检测工艺参数并将测量值以特定的信号形式传送出去，以便进行显示、调节。例如，将温度、压力、流量、液位、电导率等非电量信号，经过变送器转换为0 ~ 10 V或4 ~ 20 mA 标准电信号后才可以接到 PLC 等控制器接口，才能最终参与整个系统的参数采集和控制。

（3）建筑设备自动化系统的自动监测与控制方式。

1）自动测量方式。自动测量有以下三种方式。

①选择测量。人为指定某一时刻的某一参数，在显示器上显示或输出打印。

②扫描测量。以预定的速度连续逐点测量，可兼作报警。如测量值超出给定值的上限或下限，可发出报警信号。对未运行的设备，相关参数自动跳位。

③连续测量。用常规仪表进行在线指示、测量。

2）自动监视方式。自动监视分为三种形式。

①状态监视。监视设备的启停、开关的合断状态，也可以反映阀门的工作状态。

②故障监视。当设备发生异常故障时，发出报警信号。必要时，应自动紧急停止运行或断电。

③运行监视。包括系统内的风机、阀门、水泵、冷热源设备的运行状态监视，以及相关的温度、湿度、压力、流量等参数的监视。

3）自动控制方式。控制方式分为开环控制和闭环控制两种。

①开环控制。它是一种预定程序的控制方式，根据预定的控制步骤实施控制。控制多数与被控制参数之间无直接联系，或者说控制过程不受被控参数的影响。

②闭环控制。其根据被控参数的实时测量值与给定值之间的差别大小，控制及调节被控制量，使被控参数快、稳、准地接近给定值。

9.1.3　有线电视系统工程基础

（1）有线电视系统组成。有线电视系统一般由信号源、前端设备、传输系统和分配系统组成。

1）信号源。有线电视的信号源既包括录像机、DVD、摄像机等，也包括通过开路接收的电视广播、微波传输和卫星电视等空中电视信号。这些信号经过解调后进入前端部分。

2）前端设备。前端设备的作用是把经过处理的各路信号进行混合，把多路（套）电视信号转换成一路含有多套电视节目的宽带复合信号，然后经过分支、分配、放大等处理后变成高电平宽带复合信号，送往干线传输分配部分的电缆始端。

3）传输系统。传输系统的作用是把前端设备输出的宽带复合信号进行传输，并分配到用户终端。在传输过程中根据信号电平的衰减情况合理设置电缆补偿放大器，以弥补线路中无源器件对信号电平的衰减。干线传输分配部分除电缆以外，还有干线放大器、均衡器、分支器、分配器等设备。

4）分配系统。分配系统是把干线传输系统提供的信号电平合理地分配给各个用户。用户分配部分的主要部件有分支器、分配器、终端电阻、支线放大器等设备。电视用户可以通过连接线把电视机与用户盒相连，来接收全部电视节目。

（2）有线电视信号传输的介质。有线电视信号的传输分为有线传输和无线传输。有线传输常用同轴电缆和光缆为介质。无线传输根据传输方式和频率分为多频道微波分配系统（MMDS）和调幅微波链路（AML）。

9.1.4　音频、视频系统工程基础

（1）电话通信系统。电话通信系统由电话交换设备、传输系统和用户终端设备三大部分组成。

1）电话交换设备。现在广泛采用程控交换机作为电话交换设备。程控是把计算机的存储程序控制技术应用到电话交换设备中。这种控制方式是预先把电话交换功能编制成相应的程序，

并把这些程序和相关的数据都存入存储器内。当用户呼叫时，由处理机根据程序所发出的指令来控制交换机的运行，以完成接续功能。

2）电话传输系统。按传输媒介分为有线传输（电缆、光纤等）和无线传输（短波微波中继、卫星通信等）。有线传输按传输信息工作方式又分为模拟传输和数字传输两种。模拟传输是将信息转换成与之相应大小的电流模拟量进行传输，普通电话是采用模拟语音信息传输。数字传输则是将信息按数字编码方式转换成数字信号进行传输，数字传输具有抗干扰能力强、保密性高及电路集成化等优点，程控电话交换是采用数字传输信息。在有线传输的电话通信系统中，传输线路有用户线和中继线之分。用户线是指用户与交换机之间的线路。两台交换机之间的线路称为中继线。

3）用户终端设备。其用来完成信号的发送和接收，设备主要有电话机、传真机及计算机终端等。

（2）公共广播系统。

1）公共广播系统分类。

①业务性广播系统。其主要应用在办公楼、商业写字楼、学校、医院、铁路客运站、航空港、车站、银行及工厂等建筑物中，以满足业务和行政管理为主的业务广播要求。

②服务性广播系统。其主要应用在酒店、商场及大型公共活动场所，目的是为人们提供欣赏性音乐类广播节目。

③火灾事故广播系统。其主要用于火灾发生时，在消防控制室的消防人员通过广播引导人们迅速撤离危险场所。它不是建筑中独立的系统，而是指在发生火灾时，通过消防控制模块，将建筑中已经存在的业务性广播或服务性广播切换到火灾事故状态，以进行人员引导和疏散。

2）公共广播系统组成结构。公共广播系统由节目源设备、信号的放大处理设备、传输线路和扬声器系统组成。

信号源通常为需要加工处理的声音信号，它通过电声设备转换成系统能处理的电信号，如通过传声器（话筒）把声音信号转换成电信号，通过激光唱机和录音卡座把碟片和录音带上的音乐转换成电信号，通过 FM/AM 调谐器接收广播电台发送的无线广播信号。

信号处理和放大设备的基本任务是对信号进行放大——电压放大和功率放大，其次是对信号的选择、加工。

扬声器是声音的还原设备。

（3）扩声和音响系统。扩声和音响系统又称专业音响系统，其基本功能就是对声音进行处理、放大和重放。扩声和音响系统与公共广播系统组成原理相似，区别在于某些功能差异。比如公共广播系统在发生紧急事故时有输入优先权，公共广播系统不是立体声系统，两者功放类型不同等。

9.1.5 安全防范系统工程基础

安全防范系统包括防盗报警系统、电视监控系统、出入口控制系统、访客对讲系统和电子巡更系统等。

（1）防盗报警系统。防盗报警系统就是用探测器对建筑内、外重要地点和区域（如门、窗、围墙等）进行布防。它由入侵探测器、信道和防盗报警控制器三大部分组成。

入侵探测器是用来探测入侵者移动或其他动作的电子和机械部件。常用的有门磁开关、窗磁开关、红外线入侵探测器和激光入侵探测器等。

信道是探测电信号传送的通道。通常分有线信道和无线信道。有线信道是指探测电信号通过双绞线、电话线、电缆或光缆向控制器或控制中心传输。无线信道则是探测器输出的探测电信号经过调制，用一定频率的无线电波向空间发送，控制器或控制中心的无线接收机将空中的无线电波接收下来后，解调还原出控制报警信号。

防盗报警控制器，又称报警主机，它能将入侵探测器发出来的入侵电子信号变成声光报警信号并加以显示、记录和存储，常用的有台式、柜式、箱式和壁挂式几种。

（2）电视监控系统。电视监视系统是在重要的场所安装摄像机，保安人员在控制中心便可以监视现场情况，同时具有录制影像功能，可供后期回放、处理等操作。电视监控系统一般由摄像、传输、控制和图像处理与显示四部分组成。

摄像部分的作用是把被摄体的光、声信号变成电信号进行传送。摄像部分的核心是摄像机，此外配套还有云台、云台控制器、防护罩和支架等。

传输部分的作用是将摄像机（现场）和中心机房进行信息交互。传输分配部分的主要构成有馈线、视频补偿器、发送装置和接收装置等。

控制部分的作用是在中心机房通过有关设备对系统的现场设备（摄像机、云台等）进行远距离遥控，主要设备是终端控制器。

图像处理指对图像信号进行切换、记录、重放、加工和复制等。显示部分则是用监视器进行图像重放，有时还用投影电视来显示其图像信号。图像处理和显示部分的主要设备有视频切换器、视频矩阵主机、多画面处理器、监视器和录像机等。

（3）出入口控制系统。出入口门禁控制系统指在出入门口安装控制装置，由目标识别装置、出入控制装置和出入口执行机构组成。

目标识别装置常见有读卡器、人体识别装置、密码键盘和出入门按钮等。

出入口控制装置指门禁控制器，可控制门锁的开或关。

出入口执行结构常见有电控锁、电磁吸力锁、电子密码锁和自动闭门器等。

（4）访客对讲系统。楼宇对讲系统由对讲主机、分机、UPS 电源、电控锁和闭门器等组成。根据信号类型可分为可视、非可视系统；根据规模可分为单户型、单元型和联网型。

（5）电子巡更系统。电子巡更系统是在规定的巡查路线上设置巡更开关或读卡器，要求巡更者在规定的时间到相应位置打卡的管理系统，电子巡更系统分为有线和无线两种。

无线巡更系统由信息纽扣、巡更手持记录器、通信座、计算机及其管理软件等组成。信息纽扣安装在现场；巡更手持记录器由巡更人员值勤时随身携带；通信座是联结手持记录器和计算机进行信息交流的部件，设置在计算机房。无线巡更系统安装简单，不需要专用计算机，而且系统扩容、修改、管理非常方便。

有线巡更系统是巡更人员在规定的巡更路线上，按指定的时间和地点向管理计算机发回信号以表示正常，如果在指定的时间内，信号没有发到管理计算机，或不按规定的次序出现信号，系统将认为是异常。因此，有线巡更系统可以给巡更人员一种实时的保护。

9.1.6　综合布线系统工程基础

（1）综合布线系统概念。所谓综合布线系统是指以标准的、模块化的组合方式，把语音、数据、图像和控制信息系统用统一的传输媒介进行综合，经过统一的规划设计，综合在一套标准的布线系统中。从理论上讲，智能建筑内所有的弱电信号及系统都可以利用综合布线系统进行传输，统一管理。但在目前，考虑到技术的复杂性、成本及技术成熟程度等因素，大多数综合布线系统实际只是将通信（语音）及网络（数字）综合在一起，其他弱电系统仍各自分别单独布线，自成系统。

（2）综合布线系统构成。综合布线系统可以划分为建筑群主干布线子系统、建筑物主干布线子系统、水平布线子系统和工作区布线子系统，如图 9-1 所示。

1）建筑群干线子系统。建筑群干线子系统指多个建筑物之间的布线系统。该子系统包括建筑群干线电缆、建筑群干线光缆及其在建筑群配线架和建筑物配线架上的机械终端与建筑群配线架上的接插软线和跳接线。建筑群干线子系统通常采用光缆作为传输介质。

2）建筑物干线子系统。从建筑物的总配线架到各楼层配线架属于建筑物干线子系统（有时也称垂直干线子系统）。该子系统包括建筑物干线电缆、建筑物干线光缆及其在建筑物配线架和楼层配线架上的机械终端与建筑物配线架上的接插软线和跳接线。主干布线一般采用光缆或大对数电缆。

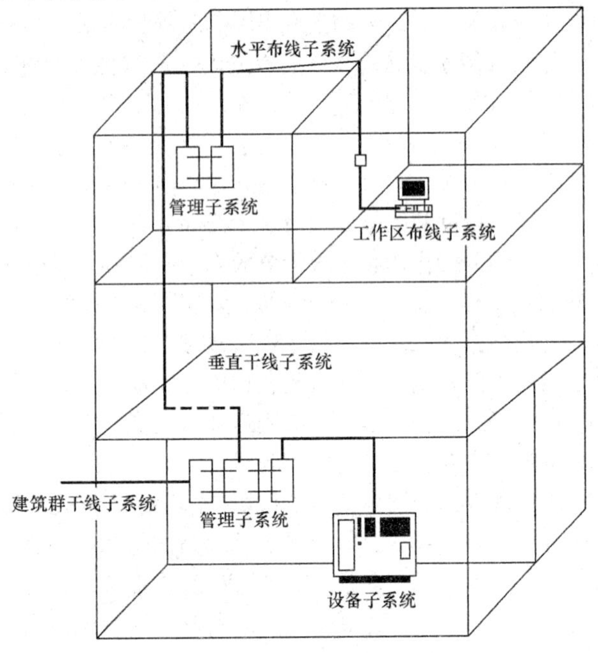

图 9-1　综合布线系统构成

3）水平布线子系统。从楼层配线架到各信息出线口属于水平布线子系统。该子系统又包括了信息插座、水平双绞线缆（或水平光缆）及其在楼层配线架上的连接硬件、接插软线和跳线。水平双绞线缆（或水平光缆）多为直接接到信息出线口的插座上。

4）工作区布线子系统。工作区布线子系统是指信息插座延伸到工作站终端设备处的连接线缆及适配器等器件，仅仅是指连接线缆、适配器等相关接触器件，不含其他设备。

（3）综合布线系统的常用部件。

1）连接件包括以下设备：

①配线设备，如配线架（箱、柜）等。

②交接设备，如配线盘（交接间的交接设备）等。

③分线设备，有电缆分线盒、光纤分线盒。

2）信息插座。综合布线可采用不同类型的信息插座和带有插头的接插软线进行连接。8 针模块化信息插座（IO）是为所有的综合布线推荐的标准信息插座。它的 8 针结构可使单一信息插座支持数据、语音、图像或三者的组合。

（4）综合布线系统的传输介质。综合布线系统常用的传输媒介有双绞线和光缆。

9.2　建筑智能化工程施工图识读

建筑智能化工程施工图的组成及识读方法与建筑电气工程大体相同，具体可参见 8.2 节相关内容，在此仅列出建筑智能化工程施工图常见图形符号，见表 9-1。建筑智能化工程施工图识读练习可参见 9.5 节中图 9-2 ~ 图 9-6。

表 9-1　建筑智能化工程施工图常见图形符号

序号	符号	说明	序号	符号	说明
通信及综合布线系统					
1	MDF	总配线架	7	IDF	中间配线架
2	FD	楼层配线架	8		综合布线配线架（用于概略图）
3	HUB	集线器	9	SW	交换机
4	LIU	光纤连接盘	10	CP	集合点
5	TP	电话插座	11	TV	电视插座
6	*n*TO	信息插座，*n* 为信息孔数量			
有线电视系统					
1		分配器，两路，一般符号	4		三路分配器
2		四路分配器	5		用户分支器示出一路分支
3		用户二分支器	6		用户四分支器
服务性广播及厅堂扩声系统					
1		传声器，一般符号	4		扬声器
2		扬声器箱、音箱、声柱	5		高音号筒式扬声器
3		调谐器、无线电接收机	6	*	放大器，需指出种类在符号处用下述字母替代标注：A—扩大机；PRA—前置放大器；AP—功率放大器
安全技术防范系统					
1		电视摄像机	8		电视监视器
2		彩色电视监视器	9		读卡器
3	R/D	解码器	10	IR	被动红外入侵探测器
4		保安巡逻打卡器	11	B	玻璃破碎探测器
5		门磁开关	12		对讲电话分机
6		楼宇对讲电控防盗门主机	13	EL	电控锁
7		可视对讲机	14	DEC	解码器

续表

序号	符号	说明	序号	符号	说明
线路					
1	S	信号线路	6	TP	电话线路
2	TD	数据线路	7	TV	有线电视线路
3	BC	广播线路	8	V	视频线路
4	D	50 V 以下的电源线路	9	F	消防电话线路
5		光纤或光缆一般符号			

9.3 建筑智能化工程定额计量与应用

说明：字体加粗部分为本节中基本知识点或民用建筑中常涉及项目，应熟练掌握。

9.3.1 建筑智能化工程定额适用范围及与其他定额界限

(1)《通用安装工程消耗量定额》(TY02—31—2015) 第五册《建筑智能化工程》(本章以下简称本册定额) 适用于智能大厦、智能小区项目中智能化系统安装调试工程。

(2) **电源线、控制电缆敷设、电缆托架铁架制作、电线槽安装、桥架安装、电线管敷设、电缆沟工程、电缆保护管敷设以及 UPS 电源及附属设施安装，执行《通用安装工程消耗量定额》(TY02—31—2015) 第四册《电气设备安装工程》相应项目。**

(3) **如发生钻孔、剔槽，执行《通用安装工程消耗量定额》(TY02—31—2015) 第十册《给排水、采暖、燃气工程》相应项目。**

9.3.2 计算机及网络系统工程定额计量与应用

(1) 计算机及网络系统工程定额计量。

1) **台架、插箱、机柜、网络终端设备、输入设备、输出设备、专用外部设备、存储设备安装及软件安装，以“台（套）”为计量单位。**

2) 互联电缆制作、安装，以“条”为计量单位。

3) **计算机及网络系统联调及试运行，以“系统”为计量单位。**

(2) 计算机及网络系统工程定额应用。

1) 台架、插箱、机柜、网络终端设备、输入设备、输出设备、专用外部设备及存储设备的安装、调试项目不包括以下工作内容：

①设备本身的功能性故障排除；

②缺件、配件的制作；

③在特殊环境条件下的设备加固、防护和电缆屏蔽；

④应用软件的开发；病毒的清除，版本升级与外系统的校验或统调。

2) 计算机及网络系统互联及调试项目不包括以下工作内容：

①系统中设备本身的功能性故障排除；

②与计算机系统以外的外系统联试、校验或统调。

3) 计算机软件安装、调试项目不包括以下工作内容：

①排除由于软件本身缺陷造成的故障；

②排除软件不配套或不兼容造成的运转失灵、硬件系统的故障引起的失灵、操作系统发生故障中断、诊断程序运行失控等故障；

③在特殊环境条件下的软件安装、防护；

④与计算机系统以外的外系统联试、校验或统调。

9.3.3　综合布线系统工程定额计量与应用

(1) 综合布线系统工程定额计量。

1) 双绞线缆、光缆、同轴电缆敷设、穿放、明布放，以“m”为计量单位。电缆敷设按单根延长米计算，如一个架上敷设3根各长100 m的电缆，应按300 m计算，依次类推。电缆附加及预留的长度是电缆敷设长度的组成部分，应计入电缆长度工程量之内。

2) 制作跳线以“条”，卡接双绞线缆以“对”，跳线架、配线架安装以“条”为计量单位。

3) 安装各类信息插座、过线（路）盒、信息插座底盒（接线盒）、光缆终端盒和跳块打接，以“个”为计量单位。

4) 双绞线缆、光缆测试，以“链路”为计量单位。

5) 光纤连接，以“芯”（磨制法以“端口”）为计量单位。

6) 布放尾纤，以“条”为计量单位。

7) 机柜、机架、抗振底座安装，以“台”为计量单位。

8) 系统调试、试运行，以“系统”为计量单位。

(2) 综合布线系统工程定额应用。

1) 定额所涉及双绞线缆的敷设及配线架、跳线架的安装、打接等定额量，是按超五类非屏蔽布线系统编制的，高于超五类的布线工程所用定额子目人工乘以系数1.1，屏蔽系统人工乘以系数1.2。

2) 在已建天棚内敷设线缆时，所用定额子目人工乘以系数1.5。

9.3.4　建筑设备自动化系统工程定额计量与应用

(1) 建筑设备自动化系统工程定额计量。

1) 基表及控制设备、第三方设备通信接口安装、系统安装、调试，以“个”为计量单位。

2) 中心管理系统、控制网络通信设备、控制器、流量计安装、调试，以“台”为计量单位。

3) 建筑设备监控系统中央管理系统安装、调试，以“系统”为计量单位。

4) 温、湿度传感器，压力传感器，电量变送器和其他传感器及变送器，以“支”为计量单位。

5) 阀门及电动执行机构安装、调试，以“个”为计量单位。

6) 系统调试、系统试运行，以“系统”为计量单位。

(2) 建筑设备自动化系统工程定额应用。

1) 定额不包括设备的支架、支座制作。

2) 建筑设备自动化系统中用到的服务器、网络设备、工作站、软件等项目执行本册定额计算机及网络系统相关项目；跳线制作、跳线安装、箱体安装等项目执行本册定额综合布线系统相关项目。

9.3.5　有线电视、卫星接收系统工程定额计量与应用

(1) 有线电视、卫星接收系统工程定额计量。

1) 前端射频设备安装、调试，以“套”为计量单位。

2）卫星电视接收设备、光端设备、有线电视系统管理设备安装、调试，以“台”为计量单位。

3）干线传输设备、分配网络设备安装、调试，以“个”为计量单位。

4）数字电视设备安装、调试，以“台”为计量单位。

（2）有线电视、卫星接收系统工程定额应用。

1）同轴电缆敷设、电缆头制作等项目执行本册定额综合布线系统相关项目。

2）监控设备等项目执行本册定额安全防范系统相关项目。

3）其他辅助工程项目执行本册定额综合布线系统相关项目。

4）所有设备按成套设备购置考虑，在安装时如再需额外材料，按实计算。

9.3.6 音频、视频系统工程定额计量与应用

（1）音频、视频系统工程定额计量。

1）信号源设备安装，以“只”为计量单位。

2）卡座、CD机、VCD/DVD机、DJ搓盘机、MP3播放器安装，以“台”为计量单位。

3）耳机安装，以“副”为计量单位。

4）调音台、周边设备、功率放大器、音箱、机柜、电源和会议设备安装，以“台”为计量单位。

5）扩声设备分系统调试，以“台”为计量单位。

6）**公共广播、背景音乐系统设备安装，以“台”为计量单位。**

7）**公共广播、背景音乐系统调试、系统测量、系统试运行，以“系统”为计量单位。**

（2）音频、视频系统工程定额应用。

1）不包括设备固定架、支架的制作、安装。

2）布线施工是在土建管道、桥架等满足施工条件下进行的。

3）线阵列音箱安装按单台音箱质量分别套用定额子目。

4）有关传输线缆敷设等项目执行本册定额综合布线系统相关项目。

9.3.7 安全防范系统工程定额计量与应用

（1）安全防范系统工程定额计量。

1）入侵探测设备安装、调试，以“套”为计量单位。

2）报警信号接收机安装、调试，以“系统”为计量单位。

3）**出入口控制设备安装、调试，以“台”为计量单位。**

4）**巡更设备安装、调试，以“套”为计量单位。**

5）**电视监控设备安装、调试，以“台”为计量单位。**

6）**防护罩安装，以“套”为计量单位。**

7）**摄像机支架安装，以“套”为计量单位。**

8）安全检查设备安装，以“台”或“套”为计量单位。

9）停车场管理设备安装，以“台（套）”为计量单位。

10）**安全防范分系统调试及系统工程试运行，均以“系统”为计量单位。**

（2）安全防范系统工程定额应用。

1）安全防范系统工程中的显示装置等项目执行本册定额音频、视频系统工程相关项目。

2）安全防范系统工程中的服务器、网络设备、工作站、软件、存储设备等项目执行本册定额计算机及网络系统工程相关项目。跳线制作、安装等项目执行本册定额综合布线系统相关项目。

3）有关场地电气安装工程项目执行《通用安装工程消耗量定额》（TY02—31—2015）第四

册《电气设备安装工程》相应项目。

9.3.8　智能建筑设备防雷接地定额计量与应用

（1）智能建筑设备防雷接地定额计量。

1）电涌保护器安装、调试，以“台”为计量单位。

2）信号电涌保护器安装、调试，以“个”为计量单位。

3）智能检测型 SPD 安装，以“台”为计量单位。

4）智能检测 SPD 系统配套设施安装、调试，以“套”为计量单位。

5）等电位连接，以“处”为计量单位。

（2）智能建筑设备防雷接地定额应用。

1）防雷、接地装置按成套供应考虑。

2）有关电涌保护器布放电源线缆等项目执行《通用安装工程消耗量定额》（TY02—31—2015）第四册《电气设备安装工程》相应项目。

9.3.9　建筑智能化工程定额其他说明

（1）操作高度增加费：安装高度距离楼面或地面 5 m 时，超出部分工程量按定额人工费乘以如下系数：5 m < 操作物高度 ≤ 10 m 时，取系数 1.20；10 m < 操作物高度 ≤ 30 m 时，取系数 1.30；30 m < 操作物高度 ≤ 50 m 时，取系数 1.50。

（2）建筑物超高增加费：指在高度在 6 层或 20 m 以上的工业与民用建筑物上进行安装时增加的费用，费用系数同表 8-21，其中人工费用占 65%。

（3）建筑智能化工程定额所涉及的系统试运行（除有特殊要求外）是按连续无故障运行 120 小时考虑的，超出时费用另行计算。

（4）建筑智能化工程定额涉及的各个系统，在项目实施过程中使用的水、电、气等费用，按实际发生的费用计入工程造价。

9.4　建筑智能化工程清单编制与计价

9.4.1　计算机应用、网络系统工程清单编制与计价

计算机应用、网络系统工程量清单项目设置、项目特征描述、计量单位、工程量计算规则和清单组价时涉及的定额项目［清单组价涉及的定额项目为编者添加内容，其余内容均为《通用安装工程工程量计算》（GB 50856—2013）中的规定］见表 9-2。

表 9-2　计算机应用、网络系统工程清单编制与计价表

清单编制（编码：030501）						清单组价
项目编码	项目名称	项目特征	计量单位	工程量计算规则	工作内容	计算综合单价涉及的定额项目
030501001	输入设备	1. 名称 2. 类别 3. 规格 4. 安装方式	台	按设计图示数量计算	1. 本体安装 2. 单体调试	输入（或输出）设备安装、调试
030501002	输出设备					

续表

清单编制（编码：030501）						清单组价
项目编码	项目名称	项目特征	计量单位	工程量计算规则	工作内容	计算综合单价涉及的定额项目
030501003	控制设备	1. 名称 2. 类别 3. 路数 4. 规格	台	按设计图示数量计算	1. 本体安装 2. 单体调试	控制设备安装、调试
030501004	存储设备	1. 名称 2. 类别 3. 规格 4. 容量 5. 通道数				存储设备安装、调试
030501005	插箱、机柜	1. 名称 2. 类别 3. 规格			1. 本体安装 2. 接电源线、保护地线、功能地线	插箱、机柜安装
030501006	互联电缆		条		制作、安装	互联电缆制作、安装
030501007	接口卡	1. 名称 2. 类别 3. 传输数率	台（套）		1. 本体安装 2. 单体调试	本体安装、调试
030501008	集线器	1. 名称 2. 类别 3. 堆叠单元量				中继器安装、调试
030501009	路由器	1. 名称 2. 类别 3. 规格 4. 功能				本体安装、调试
030501010	收发器					
030501011	防火墙					
030501012	交换机	1. 名称 2. 功能 3. 层数				交换机设备安装、调试
030501013	网络服务器	1. 名称 2. 类别 3. 规格			1. 本体安装 2. 插件安装 3. 接信号线、电源线、地线	网络服务器设备安装、调试

续表

清单编制（编码：030501）						清单组价
项目编码	项目名称	项目特征	计量单位	工程量计算规则	工作内容	计算综合单价涉及的定额项目
030501014	计算机应用、网络系统接地	1. 名称 2. 类别 3. 规格	系统	按设计图示数量计算	1. 安装焊接 2. 检测	智能建筑设备防雷接地
030501015	计算机应用、网络系统联调	1. 名称 2. 类别 3. 用户数			系统调试	计算机应用、网络系统联调
030501016	计算机应用、网络系统试运行				试运行	计算机应用、网络系统试运行
030501017	软件	1. 名称 2. 类别 3. 规格 4. 容量	套		1. 安装 2. 调试 3. 试运行	软件安装

9.4.2 综合布线系统工程清单编制与计价

综合布线系统工程量清单项目设置、项目特征描述、计量单位、工程量计算规则和清单组价时涉及的定额项目［清单组价涉及的定额项目为编者添加内容，其余内容均为《通用安装工程工程量计算》（GB 50856—2013）中的规定］见表 9-3。

表 9-3　综合布线系统工程清单编制与计价表

清单编制（编码：030502）						清单组价
项目编码	项目名称	项目特征	计量单位	工程量计算规则	工作内容	计算综合单价涉及的定额项目
030502001	机柜、机架	1. 名称 2. 材质 3. 规格 4. 安装方式	台	按设计图示数量计算	1. 本体安装 2. 相关固定件的连接	1. 机柜、机架 2. 相关固定件的连接
030502002	抗震底座		个		1. 本体安装 2. 底盒安装	抗震底座
030502003	分线接线箱（盒）					分线接线箱（盒）
030502004	电视、电话插座	1. 名称 2. 安装方式 3. 底盒材质、规格				1. 电视插座 2. 信息插座 3. 信息插座底盒

续表

<table>
<tr><th colspan="6">清单编制（编码：030502）</th><th>清单组价</th></tr>
<tr><th>项目编码</th><th>项目名称</th><th>项目特征</th><th>计量单位</th><th>工程量计算规则</th><th>工作内容</th><th>计算综合单价涉及的定额项目</th></tr>
<tr><td>030502005</td><td>双绞线缆</td><td rowspan="3">1. 名称
2. 规格
3. 线缆对数
4. 敷设方式</td><td rowspan="4">m</td><td rowspan="4">按设计图示尺寸以长度计算</td><td rowspan="3">1. 敷设
2. 标记
3. 卡接</td><td>双绞线缆</td></tr>
<tr><td>030502006</td><td>大对数电缆</td><td>大对数电缆</td></tr>
<tr><td>030502007</td><td>光缆</td><td>光缆</td></tr>
<tr><td>030502008</td><td>光纤束、光缆外护套</td><td>1. 名称
2. 规格
3. 安装方式</td><td>1. 插接跳线
2. 整理跳线</td><td>缺项</td></tr>
<tr><td>030502009</td><td>跳线</td><td>1. 名称
2. 类别
3. 规格</td><td>条</td><td rowspan="12">按设计图示数量计算</td><td>1. 气流吹放
2. 标记</td><td>1. 制作跳线
2. 安装跳线
3. 跳线卡接（对）</td></tr>
<tr><td>030502010</td><td>配线架</td><td rowspan="2">1. 名称
2. 规格
3. 容量</td><td rowspan="4">个（块）</td><td rowspan="2">安装、打接</td><td>配线架</td></tr>
<tr><td>030502011</td><td>跳线架</td><td>跳线架</td></tr>
<tr><td>030502012</td><td>信息插座</td><td>1. 名称
2. 类别
3. 规格
4. 安装方式
5. 底盒材质、规格</td><td>1. 端接模块
2. 安装面板</td><td>信息插座</td></tr>
<tr><td>030502013</td><td>光纤盒</td><td>1. 名称
2. 类别
3. 规格
4. 安装方式</td><td>1. 端接模块
2. 安装面板</td><td>光纤盒</td></tr>
<tr><td>030502014</td><td>光纤连接</td><td>1. 方法
2. 模式</td><td>芯（端口）</td><td rowspan="3">1. 接续
2. 测试</td><td>光纤连接</td></tr>
<tr><td>030502015</td><td>光缆终端盒</td><td>光缆芯数</td><td>个</td><td>光缆终端盒</td></tr>
<tr><td>030502016</td><td>布放尾纤</td><td rowspan="3">1. 名称
2. 规格
3. 安装方式</td><td>根</td><td>布放尾纤</td></tr>
<tr><td>030502017</td><td>线管理器</td><td rowspan="2">个</td><td>本体安装</td><td>线管理器</td></tr>
<tr><td>030502018</td><td>跳块</td><td>安装、卡接</td><td>缺项</td></tr>
<tr><td>030502019</td><td>双绞线缆测试</td><td rowspan="2">1. 测试类别
2. 测试内容</td><td rowspan="2">链路（点、芯）</td><td rowspan="2">测试</td><td>双绞线缆测试</td></tr>
<tr><td>030502020</td><td>光纤测试</td><td>光纤测试</td></tr>
</table>

9.4.3　建筑设备自动化系统工程清单编制与计价

建筑设备自动化系统工程量清单项目设置、项目特征描述、计量单位、工程量计算规则和清单组价时涉及的定额项目［清单组价涉及的定额项目为编者添加内容，其余内容均为《通用安装工程工程量计算》（GB 50856—2013）中的规定］见表 9-4。

表 9-4　建筑设备自动化系统工程清单编制与计价表

<table>
<tr><th colspan="6">清单编制（编码：030503）</th><th>清单组价</th></tr>
<tr><th>项目编码</th><th>项目名称</th><th>项目特征</th><th>计量单位</th><th>工程量计算规则</th><th>工作内容</th><th>计算综合单价涉及的定额项目</th></tr>
<tr><td>030503001</td><td>中央管理系统</td><td>1. 名称
2. 类别
3. 功能
4. 控制点数量</td><td>系统（套）</td><td rowspan="5">按设计图示数量计算</td><td>1. 本体组装、连接
2. 系统软件安装
3. 单体调整
4. 系统联调
5. 接地</td><td>1. 中央管理系统
2. 接地</td></tr>
<tr><td>030503002</td><td>通信网络控制设备</td><td>1. 名称
2. 类别
3. 规格</td><td rowspan="4">台（套）</td><td rowspan="2">1. 本体安装
2. 软件安装
3. 单体调试
4. 联调联试
5. 接地</td><td>1. 通信网络控制设备
2. 接地</td></tr>
<tr><td>030503003</td><td>控制器</td><td>1. 名称
2. 类别
3. 功能
4. 控制点数量</td><td>1. 控制器
2. 接地</td></tr>
<tr><td>030503004</td><td>控制箱</td><td>1. 名称
2. 类别
3. 功能
4. 控制器、控制模块规格、体积
5. 控制器、控制模块数量</td><td>1. 本体安装、标识
2. 控制器、控制模块组装
3. 单体调试
4. 联调联试
5. 接地</td><td>缺项</td></tr>
<tr><td>030503005</td><td>第三方通信设备接口</td><td>1. 名称
2. 类别
3. 接口点数</td><td>1. 本体安装、连接
2. 接口软件安装调试
3. 单体调试
4. 联调联试</td><td>第三方通信设备接口</td></tr>
</table>

续表

清单编制（编码：030503）						清单组价
项目编码	项目名称	项目特征	计量单位	工程量计算规则	工作内容	计算综合单价涉及的定额项目
030503006	传感器	1. 名称 2. 类别 3. 功能 4. 规格	支（台）	按设计图示数量计算	1. 本体安装、连接 2. 通电检查 3. 单体调整测试 4. 系统联调	传感器
030503007	电动调节阀执行结构		个		1. 本体安装和连线 2. 单体测试	本体安装
030503008	电动、电磁阀门					
030503009	建筑设备自动化系统调试	1. 名称 2. 类别 3. 功能 4. 控制点数量	台（户）		整体调试	建筑设备自动化系统调试
030503010	建筑设备自动化系统试运行	名称	系统		试运行	建筑设备自动化系统试运行

9.4.4 有线电视、卫星接收系统工程清单编制与计价

有线电视、卫星接收系统工程量清单项目设置、项目特征描述、计量单位、工程量计算规则和清单组价时涉及的定额项目［清单组价涉及的定额项目为编者添加内容，其余内容均为《通用安装工程工程量计算》（GB 50856—2013）中的规定］见表9-5。

表9-5 有线电视、卫星接收系统工程清单编制与计价表

清单编制（编码：030505）						清单组价
项目编码	项目名称	项目特征	计量单位	工程量计算规则	工作内容	计算综合单价涉及的定额项目
030505001	共用天线	1. 名称 2. 规格 3. 电视设备箱型号规格 4. 天线杆、基础种类	副	按设计图示数量计算	1. 电视设备箱安装 2. 天线杆基础安装 3. 天线杆安装 4. 天线安装	缺项
030505002	卫星电视天线、馈线系统	1. 名称 2. 规格 3. 地点 4. 楼高 5. 长度			安装、调测	缺项

续表

清单编制（编码：030505）						清单组价
项目编码	项目名称	项目特征	计量单位	工程量计算规则	工作内容	计算综合单价涉及的定额项目
030505003	前端机柜	1. 名称 2. 规格	个	按设计图示数量计算	1. 本体安装 2. 连接电源 3. 接地	机柜安装
030505004	电视墙	1. 名称 2. 监视器数量	套		1. 机架、监视器安装 2. 信号分配系统安装 3. 连接电源 4. 接地	1. 电视机 2. 电视墙架
030505005	射频同轴电缆	1. 名称 2. 规格 3. 敷设方式	m	按设计图示尺寸以长度计算	线缆敷设	视频同轴电缆
030505006	同轴电缆接头	1. 规格 2. 方式	个	按设计图示数量计算	电缆接头	有线电视接头
030505007	前端射频设备	1. 名称 2. 类别 3. 频道数量	套		1. 本体安装 2. 单体调试	前端射频设备安装
030505008	卫星地面站接收设备	1. 名称 2. 类别	台		1. 本体安装 2. 单体调试 3. 全站系统调试	卫星电视接收设备安装、调试
030505009	光端设备安装、调试	1. 名称 2. 类别 3. 容量			1. 本体安装 2. 单体调试	光端设备安装
030505010	有线电视系统管理设备	1. 名称 2. 类别			1. 本体安装 2. 系统调试	有线电视系统管理设备安装、调试
030505011	播控设备安装、调试	1. 名称 2. 功能 3. 规格				播控设备安装、调试
030505012	干线设备	1. 名称 2. 功能 3. 安装位置	个			1. 干线传输设备安装 2. 干线传输设备调试

续表

清单编制（编码：030505）						清单组价
项目编码	项目名称	项目特征	计量单位	工程量计算规则	工作内容	计算综合单价涉及的定额项目
030505013	分配网络	1. 名称 2. 功能 3. 规格 4. 安装方式	个	按设计图示数量计算	1. 本体安装 2. 电缆接头制作、布线 3. 单体调试	分配网络设备安装、调试
030505014	终端调试	1. 名称 2. 功能			调试	终端设备安装、调试

9.4.5 音频、视频系统工程清单编制与计价

音频、视频系统工程量清单项目设置、项目特征描述、计量单位、工程量计算规则和清单组价时涉及的定额项目［清单组价涉及的定额项目为编者添加内容，其余内容均为《通用安装工程工程量计算》（GB 50856—2013）中的规定］见表9-6。

表9-6 音频、视频系统工程清单编制与计价表

清单编制（编码：030506）						清单组价
项目编码	项目名称	项目特征	计量单位	工程量计算规则	工作内容	计算综合单价涉及的定额项目
030506001	扩声系统设备	1. 名称 2. 类别 3. 规格 4. 安装方式	台	按设计图示数量计算	1. 本体安装 2. 单体调试	扩声系统设备
030506002	扩声系统调试	1. 名称 2. 类别 3. 功能	只（副、台、系统）		1. 设备连接构成系统 2. 调试、达标 3. 通过DSP实现多种功能	扩声系统调试
030506003	扩声系统试运行	1. 名称 2. 试运行时间	系统		试运行	扩声系统试运行
030506004	背景音乐系统设备	1. 名称 2. 类别 3. 规格 4. 安装方式	台		1. 本体安装 2. 单体调试	公共广播、背景音乐系统设备
030506005	背景音乐系统调试	1. 名称 2. 类别 3. 功能 4. 公共广播语言清晰度及相应声学特性指标要求	台（系统）		1. 设备连接构成系统 2. 试听、调试 3. 系统试运行 4. 公共广播达到语言清晰度及相应声学特性指标	1. 分区试响 2. 应备功能调试 3. 分区电声性能测量 4. 分区电声性能指标调试

续表

清单编制（编码：030506）						清单组价
项目编码	项目名称	项目特征	计量单位	工程量计算规则	工作内容	计算综合单价涉及的定额项目
030506006	背景音乐系统试运行	1. 名称 2. 试运行时间	系统	按设计图示数量计算	试运行	背景音乐系统试运行
030506007	视频系统设备	1. 名称 2. 类别 3. 规格 4. 功能、用途 5. 安装方式	台		1. 本体安装 2. 单体调试	视频系统设备安装
030506008	视频系统调试	1. 名称 2. 类别 3. 功能	系统		1. 设备连接构成系统 2. 调试 3. 达到相应系统设计标准 4. 实现相应系统设计功能	1. 视频系统调试 2. 视频系统测量

9.4.6　安全防范系统工程清单编制与计价

安全防范系统工程量清单项目设置、项目特征描述、计量单位、工程量计算规则和清单组价时涉及的定额项目［清单组价涉及的定额项目为编者添加内容，其余内容均为《通用安装工程工程量计算》（GB 50856—2013）中的规定］见表 9-7。

表 9-7　安全防范系统工程清单编制与计价表

清单编制（编码：030507）						清单组价
项目编码	项目名称	项目特征	计量单位	工程量计算规则	工作内容	计算综合单价涉及的定额项目
030507001	入侵探测设备	1. 名称 2. 类别 3. 探测范围 4. 安装方式	套	按设计图示数量计算	1. 本体安装 2. 单体调试	入侵探测设备安装、调试
030507002	入侵报警控制器	1. 名称 2. 类别 3. 路数 4. 安装方式				入侵报警控制器安装、调试
030507003	入侵报警中心显示设备	1. 名称 2. 类别 3. 安装方式				入侵报警中心显示设备安装、调试

续表

清单编制（编码：030507）						清单组价
项目编码	项目名称	项目特征	计量单位	工程量计算规则	工作内容	计算综合单价涉及的定额项目
030507004	入侵报警信号传输设备	1. 名称 2. 类别 3. 功率 4. 安装方式	套	按设计图示数量计算	1. 本体安装 2. 单体调试	入侵报警信号传输设备安装、调试
030507005	出入口目标识别设备	1. 名称 2. 规格	台			出入口目标识别设备安装、调试
030507006	出入口控制设备					出入口控制设备安装、调试
030507007	出入口执行机构设备	1. 名称 2. 类别 3. 规格				出入口执行机构设备安装、调试
030507008	监控摄像设备	1. 名称 2. 类别 3. 安装方式				监控摄像设备安装、调试
030507009	视频控制设备	1. 名称 2. 类别 3. 路数 4. 安装方式	台（套）			视频控制设备安装、调试
030507010	音频、视频及脉冲分配器					音频、视频及脉冲分配器安装、调试
030507011	视频补偿器	1. 名称 2. 通道量				视频补偿器安装、调试
030507012	视频传输设备	1. 名称 2. 类别 3. 规格				视频传输设备安装、调试
030507013	录像设备	1. 名称 2. 类别 3. 规格 4. 存储容量、格式				录像设备安装、调试

续表

<table>
<tr><th colspan="6">清单编制（编码：030507）</th><th>清单组价</th></tr>
<tr><th>项目编码</th><th>项目名称</th><th>项目特征</th><th>计量单位</th><th>工程量计算规则</th><th>工作内容</th><th>计算综合单价涉及的定额项目</th></tr>
<tr><td>030507014</td><td>显示设备</td><td>1. 名称
2. 类别
3. 规格</td><td>1. 台
2. m^2</td><td rowspan="3">1. 以台计量，按设计图示数量计算
2. 以平方米计量，按设计图示面积计算</td><td rowspan="3">1. 本体安装
2. 单体调试</td><td>显示设备安装、调试</td></tr>
<tr><td>030507015</td><td>安全检查设备</td><td>1. 名称
2. 规格
3. 类别
4. 程式
5. 通道数</td><td rowspan="2">台（套）</td><td>安全检查设备安装、调试</td></tr>
<tr><td>030507016</td><td>停车场管理设备</td><td>1. 名称
2. 类别
3. 规格</td><td>停车场管理设备安装、调试</td></tr>
<tr><td>030507017</td><td>安全防范分系统调试</td><td>1. 名称
2. 类别
3. 通道数</td><td rowspan="3">系统</td><td rowspan="3">按设计内容</td><td>各分系统调试</td><td>安全防范分系统调试</td></tr>
<tr><td>030507018</td><td>安全防范全系统调试</td><td>系统内容</td><td>1. 各分系统的联动、参数设置
2. 全系统联调</td><td>安全防范全系统调试</td></tr>
<tr><td>030507019</td><td>安全防范系统工程试运行</td><td>1. 名称
2. 类别</td><td>系统试运行</td><td>安全防范系统工程试运行</td></tr>
</table>

9.5　建筑智能化工程计量与计价实例

现有某市三层住宅楼弱电系统安装工程，如图 9-2 ~ 图 9-6 所示，图中标高均以 m 为单位，其他尺寸均以 mm 为单位。

（1）工程情况说明。弱电设备箱墙上暗装，底边距地 1.5 m，箱体尺寸为 800 mm × 600 mm；户内弱电箱墙上暗装，底边距地 0.3 m，箱体尺寸为 400 mm × 300 mm；户内各弱电插座均嵌墙暗装，中心距地 0.35 m；对讲主机接线中心距地高度 1.3 m，对讲分机挂墙安装，距地 1.5 m。

（2）造价计算说明。

1）本实例按照清单计价方式进行计算，清单编制依据《通用安装工程工程量计算规范》（GB 50856—2013）。

2）清单价格依据 2016 版山东省定额及其配套的 2018 年价目表（配套价目表每年更新）、《山东省建设工程费用项目组成及计算规则（2016）》进行编制。本实例按三类工程取费，综合工日单价为 103 元，主要材料价格采用市场询价（立场不同，主材价格会不同）。

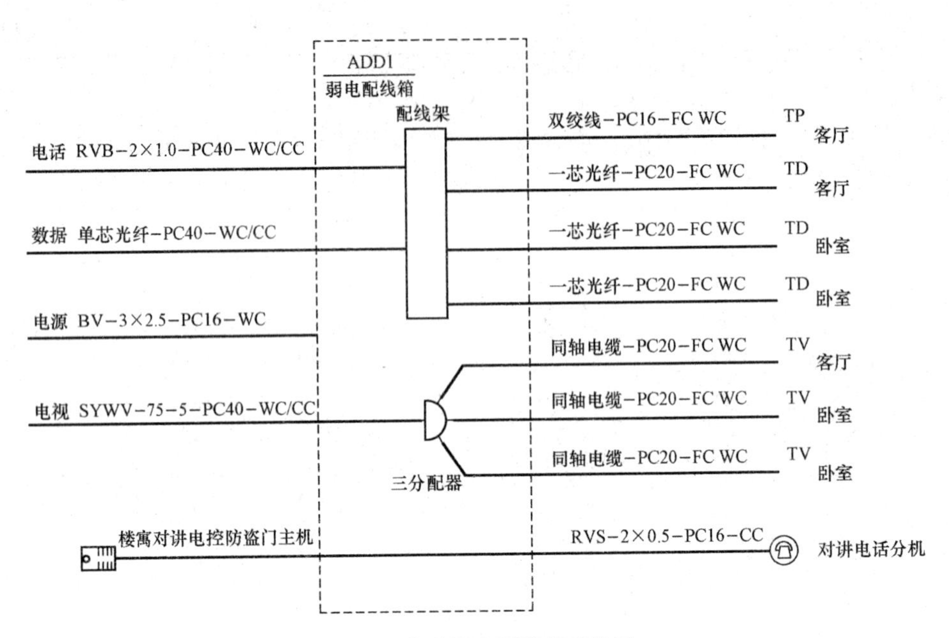

图 9-2　住户弱电配线箱系统图

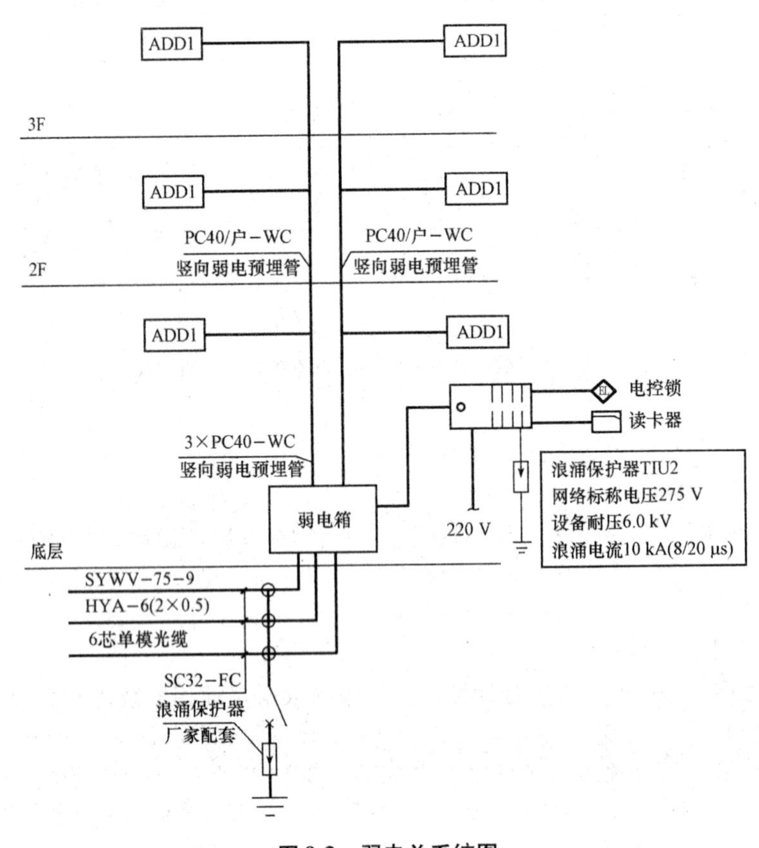

图 9-3　弱电总系统图

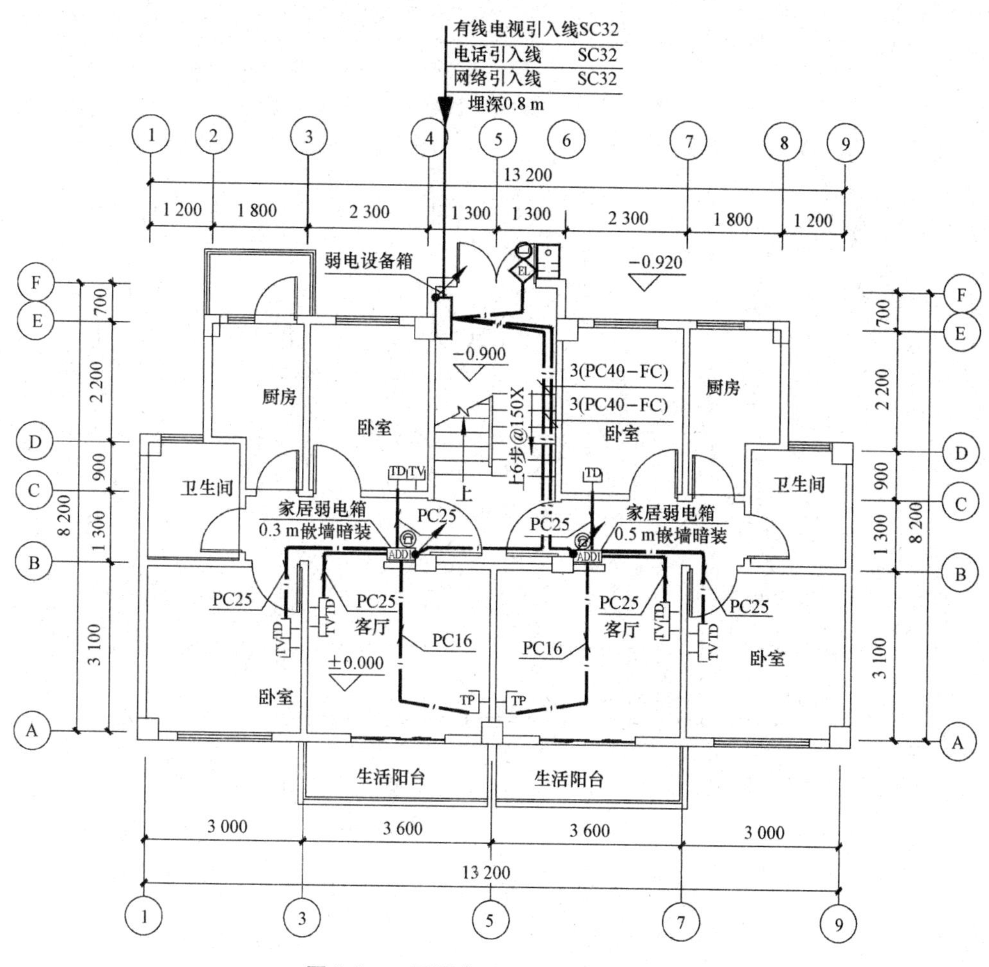

图9-4 一层弱电平面图（隐去轴网）

3）暂列金额、专业工程暂估价、特殊项目暂估价、计日工、总承包服务费和其他检验试验费等未计算。

4）入户电缆未计算，仅考虑其相应的配管预留安装（配管伸出外墙皮2 m）。

5）本实例计算工程量时忽略楼板厚度。

6）需说明的是，对本实例来说，不论采用2016版山东省定额，还是依据《通用安装工程消耗量定额》（TY02—31—2015），在定额项目名称、定额项目包含内容、工程量计算规则和定额消耗量水平等方面均保持一致，所不同的主要是价格差异（全国通用安装消耗量定额没有配套价目表）。

（3）造价计算结果。工程量计算过程见表9-8，弱电工程综合单价可扫描右侧二维码查看。

弱电工程
综合单价

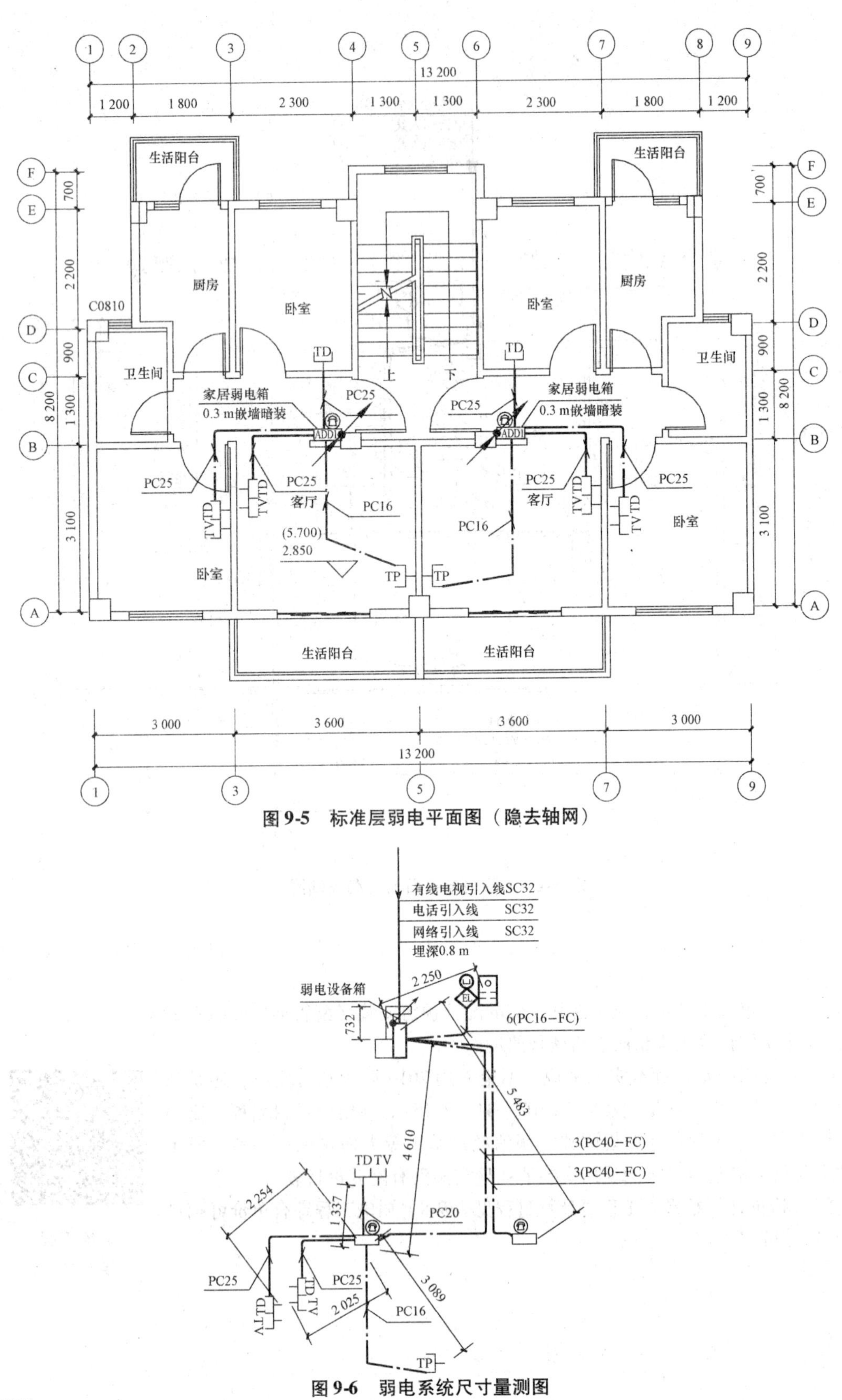

图 9-5 标准层弱电平面图（隐去轴网）

图 9-6 弱电系统尺寸量测图

表 9-8 弱电工程量计算表

项目名称	单位	工程量计算式	工程量
一、室外入户部分			
1. 焊接钢管 SC32	m	2 +0.732 +0.8 + (0.92 −0.9) +1.5	5.05
二、单元弱电箱至对讲主机			
1. 配管 PC16	m	(1.5 +2.25 +1.3) ×6	30.3
2. 对讲线 RVS −2 ×0.5	m	(0.8 +0.6) ×6 +30.3	38.7
三、单元弱电箱至户内家居箱			
1. 配管 PC40	m	1.5 ×6 +5.483 ×3 +4.61 ×3 +0.9 ×6 +0.3 ×2 + (2.85 +0.3) ×2 + (2.85 ×2 +0.3) ×2	63.38
2. 电话线 −RVB −2 ×1.0	m	(0.8 +0.6) ×6 +63.8 + (0.4 +0.3) ×6	76.18
3. 网络线 −单芯光纤	m	(0.8 +0.6) ×6 +63.8 + (0.4 +0.3) ×6	76.18
4. 电视线 −SYWV −75 −5	m	(0.8 +0.6) ×6 +63.8 + (0.4 +0.3) ×6	76.18
5. 对讲线 −RVS −2 ×0.5	m	(0.8 +0.6) ×6 +63.8 + (0.4 +0.3) ×6	76.18
四、户内家居箱至终端			
1. 户内弱电箱至北卧			
(1) 配管 PC20	m	(0.3 +1.337 +0.3) ×6	11.62
(2) 电视线 −SYWV −75 −5	m	(0.4 +0.3) ×6 +11.62	15.82
(3) 网络线 −单芯光纤	m	(0.4 +0.3) ×6 +11.62	15.82
2. 户内弱电箱至南卧			
(1) 配管 PC25	m	(0.3 +2.254 +0.3) ×6	17.12
(2) 电视线 −SYWV −75 −5	m	(0.4 +0.3) ×6 +17.12	21.32
(3) 网络线 −单芯光纤	m	(0.4 +0.3) ×6 +17.12	21.32
3. 户内弱电箱至客厅			
(1) 配管 PC25	m	(0.3 +2.025 +0.3) ×6	15.75
(2) 电视线 −SYWV −75 −5	m	(0.4 +0.3) ×6 +15.75	19.95
(3) 网络线 −单芯光纤	m	(0.4 +0.3) ×6 +15.75	19.95
(4) 配管 PC16	m	(0.3 +3.089 +0.3) ×6	22.13
(5) 电话线 −RVB −2 ×1.0	m	(0.4 +0.3) ×6 +22.13	26.33
4. 户内弱电箱至对讲分机			
(1) 配管 PC16	m	(1.5 −0.3 −0.3) ×6	5.4
(2) 对讲线 −RVS −2 ×0.5	m	(0.4 +0.3) ×6 +5.4	9.6
五、管线汇总及其余工程量统计			
1. 焊接钢管 SC32，暗配	m		5.05
2. 刚性阻燃管 PC40	m		69.58
3. 刚性阻燃管 PC25	m	17.12 +15.75	32.87
4. 刚性阻燃管 PC20	m		11.62
5. 刚性阻燃管 PC16	m	30.3 +22.13 +5.4	57.83

续表

项目名称	单位	工程量计算式	工程量
6. 对讲线 RVS－2×0.5	m	38.7＋76.8＋9.6	124.48
7. 电话线－RVB－2×1.0	m	76.18＋26.33	102.51
8. 网络线－单芯光纤	m	76.18＋15.82＋21.32＋19.95	133.27
9. 电视线－SYWV－75－5	m	76.18＋15.82＋21.32＋19.95	133.27
10. 单元弱电箱	台		1
11. 楼宇对讲主机	套		1
12. 户内弱电箱	台		6
13. 对讲电话分机	部		6
14. 网络插座	个	3×6	18
15. 电视插座	个	3×6	18
16. 电话插座	个		6
17. 接线盒	个	6＋18＋18＋6	48
18. 尾纤	条		12.00

第10章

消防工程计量与计价

建筑消防灭火设施有水灭火系统、气体灭火系统、泡沫灭火系统和火灾自动报警及联动控制系统，本章仅仅介绍常见的水灭火系统、火灾自动报警及联动控制系统涉及的计量与计价。

10.1 消防工程基础知识

10.1.1 消火栓灭火系统

（1）消火栓灭火系统的给水方式。

1）由室外给水管网直接供水的消防给水方式。当室外管网在最高用水量发生时仍能满足室内消防的水压和水量的要求时采用，既不设消防水箱也不设消防水泵加压，如图10-1所示。

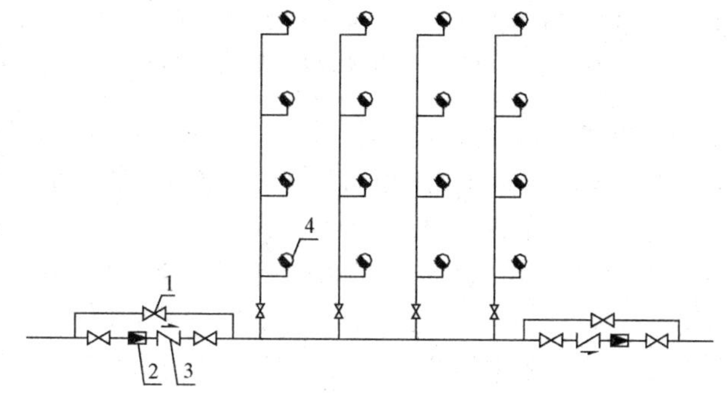

1—阀门；2—水表；3—止回阀；4—消火栓。

图10-1 室外给水管网直接供水消火栓系统

2）设水泵、水箱的消火栓给水方式。在室外给水管网的水压不能满足室内消火栓给水系统的水压要求时采用，由于一般不允许水泵直接从外网抽水，故通常还需要设置消防水池。消防水箱贮存10 min的消防用水量，火灾发生初期由水箱供水灭火，消防水泵启动后由消防水泵供水灭火。

3）分区给水方式。对于高层建筑，其底层可采用利用室外管网的水压直接供水，而其上部采用设水池、水泵及水箱的供水方式。每区区内压差不应超过80 m水头，消火栓出口处静水压力过高时应设减压装置。

（2）室内消火栓灭火系统组成。

1）室内消火栓。室内消火栓一般均设在消火栓箱内，室内消火栓箱安装在建筑物内的消防给水管路上，由箱体、室内消火栓、水带、水枪及电气设备等消防器材组成。室内消火栓是一种具有内扣式接口的球形阀式龙头，有单出口和双出口两种类型。消火栓的一端与消防竖管相连，

消防软管卷盘

另一端与水带相连。当发生火灾时，消防水量通过室内消火栓给水管网供给水带，经水枪喷射出有压水流进行灭火。

某些建筑需要设置消防软管卷盘，又称消防水喉，是小口径自救式消火栓，用于火灾初期非专业消防人员灭火用，常和消火栓共同设于消火栓箱内，如图 10-3 所示。

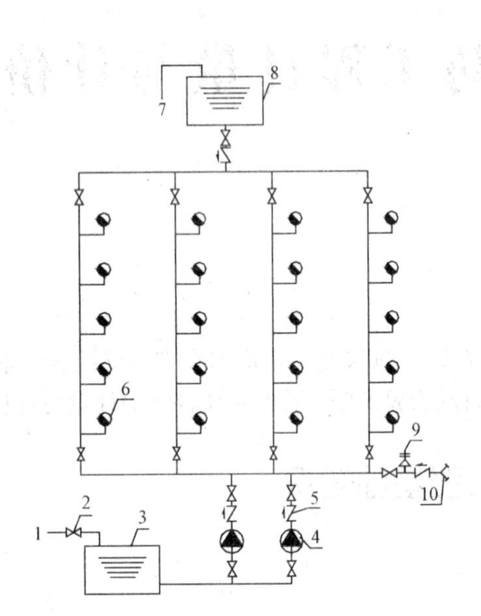

1—水池进水管；2—阀门；3—消防水池；4—消防水泵；
5—止回阀；6—消火栓；7—水箱进水管；
8—消防水箱；9—安全阀；10—水泵接合器。

图 10-2　设消防水泵和水箱的消火栓系统

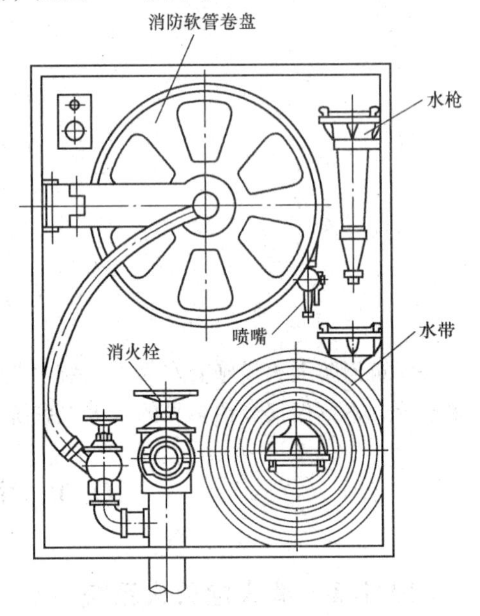

图 10-3　单栓带消防软管卷盘消火栓箱

2）消火栓管道系统。室内消火栓管道系统常采用热浸镀锌钢管、钢塑复合管，当系统工作压力大于 1. 2 MPa 时常采用无缝钢管。镀锌钢管和钢塑复合管常采用螺纹连接和沟槽连接方式，无缝钢管常采用焊接连接。

3）消防水池。消防水池用于贮存火灾延续时间内的消防用水量。常与生活用水水池、生产用水水池合用，此时池容积除包含消防贮水量外，还应包含生活和生产的调节水量，同时应有保证消防水量在平时不被动用的措施。

消防水箱

消防水池一般设于地下室，进出消防水池的管道在池壁需预留防水套管。

4）消防水箱。消防水箱应布置在建筑物的最高部位，依靠重力自流供水。其设置高度应保证最不利点消火栓静水压力，当不能满足时应设置增压设施。

当消防水箱有冻结或结露危险时，需对其箱体进行保温防护。

5）水泵接合器。水泵接合器是消防车向建筑内消防给水管网输入的接口装置。水泵接合器设置于建筑室外附近，有地上式、地下室和墙壁式三种，每座水泵接合器和管网连接位置均应设置止回阀、安全阀、关断阀和泄水阀。

水泵接合器

6）消防水泵。消防水泵由工作泵和备用泵组成，每组消防水泵的吸水管不应少于 2 条，当其中一条损坏或检修时，其余吸水管应仍能通过全部消防用水量。当设计无要求时，消防水泵的出水管上应安装止回阀和压力表，并宜安装检查和试水用的放水阀门。

10.1.2　自动喷水灭火系统

自动喷水灭火系统是一种能在火灾发生时自动喷水灭火，同时发出报警信号的灭火系统。根据采用的喷头形式（闭式喷头和开式喷头）分为闭式系统和开式系统。闭式系统常见有湿式灭火系统、干式灭火系统和预作用式灭火系统等，开式系统常见有雨淋系统、水幕系统等形式，民用建筑中应用最广的是湿式自动喷水灭火系统。

（1）常见自动喷水灭火系统形式。

1）湿式自动喷水灭火系统。如图 10-4 所示，平时该系统管道内充满有压水，当装有喷头的房间内发生火灾，室内空气温度上升至喷头动作温度时，喷头即自行喷水进行灭火，同时发出警报信号。该系统灭火迅速、安装简单，适用于室温保持在 4 ℃～70 ℃的场所。

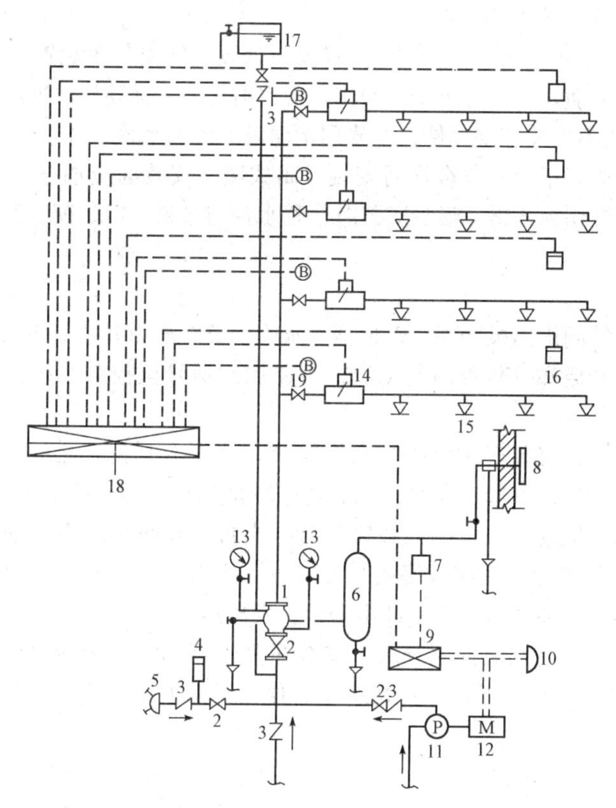

1—湿式报警阀；2—闸阀；3—止回阀；4—安全阀；5—水泵接合器；6—延迟器；7—压力开关；8—水力警铃；9—水泵自控箱；10—手动按钮；11—水泵；12—水泵电机；13—压力表；14—水流指示器；15—闭式喷头；16—感烟探测器；17—水箱；18—火灾报警控制器；19—手动报警按钮。

图 10-4　湿式自动喷水灭火系统

2）干式自动喷水灭火系统。该系统平时报警阀上部管系内充满有压空气，当火灾发生时，喷头开启，先排出管路内的空气，供水才能进入管网，由喷头喷水灭火。该系统适用于室温低于 4 ℃或高于 70 ℃的场所，主要缺点是灭火速度比湿式系统慢，另外，还要设置压缩机及附属设备，投资较大。

3）预作用式自动喷水灭火系统。该系统具有湿式系统和干式系统的特点，预作用阀后的管道系统内平时无水，呈干式，充满有压或无压的气体。火灾发生初期，火灾探测器系统动作先于喷头控制自动开启或手动开启预作用阀，使消防水进入阀后管道，系统成为湿式，当火场温度达到喷头的动作温度时，闭式喷头开启，即可出水灭火。该系统不受安装场所温度限制，不会因误喷而造成损失。

4）雨淋喷水灭火系统。该系统采用开式喷头，平时管网不充水，发生火灾时自动打开雨淋阀和启动消防水泵，向系统开式喷头供水灭火。雨淋系统的主要特点是所有喷头同时喷水，可以有效控制火势，灭火速度快，适用于火灾蔓延速度快、危险性大的场所。

5）水幕系统。水幕系统的工作原理与雨淋系统基本相同，所不同的是水幕系统喷出的水为水幕状。水幕系统不具备直接灭火的能力，其作用主要是防止火焰蹿过门、窗等蔓延，也可在无法设置防火墙的地方用于防火隔断。

（2）自动喷水灭火系统主要组件。

1）喷头。喷头分开式和闭式，闭式喷头在喷口处设有定温封闭装置，当环境温度达到其动作温度时，该装置可自动开启。为防止误动作，要求喷头的公称动作温度比使用环境的最高温度要高 30 ℃。开式喷头不安装感温元件，主要用于雨淋系统和水幕系统。

喷头应在系统管道试压、冲洗合格后安装，闭式喷头安装前应抽查一定比例进行密封性能试验，以无渗漏、无损伤为合格。喷头安装时，溅水盘与吊顶、门、窗、洞口或墙面的距离应符合设计或规范要求。

2）报警装置。

①报警阀组。报警阀组由报警阀、延迟器、水力警铃、压力开关等组成。

湿式
报警阀组

报警阀的作用是开启和关断管网的水流，传递控制信号至控制系统并启动水力警铃直接报警。

延迟器为罐式容器，安装于报警阀与水力警铃（或压力开关）之间，其作用是防止因水源压力波动引起误报警，一般延迟时间在 15～90 s 可调。

水力警铃是由水流驱动发出声响的报警装置，当自动喷水灭火系统的任一喷头动作或试验阀开启后，系统报警阀自动打开，则有一小股水流通过输水管，冲击水轮机转动，使击铃锤不断冲击警铃，发出连续不断的报警声响。

压力开关是一种压力型水流探测开关，安装在延迟器和水力警铃之间的报警管路上，报警阀开启后，压力开关在水压的作用下接通电触点，发出电信号。

水流指示器

报警阀组安装应在供水管网试压、冲洗合格后进行。安装时应先安装水源控制阀、报警阀，然后进行报警阀辅助管道的连接，水源控制阀、报警阀与配水干管的连接应使水流方向一致。报警阀组安装的位置应符合设计要求，当设计无要求时，报警阀组应安装在便于操作的明显位置，装报警阀组的室内地面应有排水设施。

②水流指示器。水流指示器用于自动喷水灭火系统，一般安装在每层的水平分支干管或某区域的分支干管上，当管道内的水发生流动时，将流动信号转换成电信号，并可发送到报警控制器。

水流指示器的安装应在管道试压和冲洗合格后进行，水流指示器的规格、型号应符合设计要求，水流指示器前后应保持有 5 倍安装管径长度的直管段。

3）末端试水装置。末端试水装置设置在每个报警阀组控制的最不利点喷头处，由试水阀、压力表以及试水接头组成（图 10-5），用于检验系统的启动、报警及联动等功能。

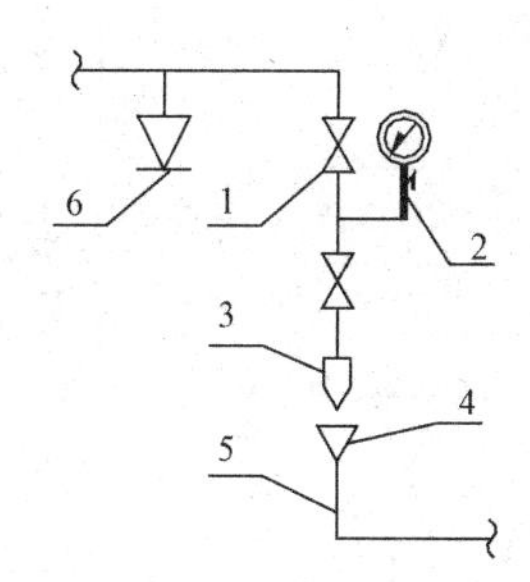

1—关断阀；2—压力表；3—试水接头；
4—排水漏斗；5—排水管道；6—最不利喷头。

图 10-5　末端试水装置示意图

末端试水装置

10.1.3　消防水炮灭火系统

消防水炮

消防水炮灭火系统是以水作为灭火介质，以消防炮作为喷射设备的灭火系统，工作介质包括清水、海水、江河水等，适用于一般固体可燃物火灾的扑救，主要应用在石化企业、展馆仓库、大型体育场馆、输油码头、机库（飞机维修库）等火灾重点保护场所。

消防水炮灭火系统的供水系统主要由水源、消防水泵、高位水箱或气压稳压装置、水泵接合器、管路、阀门附件和消防水炮组成，其目的在于能给装置提供快速的、充足的水源。

10.1.4　火灾自动报警及联动控制系统

火灾自动报警及联动控制系统是通过探测伴随火灾发生而产生的烟、光、热等参数，早期发现火情，及时发出声、光等报警信号，同时联动消防水系统、防排烟系统和消防应急广播等有序投入运行，迅速组织人员疏散和进行灭火的建筑消防自动化系统。

（1）系统分类。火灾自动报警及联动控制系统按照系统规模和功能不同可分为区域报警系统、集中报警系统和控制中心报警系统。

1）区域报警系统。系统的形式如图 10-6 所示，由火灾探测器、手动报警按钮、火灾警报装置和火灾报警控制器组成，系统中可包括消防控制室图形显示装置和指示楼层的区域显示器。区域报警系统适用于仅需要报警，不需要联动自动消防设备的场所。

2）集中报警系统。系统的形式如图 10-7 所示。系统由火灾探测器、手动报警按钮、火灾警报装置器、消防应急广播、消防专用电话、消防控制室图形显示装置、火灾报警控制器、消防联动控制器等组成。报警、联动控制器、显示装置、消防广播主机、消防电话总机等起集中控制作用的消防设备，均设置在消防控制室内。集中报警系统适用于不仅需要报警，同时需要联动自动消防设备，且只设置一台具有集中控制功能的场所。

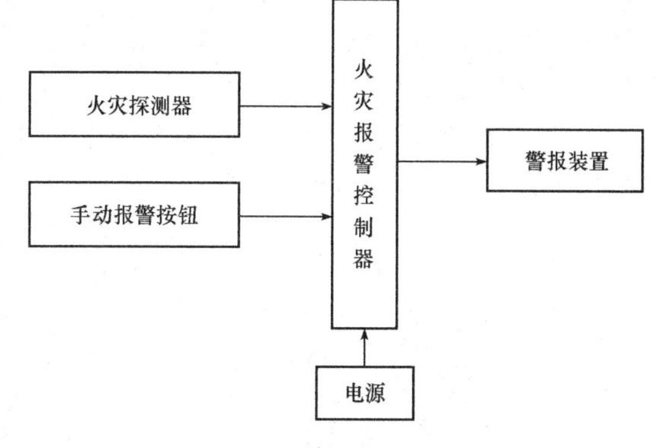

图 10-6　区域报警系统

3）控制中心报警系统。设置两个及以上消防控制室或设置了两个及以上集中报警系统的场所，应采用控制中心报警系统。有两个及以上消防控制室时，应确定一个主消防控制室。主消防控制室应能显示所有火灾报警信号和联动控制状态信号，并应能控制重要的消防设备；各分消防控制室内消防设备之间可互相传输、显示状态信息，但不应互相控制。

（2）系统组成。

1）火灾自动报警系统。火灾自动报警系统用于探测火灾早期特征、发出火灾报警信号，为人员疏散、防止火灾蔓延和启动自动灭火设备提供控制与指示信号。

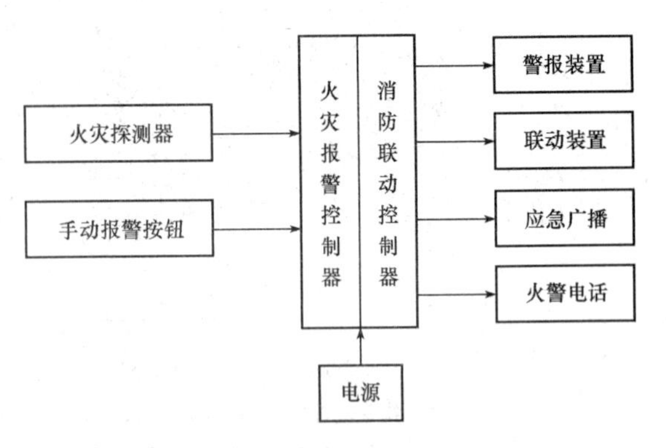

图 10-7　集中报警系统

①火灾探测器。在火灾自动报警系统中，能够自动发现火情并向报警主机发出信号的装置称为火灾探测器。按所响应的火灾物理参数不同，火灾探测器分为感烟、感温、红外光束、火焰及可燃气体探测五种类型。根据监视范围的不同，火灾探测器分为点型火灾探测器和线型火灾探测器，点型火灾探测器响应某点周围火灾参数，线型火灾探测器响应连续线路周围的火灾参数。

②手动报警按钮。手动报警按钮用于发现火情时，人为按下按钮，报告火灾信号。手动报警按钮分为带电话插孔与不带电话插孔两种。

火灾探测器

手动报警按钮

报警控制器

③火灾报警控制器。火灾报警控制器是火灾自动报警系统的核心，可向探测器供电，用来汇总检测各探测器和手动报警按钮发出的信号，并及时进行声光报警。它还可以显示报警部位，能进行记录打印，并将有关报警信息传输给联动控制器。另外，它还通过监视模块与防火阀、压力报警阀及消火栓按钮等装置连接，来反映它们的动作信号，起到报警和监视的作用。

④火灾警报装置。火灾警报装置的作用是在发生火灾时发出声、光警报信号，提醒人员撤离。

2）联动控制系统。联动控制系统的主要作用是在确认发生火灾后，自动或手动控制相关设施（如消防水泵、防排烟风机、防火卷帘、消防电梯和应急照明等）动作，进行报警、疏散、灭火、减小火灾殃及范围等一系列工作，同时监控所有消防设备的状态。联动控制系统通常包括消防联动控制器、消防电气控制装置、消防设备应急电源、消防联动模块等设备和组件，其中联动控制器是系统核心。

3）消防应急广播系统。消防应急广播系统是火灾逃生疏散和灭火指挥的重要设备，在整个消防控制管理系统中起着极其重要的作用。在火灾发生时，应急广播信号通过音源设备发出，经过功率放大后，由广播切换模块切换到广播指定区域的音箱实现应急广播。一般的广播系统主要由消防应急广播主机、线缆、广播控制模块、扬声器等构成。

报警联动控制器

消防广播装置

消防电话

4）消防电话系统。消防电话系统是消防通信的专用设备，当发生火灾报警时，它可以提供方便快捷的通信手段，消防电话系统有专用的通信线路，火灾现场人员可以通过现场设置的固定电话和消防控制室进行通话，也可以用便携式电话插入电话插孔与控制室直接进行通话。

10.1.5　电气火灾监控系统

电气火灾监控系统是指当被保护线路中的被探测参数超过报警设定值时，能发出报警信号、控制信号并能指示报警部位的系统。

电气火灾监控系统的基本组成包括电气火灾监控设备、剩余电流式电气火灾监控探测器以及测温式电气火灾监控探测器等三个最基本产品种类。剩余电流式电气火灾监控探测器由监控探测器和剩余电流互感器组成；测温式电气火灾监控探测器由监控探测器和测温传感器组成。

10.2　消防工程施工图识读

10.2.1　消防水系统施工图识读

消防水系统施工图组成及识读方法与建筑给水排水系统一致，具体可参见 3.2 节内容，消防工程施工图识读练习可见 10.5 节相关施工图，消防水系统常见图例见表 10-1。

表 10-1　消防水系统常见图例

序号	符号	说明	序号	符号	说明
1	——XH——	消火栓管道	10	——ZP——	自动喷洒管道
2		室外消火栓	11	平面图　系统图	室内消火栓（单口）
3	平面图　系统图	室内消火栓（双口）	12	平面图 系统图	闭式喷头
4		水泵接合器	13		手提式灭火器
5		水力警铃	14		水泵
6		刚性防水套管	15		柔性防水套管
7		过滤器	16		水流指示器
8		湿式报警阀	17		干式报警阀
9		预作用式报警阀	18		末端试水装置

注：管道阀门等符号与给水排水系统和采暖系统相同，可参见相关内容。

10.2.2 火灾自动报警及联动系统施工图识读

火灾自动报警及联动系统施工图属于建筑电气工程施工图的一部分，其图纸组成和识读方法均与其他电气系统施工图一致，在此不再赘述。自动报警及联动系统常见图例见表10-2，自动报警及联动系统施工图识读练习可参见10.5节相关施工图进行。

表10-2 火灾自动报警及联动系统施工图常见图形符号

序号	符号	说明	序号	符号	说明
1	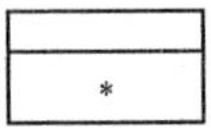	火灾报警装置，需区分“＊”，用下述字母代替：C—集中型火灾报警控制器；Z—区域型火灾报警控制器；G—通用火灾报警控制器；S—可燃气体报警控制器	13	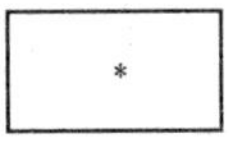	火灾控制、指示设备，需区分“＊”，用下述字母代替：RS—防火卷帘门控制器；RD—防火门磁释放器；I/O—输入/输出模块；O—输出模块；I—输入模块；P—电源模块；T—电信模块；SI—短路隔离器；M—模块箱；SB—安全栅；D—火灾显示盘；FI—楼层显示盘；CRT—火灾计算机图形显示系统；FPA—火警广播系统；MT—对讲电话主机
2		感温探测器	14	 N	感温探测器（非地址码型）
3		感烟探测器	15	 N	感烟探测器（非地址码型）
4	 EX	感烟探测器（防爆型）	16		感光火灾探测器
5	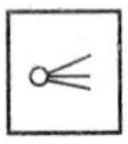	气体火灾探测器（点式）	17	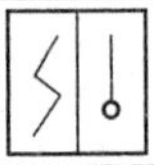	复合式感烟感温火灾探测器
6		复合式感光感烟火灾探测器	18		点型复合式感光感温火灾探测器
7	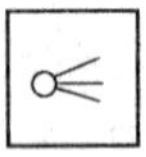	可燃气体探测器	19	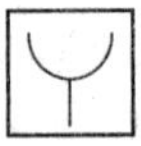	手动火灾报警按钮
8		消火栓起泵按钮	20		水流指示器
9	 P	压力开关	21		火灾报警电话机（对讲电话机）
10	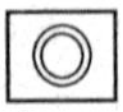	火灾电话插孔（对讲电话插孔）	22		带手动报警按钮的火灾电话插孔
11		火警电铃	23		警报发声器
12		火灾光警报器	24		火灾声、光警报器

10.3　消防工程定额计量与定额应用

说明：字体加粗部分为本节中基本知识点或民用建筑中常涉及项目，应熟练掌握。

10.3.1　消防工程定额与其他定额界限划分

《通用安装工程消耗量定额》（TY02—31—2015）第九册《消防工程》（本章以下简称本册定额）适用于工业与民用建筑工程中的消防工程，与其他定额界限划分如下：

（1）**消防系统室内外管道以建筑物外墙皮 1.5 m 为界，入口处设阀门者以阀门为界；室外埋地管道执行《通用安装工程消耗量定额》（TY02—31—2015）第十册《给排水、采暖、燃气工程》中室外给水管道安装相应项目。**

（2）厂区范围内的装置、站、罐区的架空消防管道执行本册定额相应项目。

（3）与市政给水管道的界限，以与市政给水管道碰头点（井）为界。

（4）**稳压装置安装、消防水箱制作安装、套管制作安装、支架制作安装（注明者除外）、消防管道的开槽打洞及恢复，执行《通用安装工程消耗量定额》（TY02—31—2015）第十册《给排水、采暖、燃气工程》相应项目。**

（5）各种消防泵安装，执行《通用安装工程消耗量定额》（TY02—31—2015）第一册《机械设备安装工程》相应项目。

（6）不锈钢管、铜管管道安装，执行《通用安装工程消耗量定额》（TY02—31—2015）第八册《工业管道工程》相应项目。

（7）刷油、防腐蚀、绝热工程，执行《通用安装工程消耗量定额》（TY02—31—2015）第十二册《刷油、防腐蚀、绝热工程》相应项目。

（8）**电缆敷设、桥架安装、配管配线、接线盒、电动机检查接线、防雷接地装置、液位显示装置、应急照明集中电源柜等安装、消防电气配管的剔槽打洞及恢复，执行《通用安装工程消耗量定额》（TY02—31—2015）第四册《电气设备安装工程》相应项目。**

（9）各种仪表的安装及带电信号的阀门报警终端电阻、压力开关、驱动装置及泄漏报警开关的接线、校线等执行《通用安装工程消耗量定额》（TY02—31—2015）第五册《建筑智能化工程》相应项目。

（10）凡涉及管沟、基坑及井类的土方开挖、回填、运输、垫层、基础、砌筑、地沟盖板预制安装、路面开挖及修复、管道混凝土支墩的项目，执行相关建筑工程定额项目。

10.3.2　水灭火系统定额计量与应用

（1）水灭火系统定额计量。

1）**管道安装按设计图示管道中心线长度以“10 m”为计量单位。不扣除阀门、管件及各种组件所占长度。**

2）**沟槽管件连接分规格以“10 个”为计量单位。沟槽管件主材包括卡箍及密封圈以“套”为计量单位。**

3）**喷头、水流指示器、减压孔板、集热板按设计图示数量计算。按安装部位、方式、分规格，以“个”为单位计量。**

4）**报警装置、室内消火栓、室外消火栓、消防水泵接合器均按设计图示数量计算。报警装置、室内外消火栓、消防水泵接合器分形式，按成套产品以“组”为计量单位；成套产品包括**

的内容详见表10-3。

表10-3　成套装置及附件包括内容

序号	项目名称	包括内容
1	湿式报警装置	湿式阀、供水压力表、装置压力表、试验阀、泄放试验阀、试验管流量计、过滤器、延时器、水力警铃、报警截止阀、漏斗、压力开关
2	干湿两用报警装置	两用阀、装置截止阀、加速器、加速器压力表、供水压力表、试验阀、泄放阀、泄放试验阀（湿式）、泄放试验阀（干式）、挠性接头、试验管流量计、排气阀、截止阀、漏斗、过滤器、延时器、水力警铃、压力开关
3	电动雨淋报警装置	雨淋阀、压力表、泄放试验阀、流量表、截止阀、注水阀、止回阀、电磁阀、排水阀、应急手动球阀、报警试验阀、漏斗、压力开关、过滤器、水力警铃
4	预作用报警装置	干式报警阀、压力表（2块）、流量表、截止阀、排放阀、注水阀、止回阀、泄放阀、报警试验阀、液压切断阀、气压开关（2个）、试压电磁阀、应急手动试压器、漏斗、过滤器、水力警铃
5	室内消火栓	消火栓箱、消火栓、水枪、水龙带、水龙带接扣、挂架
6	室外消火栓	地下式消火栓、法兰接管、弯管底座或消火栓三通
7	室内消火栓（带自动卷盘）	消火栓箱、消火栓、水枪、水龙带、水龙带接扣、挂架、消防软管卷盘
8	消防水泵接合器	消防接口本体、止回阀、安全阀、闸（蝶）阀、弯管底座、标牌
9	水炮及模拟末端装置	水炮和模拟末端装置的本体

5）末端试水装置按设计图示数量计算，分规格以“组”为计量单位。

6）温感式水幕装置安装以“组”为计量单位。

7）灭火器按设计图示数量计算，分形式以“具、组”为计量单位。

8）消防水炮按设计图示数量计算，分规格以“台”为计量单位。

（2）水灭火系统定额应用。

1）管道安装相关规定。

①水喷淋钢管（法兰连接）定额中包括管件及法兰安装，管件、法兰主材数量另计，螺栓按设计用量加3%损耗计算。

②若设计或规范要求钢管需要镀锌，其镀锌及场外运输另行计算。

③水喷淋钢管（沟槽连接）安装已包括管道沟槽卡箍件安装，如沟槽卡箍件（含胶圈）实际发生数量与定额不同时，可按实计算，其他不变；沟槽管件安装另行执行相关项目。

④消火栓管道采用无缝钢管焊接时，定额中包括管件安装，管件主材数量另计，其他不变。

⑤消火栓管道采用钢管（沟槽连接）时，执行水喷淋钢管（沟槽连接）相关项目。

⑥所有管道安装中均已包含水压试验、水冲洗。

2）其他说明。

①沟槽式法兰阀门安装执行沟槽管件安装相应项目，人工乘以系数1.1。

②报警装置安装项目，定额中已包括装配管、泄放试验管及水力警铃出水管安装，水力警铃进水管按图示尺寸执行管道安装相应项目；其他报警装置项目适用于雨淋、干湿两用及预作用报警装置。

③水流指示器（马鞍型连接）项目，主材中包括胶圈、U形卡；若设计要求水流指示器采

用丝接时，执行《通用安装工程消耗量定额》（TY02—31—2015）第十册《给排水、采暖及燃气工程》丝接阀门相应项目。

④喷头、报警装置及水流指示器安装定额均按管网系统试压、冲洗合格后安装考虑的，定额中已包括丝堵、临时短管的安装、拆除及摊销。

⑤温感式水幕装置（图 10-8）安装定额中已包括给水三通至喷头、阀门间的管道、管件、阀门、喷头等全部安装内容，但管道的主材数量按设计管道中心长度另加损耗计算；喷头数量按设计数量另加损耗计算。

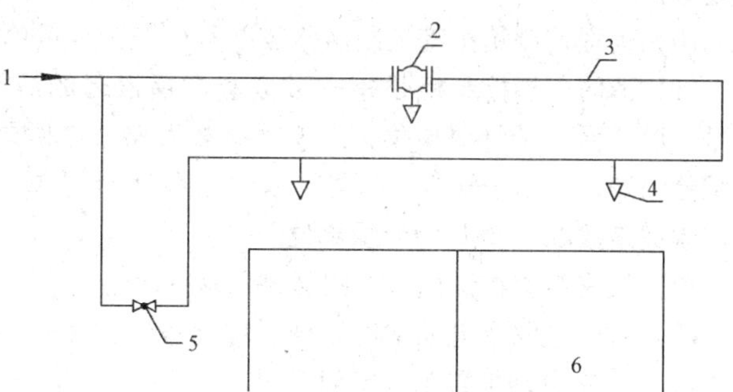

1—水源；2—温感雨淋阀；3—管道；
4—水幕喷头；5—快开阀；6—门（窗）。

图 10-8　温感式水幕装置示意图

⑥集热罩安装项目，主材中应包括所配备的成品支架。

⑦落地组合式消防柜安装，执行室内消火栓（明装）定额项目。

⑧室外消火栓、消防水泵接合器安装，定额中包括法兰接管及弯管底座（消火栓三通）等配套安装，管（配）件的规格、数量设计有特殊要求的，主材可以调整，其他不变。

⑨消防水炮及模拟末端装置项目，定额中仅包括本体安装，不包括型钢底座制作安装和混凝土基础砌筑；型钢底座制作安装执行《通用安装工程消耗量定额》（TY02—31—2015）第十册《给排水、采暖、燃气工程》设备支架制作安装相应项目，混凝土基础执行《房屋建筑与装饰工程消耗量定额》（TY01—31—2015）相应项目。

⑩设置于管道间、管廊内的管道，其定额人工、机械乘以系数 1.2。

10.3.3　火灾自动报警系统定额计量与应用

（1）火灾自动报警系统定额计量。

1）点型探测器按设计图示数量计算，不分规格、型号、安装方式与位置，以“个”“对”为计量单位。探测器安装包括了探头和底座的安装及本体调试。红外光速探测器是成对使用的，在计算时一对为两只。

2）线型探测器依据探测器长度、信号转换装置数量、报警终端电阻数量按设计图示数量计算，分别以“m”“台”“个”为计量单位。

3）空气采样管依据图示设计长度计算，以“m”为计量单位；极早期空气采样报警器依据探测回路数按设计图示计算，以“台”为计量单位。

4）区域报警控制箱、联动控制箱、火灾报警系统控制主机、联动控制主机、报警联动一体机按设计图示数量计算，区分不同点数、安装方式（壁挂式和落地式），以“台”为单位计量。

消火栓按钮

5）按钮包括火灾报警按钮和消火栓报警按钮，以“个”为计量单位。

6）消防警铃和声光报警器，以“个”为计量单位，定额已包括其底座的安装。

7）消防报警电话包括电话分机和电话插孔，不分安装方式，以“个”为计量单位。

8）消防广播扬声器和音量调节器以“个”为计量单位，扬声器区分吸顶式和壁挂式两种安装方式。

9）消防模块包括单输入（输出）、多输入（输出）、单输入单输出及多输入多输出，不分安

消防模块、箱

装方式，以“个”为计量单位。消防模块箱和端子箱的安装，以“台”为计量单位。

10）远程控制箱按其控制回路数以“台”为计量单位。

11）消防广播控制柜是指安装成套广播设备的成品机柜，不分规格、型号，以“台”为计量单位；广播功率放大器、广播录放盘、矩阵及广播分配器的安装，不分规格、型号，以“台”为计量单位；消防电话主机按其控制回路数以“台”为计量单位。

12）火灾报警控制微机、图形显示及打印终端的安装，以“台”为计量单位。

13）备用电源及电池主机（柜）综合考虑了规格、型号，以“台”为计量单位。

（2）火灾自动报警系统定额应用。

1）安装定额中箱、机是以成套装置编制的；柜式及琴台式均执行落地式安装相应项目。

2）闪灯执行声光报警器。

3）电气火灾监控系统。

①报警控制器按点数执行火灾自动报警控制器安装。

②探测器模块按输入回路数量执行多输入模块安装。

③剩余电流互感器执行《通用安装工程消耗量定额》（TY02—31—2015）第四册《电气设备安装工程》相应项目。

④温度传感器执行《通用安装工程消耗量定额》（TY02—31—2015）第五册《建筑智能化工程》相应项目。

4）事故照明及疏散指示控制装置安装内容，执行《通用安装工程消耗量定额》（TY02—31—2015）第四册《电气设备安装工程》相关项目。

5）火灾报警控制微机安装中不包括消防系统应用软件开发内容。

10.3.4 消防系统调试定额计量与应用

（1）消防系统调试基础。

1）概念。消防系统调试是指消防报警和防火控制装置灭火系统安装完毕且联通，并达到国家有关消防施工验收规范、标准，进行的全系统检测、调整和试验。

2）类型。消防系统调试包含自动报警系统调试（包含自动报警系统调试、火灾事故广播系统调试、消防通信系统调试）、水灭火控制装置调试、防火控制装置调试和气体灭火系统装置调试四类。

①自动报警系统装置包括各种探测器、报警器、报警按钮和报警控制器。

②灭火系统控制装置包括消火栓、自动喷水、七氟丙烷、二氧化碳等固定灭火系统的控制装置。

③防火控制装置包括防火卷帘门、电动防火门（窗）、电动防火阀（电动排烟阀、电动正压送风阀）、消防风机、消防水泵联动、消防电梯、一般客用电梯和切断非消防电源的控制装置。

（2）消防系统调试定额计量。

1）自动报警系统调试区分不同点数根据集中报警器台数按系统计算。自动报警系统包括各种探测器、报警器、报警按钮、报警控制器组成的报警系统，其点数按具有地址编码的器件数量计算。

2）火灾事故广播调试按消防广播喇叭及音箱、电话插孔数量以“10只”为计量单位。

3）消防通信系统调试按消防通信的电话分机的数量以“部”为计量单位。

4）自动喷水灭火系统调试按水流指示器数量以“点（支路）”为计量单位；消火栓灭火系统按消火栓启泵按钮数量以“点”为计量单位；消防水炮控制装置系统调试按水炮数量以“点”为计量单位。

5）防火控制装置调试按设计图示数量以“点”为计算单位。

6）电气火灾监控系统调试按模块点数执行自动报警系统调试相应项目。

（3）消防系统调试定额应用。

1）定额中不包括气体灭火系统调试试验时采取的安全措施，应另行计算。

2）切断非消防电源的点数。以执行切断非消防电源的模块数量确定点数。

10.3.5　消防工程安装定额其他说明

（1）脚手架搭拆费按定额人工费的 5% 计算，其费用中人工费占 35%。

（2）操作高度增加费。安装高度超过 5 m 时，超过部分工程量按定额人工费乘以表 10-4 中系数。

表 10-4　消防工程操作高度增加系数

操作物高度/m	≤10	≤30
系数	1.1	1.2

（3）建筑物超高增加费。在高度在 6 层或 20 m 以上的工业与民用建筑物上进行安装时增加的费用，按表 10-5 计算，其费用中人工费占 65%。

表 10-5　消防工程建筑物超高增加系数

建筑物檐高/m	≤40	≤60	≤80	≤100	≤120	≤140	≤160	≤180	≤200
建筑层数/层	≤12	≤18	≤24	≤30	≤36	≤42	≤48	≤54	≤60
按人工费的百分比/%	2	5	9	14	20	26	32	38	44

10.4　消防工程清单编制与计价

10.4.1　水灭火系统工程清单编制与计价

水灭火系统工程量清单项目设置、项目特征描述、计量单位、工程量计算规则和清单组价时涉及的定额项目［清单组价涉及的定额项目为编者添加内容，其余内容均为《通用安装工程工程量计算规范》（GB 50856—2013）中的规定］见表 10-6。

表 10-6　水灭火系统工程清单编制与计价表

<table>
<tr><th colspan="6">清单编制（编码：030901）</th><th>清单组价</th></tr>
<tr><th>项目编码</th><th>项目名称</th><th>项目特征</th><th>计量单位</th><th>工程量计算规则</th><th>工作内容</th><th>计算综合单价涉及的定额项目</th></tr>
<tr><td>030901001</td><td>水喷淋钢管</td><td rowspan="2">1. 安装部位
2. 材质、规格
3. 连接形式
4. 钢管镀锌设计要求
5. 压力试验及冲洗设计要求
6. 管道标识设计要求</td><td rowspan="2">m</td><td rowspan="2">按设计图示管道中心线以长度计算</td><td rowspan="2">1. 管道及管件安装
2. 钢管镀锌
3. 压力试验
4. 冲洗
5. 管道标识</td><td rowspan="2">1. 管道安装
2. 沟槽管件安装
3. 钢管镀锌
4. 管道标识</td></tr>
<tr><td>030901002</td><td>消火栓钢管</td></tr>
</table>

续表

<table>
<tr><th colspan="6">清单编制（编码：030901）</th><th>清单组价</th></tr>
<tr><th>项目编码</th><th>项目名称</th><th>项目特征</th><th>计量单位</th><th>工程量计算规则</th><th>工作内容</th><th>计算综合单价涉及的定额项目</th></tr>
<tr><td>030901003</td><td>水喷淋（雾）喷头</td><td>1. 安装部位
2. 材质、型号、规格
3. 连接形式
4. 装饰盘设计要求</td><td>个</td><td rowspan="12">按设计图示数量计算</td><td>1. 安装
2. 装饰盘安装
3. 严密性试验</td><td>1. 喷头安装
2. 严密性试验</td></tr>
<tr><td>030901004</td><td>报警装置</td><td>1. 名称
2. 型号、规格</td><td rowspan="2">组</td><td rowspan="5">1. 安装
2. 电气接线
3. 调试</td><td rowspan="5">装置安装</td></tr>
<tr><td>030901005</td><td>温感式水幕装置</td><td rowspan="2">1. 型号、规格
2. 连接形式</td></tr>
<tr><td>030901006</td><td>水流指示器</td><td rowspan="2">个</td></tr>
<tr><td>030901007</td><td>减压孔板</td><td>1. 材质、规格
2. 连接形式</td></tr>
<tr><td>030901008</td><td>末端试水装置</td><td>1. 规格
2. 组装形式</td><td>组</td></tr>
<tr><td>030901009</td><td>集热板制作安装</td><td>1. 材质
2. 支架形式</td><td>个</td><td>1. 制作、安装
2. 支架制作、安装</td><td>集热板安装（另计主材）</td></tr>
<tr><td>030901010</td><td>室内消火栓</td><td rowspan="2">1. 安装方式
2. 型号、规格
3. 附件材质、规格</td><td rowspan="2">套</td><td>1. 箱体及消火栓安装
2. 配件安装</td><td>室内消火栓安装</td></tr>
<tr><td>030901011</td><td>室外消火栓</td><td>1. 安装
2. 配件安装</td><td>室外消火栓安装</td></tr>
<tr><td>030901012</td><td>消防水泵接合器</td><td>1. 安装部位
2. 型号、规格
3. 附件材质、规格</td><td>套</td><td>1. 安装
2. 附件安装</td><td>消防水泵接合器安装</td></tr>
<tr><td>030901013</td><td>灭火器</td><td>1. 形式
2. 规格、型号</td><td>具（组）</td><td>设置</td><td>灭火器安装</td></tr>
<tr><td>030901014</td><td>消防水炮</td><td>1. 水炮类型
2. 压力等级
3. 保护半径</td><td>台</td><td>1. 本体安装
2. 调试</td><td>消防水炮安装</td></tr>
</table>

续表

注：1. 消防水灭火系统管道界限同8.3.1节，另外，与设在高层建筑物内的消防泵间管道以泵间外墙皮为界。
2. 水灭火管道工程量计算，不扣除阀门、管件及各种组件所占长度以延长米计算。
3. 消防管道上的阀门、管道及设备支架、套管制作安装按给水排水、采暖、燃气工程相关项目编码列项。
4. 水喷淋（雾）喷头安装部位应区分有吊顶、无吊顶。
5. 报警装置适用于湿式报警装置、干湿两用报警装置、电动雨淋报警装置、预作用报警装置等报警装置安装。报警装置安装包括装配管（除水力警铃进水管）的安装，水力警铃进水管并入消防管道工程量。其中：
（1）湿式报警装置包括湿式阀、蝶阀、装配管、供水压力表、装置压力表、试验阀、泄放试验阀、泄放试验管、试验管流量计、过滤器、延时器、水力警铃、报警截止阀、漏斗、压力开关等。
（2）干湿两用报警装置包括两用阀、蝶阀、装配管、加速器、加速器压力表、供水压力表、试验阀、泄放试验阀（湿式、干式）、挠性接头、泄放试验管、试验管流量计、排气阀、截止阀、漏斗、过滤器、延时器、水力警铃、压力开关等。
（3）电动雨淋报警装置包括雨淋阀、蝶阀、装配管、压力表、泄放试验阀、流量表、截止阀、注水阀、止回阀、电磁阀、排水阀、手动应急球阀、报警试验阀、漏斗、压力开关、过滤器、水力警铃等。
（4）预作用报警装置包括报警阀、控制蝶阀、压力表、流量表、截止阀、排放阀、注水阀、止回阀、泄放阀、报警试验阀、液压切断阀、装配管、供水检验管、气压开关、试压电磁阀、空压机、应急手动试压器、漏斗、过滤器、水力警铃。
6. 温感式水幕装置，包括给水三通至喷头、阀门间的管道、管件、阀门、喷头等全部内容的安装。
7. 末端试水装置，包括压力表、控制阀等附件安装。末端试水装置安装中不含连接管及排水管安装，其工程量并入消防管道。
8. 室内消火栓，包括消火栓箱、消火栓、水枪、水龙头、水龙带接扣、自救卷盘、挂架、消防按钮；落地消火栓箱包括箱内手提灭火器。
9. 室外消火栓，安装方式分地上式、地下式；地上式消火栓安装包括地上式消火栓、法兰接管、弯管底座；地下式消火栓安装包括地下式消火栓、法兰接管、弯管底座或消火栓三通。
10. 消防水泵接合器，包括法兰接管及弯头安装，接合器井内阀门、弯管底座、标牌等附件安装。
11. 减压孔板若在法兰盘内安装，其法兰计入组价中。
12. 消防水炮：分普通手动水炮、智能控制水炮。
13. 管道及设备的除锈、刷油、保温除注明者外，均按刷油、防腐蚀、绝热工程相关项目编码列项。

10.4.2　火灾自动报警系统工程清单编制与计价

火灾自动报警系统工程量清单项目设置、项目特征描述、计量单位、工程量计算规则和清单组价时涉及的定额项目［清单组价涉及的定额项目为编者添加内容，其余内容均为《通用安装工程工程量计算规范》（GB 50856—2013）中的规定］见表10-7。

表10-7　火灾自动报警系统工程清单编制与计价表

清单编制（编码：030904）						清单组价
项目编码	项目名称	项目特征	计量单位	工程量计算规则	工作内容	计算综合单价涉及的定额项目
030904001	点型探测器	1. 名称 2. 规格 3. 线制 4. 类型	个	按设计图示数量计算	1. 底座安装 2. 探头安装 3. 校接线 4. 编码 5. 探测器测试	点型探测器安装

续表

<table>
<tr><th colspan="6">清单编制（编码：030904）</th><th>清单组价</th></tr>
<tr><th>项目编码</th><th>项目名称</th><th>项目特征</th><th>计量单位</th><th>工程量计算规则</th><th>工作内容</th><th>计算综合单价涉及的定额项目</th></tr>
<tr><td>030904002</td><td>线型探测器</td><td>1. 名称
2. 规格
3. 安装方式</td><td>m</td><td>按设计图示长度计算</td><td>1. 探测器安装
2. 接口模块安装
3. 报警终端安装
4. 校接线</td><td>1. 线型探测器安装
2. 线型探测器信号转换装置安装
3. 报警终端电阻安装</td></tr>
<tr><td>030904003</td><td>按钮</td><td rowspan="3">1. 名称
2. 规格</td><td rowspan="3">个</td><td rowspan="15">按设计图示数量计算</td><td rowspan="6">1. 安装
2. 校接线
3. 编码
4. 调试</td><td rowspan="6">本体安装</td></tr>
<tr><td>030904004</td><td>消防警铃</td></tr>
<tr><td>030904005</td><td>声光报警器</td></tr>
<tr><td>030904006</td><td>消防报警电话插孔（电话）</td><td>1. 名称
2. 规格
3. 安装方式</td><td>个（部）</td></tr>
<tr><td>030904007</td><td>消防广播（扬声器）</td><td>1. 名称
2. 功率
3. 安装方式</td><td>个</td></tr>
<tr><td>030904008</td><td>模块（模块箱）</td><td>1. 名称
2. 规格
3. 类型
4. 输出形式</td><td>个（台）</td></tr>
<tr><td>030904009</td><td>区域报警控制箱</td><td rowspan="2">1. 多线制
2. 总线制
3. 安装方式
4. 控制点数量
5. 显示器类型</td><td rowspan="7">台</td><td rowspan="3">1. 本体安装
2. 校接线、摇测绝缘电阻
3. 排线、绑扎、导线标识
4. 显示器安装
5. 调试</td><td rowspan="3">1. 本体安装
2. 显示器安装</td></tr>
<tr><td>030904010</td><td>联动控制箱</td></tr>
<tr><td>030904011</td><td>远程控制箱（柜）</td><td>1. 规格
2. 控制回路</td></tr>
<tr><td>030904012</td><td>火灾报警系统控制主机</td><td rowspan="3">1. 规格、线制
2. 控制回路
3. 安装方式</td><td rowspan="3">1. 安装
2. 校接线
3. 调试</td><td rowspan="6">本体安装</td></tr>
<tr><td>030904013</td><td>联动控制主机</td></tr>
<tr><td>030904014</td><td>消防广播及对讲电话主机（柜）</td></tr>
<tr><td>030904015</td><td>火灾报警控制微机（CRT）</td><td>1. 规格
2. 安装方式</td><td rowspan="2">1. 安装
2. 调试</td></tr>
<tr><td>030904016</td><td>备用电源及电池主机（柜）</td><td>1. 名称
2. 容量
3. 安装方式</td><td>套</td></tr>
<tr><td>030904017</td><td>报警联动一体机</td><td>1. 规格、线制
2. 控制回路
3. 安装方式</td><td>台</td><td>1. 安装
2. 校接线
3. 调试</td></tr>
</table>

续表

注：1. 消防报警系统配管、配线、接线盒均应按电气设备安装工程相关项目编码列项。
2. 消防广播及对讲电话主机包括功放、录音机、分配器、控制柜等设备。
3. 点型探测器包括火焰、烟感、温感、红外光束、可燃气体探测器等。

10.4.3　消防系统调试清单编制与计价

消防系统调试工程量清单项目设置、项目特征描述、计量单位、工程量计算规则和清单组价时涉及的定额项目［清单组价涉及的定额项目为编者添加内容，其余内容均为《通用安装工程工程量计算规范》（GB 50856—2013）中的规定］见表 10-8。

表 10-8　消防系统调试清单编制与计价表

清单编制（编码：030905）						清单组价
项目编码	项目名称	项目特征	计量单位	工程量计算规则	工作内容	计算综合单价涉及的定额项目
030905001	自动报警系统调试	1. 点数 2. 线制	系统	按系统计算	系统调试	自动报警系统调试
030905002	水灭火控制装置调试	系统形式	点	按控制装置的点数计算	调试	控制装置调试
030905003	防火控制装置调试	1. 名称 2. 类型	个（部）	按设计图示数量计算		
030905004	气体灭火系统装置调试	1. 试验容器规格 2. 气体试喷	点	按调试、检验和验收所消耗的试验容器总数计算	1. 模拟喷气试验 2. 备用灭火器贮存容器切换操作试验 3. 气体试喷	气体灭火系统装置调试

注：1. 自动报警系统，包括各种探测器、报警器、报警按钮、报警控制器、消防广播、消防电话等组成的报警系统；按不同点数以系统计算。
2. 水灭火控制装置，自动喷洒系统按水流指示器数量以点（支路）计算；消火栓系统按消火栓启泵按钮数量以点计算；消防水炮系统按水炮数量以点计算。
3. 防火控制装置，包括电动防火门、防火卷帘门、正压送风阀、排烟阀、防火控制阀、消防电梯等防火控制装置；电动防火门、防火卷帘门、正压送风阀、排烟阀、防火控制阀等调试以个计算，消防电梯以部计算。
4. 气体灭火系统调试，是由七氟丙烷、LG541、二氧化碳等组成的灭火系统；按气体灭火系统装置的瓶头阀以点计算。

10.5　消防工程计量计价实例

现有某住宅楼消火栓给水系统及火灾自动报警系统，施工图如图 10-9 ~ 图 10-17、表 10-9 所示。图表中标高均以 m 为单位，其他尺寸均以 mm 为单位。

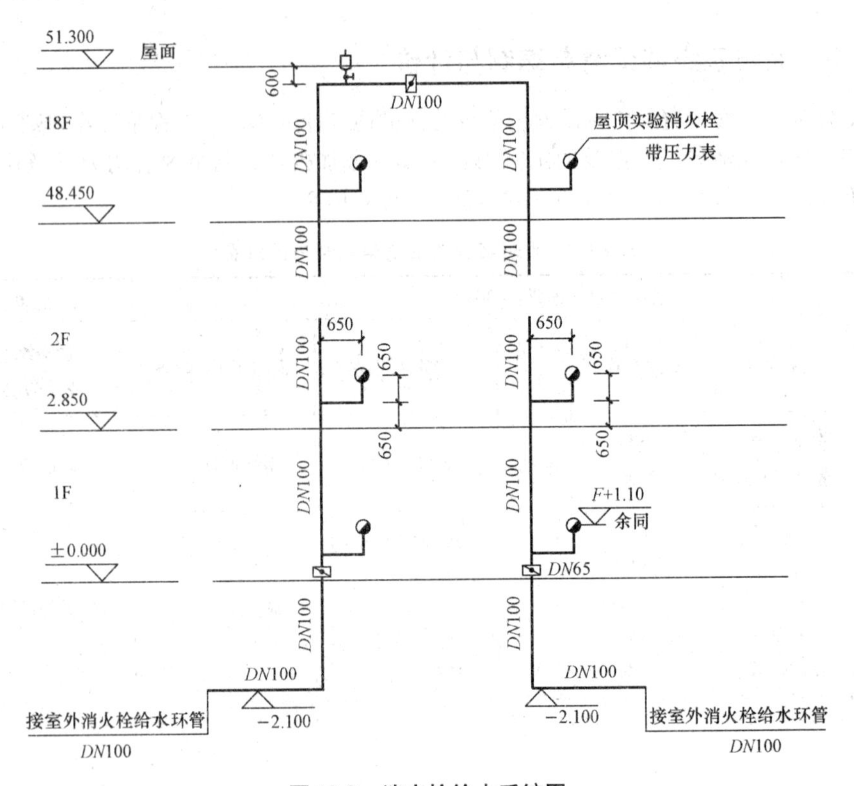

图 10-9　消火栓给水系统图

（1）工程情况说明。

1）消火栓给水系统。

①消火栓箱选用 SG24-A65（带消防软管卷盘：配置内径不小于 19 mm，长度 30 m 的软管卷盘与水枪），消火栓及水龙带口径为 65 mm，水龙带长度为 25 m，消火栓栓口安装高度距地 1.1 m，充实水柱 13 m。

②灭火器采用手提式干粉（磷酸铵盐）灭火器，灭火剂充装量为 3 kg。

③管材：采用内外壁热浸镀锌钢管，规格≥DN100 采用沟槽式连接，规格＜DN100 采用螺纹连接；本系统主管管径均为 DN100，分支管管径＞DN65 采用沟槽三通，分支管管径≤DN65 采用机械三通；埋地敷设的管道采用沥青玻璃布防腐处理（两布三油）；所有管道公称压力为 1.6 MPa。

④阀门：消火栓管道系统阀门均采用法兰蝶阀，配沟槽法兰与管道连接。自动排气阀及其关断阀采用铜质阀门，规格为 DN25，螺纹连接。

⑤消火栓系统施工范围由外墙皮开始。

⑥管道穿越室内楼板和墙体时需设置套管，套管规格比管道大一号，套管和管道之间用不燃材料填塞。穿越楼板的套管采用先预留孔洞后安装的方式，穿越墙体的套管采用现场机械钻孔方式安装（本工程所有内墙均为 240 mm 厚砖墙）。

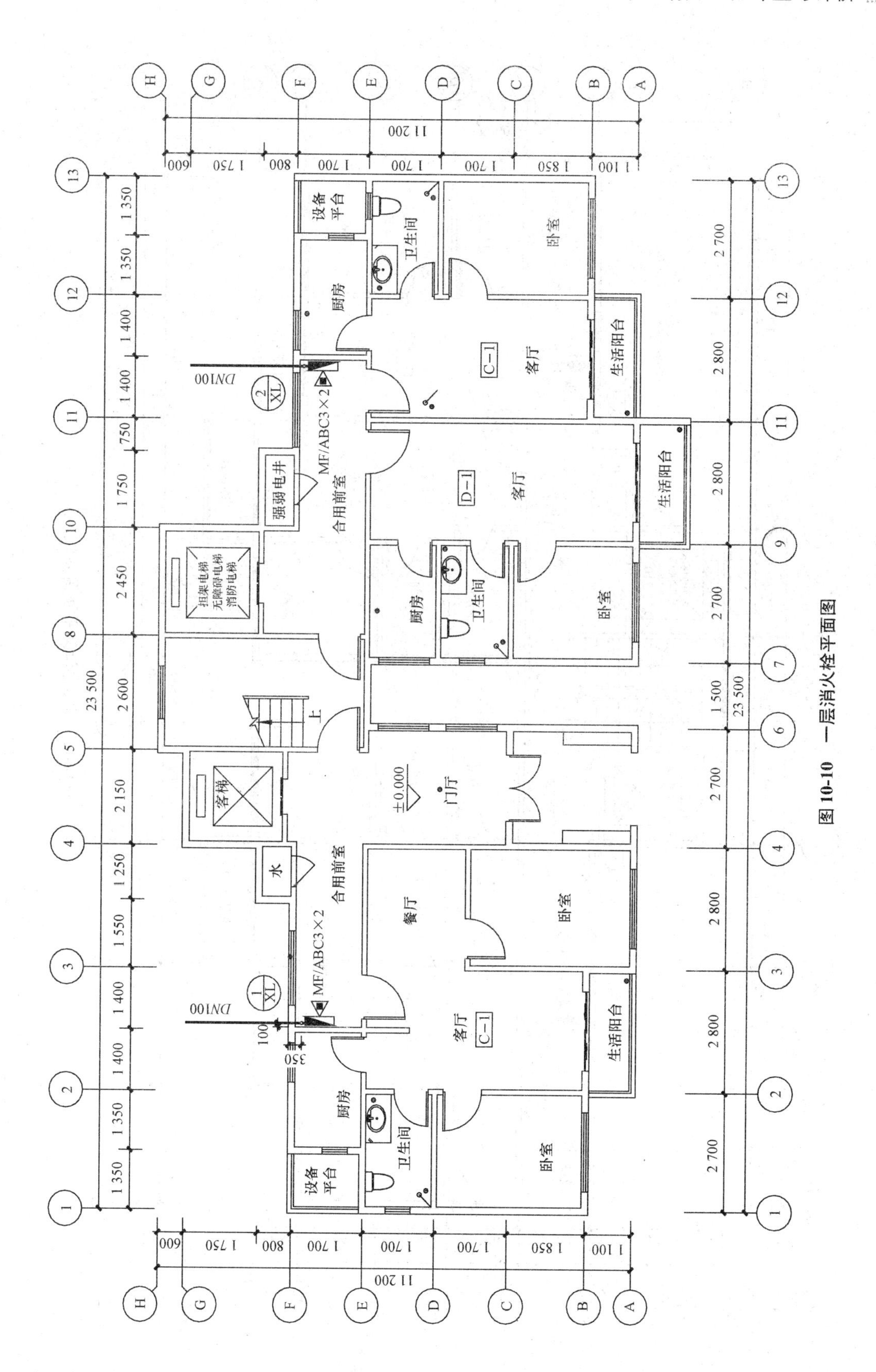

图 10-10　一层消火栓平面图

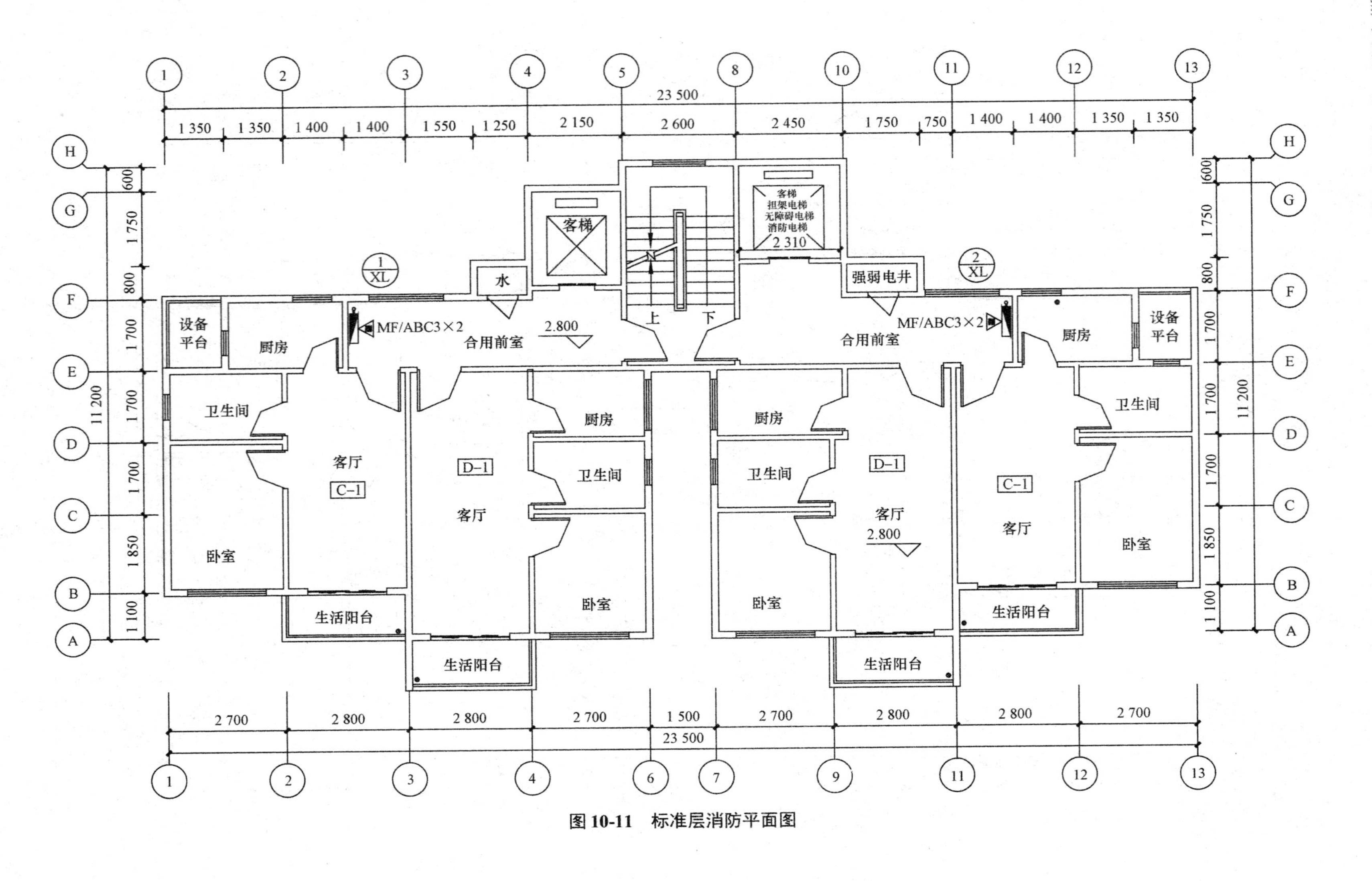

图 10-11 标准层消防平面图

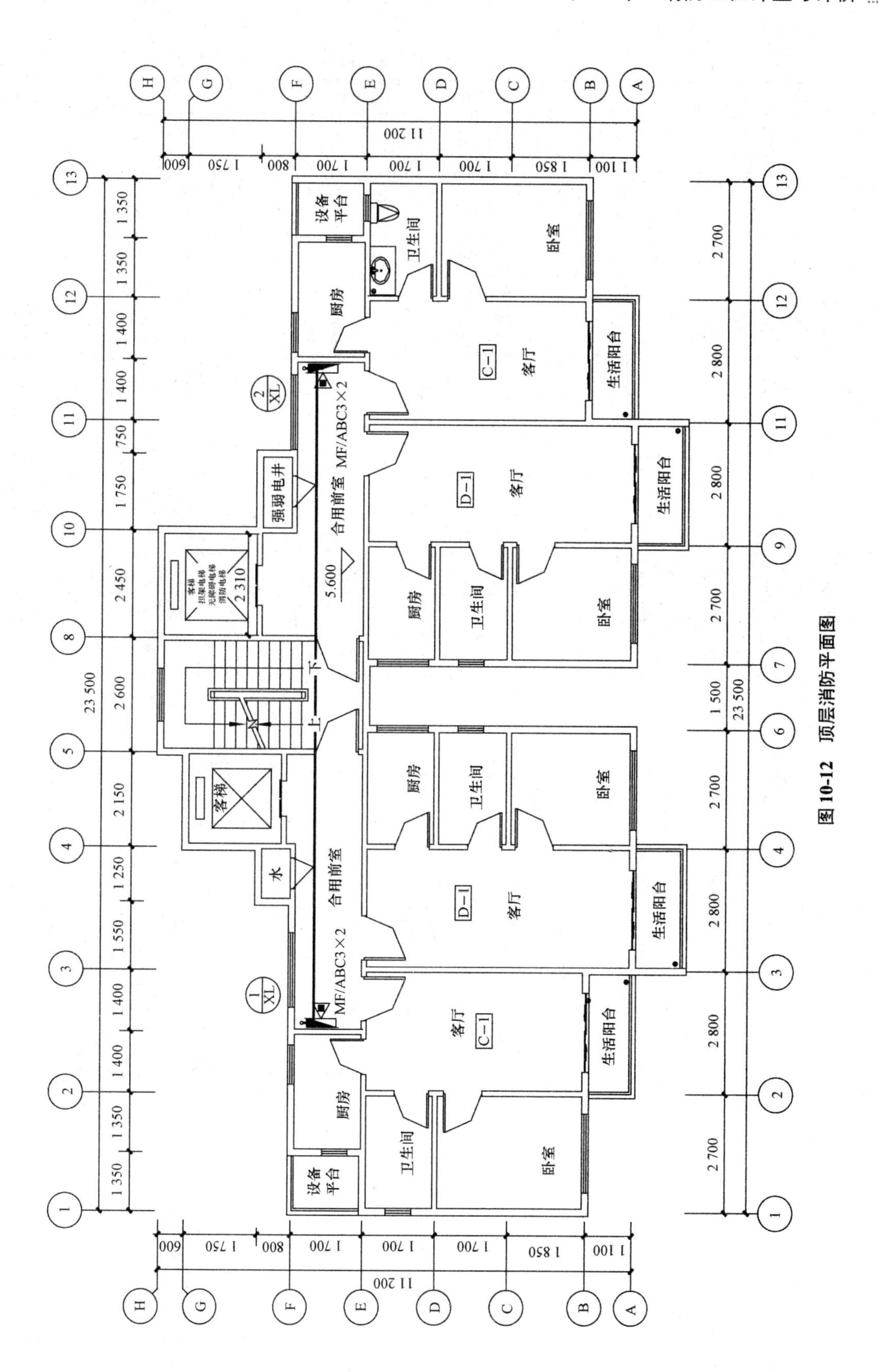

图 10-12　顶层消防平面图

表 10-9　消防自动报警系统图例

图例	名称	规格型号	单位	备注
	智能光电感烟探测器	HJ6501	个	吸顶安装
	智能感烟感温探测器	HJ6520	个	吸顶安装
VG	输入/输出模块	HJ6508	个	安装于模块箱内
	输入模块	HJ6505	个	安装于模块箱内
	输出模块	HJ6504	个	安装于模块箱内
SI	短路隔离器	HJ6506	个	安装于模块箱内
	消火栓按钮	J-XAPD-02A	个	安装高度 1.4 m
	手动报警装置		个	安装高度 1.4 m
	带电话插孔的手动报警按钮	J-SAP-M-03	个	安装高度 1.4 m
	火灾报警电话分机	HJ5010	个	安装高度 1.4 m
	火灾声光警报器（带语音功能）	YA9204	个	安装高度 2.2 m
	火灾报警广播	吸顶式	个	吸顶安装
	消防接线箱		个	底距地 1.5 m
EL	单元门电控锁			

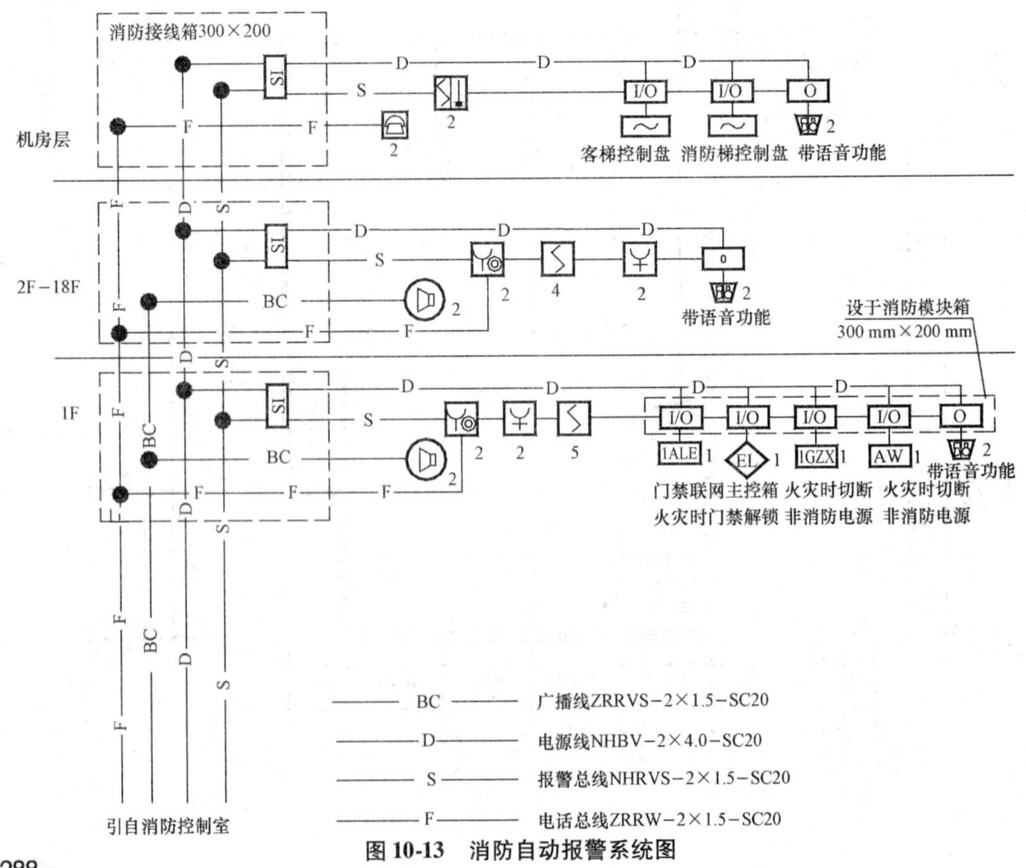

图 10-13　消防自动报警系统图

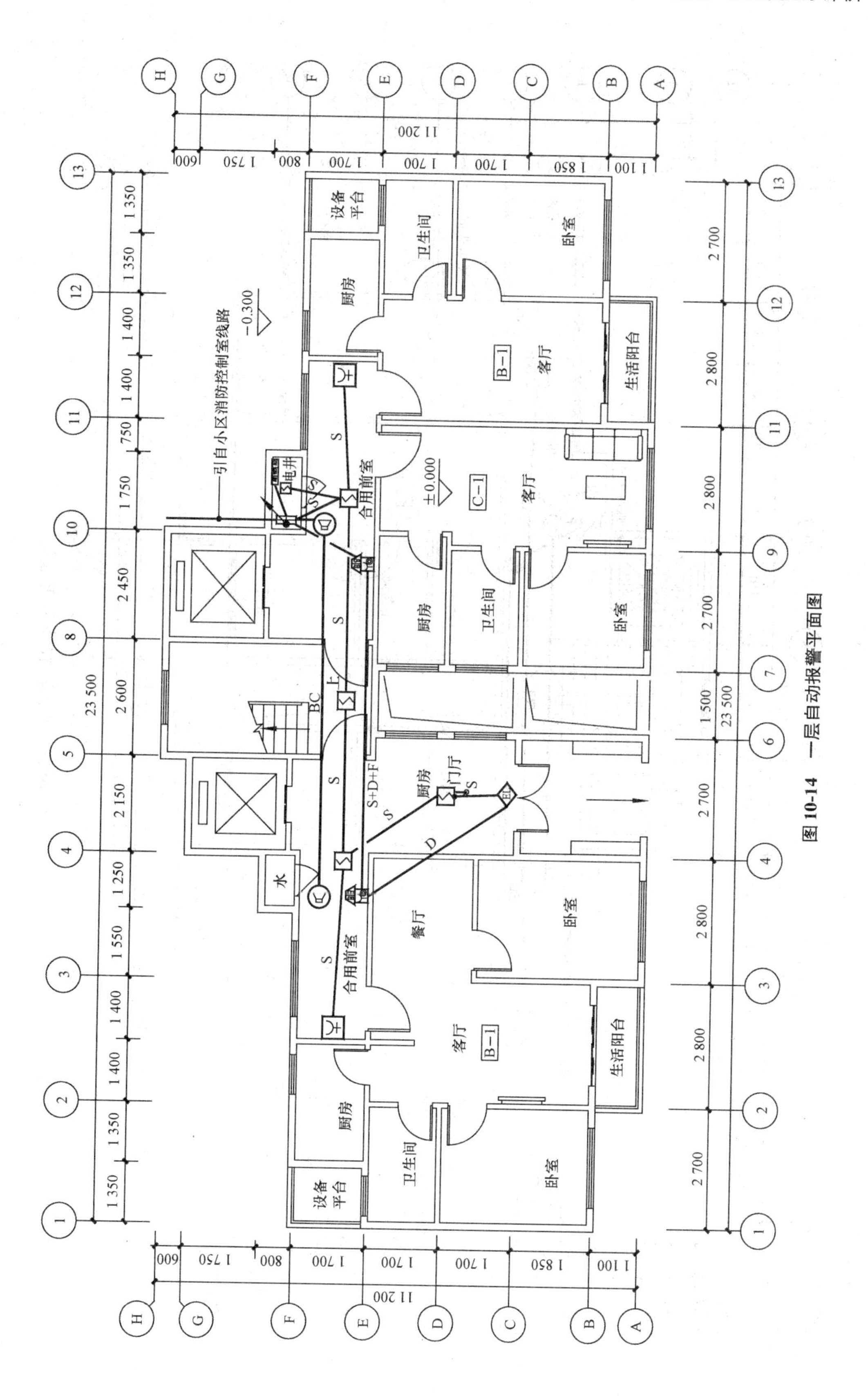

图 10-14　一层自动报警平面图

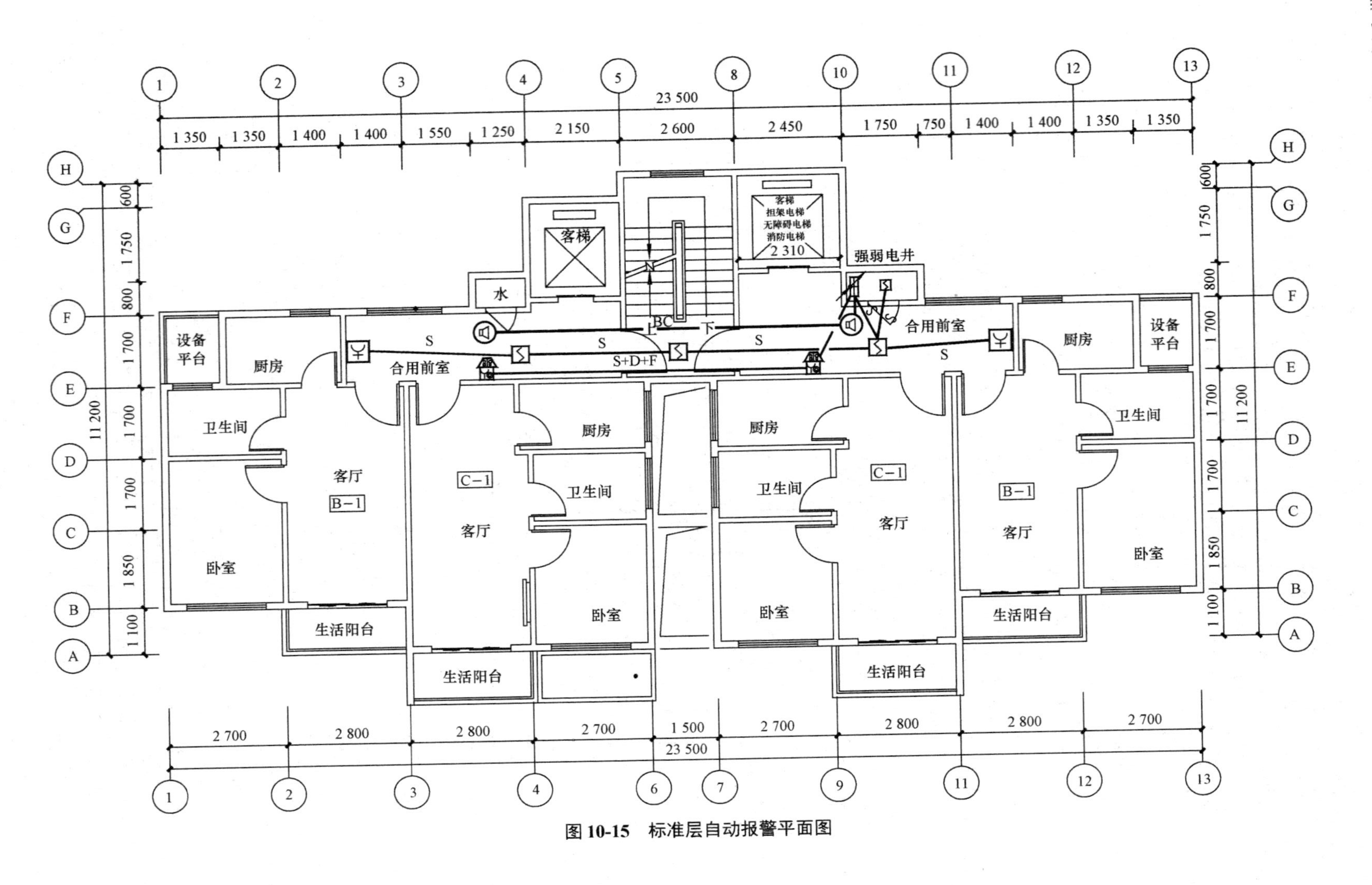

图 10-15　标准层自动报警平面图

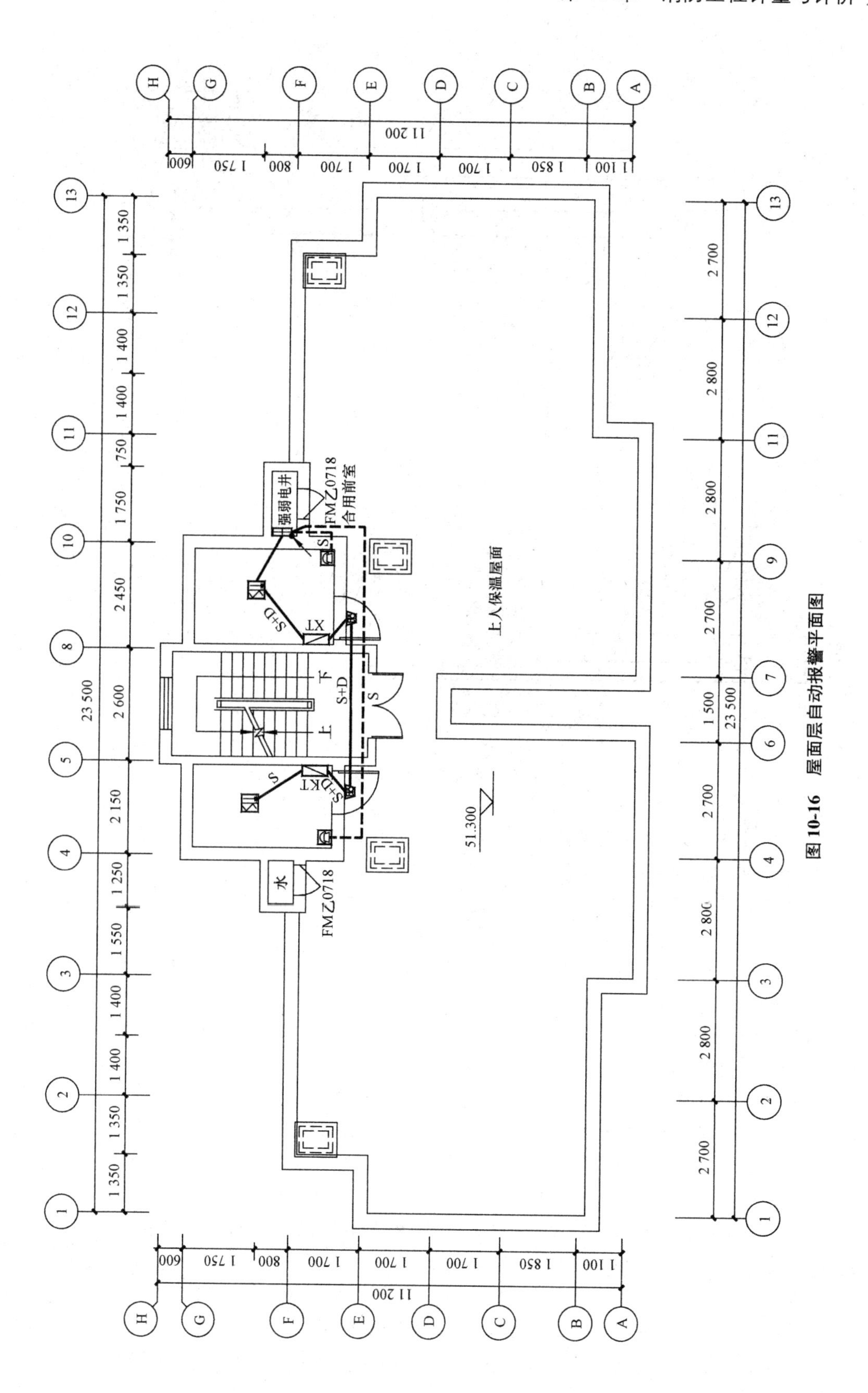

图10-16 屋面层自动报警平面图

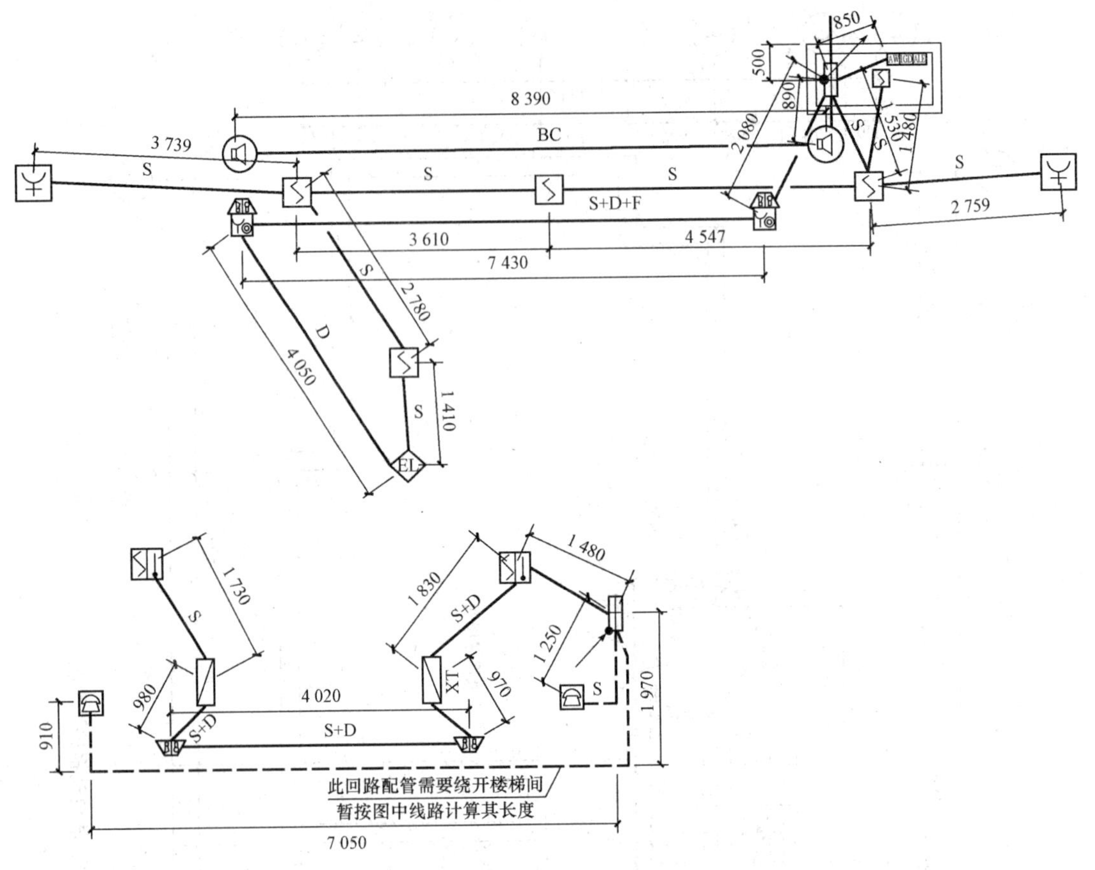

图 10-17　消防报警线路尺寸量测图

⑦管道系统安装完毕后，按相应规范要求进行水压试验、冲洗工作。

2）火灾自动报警系统。

①本建筑属于小区控制中心报警系统的一部分，本建筑相应线路由小区的消防控制室引来，相应报警及联动等设备均设置在消防控制室。

②系统总线上设置总线短路隔离器。每只总线短路隔离器保护的火灾探测器、手动火灾报警按钮和模块等消防设备的总数不应超过 32 点。

③消火栓按钮的动作信号作为报警信号及启动消火栓泵的联动触发信号，由消防联动控制器联动控制消火栓泵的启动。

④自动报警系统采用二总线制布线，线路具体型号及规格详见系统图。

⑤本工程设消防应急广播，广播线缆由消防控制室沿消防广播线槽引至各防火分区扬声器，扬声器吸顶安装；消防应急广播系统与火灾自动报警系统联动，广播系统设备自带火警紧急广播功能，发生火灾时同时向全楼进行广播，消防应急广播与声光警报器分时交替循环工作。

⑥弱电竖井内垂直线路采用封闭式防火桥架，规格 100 mm × 70 mm，内带隔板，消防广播线和消防电话线分别设置在单独隔板内。

⑦弱电竖井外线路沿墙和顶板穿管暗敷设，消防广播线和消防电话线需分别单独穿钢管敷设，报警线路和电源线路可共同穿钢管敷设，管道规格不变。

⑧消防接线箱尺寸（宽 × 高）300 mm × 200 mm，底边距地 1.5 m。火灾探测器吸顶安装。

带电话插孔的手动报警按钮和火灾报警电话分机安装高度均为 1.4 m（中心高度）。

⑨火灾自动报警系统设置火灾声光警报器，中心高度为 2.2 m，在确认火灾后启动建筑内的所有声光警报器。

⑩配电（控制）柜（箱）消防模块（箱）在柜（箱）附近墙上，消防模块中心（或箱底边）距地 1.5 m；单元门电控锁消防模块设于控制主机附近墙上，控制主机中心距地 1.5 m。

⑪扬声器出线盒墙上暗设，扬声器明设于墙上，安装高度为底边距地 2.2 m（出线盒中心距地 2.3 m）。

⑫由消防控制室引来线缆由其他单位统一施工，本建筑火灾自动报警系统施工时仅考虑该部分线缆的配管安装，预留配管伸出外墙皮 1 m。

（2）造价计算说明。

1）本实例按照清单计价方式进行计算，清单编制依据《通用安装工程工程量计算规范》（GB 50856—2013）。

2）清单价格依据 2016 版山东省定额及其配套的 2018 年价目表（配套价目表每年更新）、《山东省建设工程费用项目组成及计算规则（2016）》进行编制。本实例按三类工程取费，综合工日单价为 103 元，主要材料价格采用市场询价（市场不同，主材价格会不同）。

3）暂列金额、专业工程暂估价、特殊项目暂估价、计日工、总承包服务费和其他检验试验费等未计算。

4）计算火灾自动报警系统工程量时忽略楼板厚度。

5）需说明的是，对本实例来说，不论采用 2016 版山东省定额，还是依据《通用安装工程消耗量定额》（TY02—31—2015），在定额项目名称、定额项目包含内容、工程量计算规则和定额消耗量水平等方面均保持一致，所不同的主要是价格差异［《通用安装工程消耗量定额》（TY02—31—2015）没有配套价目表］。

（3）造价计算结果。工程量计算过程见表 10-10，消防工程分部分项清单及消防工程综合单价可扫描下列二维码查看。

消防工程分部分项清单

消防工程综合单价

表 10-10　消防工程量计算书

序号	项目名称	单位	工程量计算式	工程量	备注
	消火栓系统				
1	热浸镀锌钢管 *DN*100，沟槽式连接		（0.35 + 2.1）×2	4.9	埋地
2	热浸镀锌钢管 *DN*100，沟槽式连接		（51.3 − 0.6）×2 +（1.4 − 0.1）+ 1.55 + 1.25 + 2.15 + 2.6 + 2.45 + 1.75 + 0.75 +（1.4 − 0.1）	116.5	
3	热浸镀锌钢管 *DN*65，螺纹连接		（0.45 + 0.45）×36	32.4	

续表

序号	项目名称	单位	工程量计算式	工程量	备注
4	消火栓 *DN*65（带软管卷盘）		18 + 18	36	
5	灭火器 MF/ABC3		4 × 18	72	
6	法兰蝶阀 *DN*100		3	3	
7	沟槽法兰	副	3	3	
8	自动排气阀 *DN*25，铜质		1	1	
9	铜球阀 *DN*25，螺纹连接		1	1	
10	刷油防腐（两布三油）	m^2	4.9 × 35.8 × 0.01	1.75	
11	穿墙套管，介质管径 *DN*100		18 × 2（穿板）+2（顶层穿墙）	38.00	
12	楼板预留孔洞，介质管径 *DN*100		18 × 2	36.00	
13	240 砖墙钻孔，孔径 *DN*125		2	2.00	
	自动报警系统管线				
14	焊接钢管 SC20		（1 +0.5 +0.3 +1.5） ×4	13.2	
15	封闭式防火桥架 100 × 70，内带隔板		2.85 × 18 − 0.2 × 18	47.7	竖井内
16	广播线 ZRRVS −2 × 1.5		2.85 × 17 − 0.2 × 17 + （0.3 +0.2） × 2 × 17	62.05	竖井内
17	电源线 NHBV −2 × 4.0		47.7 + （0.3 +0.2） × 2 × 18	65.7	竖井内
18	报警总线 NHRVS −2 × 1.5		47.7 + （0.3 +0.2） × 2 × 18	65.7	竖井内
19	电话总线 ZRRVV −2 × 1.5		47.7 + （0.3 +0.2） × 2 × 18	65.7	竖井内
	1 层				
20	（1）消防接线箱（带总线隔离器）300 × 200		1		
	（2）广播系统				
21	焊接钢管 SC20		0.89 + 8.39	9.28	
22	①广播线 ZRRVS −2 × 1.5		（0.3 + 0.2）预留 +（2.85 − 1.5 − 0.2）井内沿桥架	1.65	竖井内
23	②广播线 ZRRVS −2 × 1.5		9.28	9.28	管内
	（3）消防报警电话系统				
24	1）焊接钢管 SC20（S + D + F 线路）		[2.08 +（2.85 − 2.2）× 2 + 7.43 +（2.85 − 2.2）] × 2（报警线和电源线共用 1 根管，电话线单独 1 根管）	22.92	
25	①电源线 NHBV-2 × 4.0		（0.3 + 0.2）预留 +（2.85 − 1.5 − 0.2）井内沿桥架	1.65	竖井内
26	②报警总线 NHRVS-2 × 1.5		（0.3 + 0.2）预留 +（2.85 − 1.5 − 0.2）井内沿桥架	1.65	竖井内
27	③电话总线 ZRRVV-2 × 1.5		（0.3 + 0.2）预留 +（2.85 − 1.5 − 0.2）井内沿桥架	1.65	竖井内

续表

序号	项目名称	单位	工程量计算式	工程量	备注
28	④电源线 NHBV－2×4.0		22.92	22.92	管内
29	⑤报警线 NHRVS－2×1.5		22.92	22.92	管内
30	⑥电话线 ZRRVV－2×1.5		22.92	22.92	管内
31	2）焊接钢管 SC20（S＋F 线路）		（2.2－1.4）×2×2（带插孔手动报警按钮线路，需 2 根管）	3.2	
32	①报警线 NHRVS－2×1.5		6.4（每根管内需进出线各 1 根，共计 2 根线）	6.4	
33	②电话线 ZRRVV－2×1.5		6.4（每根管内需进出线各 1 根，共计 2 根线）	6.4	
34	3）焊接钢管 SC20（D 线路）		（2.85－2.2）＋4.05＋（2.85－1.5）	6.05	
35	①电源线 NHBV－2×4.0		6.05	6.05	管内
36	4）焊接钢管 SC20（S＋D 线路）		0.85＋（2.85－1.5）	2.2	竖井内
37	①电源线 NHBV－2×4.0		（0.3＋0.2）预留＋（2.85－1.5－0.2）井内沿桥架＋2.2＋（0.3＋0.2）预留	4.35	竖井内
38	②报警总线 NHRVS－2×1.5		（0.3＋0.2）预留＋（2.85－1.5－0.2）井内沿桥架＋2.2＋（0.3＋0.2）预留	4.35	竖井内
	（4）火灾探测系统				
39	焊接钢管 SC20（S 线路）		1.53＋1.48＋（2.85－1.5）＋2.759＋（2.85－1.4）＋4.547＋3.61＋3.739＋（2.85－1.4）＋2.78＋1.41＋（2.85－1.5）	27.46	
40	①报警线 NHRVS－2×1.5		（0.3＋0.2）预留＋（2.85－1.5－0.2）井内沿桥架	1.65	竖井内
41	②报警线 NHRVS－2×1.5		27.46	27.46	管内
	2－18 层				
42	（1）消防接线箱（带总线隔离器）300×200		1×17	17	
	（2）广播系统				
43	焊接钢管 SC20		（0.89＋8.39）×18	167.04	
44	①广播线 ZRRVS－2×1.5		[（0.3＋0.2）预留＋（2.85－1.5－0.2）井内沿桥架]×17	28.05	竖井内
45	②广播线 ZRRVS－2×1.5		167.04	167.04	管内
46	（3）消防报警电话系统				
47	1）焊接钢管 SC20（S＋D＋F 线路）		[2.08＋（2.85－2.2）×2＋7.43＋（2.85－2.2）]×2×18（报警线和电源线共用 1 根管，电话线单独 1 根管）	412.56	
48	①电源线 NHBV－2×4.0		[（0.3＋0.2）预留＋（2.85－1.5－0.2）井内沿桥架]×17	28.05	竖井内
49	②报警总线 NHRVS－2×1.5		[（0.3＋0.2）预留＋（2.85－1.5－0.2）井内沿桥架]×17	28.05	竖井内

续表

序号	项目名称	单位	工程量计算式	工程量	备注
50	③电话总线 ZRRVV－2×1.5		［（0.3＋0.2）预留＋（2.85－1.5－0.2）井内沿桥架］×17	28.05	竖井内
51	④电源线 NHBV－2×4.0		412.56	412.56	管内
52	⑤报警线 NHRVS－2×1.5		412.56	412.56	管内
53	⑥电话线 ZRRVV－2×1.5		412.56	412.56	管内
54	2）焊接钢管 SC20（S＋F 线路）		（2.2－1.4）×2×2×17（带插孔手动报警按钮线路，需 2 根管）	54.4	
55	①报警线 NHRVS－2×1.5		108.8	108.8	每根管内需进出线各 1 根，共计 2 根线
56	②电话线 ZRRVV－2×1.5		108.8	108.8	
	（4）火灾探测器系统				
57	焊接钢管 SC20（S 线路）		［1.53＋1.48＋（2.85－1.5）＋2.759＋（2.85－1.4）＋4.547＋3.61＋3.739＋（2.85－1.4）］×17	372.56	
58	①报警线 NHRVS－2×1.5		［（0.3＋0.2）预留＋（2.85－1.5－0.2）井内沿桥架］×17	28.05	竖井内
59	②报警线 NHRVS－2×1.5		372.56	372.56	管内
	屋面层				
60	（1）消防接线箱（带总线隔离器）300×200			1	
61	（2）消防电话系统				
62	焊接钢管 SC20		1.25＋（2.85－1.4）＋1.97＋7.05＋0.91＋（2.85－1.4）	14.08	
63	①电话线 ZRRVV－2×1.5		［（0.3＋0.2）预留＋（2.85－1.5－0.2）井内沿桥架］×2	3.3	竖井内
64	②电话线 ZRRVV－2×1.5			14.08	管内
	（3）火灾报警及控制系统				
65	焊接钢管 SC20（S＋D 线路）		1.48＋1.83＋（2.85－1.5）×2＋0.97＋（2.85－2.2）×2＋4.02＋（2.85－2.2）×2＋0.98＋（2.85－1.5）×2＋1.73	19.01	
66	①电源线 NHBV－2×4.0		（0.3＋0.2）预留＋（2.85－1.5－0.2）井内沿桥架	1.65	竖井内
67	②报警总线 NHRVS－2×1.5		（0.3＋0.2）预留＋（2.85－1.5－0.2）井内沿桥架	1.65	竖井内
68	③电源线 NHBV－2×4.0		1.48＋1.83＋（2.85－1.5）×2＋0.97＋（2.85－2.2）×2＋4.02＋（2.85－2.2）×2＋0.98＋（2.85－1.5）×2＋1.73	19.01	管内

续表

序号	项目名称	单位	工程量计算式	工程量	备注
69	④报警总线 NHRVS－2×1.5		1.48＋1.83＋（2.85－1.5）×2＋0.97＋（2.85－2.2）×2＋4.02＋（2.85－2.2）×2＋0.98＋（2.85－1.5）	15.93	管内
	自动报警系统工程量汇总统计				
1	焊接钢管 SC20		13.2＋9.28＋22.92＋3.2＋6.05＋27.46＋167.04＋412.56＋54.4＋372.56＋14.08＋19.01	1121.76	暗敷
2	焊接钢管 SC20		2.2	2.2	竖井内明敷
3	封闭式防火桥架 100×70，内带隔板		47.7	47.7	竖井内，沿桥架
4	广播线 ZRRVS－2×1.5		62.05＋1.65＋28.05	91.75	竖井内，沿桥架
5	广播线 ZRRVS－2×1.5		9.28＋167.04	176.32	管内
6	电源线 NHBV－4.0		（65.7＋1.65＋4.35＋28.05＋1.65）×2	202.8	竖井内，沿桥架
7	电源线 NHBV－4.0		（22.92＋6.05＋412.56＋19.01）×2	921.08	管内
8	报警总线 NHRVS－2×1.5		65.7＋1.65＋4.35＋1.65＋28.05＋28.05＋1.65	131.1	竖井内，沿桥架
9	报警总线 NHRVS－2×1.5		22.92＋6.4＋27.46＋412.56＋108.8＋372.56＋15.93	966.63	管内
10	电话总线 ZRRVV－2×1.5		65.7＋1.65＋28.05＋3.3	98.7	竖井内，沿桥架
11	电话总线 ZRRVV－2×1.5		22.92＋6.4＋412.56＋108.8＋14.08	564.76	管内
12	消防接线箱 300×200			19	可根据自动报警系统图统计
13	总线隔离器			19	
14	火灾报警广播音箱		2＋2×17	36	
15	带电话插孔的手动报警按钮		2＋2×17	36	
16	消火栓按钮		2＋2×17	36	
17	智能光电感烟探测器		5＋4×17	73	
18	火灾声光警报器（带语音功能）		2＋2×17＋2	38	
19	消防输出模块		2＋2×17＋2	38	
20	消防模块箱（含3个输入输出模块）		1	1	
21	消防输入输出模块		1＋2	3	
22	火灾报警电话分机		2	2	
23	智能感烟感温探测器		2	2	

续表

序号	项目名称	单位	工程量计算式	工程量	备注
24	接线盒		36 +36 +36 +77 +38 +38 +2 +4 +2 +2	271	
25	自动报警系统调试	系统		1	
26	火灾事故广播系统调试	系统		1	
27	火灾通信系统调试	系统		1	
28	消火栓灭火系统调试	点		36	
29	切断非消防电源调试	点		2	
30	消防电梯调试	部		1	
31	客用电梯调试	部		1	
32	门禁控制调试	点		1	

参考文献

[1] 全国造价工程师执业资格考试培训教材编审委员会．建设工程技术与计量（安装工程）[M]．北京：中国计划出版社，2017.

[2] 全国造价工程师执业资格考试培训教材编审委员会．建设工程计价 [M]．北京：中国计划出版社，2017.

[3] 中华人民共和国住房和城乡建设部标准定额研究所．TY02—31—2015 通用安装工程消耗量定额 [S]．北京：中国计划出版社，2015.

[4] 中华人民共和国国家标准．GB 50500—2013 建设工程工程量清单计价规范 [S]．北京：中国计划出版社，2013.

[5] 中华人民共和国国家标准．GB 50856—2013 通用安装工程工程量计算规范 [S]．北京：中国计划出版社，2013.

[6] 王继明，卜城，屠峥嵘，等．建筑设备 [M]．2 版．北京：中国建筑工业出版社，2007.

[7] 高明远，岳秀萍，杜震宇．建筑设备工程 [M]．4 版．北京：中国建筑工业出版社，2016.

[8] 万建武．建筑设备工程 [M]．3 版．北京：中国建筑工业出版社，2019.

[9] 王增长．建筑给水排水工程 [M]．7 版．北京：中国建筑工业出版社，2016.

[10] 国家建筑标准设计图集．排水设备及卫生器具安装（2010 年合订本）[S]．北京：中国计划出版社，2010.

[11] 国家建筑标准设计图集．10K509、10R504 暖通动力施工安装图集（一）水系统 [S]．北京：中国计划出版社，2010.

[12] 国家建筑标准设计图集．03S402 室内管道支架及吊架图集 [S]．北京：中国计划出版社，2007.

[13] 中华人民共和国国家标准．GB 50242—2002 建筑给水排水及采暖工程施工质量验收规范 [S]．北京，中国标准出版社，2002.

[14] 中华人民共和国国家标准．GB/T 50106—2010 建筑给水排水制图标准 [S]．北京：中国建筑工业出版社，2011.

[15] 中华人民共和国国家标准．GB 50268—2008 给水排水管道工程施工及验收规范 [S]．北京：中国建筑工业出版社，2009.

[16] 中华人民共和国国家标准．GB 50974—2014 消防给水及消火栓系统技术规范 [S]．北京：中国计划出版社，2014.

[17] 中华人民共和国国家标准．GB/T 50243—2016 通风与空调工程施工质量验收规范 [S]．北京：中国计划出版社，2016.

[18] 中华人民共和国国家标准．GB 50738—2011 通风与空调工程施工规范 [S]．北京：中国建筑工业出版社，2012.

[19] 中华人民共和国国家标准 . GB/T 50114—2010 暖通空调制图标准［S］. 北京：中国建筑工业出版社，2011.

[20] 中华人民共和国国家标准 . GB/T 51132—2015 工业有色金属管道工程施工及质量验收规范［S］. 北京：中国计划出版社，2016.

[21] 中华人民共和国国家标准 . GB 50617—2010 建筑电气照明装置施工与验收规范［S］. 北京：中国计划出版社，2010.

[22] 中华人民共和国国家标准 . GB/T 50786—2012 建筑电气制图标准［S］. 北京：中国建筑工业出版社，2012.

[23] 国家建筑标准设计图集 . 14X505—1 火灾自动报警系统设计规范图示［S］. 北京：中国计划出版社，2014.

[24] 国家建筑标准设计图集 . 12K404 地面辐射供暖系统施工安装［S］. 北京：中国计划出版社，2012.

[25] 贺平，孙刚，王飞，等 . 供热工程［M］. 4 版 . 北京：中国建筑工业出版社，2019.

[26] 黄翔 . 空调工程［M］. 4 版 . 北京：机械工业出版社，2017.

[27] 王晓丽 . 建筑供配电与照明（上册）［M］. 2 版 . 北京：中国建筑工业出版社，2018.

[28] 黄民德，郭福雁 . 建筑供配电与照明（下册）［M］. 2 版 . 北京：中国建筑工业出版社，2017.

[29] 丁云飞 . 安装工程预算与工程量清单计价［M］. 3 版 . 北京：化学工业出版社，2016.

[30] 郝丽，段红霞 . 安装工程计量与计价［M］. 北京：化学工业出版社，2017.

[31] 王蔚佳，刘成毅，王永华，等 . 安装工程施工技术［M］. 北京：机械工业出版社，2012.

[32] 张国栋 . 电气工程识图与预算［M］. 北京：中国电力出版社，2016.

[33] 山东省住房和城乡建设厅 . SD02—31—2016 山东省安装工程消耗量定额［S］. 北京：中国计划出版社，2016.

[34] 贵州省建设工程造价总站 . GZ02—31—2016 贵州省通用安装工程计价定额［S］. 贵阳：贵州人民出版社，2016.

[35] 湖北省建设工程标准定额管理总站 . 湖北省通用安装工程消耗量定额及全费用基价表［S］. 武汉：长江出版社，2018.

[36] 河南省建筑工程标准定额站 . HA02—31—2016 河南省定额通用安装工程预算定额［S］. 北京：中国建材工业出版社，2016.

[37] 辽宁省住房和城乡建设厅 . 辽宁省建设工程计价依据——通用安装工程定额［S］. 沈阳：北方联合出版传媒（集团）股份有限公司，2017.

[38] 内蒙古自治区建筑工程标准定额总站 . 内蒙古自治区通用安装工程预算定额［S］. 北京：中国建材工业出版社，2017.